L'énigme des mathématiques

Philosophia Naturalis et Geometricalis

Collection dirigée par Luciano Boi et Dominique Lambert

Vol. 2

Marc Balmès

L'énigme des mathématiques

La mathématisation du réel
et la *Métaphysique*
I.

PETER LANG

Bern·Berlin·Bruxelles·Frankfurt am Main·New York·Oxford·Wien

Information bibliographique publiée par
«Die Deutsche Bibliothek»
«Die Deutsche Bibliothek» répertorie cette publication dans la
«Deutsche Nationalbibliografie»; les données bibliographiques
détaillées sont disponibles sur Internet sous ‹http://dnb.ddb.de›.

Illustration de couverture de Jorge Eduardo Eielson,
QUIPUS 79-V1, 1990

ISBN 3-906770-77-X
ISSN 1424-8425

© Peter Lang SA, Editions scientifiques européennes, Bern 2003
Hochfeldstrasse 32, Postfach 746, CH-3000 Bern 9
info@peterlang.com, www.peterlang.com, www.peterlang.net

Table des matières

Introduction

S'exprimant le 27 janvier 1921 devant l'Académie des Sciences de Berlin, le savant Albert Einstein exposait d'une bien remarquable manière son étonnement philosophique:

> Ici surgit une énigme qui a fortement troublé les chercheurs de tous les temps. Comment se fait-il que la mathématique, qui est un produit de la pensée humaine et indépendante de toute expérience, s'adapte d'une si admirable manière aux objets de la réalité? La raison humaine serait-elle donc capable, sans avoir recours à l'expérience, de découvrir par son activité seule les propriétés des objets réels? [1]

Oui il y a vraiment là une énigme, [2] «l'énigme», dirons-nous simplement dans la suite, car c'est à elle que nous allons tenter de donner réponse.

De cette énigme, tacherons-nous de montrer tout d'abord, la force consiste en ce que, nourrie de toute la science du savant, elle demande *au philosophe*, éventuellement plus vivement que le savant n'en a conscience, de trouver ou retrouver l'ancrage de son savoir dans le réel, ancrage que, curieusement, ce savoir ne lui permet pas de situer dans ledit réel et dont pourtant son *thumos* même de savant lui donne l'irrépressible conviction, à l'encontre de tout idéalisme ou positivisme, qu'il doit et peut y être situé. L'énigme, relèverons-nous toutefois, n'est apparue telle qu'assez récemment, du fait, pour le dire en bref, des extraordinaires développements des sciences que nous appellerons «galiléennes» parce que faisant suite à la déclaration programmatique devenue justement fameuse de Galilée:

> la philosophie est écrite dans cet immense livre qui se tient toujours ouvert devant nos yeux, je veux dire l'Univers, mais on ne peut le comprendre si l'on ne s'applique d'abord à en comprendre la langue et à connaître les caractères avec lesquels il est écrit. Il est écrit dans la langue mathématique et ses caractères sont des triangles, des cercles et autres figures géométriques, sans le

---

1   Albert EINSTEIN 1921, tr. fr.: «La géométrie et l'expérience», 1972, p. 75-76.

2   L'étonnement ici manifesté par A. Einstein ne lui est absolument pas propre. On en trouvera plusieurs expressions dans, par exemple, le parcours de l'histoire des mathématiques présenté par Morris KLINE 1980, tr. fr.: *Mathématiques: la fin de la certitude.* Cf. aussi E. P. WIGNER 1960, «The unreasonable effectiveness of mathematics in the natural sciences», article cité et analysé en introduction de Dominique LAMBERT 1996, *Recherches sur la structure et l'efficacité des interactions récentes entre mathématiques et physique;* ou encore Maurice THIRION 1999, *Les mathématiques et le réel.*

moyen desquels il est humainement impossible d'en comprendre un mot. Sans eux, c'est une errance vaine dans un labyrinthe obscur.[3]

Et de fait, serons-nous amenés à remarquer, si une certaine mathématisation avait déjà été pratiquée par les Anciens, celle-ci demeurait superficielle, et d'ailleurs plutôt estimée par eux apte à seulement «sauver les phénomènes», alors que ce que manifeste l'étonnement qui s'exprime dans l'énigme, c'est la conviction que le *mathématisable profond* des lois et structures dégagées depuis Galilée exprime bien, est bien quelque chose du réel. Cette conviction, d'un autre côté, manifeste une insatisfaction par rapport aux projets fondationnistes qu'à suscités, et d'abord de la part de René Descartes, la «nuova scienza», comme aussi par rapport aux idéalismes, rationalistes, empiristes ou transcendentaux, et plus encore aux positivismes apparus ensuite.

Cherchant de ce fait à préciser, dans un examen de ces diverses propositions, ce que demande au philosophe le savant soulevant l'énigme, nous en viendrons à conclure que ce n'est décidément pas de *fonder* les mathématiques ou les sciences galiléennes, qui ont leur autonomie, mais seulement de les *situer* en sagesse en situant dans le réel ce qui les appelle. Cette même demande, toutefois, s'avèrera aussi lancer un défi, celui d'avoir à produire une analyse du réel qui, à la différence de la démarche qui assure leur autonomie à ces savoirs mais marque aussi leur limite et manifeste par là le besoin de les situer, ne soit pas prise dans le cercle de son interrogation vers ce réel et de l'interrogation réflexive et critique sur la manière dont elle s'y rapporte, mais qui parvienne à rendre cette interrogation-ci *intérieure* à cette interrogation-là. Examinant alors si le réalisme aristotélicien est susceptible de résoudre cette aporie et, par là, de nous donner les moyens de «l'engagement pour le réalisme» que semble appeler l'énigme, l'on constatera d'abord que:

– malgré le fait que la *Métaphysique* semble bien reconnaître, au nouement même de son interrogation directrice, le besoin de situer, et non pas fonder, les autres savoirs, et tout particulièrement les mathématiques,

– et malgré l'opposition d'Aristote à la solution de l'aporie du *Ménon* par la réminiscence,

l'essentialisme qui caractérise l'aristotélisme traditionnel ne semble pas susceptible de relever le défi et, aussi bien, a précisément été réfuté, «falsifié», par les développements tant des sciences galiléennes que, parallèlement et un peu par après, des mathématiques elles-mêmes. Mais, sous la pression de l'énigme, l'on en viendra aussi à observer que, à la

---

3   GALILÉE 1610, tr. fr.: *L'essayeur*, 1980, p. 141.

différence de l'essentialisme, Aristote lui-même semble bien distinguer entre les deux interrogations critiques concernant:

– d'une part, le fondement de la signification des termes exprimant la connaissance ordinaire que nous donne, de *ce que sont* les réalités qui nous entourent, l'expérience commune que nous en avons

– et, d'autre part, ces sources *profondes* et *non immédiatement accessibles* de ce qui y est nécessaire que sont pour lui les causes propres immanentes à ces réalités.

Or cette distinction va nous apparaître comme susceptible, elle, d'ouvrir la voie à une analyse du réel capable de résoudre:

– non seulement, à partir du nouement même de son interrogation et dans le développement consécutif de sa démarche, l'aporie du cercle,

– mais encore, du fait du parallélisme qui est le sien avec la distinction à laquelle invite l'énigme entre le *mathématisable immédiat* des quantités discrète et continue et le *mathématisable profond* des lois et structures, l'énigme elle-même.

Du même coup, on le voit, ladite énigme apparaît comme susceptible de constituer un catalyseur extrêmement puissant pour une lecture profondément renouvelée de la *Métaphysique* [4] (et de textes comme l'*Organon* et, au moins, *Physique* A et B), une lecture qui en manifesterait, face à l'extraordinaire développement scientifique commencé avec Galilée et à la reprise de son autonomie par la philosophie conjointement inaugurée avec R. Descartes, l'irremplaçable actualité.

A cette lecture, cependant, notre chapitre I va apporter un dernier préalable, que développera le chapitre II. D'une part, en effet, nouer ensemble l'interrogation métaphysique vers ce qui est et l'interrogation critique sur le rapport de la pensée à ce qui est, cela suppose que l'on ait une saisie précise de cette pensée: ce qui rend possible cette saisie, c'est son

---

4 Ce renouvellement touche la *Métaphysique* tout entière, tout au long de laquelle d'ailleurs la considération des mathématiques joue un rôle décisif, et non pas seulement les livres M et N. Sur l'apport spécifique de ceux-ci on lira avec grand intérêt Michel CRUBELIER 1994, *Les livres Mu et Nu de la* Métaphysique *d'Aristote*, et John J. CLEARY 1995, *Aristotle and Mathematics. Aporetic Method in Cosmology and Metaphysics.* Donnant judicieusement à sa lecture le vaste contexte d'une confrontation avec le *Timée*, J. Cleary le situe par là-même dans un ensemble de questions que nous rencontrerons plutôt dans les livres II et III et c'est donc plutôt en ceux-ci que nous nous y référerons. Relevons enfin que, si l'ouvrage très informé et réfléchi de Frédéric PATRAS 2001, *La pensée mathématique contemporaine*, se conclut par un appel à un retour aux livres M et N, la suggestion en reste encore programmatique et, encore une fois, ne saurait se limiter à ceux-ci.

expression dans le dire rationnel, et c'est là ce qui a conduit Aristote, non seulement à l'observation réfléchie de ce dire qu'en développe l'*Organon*, mais encore, nous le verrons, à engager à plusieurs reprises sa démarche comme une remontée, à partir d'observations concernant ce dire, du triangle parménidien de l'être, du penser et du dire. Or, d'autre part, telle nous apparaîtra être aussi la démarche appelée par l'énigme. Approcher philosophiquement le mathématisable dans ce qui est, en effet, cela ne peut pas se faire sans les mathématiques: on ne connaît ce qui est en puissance que par ce qui est en acte; mais cela ne peut pas non plus se faire comme le font les mathématiques, car elles s'élaborent, de là précisément naît l'énigme, en se séparant du réel. Un biais cependant existe, montrerons-nous, pour le philosophe: celui justement de l'observation et réflexion logique.

Qu'il en soit ainsi, c'est ce que nous fera voir une autre énigme, celle du «parallélisme logico-mathématique», à propos de laquelle l'observation suivante doit retenir l'attention: cette énigme, d'une part, provient de ce que la conjonction du calcul des prédicats et de la théorie des ensembles se révèle assez efficace pour permettre en principe la transcription du dire entier des mathématiques, mais sans que cela autorise leur fondation purement logique et immanente, de sorte que la question du «contenu», et par là du lien au réel, du savoir de science que sont les mathématiques reste entièrement posée; or d'autre part, si l'interrogation tant aristotélicienne que kantienne sur le savoir de science se noue à partir de la distinction des attributions par soi du premier et du second mode, ou des jugements analytiques et synthétiques, cette distinction, dans la transcription susdite, est purement et simplement effacée. Mais si la distinction kantienne oriente la recherche de la source du nécessaire vers l'aperception transcendantale du MOI = MOI, la distinction aristotélicienne l'oriente vers cette analyse causale du réel que nous avons anticipée susceptible de donner solution à l'aporie du cercle et à l'énigme. Ici se confirmera et précisera cette anticipation: si la mise en forme aristotélicienne du dire rationnel ouvre la voie à une remontée vers les *causes*, immanentes à ce qui est, de ce qui y est nécessaire, et si la mise en forme pertinente aux mathématiques efface la distinction des deux modes d'attribution, nous tenons là semble-t-il la différence décisive qui, dans une remontée différenciée du triangle parménidien nous permettra de situer *par différence* le mathématisable dans ce qui est. Cette même distinction, au demeurant, confirmera et précisera la distinction des deux interrogations critiques sur le fondement de la signification dans ce qui est et sur les sources de ce qui y est nécessaire, distinction que nous avons elle-même relevé parallèle à celle des mathématisables immédiat et profond, de sorte

4

que ce sont elles trois qui vont induire les deux étapes de notre lecture d'Aristote et tentative de solution de l'énigme. Respectivement parcourues dans la suite de ce premier livre et dans un second, elles pourraient s'intituler:

I.

Du mathématisable immédiat, ou: le nombre n'est pas un genre

II.

Du mathématisable profond, ou: des lois et structures, et des causes immanentes, de ce qui est

*

Si, toutefois, le travail entrepris par Aristote dans la *Métaphysique* consiste d'abord pour lui à rechercher les causes *immanentes* de ce qui est pris en tant qu'être, la visée finale en est dès le départ de trouver en ces causes ce qui devrait nous permettre de nous élever jusqu'à une certaine contemplation du divin et, de là, à des vues de sagesse sur l'univers, sur l'homme et sur ses diverses activités, tout particulièrement sa recherche même du savoir et de la sagesse. Or, si les mathématiques sont quasiment dès les origines apparues avoir part au divin, ce n'est pas la naissance de la science galiléenne et la progressive apparition conjointe de l'énigme qui ont diminué le besoin d'une vision de sagesse sur le mathématisable et l'activité mathématicienne/mathématisante, bien au contraire, ils en accentuent la force. De cela aussi A. Einstein est témoin, privilégié mais non unique, lui qui écrivait par exemple ceci: «derrière tout travail scientifique d'un ordre élevé, il y a certainement la conviction, proche d'un sentiment religieux, de la rationalité ou de l'intelligibilité du monde».

Bien plus, qu'il s'agisse de la doctrine cartésienne de la création des vérités éternelles, du rejet spinoziste de la doctrine de la création ou de la notation leibnizienne relevée par Martin Heidegger selon laquelle *dum Deus calculat fit mundus*, la prise en compte de la «nouvelle science» par la métaphysique classique est intimement liée à la doctrine chrétienne du Dieu créateur «*ex nihilo*». Et certes ni Aristote ni la philosophie grecque autre que tardive n'en ont même envisagé la possibilité, mais peut-être l'intuition du théologien Thomas d'Aquin n'est-elle pas fausse selon laquelle la science de ce qui est en tant qu'être est très exactement et exclusivement celle qui est philosophiquement à la hauteur de la recherche de l'intelligence théologique de ce donné de foi. Et certes encore cet usage théologien de la philosophie première aristotélicienne ne dispense-t-il pas d'un travail proprement philosophique d'appropriation éventuelle de cette suggestion, car si la philosophie peut et doit écouter tout ce qui vient de

5

savoirs ou sagesses autres, elle ne peut en faire éventuellement son bien que dans une reprise selon ses voies à elles. Mais justement, la mathématisation du réel a pour effet connexe, aurons-nous à relever, de le faire connaître par du possible, d'où suit la question d'une sorte de contingence des lois de la nature: n'est-ce pas de la philosophie première que relève cette question, et cette question ne la conduit-elle pas à la suggestion du Dieu *créateur*? Peut-être même serons-nous par là conduits à trouver chez Aristote des éléments d'interrogation et de réponse que, *quant à lui*, il ne pouvait penser comme relatifs à cette question, mais que la suggestion historiquement postérieure du Dieu créateur fera apparaître rétrospectivement comme lui étant *de soi*, intrinsèquement liés, et donc induisant en effet philosophiquement cette suggestion. D'où notre tentative de situer en sagesse le mathématisable dans ce qui est, et donc aussi l'activité mathématicienne de l'homme, devrait-elle s'achever dans un troisième essai:

III.
Du mathématisable créé: Dieu, ou seul l'homme, est-il mathématicien?

Chapitre I

Du fait de l'énigme à l'organisation de notre interrogation

1. L'énigme demande de (re)trouver, par delà ce qui l'a fait naître, l'ancrage de la pensée dans le réel

C'est de manière très fugace, reconnaissons-le, que l'étonnement philosophique d'A. Einstein s'exprimait ce 27 janvier 1921. L'orateur, en effet, poursuivait immédiatement: «à cette question il faut, à mon avis, répondre de la façon suivante: pour autant que les propositions de la mathématique se rapportent à la réalité, elles ne sont pas certaines, et pour autant qu'elles sont certaines, elles ne se rapportent pas à la réalité»,[1] ce qui, philosophiquement, n'est pas une réponse, mais exprimerait bien plutôt une dérobade, le renoncement à résoudre l'énigme. Celle-ci pourtant sous-tend bien ce que l'on pourrait appeler, avec Gerald Holton, «le pèlerinage philosophique d'A. Einstein», «pèlerinage qui l'a fait passer d'une philosophie centrée sur le sensualisme et l'empirisme, à une autre basée sur le réalisme rationaliste».[2] Que cette «réponse» exprime un renoncement, en effet, c'est assurément ce que confirment d'autres formules du savant, parlant par exemple de l'«éternelle antinomie, dans notre domaine, entre les deux composantes indissociables de notre savoir, l'expérience et la raison [*Empirie und Ratio*]»[3] ou reconnaissant dans un article écrit en 1950 combien il était peu plausible a priori «que l'ensemble de toutes les expériences sensibles soit «intelligible» sur la base d'un système conceptuel

---

1 A. EINSTEIN 1921, tr. fr. 1972, p. 76.
2 Gerald HOLTON 1978, «Mach, Einstein et la recherche du réel», tr. fr. p. 233. Telle est du moins la vision que l'on retire des déclarations d'A. Einstein lui-même. Mais M. PATY 1979, «Sur le réalisme d'Albert Einstein», remarquait déjà «qu'il peut être nécessaire de distinguer entre l'attitude épistémologique effectivement à l'œuvre et celle qui est exprimée» (p. 22) et montrait de façon convaincante (comme aussi et de manière beaucoup plus développée M. PATY 1993) que tel est bien en l'occurrence le cas.
3 A. EINSTEIN 1949a, «Autobiographical notes», p. 27, cité par G. HOLTON 1973, tr. fr.: *L'imagination scientifique*, p. 255.

élaboré à partir de prémisses d'une grande simplicité», et se contentant de répondre de la façon suivante: «le sceptique dira que c'est là une «foi au miracle», venu corroborer, de façon étonnante, le progrès de la science». Où, on le voit, l'étonnement persiste, mais ne peut invoquer, pour tenter de rendre compte de ce qui le suscite, que foi et miracle.

Mais ce renoncement est exclusivement le fait du savant poursuivant sa réflexion dans la seule mesure de ses besoins de *savant*, [4] il est donc tout à fait provisoire et, bien plutôt, maintien obstiné de l'étonnement *philosophique*. Ce qu'entendait défendre, en effet, le discours du 27 janvier 1921, c'était ceci: «mais il est d'autre part certain que la mathématique en général et la géométrie en particulier doivent leur existence à notre besoin de savoir quelque chose sur le comportement des objets réels» (p. 79), ce en vue de quoi il mettait en place une «géométrie pratique» et soulignait, en opposition au positivisme logique d'un Moritz Schlick ou au conventionnalisme d'un Henri Poincaré, sa portée «réaliste»:

> la question de savoir si la géométrie pratique du monde est euclidienne ou non, a un sens précis et la réponse ne peut être fournie que par l'expérience [...] J'accorde d'autant plus d'importance à la conception de la géométrie ainsi caractérisée qu'il m'aurait été impossible de construire sans elle la théorie de la relativité (p. 78).
> La question de savoir si le monde est spatialement fini ou non me paraît avoir, dans le sens de la géométrie pratique, une réelle signification (p. 80) [...] Pouvons-nous nous représenter d'une façon intuitive un Univers fini à trois dimensions, fini et pourtant illimité? A cette question on donne la plupart du temps une réponse négative, mais [comme s'attache à le montrer la fin de la communication] à tort (p. 85).

Même si son pèlerinage philosophique ne la lui a fait acquérir que progressivement, la conviction d'A. Einstein a bien été, finalement, celle-ci: l'intention du physicien est réaliste, et cette intention aboutit. «D'une

---

4   Mesure que d'une part il ne faudrait absolument pas sous-estimer, ce pourquoi il faut lire les deux chapitres de M. PATY 1993 intitulés respectivement «Physique et géométrie, 1: avant la relativité générale» et «Physique et géométrie, 2: interprétation et construction». Mais mesure que d'autre part il ne faudrait pas non plus surestimer. Comme l'exprime excellemment M. Paty, «[dans] la conception einsteinienne [les] idées théoriques inventées par la pensée [...] bien que choisies librement, [...] ne sont pas arbitraires» (p. 420). La conjonction de cette liberté et de ce caractère non arbitraire est l'énigme même, et si c'est encore une fois l'honneur d'un A. Einstein de maintenir celle-ci vivante au sein même de son travail de physicien, cela n'implique pas qu'il soit possible d'en prendre toute la mesure au sein même de ce seul travail.

manière plutôt brusque», note G. Holton, c'est cette conviction qu'il exprimait à M. Schlick dans une lettre du 28 novembre 1930:

> en général, votre présentation ne parvient pas à correspondre à mon style de pensée, dans la mesure où je trouve l'ensemble de votre orientation pour ainsi dire positiviste [...] Je vous le dis carrément: la physique est un essai de construction conceptuelle d'un modèle du *monde réel* et de sa structure nomo-logique. [5]

Que cela relève, étant donné ce qu'est son outil mathématique, de l'énigme et du miracle, il le semble bien en effet, mais cela est. «En un certain sens, donc, je tiens pour vrai que la pensée pure puisse saisir le réel, comme les Anciens le rêvaient». [6] Et, devant ce fait pour lui avéré, le savant n'a jamais cessé de s'étonner toujours davantage, jusqu'à la souffrance: «En bref, précisait la même lettre, je souffre de la séparation (peu nette) de la Réalité de l'Expérience et de la Réalité de l'être».

Eh bien! Il nous faut nous aussi, en essayant de préserver autant que possible toute la fraîcheur dont seul sans doute un grand savant est capable, nous laisser étonner par l'énigme. «Car [c'est] en passant par l'[attitude de] s'étonner [que] les hommes, et maintenant et pour la première fois, ont commencé à philosopher» (*Mét.* A2, 982b12-13), et si l'étonnement d'A. Einstein se nourrit par tout un côté des recherches mathématiques et physiques de trois bons millénaires, il n'en sonne pas moins, ou plutôt que davantage, quant à l'interrogation philosophique et à son «maintenant» hors du temps, avec toute la fraîcheur d'une première fois, une fraîcheur qu'il nous faut absolument garder vive, plus vive au besoin, que chez les savants [7] ou, aussi, que chez les philosophes.

---

5   Cité par G. HOLTON 1978, tr. fr. p. 281.

6   A. EINSTEIN 1953, tr. fr. p. 159-68, cité par G. HOLTON 1978, tr. fr. p. 263.

7   Notre travail, aussi bien, ne constitue pas un dialogue serré avec l'*Einstein philosophe* tel en particulier que le présente, de manière extrêmement fouillée et sous ce titre, M. Paty (M. PATY 1993), même si, il est vrai, un tel dialogue en serait un prolongement et une épreuve tout à fait souhaitables. Disons simplement, ici, ceci: à la fin d'un article qui annonçait et préfigurait cet ouvrage, M. Paty écrivait: «mû par son exigence propre, Einstein élabore ainsi une philosophie qui se caractérise avant tout, à mes yeux, par sa «justesse»; c'est sur quelques thèmes seulement que porte en définitive son attention, mais d'un point de vue épistémologique ils sont centraux, et leur expression même apparaît difficilement susceptible d'être mise en défaut. Il importe davantage, me semble-t-il, que de telles conceptions soient «justes» (en note: «justes» est pris ici au sens de: convenir, être appropriées, adéquates) plutôt que complètes» (M. PATY 1979, «Sur le réalisme d'Albert Einstein», p. 36). Eh bien, même si l'on

Qu'est-ce qui fait naître, en effet, l'intention qui anime la philosophie? Tel que l'a exprimé le nom qu'à la réflexion elle s'est elle-même donné: *l'amour de la sagesse.* Mais cela même indiquait une distance à combler. Comment? Ici est venue l'invention grecque: en travaillant à l'acquérir *par voie de science.* «Science recherchée», *epistèmè zètoumenè* ainsi est tout d'abord caractérisée par Aristote la sagesse à laquelle veut introduire le texte sur lequel s'ouvre le recueil plus tard dénommé *TON META TA PHYSIKA, Des [réalités] au delà des [réalités] physiques* (cf. A2, 982a4-b8; 983a21). Ce qui présupposait, tout d'abord, que l'on ait déjà quelque expérience de sagesse: religieuse, politique, morale, technique, mais aussi quelque savoir de science: les mathématiques en tout premier lieu, est-il souligné au même lieu (981b20-25), ou encore, avant la «métaphysique», une «physique»; et aussi, enfin, une insatisfaction par rapport *et à l'une et à l'autre.*

Or que manifeste l'énigme? Que trois millénaires encore après ces origines, trois millénaires au cours desquels de multiples renaissances de l'étonnement originel ont engagé dans de nouvelles recherches qui cette fois, «concernant par exemple les [phénomènes] affectant la lune, ceux [affectant] le soleil et les étoiles, ou concernant la genèse du tout» (*Mét.* A2, 982b15-17), *se sont différenciées de la philosophie,* quelque chose comme une telle insatisfaction demeure, et appelle avec une nouvelle fraîcheur à retrouver la vigueur de l'intention philosophique. Si en effet, la philosophie existant alors depuis longtemps, divers savoirs de sciences se sont progressivement mis à sembler lui passer toujours devant, ils l'ont fait de telle façon que, ne donnant pas cette *sagesse* dont le désir au contraire est ce qui avait éveillé en premier lieu l'intention philosophique, ils sont toujours aussi en train, non seulement d'en alimenter le désir, mais de le lui faire préciser comme désir d'un savoir qui soit, lui aussi et donc de manière

---

doit accorder à M. Paty qu'il vaut la peine de tenter d'expliciter les enseignements d'Einstein philosophe, il reste que le caractère partiel des acquis auxquels il est éventuellement parvenu appelle une évaluation de leur «justesse» dans une démarche proprement philosophique et donc, en quelque façon, non partielle. Comme il le note lui-même ailleurs, «la métaphysique – ou du moins l'ontologie – se fait discrète quand la physique s'en tient à son travail, mais se rappelle à nous pour peu que nous réfléchissions, même si nous en restons au stade épistémologique de cette réflexion» (M. PATY 1984, «Mathématisation et accord avec l'expérience», p. 47). La philosophie, de fait, ne peut en rester à l'épistémologie, et c'est une telle demande que nous entendrons dans l'étonnement du savant A. Einstein devant l'énigme, éventuellement au delà de ce qu'il y mettait lui-même, ou de ce que les voies d'approche qu'il en avait lui permettait d'atteindre.

sinon identique du moins comparable, savoir de science. Témoin Edmund Husserl: même si le multiforme courant phénoménologique en a ensuite quelque peu affadi ou même perdu le souci, son initiateur a mené toutes ses recherches sur le fond d'une «crise de la philosophie» qui pour lui «a la signification d'une crise de toutes les sciences modernes en tant que membres de l'universalité philosophique», crise telle qu'«à la fin le problème du monde [...] celui de la plus profonde liaison essentielle de la raison et de l'étant en général, *l'énigme des énigmes* devait devenir proprement le thème de la philosophie» [8] et crise qui lui faisait chercher comment développer *la philosophie comme science rigoureuse*, [9] mais sans aucunement renoncer, alors que «le positivisme pour ainsi dire décapite la philosophie» [10] à viser «les dernières questions les plus hautes». [11]

Et que demande, dans sa fraîcheur, l'étonnement qui s'exprime dans l'énigme? Un autre regard sur le réel, un retour au réel donc, au réel tel qu'il se donne à nous, non pas à travers la médiation des savoirs de science mathématiques ou physiques, mais immédiatement, dans l'expérience commune. Ce qui fait la fraîcheur de l'étonnement du savant soulevant l'énigme, c'est qu'il y retrouve le «réalisme» spontané de l'homme du commun qu'il est tout d'abord et reste le plus souvent. Et ce que cette fraîcheur apporte au questionnement philosophique, c'est de lui faire retrouver que l'intention qui le porte est, pour une part au moins, constitutivement «réaliste», c'est-à-dire, en première approximation, qu'elle en attend non seulement qu'il parte de l'expérience – cela, au moins génétiquement, même les mathématiques l'ont fait –, mais en outre qu'il maintienne, au long du développement scientifique même, ce contact immédiat avec le réel qui est celui de notre expérience – cela, c'est ce à quoi les mathématiques, de par la *séparation* qui est la leur et qu'il va falloir examiner, renoncent constitutivement, et avec elles, et du moins dans la mesure de ce recours, les sciences qui en usent. Mais un tel questionnement peut-il effectivement se développer et aboutir? L'existence même et la croissance, au long de sa vie, de l'étonnement d'A. Einstein, manifestent qu'il n'a pas rencontré de philosophie qui, à ses yeux tout au moins, y parvienne.

Et de fait, cette demande de l'étonnement qui s'exprime dans l'énigme est d'autant plus précieuse que si, dans un premier temps, l'intention philosophique est, comme du reste l'intention scientifique en général,

---

8 E. HUSSERL 1954, tr. fr.: La crise des sciences européennes et la phénoménologie transcendentale, p. 18 et 19.
9 E. HUSSERL1911.
10 E. HUSSERL 1954, tr. fr. p. 14.
11 E. HUSSERL 1929, tr. fr.: *Méditations cartésiennes*, p. 133.

réaliste, elle risque dans un second temps, et les mathématiques précisément en sont les grandes instigatrices, d'y renoncer. De cela aussi la formulation d'A. Einstein porte la trace: lorsqu'il y est demandé si «la raison humaine serait [...] capable, sans avoir recours à l'expérience, de découvrir par son activité seule les propriétés des objets réels», c'est aussi une voie qui de toujours a tenté et sans doute tentera toujours les philosophes qui est suggérée. Que le réel ce soit les Idées, ou que nous ne puissions le connaître de science que dans l'évidence rationnelle d'idées claires et distinctes innées, ce sont là des doctrines dans l'inspiration desquelles les mathématiques ont été déterminantes. Inversement, d'ailleurs, les philosophes ont parfois été tenté d'abandonner comme non philosophique tout ce qui n'est pas du domaine pratique et de «l'existence» humaine. [12] Cela non plus n'est pas réaliste.

Oui donc, il faut le maintenir, la fraîcheur de l'étonnement *philosophique* a, dans l'énigme, quelque chose d'unique: d'une part aucune discipline scientifique ne se sépare autant que les mathématiques du réel expérimenté par tous (sauf peut-être la logique? Nous aurons l'occasion de l'examiner), au point qu'elles ont toujours eu et ont plus que jamais un fort caractère ésotérique, et le communiquent aux disciplines qui les utilisent; mais d'autre part et par le fait même elles incitent à interroger sur ce réel, c'est ce que fait l'énigme, avec une *radicalité* unique, tellement unique que, malgré sa *particularité* elle aussi unique, elle en rejoint et appelle les interrogations *les plus amples* de la philosophie. De quoi y est-il question, en effet? Expressément de la *pensée* et de la *raison*, de la *réalité* et des *propriétés* des

---

12 Ainsi notamment de Jean-Paul Sartre, à propos duquel Alain Badiou relève (dans un article qui commence ainsi: «quand je me remémore mon foudroiement philosophique lycéen, il me semble se donner tout entier dans une seule formule de Sartre, matrice inépuisable de ma faconde adolescente. Il s'agit de la définition de la conscience: «la conscience est un être pour lequel il est dans son être question de son être, en tant que cet être implique un être autre que lui». On l'a déjà remarqué, non sans malice: que de mentions de l'être, pour dire le Néant du pour-soi!») qu'à côté de celui-ci «il y avait [pour lui le jeune A. Badiou] les mathématiques, dont c'est peu de dire qu'elles laissaient Sartre plutôt froid», tout en poursuivant: «en dépit du sous-titre de *Critique de la raison dialectique* – «théorie des ensembles pratiques» –, que je n'ai jamais pu lire sans penser qu'y était reconnue la modernité fondatrice de Cantor» (A. BADIOU 1991, «Melancholia. Saisissement, dessaisie, fidélité», p. 14 et 16). Et de fait, dans sa maturité, chose bien remarquable et sur laquelle il nous faudra au moins brièvement revenir, A. Badiou conjoindra en quelque sorte, dans *L'être et l'évènement* (1988), ces deux sources.

objets dont elle est composée, de *l'expérience* que nous en avons et de ce que nous en connaîtrions sans en avoir l'expérience; immédiatement sous-jacent, car c'est par cet autre côté aussi que se nourrit l'étonnement du physicien A. Einstein, du *devenir* dans lequel sont plongées, comme les organes par lesquels la *sensation* nous met en rapport avec elles et à la différence de ce à quoi se rapporte la pensée du mathématicien, ces réalités toujours matérielles dont nous avons l'expérience.

C'est-à-dire que, pour reprendre les grandes distinctions de celui que Dante a cru pouvoir appeler «le maître de ceux qui savent», l'étonnement qui s'exprime dans l'énigme demande à la philosophie de ne pas se limiter à être pratique, humaine, mais bien, aussi, théorétique; car toutes les grandes interrogations de cet ordre: sur le devenir, sur le vivant, sur Dieu, sur le réel pris comme tel, y sont bien virtuellement présentes. Réci-proquement, d'ailleurs, toutes sont à quelque moment susceptibles de la faire apparaître, car rien aujourd'hui n'apparaît totalement étranger aux mathématiques. C'est un fait, les hommes en sont venus à se demander: Dieu est-il mathématicien, voire mathématiques? Mathématicien en tout cas beaucoup, sinon la plupart, l'ont pensé ou le pensent. Mais ce qui les a conduits à l'envisager, c'est que l'Univers semble gouverné, comme parviennent à se gouverner les hommes, par un *logos*, Intelligence ou Raison, et que celui-ci semble au moins en partie, mais peut-être même en fin «de compte» totalement, mathématique. De cet univers, tout d'abord, nous n'avons l'expérience, en particulier, ni de son tout ni de ses parties infimes, et il semble que si nous en réussissons néanmoins quelque approche dans l'une ou l'autre de ces deux directions ce ne puisse être sans les mathématiques. Mais aujourd'hui, en outre, c'est cela même dont nous avons l'expérience la plus distincte, à savoir les domaines du vivant, des comportements psycho-sociologiques et économiques, de la logique, etc. qui se laissent approcher et manipuler (d'où d'ailleurs l'actualité d'une autre question elle aussi très ancienne: les mathématiques seraient-elles diaboliques?) sous des biais faisant appel aux mathématiques. [13]

---

13 Depuis le domaine de la physique, d'ailleurs, et pour reprendre le titre d'un livre récent de Giorgio ISRAËL, 1996, *La mathématisation du réel* a été étendue, ou a fait l'objet de tentatives d'extension, à de nombreux autres domaines, pour ne pas dire à *tous* domaines accessibles à la pensée (bien qu'il soit déjà un peu oublié, le structuralisme n'avait-il pas de telles visées? Gilles Gaston GRANGER,1967, *Pensée formelle et sciences de l'homme*, reste en tout cas encore aujourd'hui une précieuse contribution à la réflexion sur celles-ci). Nous n'essayerons pas de traiter pour elles-mêmes et dans tout leur détail les questions que cela pose, travail auquel le livre de G. Israël apporte des éléments d'ordre historique et une réflexion tout à fait précieux, mais, les abordant

Mais il faut aller plus loin: si l'étonnement que suscite l'énigme est susceptible de déboucher, malgré sa particularité, sur toutes les grandes interrogations qui ouvrent à une philosophie théorétique, il est aussi susceptible, et cette fois-ci du fait même de sa particularité, de les alimenter dans leur plus grande radicalité. Plus les sciences autres que la philosophie, en effet, semblent lui passer devant, plus elles en suscitent à nouveau, en fin de compte, le besoin – tel est bien, au regard du philosophe, le sens premier de l'étonnement d'A. Einstein –, mais plus aussi, et même d'abord, elles en critiquent les voies antérieures, jusqu'à sembler en manifester l'impossibilité radicale – de là vient l'existence même de l'énigme. Pour reprendre ces deux points dans l'ordre inverse: d'une part les «nouvelles sciences» ne parviennent à se constituer qu'en renversant, comme l'a entre autres bien montré *La formation de l'esprit scientifique*, des «obstacles épisté-mologiques» dans la concrétion desquels des considérations empruntées à la philosophie ont toujours eu quelque part, souvent importante (ce qui ne

---

malgré tout par ces deux cas extrêmes que sont en quelque façon, d'une part, l'énigme née de la physique galiléenne et, d'autre part, la logique, nous avons bien l'ambition de dégager, grâce à un «grand détour» par la *Métaphysique* que n'envisage certes pas G. Israël (ni non plus D. LAMBERT 1996), les clefs essentielles dont il est besoin pour y répondre. Si d'ailleurs le point de vue de l'historien le conduit sur ce point à des positions nuancées, des points de vue programmatiques peuvent s'avérer beaucoup plus radicaux. Ainsi de Mario Bunge qui, dans une brève mais précieuse contribution énumérant les cinq causes principales de «l'écart entre les mathématiques et le réel», en vient à écrire: «Nous pouvons et devrions admettre le postulat méthodologique optimiste suivant lequel toute idée qui aurait un minimum de clarté peut être rendue exacte, c'est-à-dire mathématisée. Cela vaut non seulement pour la science et la technologie mais aussi pour la philosophie». Heureusement, l'auteur ajoute non seulement, entre parenthèses, ceci: «en fait, il y a une philosophie exacte, bien qu'elle soit insuffisamment développée et souvent encore non pertinente», mais encore la phrase suivante: «Mais il est impossible de prouver ce postulat: nous ne pouvons exclure la possibilité qu'il soit inhérent à des concepts importants d'être inexacts» (Mario BUNGE, 1994, p. 169). Tout espoir ne nous est donc pas interdit, et peut-être pouvons-nous ambitionner de jeter une lumière inexacte sur les sciences exactes? Dans un style non plus anglo-saxon mais bien français, Daniel PARROCHIA 1991, *Mathématiques et existence. Ordres, fragments, empiètements*, promeut un projet que nourrit l'espoir inverse (voir d'ailleurs 1993, *La raison systématique. Essai de morphologie des systèmes philosophiques*). Mais ce projet n'appelle-t-il pas la même remarque que celle qu'il rapporte avoir été faite par Christian Huygens à Gottfried Leibniz: «je vous le dis ingénument, ce ne sont là, à mon avis, que de beaux souhaits» (p. 60 et, p. 78, n. 17)?

justifie pas pour autant, nous essayerons de le faire voir, l'asservissement des diverses tendances philosophiques à cette sorte d'idéologie épisté-mologiste que pratique Gaston Bachelard); leurs progrès mêmes d'autre part, comme l'a bien senti E. Husserl appellent en fait à nouveau à des interrogations proprement philosophiques, mais soulevées selon une radicalité nouvelle, celle-là même nécessaire pour relever le défi de la scientificité (ce qui ne veut pas forcément dire, nous y reviendrons aussi, dans la direction de la phénoménologie transcendentale).

Pour expliciter, par conséquent, ce que demande par ce côté des choses l'étonnement qui s'exprime dans l'énigme, ce n'est pas vers l'affirmation de l'existence, l'organisation et le développement par Aristote d'une philo-sophie théorétique qu'il faut d'abord se tourner, mais bien plutôt vers sa destruction, en deux temps, par la modernité. Car l'énigme, en fait, n'est proprement apparue telle que depuis peu, deux siècles environ.

D'une part en effet, si la *question* de leur rapport au réel est sans doute à peu près aussi ancienne que les mathématiques, les propositions de réponse sont à peu près aussi anciennes que la philosophie et, si ces propositions ont été diverses, leur affrontement n'a pas vraiment donné l'impression, durant deux millénaires, que cette question fût une énigme. Un très précieux travail de Pierre Duhem l'a bien montré: au delà du panmathématisme archaïque du «tout est nombre» pythagoricien, la tradition platonicienne, telle que nous la transmet Simplicius, ne demande aux mathématiques que de «sauver les phénomènes» et, certes, elle se trouve ainsi en débat avec une tradition aristotélicienne qui vise, elle, à donner des réalités de la nature une science et philosophie par les principes et causes propres, mais la séparation entre sciences et philosophie ne se produira qu'au second des deux temps qui ponctueront la modernité, et ce débat sera longtemps resté, dans un contexte historique devenu avant tout théologien, relativement de second plan.

Et si, d'autre part, cette question a revêtu une acuité de plus en plus grande à partir de la justement fameuse déclaration programmatique de Galilée citée dans notre introduction, celle-ci a été suivie par un formidable effort pour y répondre, effort dont on peut dire qu'il est fondateur de la philosophie moderne. Le projet de René Descartes, non ouvertement proclamé mais explicitement avoué et d'ailleurs bien visible, est en effet, justement, de fonder métaphysiquement le mécanisme. [14] Et si ce projet est

---

14 Rapprocher à ce sujet la lettre à Mersenne du 11 octobre 1638: «je trouve en général qu'il [Galilée] philosophe beaucoup mieux que le vulgaire, en ce qu'il quitte le plus qu'il peut les erreurs de l'Ecole, et tâche à examiner les matières

aussi d'ouvrir à nouveau des voies autonomes à une philosophie qui était devenue œuvre de théologiens, la confirmation principale de la pertinence de ces nouvelles voies se trouve précisément dans la levée qu'elles permettent de l'«obstacle épistémologique» que présente, relativement à la «*scienza nuova*», la philosophie de ces théologiens: fonder métaphysiquement le mécanisme, voilà ce qui, en retour, confirmera les bons fondements de la métaphysique nouvelle qui en aura réussi l'exploit.

Ce qui est vrai, par contre, c'est que ce beau projet a abouti à un double échec. D'une part la philosophie théorétique, comme épuisée par l'effort, en est venue à être déclarée, tout irrépressible qu'en soit reconnu le besoin chez les hommes, une réponse illusoire au dit besoin. Et d'autre part, quelle qu'ait été à cet égard l'illusion d'E. Kant, aucun des «fondements» proposés au mécanisme ou aux mathématiques par les philosophes n'a vraiment joué ce rôle à leur égard.

Les mathématiques proprement dites ont encore pu paraître, il est vrai, un siècle plus tard et un bref instant, avoir trouvé leurs fondements dans la seule logique, et ouvrir par là une ère nouvelle à la philosophie elle-même. Mais si le choc sur la philosophie n'a pas encore fini, en effet et là aussi, de se faire ressentir, les mathématiques, de leur côté, sont vite entrées dans une «crise des fondements» de laquelle elles ne sont toujours pas sorties, sinon de manière pragmatique. Si d'ailleurs le logicisme était avéré, cela ne ferait que reporter sur la logique la question d'A. Einstein sur la capacité de la raison humaine de découvrir par son activité seule les propriétés des objets réels, ce qui serait simplement redoubler l'énigme. Mais le logicisme a échoué, comme aussi les autres tentatives fondationnistes qui l'ont suivi, et ces échecs reconduisent eux aussi, que ce soit celui du formalisme ou celui de l'intuitionnisme, à la question du rapport des mathématiques et du réel, qu'ils contribuent, donc, à transformer en énigme.

Si donc la *question* est devenue *énigme* c'est que, conjointement aux formidables succès des mathématiques et des sciences qui en usent, sa formulation comme question de leurs *fondements* a conduit au double échec, d'une part, d'ébranler la solidité même des mathématiques et,

---

physiques par des raisons mathématiques. En cela je m'accorde entièrement avec lui et je tiens qu'il n'y a point d'autre moyen pour trouver la vérité» (La Pléiade p. 1024) et celle du 28 janvier 1641: «et je vous dirai, entre nous, que ces six *Méditations* contiennent tous les fondements de ma physique. Mais il ne le faut pas dire, s'il vous plaît; car ceux qui favorisent Aristote feraient peut-être plus de difficultés de les approuver; et j'espère que ceux qui les liront, s'accoutumeront insensiblement à mes principes, et en reconnaîtront la vérité avant que de s'apercevoir qu'il détruisent ceux d'Aristote» (La Pléiade p. 1114).

d'autre part, de fermer les voies à toute philosophie théorétique. Quelque chose sans doute n'était pas juste, dans la voie où se sont engagés les modernes puis nos contemporains? Quelque chose sans doute aussi manquait aux réponses des anciens? Dans la fraîcheur de l'étonnement qu'elle exprime, l'énigme nous invite à reprendre à nouveau l'interrogation, non pas certes «en faisant du passé table rase», mais au contraire en la précisant à partir des difficultés mêmes qui se sont rencontrées en celui-ci. Et aussi, concluons sur ce point, en veillant à n'édulcorer en rien ces difficultés: plus de difficultés, plus d'interrogations! Or, c'est A. Einstein qui a raison, l'énigme est bien là, entière. Ayant discerné dans son désir de réalisme un appel à une philosophie théorétique, nous ne pouvons accepter la position, par exemple, d'un Jean Piaget, dont «la thèse [...] simple [est] que la philosophie, conformément au grand nom qu'elle a reçu, constitue une «sagesse», indispensable aux être rationnels pour coordonner les diverses activités de l'homme, mais qu'elle n'atteint pas un savoir proprement dit». [15] Mais nous devons lui concéder que «le «philosophe» se fait volontiers de la science une image positiviste et la réduit au catalogue des faits et des lois» (p. 160). C'est qu'il y a deux positivismes: celui, grossier, des scientifiques, lequel c'est vrai «décapite la philosophie»; mais aussi celui, commode et inconscient, des philosophes, lequel évacue l'énigme et, du même coup, fait perdre à la philosophie une source indispensable à la vitalité de son interrogation. Tel est bien le reproche qu'il faut adresser, en particulier, à P. Duhem, lorsqu'il propose de manière apparemment hardie d'inverser la compréhension courante de la révolution galiléenne, laquelle n'aurait pas étendu au monde supra-lunaire une compréhension physique jusque là concédée à Aristote pour le seul monde sublunaire, mais aurait au contraire fait descendre la compréhension mathématique, jusque-là réservée au monde supralunaire et visant seulement à «sauver les phénomènes, *sozein ta phainomena*» jusque dans le monde sublunaire. Sans doute Galilée avait-il tort si, lorsqu'il «déclarait que l'Astronomie doit prendre pour hypothèses des propositions dont la vérité soit établie par la Physique», il entendait «signifier que les hypothèses de l'Astronomie étaient des jugements sur la nature des choses célestes»: la *nuova scienza* n'est pas immédiatement réaliste. Mais P. Duhem a tort lorsqu'il conclut: «en dépit de Kepler et de Galilée, nous croyons aujourd'hui, avec Osiander et Bellarmin, que les hypothèses de la Physique ne sont QUE des artifices mathématiques

---

15 Jean PIAGET 1965, *Sagesse et illusions de la philosophie*, p. 1.

destinés à *sauver les phénomènes*».[16] A la vérité cette position, si bien pensant qu'ait été son auteur, n'en relève pas moins d'une vision positiviste de la science, vision qui évacue le problème et contribue donc à en faire une énigme. Certes «l'épistémologie» a raison, de son point de vue, de voir dans la «théorie physique» une théorie qui n'est *que* «hypothético-déductive», mais cela ne fait que marquer la limite de ce que son point de vue lui permet d'atteindre, et A. Einstein, et beaucoup d'autres, ont raison de continuer à se poser, au delà de cette limite, la question du réel. Certes encore la distinction comtienne du «pourquoi» et du «comment», déjà présente d'ailleurs chez Gottfried Leibniz et même dans le *Phédon*,[17] a quelque part de vérité, mais cela n'autorise en rien à en faire ce qu'elle est devenue: une commodité qui dispense d'interroger. Elle doit, au contraire, conduire à interroger plus avant. Et de même le lieu commun n'est pas sans fondements qui fait des mathématiques le *langage* de la physique, mais Jean-Marc Lévy-Leblond a parfaitement raison de souligner que «toutes les réponses [à la question du rapport entre physique et mathématique] qui s'appuient sur cette conception – les mathématiques comme langage – manquent leur but en le dépassant».[18] Ainsi G. Bachelard a-t-il bien raison

---

16 Pierre DUHEM 1908, SOZEIN TA PHAINOMENA, *Essai sur la notion de théorie physique*, rééd. 1982, p. 139-40, majuscules mises par moi.

17 Cf. G. LEIBNIZ 1686, *Discours de métaphysique*, §20 (1984, p. 57-8), citant le *Phédon* 97b-99c, dont on rappellera notamment le passage suivant: «autre chose est ce qui est la véritable cause et ce qui n'est qu'une condition sans laquelle la cause ne saurait être cause».

18 Jean-Marc LÉVY-LEBLOND, 1982, «Physique et mathématiques», p. 197. Certainement aussi J.-M. Lévy-Leblond a-t-il raison de souligner que le lien de la physique galiléenne (au sens large qui est le nôtre) aux mathématiques, lien tel que celles-ci en sont *constitutives* (ou, dynamiquement pris, *constituantes*), est d'une tout autre profondeur que pour toutes autres disciplines (voir cependant les observations de G. ISRAËL 1996 concernant l'économie). Mais l'on peut se demander s'il n'y a pas là, plutôt que l'*explicans* qu'en fait la thèse selon laquelle «son rapport aux mathématiques constitue la détermination spécifique de la physique» (p. 207), l'*explicandum* même qui constitue l'énigme. Et certainement encore notre auteur a-t-il raison d'objecter à G. Bachelard (cf. textes cités ici-même) que «la discrimination pensée-langage n'est pas parfaitement claire», mais il me semble, et j'espère que ce travail en convaincra le lecteur, qu'une plus grande clarté ne peut venir que d'une reprise de l'interrogation portant non seulement, par delà «le langage» (mais en partant de son observation), vers le *logos*, mais encore, car c'est cela-même à quoi nous invitent les Grecs, et certes en passant par la pensée, vers ce qui est pris en tant qu'être. De même, si l'on lit avec grand intérêt et suit pleinement Alain BOUTOT 1990, «Mathématiques et ontologie: les symétries en physique. Les implications épistémologiques du

de refuser cette facilité et de souligner que les mathématiques permettent réellement d'expliquer:

les hypothèses de la physique se formulent mathématiquement. Les hypothèses scientifiques sont désormais inséparables de leur forme mathématique: elles sont vraiment des pensées mathématiques [...] il faut rompre avec ce poncif cher aux philosophes sceptiques qui ne veulent voir dans les mathématiques qu'un *langage*. Au contraire, la mathématique est une pensée, une *pensée* sûre de son langage. Le physicien pense l'expérience avec cette pensée mathématique [19]

même si ensuite son rationalisme matérialiste ne peut évidemment constituer à son tour, à l'encontre du réalisme de l'interrogation qui anime l'énigme, qu'un «arrêt épistémologique». [20] Ainsi encore Martin Heidegger préserve-t-il sans doute mieux la vigueur d'interrogation qu'appelle cette dernière, lorsqu'il amplifie l'interrogation d'E. Husserl en faisant du rapport de la pensée aux choses, dans la science, une question où se joue la destinée même de l'homme. Au moins peut-on estimer qu'il ne se montre pas trop inférieur, se faisant, aux interrogations du savant qui a pu écrire ceci:

la Théorie physique a deux désirs ardents, rassembler le plus possible tous les phénomènes pertinents et leurs associations...

(où l'on reconnaîtra la *part* de vérité du holisme de P. Duhem prolongeant et achevant la conclusion citée ci-dessus par celle-ci: «mais grâce à Kepler et à Galilée nous leur demandons de *sauver à la fois tous les phénomènes* de l'Univers inanimé»)

et nous aider non seulement à savoir *comment* est la Nature et *comment s'effectuent* ses processus, mais encore à atteindre autant que se peut le but peut-

---

théorème de Nœther et des théories de jauge», lorsqu'il voit parmi ces implications des arguments décisifs contre la thèse du positivisme selon lesquelles les mathématiques ne seraient pour la physique qu'un langage, on se montrera plus réticent à en tirer des conclusions d'un réalisme qui, pour se suggérer immédiat, prend une allure platonicienne-pythagoricenne manifeste. L'on peut certes reconnaître que les «théories de jauge [...] ne se contentent pas de *se servir* des mathématiques pour formuler un certain nombre de propositions et les enchaîner les unes aux autres, mais confèrent aux mathématiques un véritable *pouvoir génératif* [car elles] concluent à la nécessité d'introduire de nouvelles entités dans l'ontologie de la physique» (p. 512), mais reste à s'interroger sur l'être de ces entités dont «l'ontologie» est telle qu'elles ne sont accessibles que *via* un «pouvoir génératif» mathématique.

19 G. BACHELARD 1951, *L'activité rationaliste de la physique contemporaine*, éd. 1965 p. 29.
20 G. BACHELARD 1938, *La formation de l'esprit scientifique*, éd. 1989 p. 60.

être utopique et apparemment arrogant de connaître *pourquoi* la Nature est *ainsi et pas autrement.* C'est ce qui procure la satisfaction la plus haute à un esprit scientifique. [...] [En opérant les déductions à partir d'une «hypothèse fondamentale» comme par exemple celle de la théorie cinétique moléculaire], on fait l'expérience, pour ainsi dire, que Dieu lui-même n'aurait pu arranger ces relations [par exemple entre pression, volume et température] dans une façon autre que celle qui existe de fait, pas plus qu'il ne serait en son pouvoir de faire du nombre 4 un nombre premier. C'est l'élément prométhéen de l'expérience scientifique [...] Voilà ce qui a toujours représenté pour moi la magie particulière des considérations scientifiques, c'est-à-dire, en quelque sorte, la base religieuse de l'élan scientifique. [21]

Mais ne nous croyons pas pour autant tenus à en rester à cette synthèse philosophique de savant qu'est le «rationalisme critique rationnel» [22] d'A. Einstein, encore moins à son allégeance de «déterministe convaincu» à Baruch Spinoza. [23] Ne nous croyons pas non plus tenus de tenter à tout prix «la transformation de notre mode de penser» qui nous ferait «comprendre cette chose encore in-ouïe que nous [Martin Heidegger], appelons la dispensation de l'être» [24] Mais, du moins, essayons de ne pas diminuer la

---

21 A. EINSTEIN1929b, «Über den gegenwärtigen Stand der Feldtheorie», cité par G. HOLTON 1978, tr. fr. p. 279.

22 Cf. M. PATY 1979, p. 32 , et 1993, p. 366-80.

23 Dans sa réponse à un universitaire japonais citée dans notre Préambule, il précise, à propos de l'intelligibilité du monde: «cette forte croyance, liée à un sentiment profond, dans un esprit supérieur qui se révèle dans le monde de l'expérience, représente ma conception de Dieu. En langage courant, on peut la décrire comme ‹panthéiste› (Spinoza)» (A. EINSTEIN 1929a, cité par M. PATY 1993, p. 399). Voir également M. PATY 1982 et 1983, dont on retiendra les lignes suivantes (respectivement p. 187 et 94-5): «A un rabbin de Brooklyn qui l'interroge sur la philosophie de Maïmonide et la relativité, il écrit ceci – outre qu'il n'a pas lu Maïmonide et que la théorie de la relativité n'a rien à voir avec ce genre de discussion philosophique: «la réponse à vos questions emplirait des livres. [...] Je ne peux que dire en quelques mots que j'ai exactement la même opinion que Spinoza et que, en tant que déterministe convaincu, je n'éprouve aucune sympathie pour la conception monothéiste» (lettre au rabbin A. Geller, Brooklyn, inédit, archives Einstein). Interrogé sur Dieu, il répond: «Je crois au Dieu de Spinoza, qui se révèle dans l'harmonie ordonnée de ce qui existe, non en un Dieu qui s'intéresse au sort et aux actes des êtres humains» (réponse parue dans le *New York Times*, 25 avril 1929, p. 60, col. 4).

24 Martin HEIDEGGER 1957a, tr. fr.: *Le principe de raison*, p. 132 et 243.

20

vigueur de l'interrogation, car ce serait là finalement, à coup sûr, diminuer la vérité. [25]

2. Du pourquoi de l'énigme à un premier nouement des interrogations

2.1. A la source de l'énigme

2.1.1. La recherche des fondements et la nécessité de l'interrogation critique

Enigme donc il y a, et plus énigmatique que jamais. Mais pourquoi en est-il ainsi? Ce «pourquoi», sans doute, se trouve dans notre rapport au réel, tant commun que scientifique – ce qui, si du moins l'on ne renonce pas à résoudre l'énigme, inclut «philosophique» – mais aussi, plus radicalement, dans le réel même – du moins est-ce dans cette direction que nous oriente l'étonnement *philosophique* qui s'exprime dans l'énigme. Et certainement, si tant les anciens que les modernes y ont manqué, est-il délicat à saisir. Du moins pouvons-nous et devons-nous nous aider de leurs tentatives et difficultés pour tenter de discerner à notre tour en celles-ci ce qui manifestement bloque la poursuite de l'interrogation et ce qui au contraire semble susceptible de favoriser cette poursuite, cela pour, en fin de compte, décider de quelle manière nous pourrions, nous, nouer aujourd'hui ladite interrogation.

---

25 Ne serait-ce pas là encore le danger encouru par qui croirait suffisant de s'orienter, comme le suggère en épilogue D. LAMBERT 1996 «vers une lecture esthétique du rapport entre les mathématiques et les sciences de la nature» (p. 466-7). Certes les mathématiques sont finalisées par le beau (cf. *Mét.* M3, 1078a31-b6, et voir sur ce point M. CRUBELLIER 1994, p. 127-9 et 149-51) et certes il y a lieu de rapprocher les imitations de la nature par l'art et par le physicien, comme il y a lieu de rapprocher les intuitions mathématiques et celles de l'artiste (cf. M.-D. PHILIPPE et Jacques VAUTHIER 1993, *Le manteau du mathématicien* – dont s'inspire l'épilogue de D. Lambert – p. 19). Mais lorsque D. Lambert écrit, fort justement: «si l'art peut créer une imitation de la nature c'est qu'elle [l'imitation] s'enracine en elle [la nature] tout en la dépassant, tout en l'achevant» (p. 467), il ne faudrait pas que cela soit prétexte à renoncer à rechercher, dans le cas de la physique théorique, en quoi consiste l'enracinement en question.

Vu de très haut, ce que nous fait voir l'histoire c'est, nous l'avons déjà relevé, tout d'abord une certaine antériorité des mathématiques – et de leurs usages, d'où *Métaphysique* A parle curieusement, nous y reviendrons, des *mathèmatikai technai* – sur la philosophie puis, à partir de Galilée, une initiative toujours renouvelée des sciences qui en usent, initiative qui toujours les fait «passer devant» la philosophie et aboutit, après E. Kant, à une séparation d'avec la philosophie. Eh bien! cette séparation, voilà justement ce que nous avons dit être *à l'origine* de l'énigme, ce que donc l'étonnement qui s'exprime en celle-ci nous appelle à dépasser, et ce qui nous invite à examiner de plus près, tant aujourd'hui, où nous subissons cette séparation, que dans le passé, où elle n'existait pas mais a été préparée, où, en quel «lieu», peuvent et doivent se rencontrer et se distinguer philosophie et sciences mathématiques et physiques. Or ce lieu est manifeste, c'est celui où nous situions tout à l'heure le pourquoi de l'énigme, celui où savants et philosophes s'interrogent sur leur rapport, tant commun que scientifique, au réel et aussi, plus radicalement sur le réel même. Et de fait, si l'histoire repère ici deux grands commencements, disons l'époque des Grecs et l'époque qui s'ouvre avec Galilée, l'un et l'autre ont connu, en ce lieu, de grands et décisifs débats. Et sur quoi portent ces débats? Pour le redire en un mot, un mot moderne [26] plutôt que grec: sur le *fondement* du savoir de science. Le savoir de science se développe en recherches et s'exprime en démonstrations, et il entend aboutir, pour le dire sur un mode plus «subjectif» à la *certitude* ou, sur un mode plus «objectif» à des conclusions *nécessaires*. Or il doit s'appuyer, pour ce faire, sur des points de départ convenables, et la connaissance commune, à première vue, ne semble pas en mesure de les lui fournir, étant seulement capable, au mieux, de donner des opinions vraies, mais aussi, l'histoire est là pour le prouver surabondamment, des préjugés trompeurs. Or encore, sur cette question du fondement, même le regard rétrospectif de qui, dans la situation actuelle, sépare sciences et philosophie, même ce regard doit reconnaître que, en ces deux époques de grands commen-cements, elles étaient au contraire en étroite symbiose. Nous le rappelions tout à l'heure, la philosophie moderne a commencé avec le projet cartésien de fonder métaphysiquement le mécanisme. Mais Platon, déjà, notait ceci:

> ceux qui travaillent sur la géométrie, sur les calculs [...] une fois qu'ils ont posé
> par hypothèse l'existence de l'impair et du pair, celle des figures, celle de trois
> espèces d'angles, celles d'autres choses encore de même famille selon chaque
> discipline, procèdent à l'égard de ces notions comme à l'égard des choses qu'ils

---

26 Déjà présent il est vrai, nous le verrons, chez saint Albert le Grand.

savent; les maniant pour leur usage comme des hypothèses, ils n'estiment plus avoir à en rendre nullement raison, ni à eux-mêmes, ni à autrui, comme si elles étaient claires pour tout le monde; puis, les prenant pour point de départ, parcourant dès lors le reste du chemin, ils finissent par atteindre, en restant d'accord avec eux-mêmes, la proposition à l'examen de laquelle ils ont bien pu s'attaquer en partant [27]

texte qui pourrait ouvrir à de longs commentaires, mais dont nous retiendrons ici deux points: d'une part les mathématiques ne sont devenues sciences que dans une discussion de leurs «fondements», discussion où, même s'ils se distinguent déjà, sont intimement engagés et mathématiciens et philosophes, d'où l'on observera que les mathématiques sont certes antérieures à la philosophie comme art, mais non vraiment comme science; mais si, d'autre part, les mathématiques y gagnent une réelle autonomie, le philosophe, lui, ne s'en satisfait pas, et entend aller plus loin: dans le cas de Platon, avec la dialectique, de telle façon que

en allant dans la direction du principe universel jusqu'à ce qui est anhypothétique, le raisonnement, une fois ce principe atteint par lui, s'attachant à suivre tout ce qui suit de ce principe suprême, descende ainsi inversement vers une terminaison, sans recourir à rien absolument qui soit sensible, mais aux natures essentielles toutes seules, en passant par elles pour aller vers elles, et c'est sur des natures essentielles qu'il vient terminer sa démarche [28]

La symbiose, on le voit, remonte aux origines. Demandons-nous donc, puisque c'est à la suite de l'échec du projet cartésien qu'est apparue l'énigme: «fallait-il bien chercher à *fonder* le mécanisme? et, d'abord, les mathématiques?», et cela en nous plaçant successivement aux points de vue des mathématiciens, des physiciens, des philosophes.

α. L'autonomie des mathématiques et de la physique

Quant aux mathématiciens, ils répondraient sans doute à peu près unanimement en faisant d'abord une distinction: qu'il faille «fonder» les mathématiques en les *axiomatisant*, oui; que cette «fondation» soit aussi philosophique ou elle-même encore à fonder philosophiquement... aux philosophes d'en débattre.

Sans doute, reconnaîtra-t-on dans un premier temps, l'activité de recherche en laquelle les mathématiques viennent à l'existence comporte-t-elle un moment organique d'interrogation réflexive sur leurs points de départs, et cette interrogation, tant chez les Grecs qu'aux temps encore tout

---

27 *Rép.* VI, 510 c-d, La Pléiade p. 1099.
28 *Rép.* VI, 511 b-c, La Pléiade p. 1100.

proches de la «crise des fondements», a toujours été menée en lien avec la réflexion philosophique. La réflexion conduite par Aristote dans les *Sec. Anal.* et la pratique observée dans les *Eléments* d'Euclide ne sont évidemment pas étrangères l'une à l'autre, pas plus que le ne sont les deux divisions:

– d'une part des mathématiques, science de la quantité, en arithmétique et géométrie

– d'autre part de la quantité, l'une des catégories irréductibles selon lesquelles se dit ce qui est, en discrète et continue.

Et non seulement les programmes logicistes et intuitionnistes sont nés en lien, soit de consonance rétrospectivement manifeste soit d'inspiration explicite, avec les philosophies de G. Leibniz et d'E. Kant, mais encore les difficultés en lesquelles ils se sont chacun enlisés (comme aussi à son tour le programme formaliste) semblent bien appeler une détermination *philosophique:* le débat que ces difficultés contraignent à instaurer ne se déroule-t-il pas, pour reprendre les dénominations d'Abraham Fränkel dans *The Foundations of Set Theory* [29] entre «platonistes», «néo-nominalistes» et «néo-conceptualistes», c'est-à-dire sur le terrain de la moyenâgeuse querelle des universaux, ou bien, avec ceux qui tel Rudolf Carnap croient devoir adopter une attitude anti-ontologique, sur la question encore philosophique de savoir s'il faut ou non s'engager sur ce terrain?

Mais à y regarder de près, répondra-t-on dans un second temps, il apparaît que, si l'activité du mathématicien soulève bien en effet des questions qui appellent une détermination par la philosophie, et si celle-ci participe assurément à la formation des représentations communes sur le fond desquelles se développent, à une époque donnée, des recherches scientifiques toujours historiquement situables, elle n'est jamais *mathématiquement* déterminante. Non seulement les mathématiques sont *nées* les premières, mais elles *se développent* toujours de manière foncièrement autonome. Leur division en arithmétique et géométrie, par exemple, n'était mathématiquement ni exhaustive ni donc radicale, et ne l'était donc peut-être pas non plus la thèse philosophique concomitante rapportant les mathématiques à la seule quantité et, surtout, les rapportant disjonctivement et exclusivement à la quantité discrète et aux grandeurs spatiales. Or, si E. Kant avait encore cette vision, elle ne correspondait plus aux mathématiques réelles de son temps, où l'algèbre et le calcul infinitésimal au moins étaient déjà des théories nettement autres, même si le souci de leur axiomatisation n'est venu que plus tard, et d'une altérité, en outre, qu'un regard rétrospectif peut discerner comme virtuellement présente, au

---

29 Abraham FRAENKEL et *alii* 1973, *Foundations of Set Theory*, p. 332sq.

niveau des problèmes et des méthodes, dès les mathématiques anciennes. Si d'ailleurs R. Descartes, lui, avait formulé en philosophe l'ambitieuse idée d'une *mathesis universalis* [30] science de l'ordre et de la mesure, c'est parce que, en mathématicien, il avait d'abord su trouver dans l'usage de l'algèbre les voies d'un dépassement de la division arithmétique/géométrie. Et quant à la crise des fondements, fruit lointain de ce dépassement, c'est bien à partir de réflexions proprement mathématiques qu'elle est née (montée de l'exigence axiomatique, géométries non euclidiennes, fondements de l'analyse échappant à l'intuition...) et il est bien connu que si elle demeure dans les principes irrésolue, des solutions pragmatiques lui ont été apportées qui en ont de fait largement éteint les débats. Ceux-ci, d'ailleurs, n'avaient jamais trouvé dans la philosophie qu'une inspiration lointaine: faisant l'historique de ce point, A. Fränkel doit commencer par relever qu'«il y a fort peu de logiciens et mathématiciens contemporains qui aient adhéré toute leur vie, de manière consistante et inflexible, à une seule vision philosophique» et il en vient *in fine* à estimer que: «voudrait-on [...] en conclure que toutes les vues ontologiques sur les mathématiques, puisqu'irréfutables, sont de ce fait même non pertinentes pour les mathématiques, nous ne voyons pas de bonnes raisons à opposer à une telle conclusion». [31]

Et ainsi, pourrait-on en conclure, Christian Wolff a eu beau écrire, dans la préface de son *Ontologia*, avoir conclu de sa recherche sur les sources de la certitude des démonstrations euclidiennes que «la Mathématique se reconnaît redevable de toute certitude à la Philosophie première, dont elle reçoit ses premiers principes», [32] l'examen des faits ne corrobore en rien cette thèse du meilleur rationalisme scolaire, et certainement y a-t-il à cela une raison de droit, qu'il revient assurément à une réflexion sur les mathématiques de dégager, mais à une réflexion qui semble bien autre que celle dont les mathématiques ont pour elles-mêmes besoin.

---

30 Cf. R. DESCARTES 1628, tr. fr.: *Règles pour la direction de l'esprit*, règle IV; La Pléiade, p. 46-51. A propos de quoi il convient de noter, avec par exemple Maurice Loi, que «loin d'accorder à [la géométrie analytique] toute l'importance que nous y attachons aujourd'hui, Descartes y voit une simple présentation algébrique de la géométrie des Anciens, permettant à la pensée des opérations plus aisées. Mais R. Descartes rêve d'étendre la certitude mathématique à l'ensemble du savoir, de fonder une «*Mathesis universalis*» [...] idée d'un ordre unique des connaissances analogue à l'ordre mathématique» (Maurice LOI 1989, «La «*mathesis universalis*» aujourd'hui», p. 932b).
31 A. FRAENKEL et *alii* 1973, p. 336 et 342.
32 Christian WOLFF 1720-27, *Ontologia*, éd. 1977, p. 12*.

A supposer, toutefois, que ces deux réflexions soient en effet différentes, peuvent-elles être totalement déconnectées? Tant l'insatisfaction où maintient la solution seulement pragmatique de la crise des fondements que le redoublement de l'énigme qui en résulte indiquent bien que non. Michel Guérard des Lauriers, pour sa part décrit ainsi la situation:

> la situation de la «mathématique moderne» en regard de la réalité est, *en fait*, et quoi qu'en veuillent les réformateurs, exactement la même que celle de la «mathématique traditionnelle». Les notions primitives, il est vrai, ont changé. Ce ne sont plus le nombre et le continu, mais ce sont l'ensemble et la structure. Ce changement est certes d'importance; mais il ne doit pas masquer que, fondamentalement, les «modernes» ne s'y prennent pas autrement que leurs aînés. Premièrement parce qu'ils font choix de certaines notions comme étant primitives. Deuxièmement parce qu'ils caractérisent d'une manière suffisante au point de vue propre de la mathématique, *sans les définir réellement* au point de vue métaphysique, les notions choisies comme étant primitives. Troisièmement, parce que, concernant respectivement chacun de ces deux points, d'une part ils renvoient à l'expérience et d'autre part ils déclarent leur non-compétence. Tout cela on l'a toujours fait. [33]

La philosophie est-elle un jour parvenue à «définir réellement au point de vue métaphysique» le nombre et le continu? Aurait-elle à faire aujourd'hui de même pour l'élément et la structure? Et si oui, quelle en était et qu'elle en serait la portée? Nous aurons à discuter de tout cela avec M. Guérard des Lauriers. Pour le moment, retenons qu'il semble en mesure de nous apporter une aide précieuse, par la manière dont il en rassemble les éléments, à notre propre effort pour nouer l'interrogation. Tout d'abord, en effet, il confirme l'autonomie de la réflexion du mathématicien tout en maintenant la question de son lien à celle du philosophe. Deuxièmement il fait nettement apparaître que cette question se pose en termes nouveaux, et suscite par là une observation qui pourrait bien se révéler précieuse pour notre effort de discerner ce qui pourrait n'être pas juste dans la voie où se sont engagés les modernes et ce qui pourrait avoir manqué aux réponses des anciens. Cette observation est la suivante: si le nombre et le continu sont immédiatement accessibles (ce qui ne veut pas du tout dire entièrement compris!) à tout un chacun, tel n'est le cas ni de l'élément ni, moins encore, de la structure. Or, la philosophie n'étant réaliste que si elle part de l'expérience commune, il y a là un fait capital: tant que la régression du mathématicien, en effet, aboutissait au nombre et au continu, on pouvait ne pas porter grande attention à son autonomie par rapport à celle

---

33 Michel GUÉRARD DES LAURIERS 1972, *La mathématique, les mathématiques, la mathématique moderne*, p. 26-7.

des philosophes, et c'est peut-être là ce qui a manqué aux anciens; et tant que l'on n'a pas nettement reconnu que le problème se pose encore, malgré ou plutôt justement à cause de cette autonomie, du lien de l'une à l'autre réflexions, on risque de faire un absolu de celle du mathématicien et, là, il est manifeste que telle est bien l'origine de la «crise des fondements». Troisièmement, enfin, M. Guérard des Lauriers semble tenir, au rebours de ce que nous venons de dire, que la question se pose de la même façon aujourd'hui qu'hier: discerner le pourquoi de cette opposition aura certainement, le moment venu, son utilité. Il nous faut, dans l'immédiat, nous tourner du côté des physiciens.

*

Quant aux physiciens, leur savoir n'a certes pas le même caractère séparé que celui des mathématiciens, mais pourtant, ils seront certainement tentés, parallèlement à A. Fränkel déconnectant fondation axiomatique des mathématiques et «vues ontologiques» sur leurs fondements, de souligner avec A. Einstein leur rapport «opportuniste» à l'«épistémologie». Ici encore il vaut la peine de laisser la parole au savant:

> la relation réciproque entre épistémologie et science est d'un genre digne d'être noté. Elles dépendent l'une de l'autre. L'épistémologie sans contact avec la science devient un schème vide. La science sans l'épistémologie – pour autant que cela soit du tout pensable – est primitive et embrouillée. Pourtant, l'épistémologue, qui cherche un système clair, n'a-t-il pas plutôt frayé son chemin jusqu'à un tel système qu'il est enclin à interpréter le contenu de la pensée de la science dans le sens de son système et à rejeter tout ce qui n'entre pas dans son système. Le scientifique, cependant, ne peut se permettre de pousser sa recherche d'une systématique épistémologique aussi loin. Il accepte avec reconnaissance l'analyse conceptuelle de l'épistémologie; mais les conditions extérieures qui lui sont imposées par les faits d'expérience ne lui permettent pas de se trop restreindre dans la construction de son monde conceptuel par l'adhésion à un système épistémologique. Il doit donc apparaître à l'épistémologue de système comme une sorte d'opportuniste sans scrupules: il se montre un *réaliste* en tant qu'il cherche à décrire le monde indépendamment des actes de perception, un *idéaliste* en tant qu'il regarde les concepts et les théories comme des inventions libres de l'esprit humain (non dérivables logiquement de ce qui est donné empiriquement); un *positiviste* en tant qu'il considère ses concepts et théories justifiés seulement dans la mesure qu'ils fournissent une représentation logique de relations entre expériences sensorielles. Il peut même se montrer un *platoniste* ou un *pythagoricien* en tant qu'il

considère le point de vue de la simplicité logique comme un outil indispensable et efficace de sa recherche. [34]

Mais ici encore nous en appellerons à A. Einstein souffrant «de la séparation de la Réalité de l'Expérience et de la Réalité de l'Etre» contre ceux qui, abusant de ce qui est en fait l'humble reconnaissance qu'il est aujourd'hui impossible d'être, tels un Aristote ou un G. Leibniz (et qui d'autre, d'ailleurs?), tout à la fois pleinement savant et pleinement philosophe, croiraient pouvoir s'autoriser d'un A. Einstein opportuniste. Encore moins accepterions-nous, bien entendu, qu'on en tire une idéologie épistémologiste qui, à la G. Bachelard, ne se contenterait pas du mol oreiller du doute et du scepticisme, mais en tirerait la conclusion selon laquelle «le réalisme scientifique est une *fonction philosophique* [...] toute philosophie, explicitement ou tacitement, avec constance ou subrepticement, se sert de la *fonction réaliste*. Toute philosophie dépose, projette ou suppose une réalité», [35] et qui, réduisant par suite la philosophie à n'être «que cette fonction d'intervention» consistant à «déplacer les concepts scientifiques à des fins qui sont extérieures à la connaissance scientifique», à savoir aux fins idéologiques «des valeurs sociales telle que morale, religion ou politique», [36] déboucherait bel et bien, nous l'avons déjà relevé, sur un «arrêt épistémologique» de l'interrogation (et, au delà, sur une idéologie typiquement «professeur autodidacte de la IIIe République», comme le laisse voir la dernière phrase de *La formation de l'esprit scientifique*, laquelle appelle de ses vœux l'époque où «les intérêts sociaux seront définitivement inversés: la Société sera faite pour l'Ecole et non pas l'Ecole pour la Société» [37]). Non! Comme en témoignent d'innombrables titres tels que: «Physique et réalité» (A. Einstein 1936), *La science physique et la réalité* (Robert Blanché 1948), *A la recherche de la réalité physique* (P. Chambadal, 1969), *A la recherche du réel* (Bernard d'Espagnat 1979) etc., le déve-

---

34 A. EINSTEIN 1949b, «Reply to criticisms», p. 683-4, cité par Paul SCHEURER 1979, p. 199 et par M. PATY 1993, p. 375-6, lequel montre de façon convaincante que «cette définition des rapports de l'épistémologie (ou de la théorie de la connaissance) et de la science s'oppose tout autant à l'indifférence entre les deux qu'à l'éclectisme» (p. 376n et aussi 3 et 110)... mais sans que cela interdise à une recherche philosophique soucieuse de pousser jusqu'au bout «l'engagement pour le réalisme» demandé par l'énigme d'organiser autrement qu'A. Einstein les parts de vérité qu'il faut reconnaître aux différentes positions épistémologiques ou critiques.

35 G. BACHELARD 1953, *Le matérialisme rationnel*, éd. 1972 p. 141.

36 Dominique LECOURT 1974, *L'épistémologie historique de Gaston Bachelard*, p. 59, 43 et 58.

37 G. BACHELARD 1938, éd. 1989 p. 252.

loppement de la physique conduit à cette interrogation *philosophique* sur le réel qui s'exprime dans l'énigme – interrogation qui est, G. Bachelard a raison de le souligner, même si c'est pour la combattre, spontanément réaliste –, et cette interrogation ne doit être ni éludée ni édulcorée. Maintenant, qu'il en soit ainsi, le fait a quelque chose d'éminemment paradoxal. De quoi donc en effet, la science s'occupe-t-elle, sinon de la réalité, et comment se fait-il que les physiciens soient de la sorte, et du fait même du développement de leur savoir, amenés à s'interroger sur celle-ci? C'est ici que, sans aucun doute, quelque chose manquait à la vision des anciens, d'Aristote tout spécialement: *tout dans le réel, et de très loin, ne peut se laisser connaître à partir de notre seule expérience.* Aristote, au vrai, l'a bien aperçu, qui observait:

> dans les problèmes [que nous pouvons rencontrer] [...] il en existe certains qui se ramènent à une défection de la sensation. En effet, certaines [réalités sont telles que], si nous les voyions, nous ne les chercherions pas. Non que nous les connaîtrions de science par le [seul fait de les voir], mais parce qu'à partir du [fait de les] voir nous aurions l'universel [en notre possession]. Si par exemple nous voyions la lentille trouée et la lumière passant à travers, nous serait aussi manifeste en vertu de quoi elle brûle (*Sec. Anal.* A 31, 88a11-16).

Mais toute la vigueur de son réalisme foncier est allée à marginaliser autant que faire se pouvait ce type de problèmes. Pourquoi cela? Parce que «pour les choses qui ne peuvent être perçues par les sens nous estimons en avoir fourni une explication rationnelle suffisante quand nous en sommes arrivés à en montrer la possibilité» (*Météor.* A7, 343b5-8, tr. Jean Tricot), et que l'explication par le possible, l'énigme est là pour le manifester, ne peut que susciter, et d'autant plus qu'elle est plus puissante, l'interrogation sur le réel. Cette réticence, d'ailleurs, n'est pas propre à Aristote. Même si un Blaise Pascal ou un G. Leibniz voyaient un peu mieux dans quelle direction l'on s'engageait, la naïveté de leurs représentations – celle du ciron dans le ciron [38] ou du lac de poissons que serait tout bloc de marbre [39] vaut bien celle des pores par lesquels Aristote imagine la lumière passer à travers la lentille – manifeste combien il restait nécessaire, et difficile à réaliser, pour en construire de plus solides, de passer par les difficiles et imprévisibles investissements, instrumentaux et théoriques, de la «méthode expéri-mentale». Sur ce point, G. Bachelard a vu très juste, et tout apprenti philosophe devrait lire et méditer *La formation de l'esprit scientifique.* Cette lecture, toutefois, ne devrait pas le dissuader de poursuivre son appren-

---

38 Blaise PASCAL 1670, *Pensées*, éd. Brunschvicg, n° 72.
39 G. LEIBNIZ, éd. C.-I. GERHART, II, p. 101, cité par Y. BELAVAL 1962, *Leibniz, initiation à sa philosophie*, éd. 1984, p. 242.

tissage, et surtout pas de se mettre à l'école de la philosophie réaliste, mais seulement lui faire mesurer les exigences à satisfaire aujourd'hui pour faire mentir l'affirmation selon laquelle «la question aristotélicienne, depuis longtemps, s'est tue». [40] Ce pourquoi d'ailleurs il ne lui faudra pas seulement, comme nous le montrerons plus loin, relire Aristote, mais aussi et en un sens d'abord, la philosophie dite «classique» (disons de R. Descartes à E. Kant), c'est là ce qu'il nous faut maintenant essayer de montrer, contre l'outrecuidance autodidacte et malgré tout encore positiviste qui, dans une loi des trois états renouvelée, pose que «la première période représentant l'*état préscientifique* comprendrait à la fois l'antiquité classique et les siècles de renaissance et d'efforts nouveaux avec le XVIᵉ, le XVIIᵉ et même le XVIIIᵉ siècle» (p. 7).

De fait, si l'échec de la philosophie classique à fonder la nouvelle science a débouché sur le positivisme, du moins a-t-elle tenté, elle, de répondre à ce qui allait devenir l'énigme, et il serait certainement tout à fait impossible d'espérer résoudre celle-ci à qui n'aurait pas médité les difficultés de l'absence de résolution desquelles elle est née. Mais, reviendra-t-on à la charge, ce que montre l'histoire postérieure au XVIIIᵉ siècle, n'est-ce pas ceci que, si assurément les sciences positives connaissent crises et révolutions, elles semblent les résoudre dans une indépendance croissante de la philosophie, dont la prétention à les fonder doit donc être totalement abandonnée? Comme le mathématicien, le physicien, même si son savoir n'a pas le même caractère séparé, n'est-il pas autonome? Assurément. Et certainement G. Bachelard a-t-il raison d'illustrer abondamment les méfaits des mélanges de genre de la période pour lui «préscientifique», même s'ils ne peuvent apparaître tels que rétrospectivement et restent philosophiquement, voire scientifiquement, instructifs. Mais c'est de cette autonomie même que naît l'énigme, et si, sans doute, il y avait quelque chose d'erroné dans les projets «fondationnistes» apparus de R. Descartes à E. Kant, ou de G. Frege à R. Carnap, du moins, encore une fois, l'étonnement *philosophique* qui s'exprime dans l'énigme doit-il être, lui, absolument préservé, et susciter un retour sur ce qui a fait naître celle-ci.

*

Comme les mathématiciens, donc, les physiciens nous renvoient, sur la question de savoir s'il fallait vraiment chercher à fonder mécanisme ou mathématiques, aux raisons qui ont poussé *des philosophes* à le tenter. Si d'ailleurs leurs savoirs sont autonomes, cette autonomie même présuppose de leur part quelque démarche réflexive qui, elle au moins, même si elle ne

---

40   G. BACHELARD 1938, éd. 1989 p. 56.

peut à elle seule résoudre l'énigme, ne peut pas ne pas être en quelque façon à prendre en considération pour ce faire. Les ponts, donc, ne doivent pas être maintenus rompus, la question est plutôt de savoir de quelle manière, sur quels points d'appui et dans quelles directions il convient de les jeter à nouveau. [41]

β. Ambiguïté des projets fondationnistes, mais nécessité de l'interrogation critique

Rétrospectivement en tout cas, et puisque décidément les savoirs du mathématicien et du physicien doivent être reconnus avoir leur autonomie, les tentatives fondationnistes ne peuvent manquer d'apparaître ambivalentes: ce qu'il s'agit alors de fonder, est-ce le mécanisme, les mathématiques... ou la philosophie elle-même? Les deux sans doute puisque, nous l'avons déjà relevé, leur séparation sinon pratique du moins explicite est post-kantienne. Mais c'est justement ce que cette séparation postérieure nous appelle à examiner de plus près.

Ainsi chez R. Descartes, dont la visée première est de fonder le mécanisme, partie de la philosophie, mais dont il découvre avec grand contentement que cela l'amène à trouver ce fondement dans la métaphysique: de celle-ci il donne donc aussi, faisant d'une pierre deux coups, le fondement définitif qui lui permettra de véritablement prouver l'existence de Dieu et l'immortalité de l'âme. Les mathématiques, dans cette belle aventure, sont le lieu même de l'évidence rationnelle et de la certitude, et si le doute hyperbolique permet au malin génie d'ébranler l'une et l'autre, ce n'est pas parce que l'on pourrait réellement douter des mathématiques, mais parce que le philosophe a besoin de trouver ce qui

---

41 Bien qu'il se situe dans un compagnonnage différent du nôtre («l'appropriation» dont il est question dès le titre du livre renvoie, à la dernière page de celui-ci, à «l'appropriation de la nature par l'individu [que constitue], dans le cadre et par l'intermédiaire d'une forme de société déterminée [toute production]» – éd. 1989, p. 393, citant Karl MARX 1857, «Introduction à la critique de l'économie politique»), et bien que, des deux voies ouvertes, il s'intéresse à l'autre que la nôtre, nous sommes semble-t-il donc en droit de reconnaître une convergence objective avec M. PATY 1988 lorsqu'il écrit: «si, comme nous le pensons, la connaissance scientifique ne peut être détachée de la préoccupation du réel, la métaphysique – et bien entendu, dans tous les cas la philosophie – entretient avec elle des rapports d'étroite imbrication, bien que la démarche scientifique se trouve dans rôle en se défaisant autant qu'elle le peut de cette terre métaphysique qui colle à ses racines, et qui se marque constamment dans le choix de son programme et de ses catégories» (p. 366). Etant bien entendu, toutefois, que nous ne mettons pas la métaphysique du côté des «racines irrationnelles» (p. 29) de la science positive.

fait, justement, que l'on ne peut pas en douter et que ça, bien curieusement, les mathématiciens ne sont pas capables de le dire.

Ainsi encore chez E. Kant qui, le mécanisme étant entre-temps passé, avec G. Leibniz et Isaac Newton, de l'état programmatique à celui de science ayant fait ses preuves, examine maintenant s'il est possible de dégager les fondements sur lesquels pourrait et devrait se développer «toute métaphysique future qui pourrait se présenter comme science», et commence lui aussi par dégager ceux des mathématiques, mais aussi ceux, donc, du mécanisme, tout cela pour aboutir, malheureusement, à la destruction radicale de ce qui avait fait le grand contentement de R. Descartes, et de bien d'autres choses encore.

Ainsi surtout, car c'est à coup sûr, des chaînons intermédiaires entre les deux précédents, celui qui en fournit l'illustration la plus forte, chez Ch. Wolff. Chez celui-ci, nous le relevions déjà plus haut, la philosophie première reçoit l'honneur insigne d'avoir à fournir à la mathématique elle-même les principes dont elle dépend:

> les premiers principes dont use Euclide, en effet, sont des définitions nominales, en lesquelles n'inhèrent par soi aucune vérité, et des axiomes, dont la plupart sont des propositions ontologiques. Et ainsi je comprenais que la Mathématique se reconnaît redevable de toute certitude à la Philosophie première, dont elle reçoit ses premiers principes. [42]

Elle ne le mérite, toutefois, qu'en modelant ses voies sur celles de cette science à qui elle fournit ses premiers principes. Le texte ci-dessus poursuit en effet:

> comme, ensuite, j'entreprenais de démontrer des théorèmes en philosophie, je me trouvais dans la situation d'avoir à déduire un prédicat, par raisonnements valides, à partir des déterminations de son sujet, et je tentais de réduire les principes, par démonstrations récurrentes, à des indémontrables; de par ce travail j'ai appris à remonter enfin, en tout genre de vérités comme en Mathématique, aux principes de la Philosophie première, de telle manière que, en outre, je ne pouvais nullement douter qu'il n'est pas possible de transmettre la Philosophie [...] selon une méthode scientifique, de sorte qu'elle réussisse à se montrer certaine et utile, avant que la Philosophie première ait été réduite à la même forme [que celle à laquelle la Mathématique l'a été par Euclide] (p. 12 *-13*).

Or à quoi aboutit cette réduction? Le plan de l'ouvrage suffit à le faire voir: à la déduction de la notion d'être, *via* celle du possible, à partir du principe «de contradiction». Le § 134, en effet, définit: «*est dit être ce qui peut exister, ce à quoi, par conséquent, l'existence ne répugne pas*», par où nous sommes

---

42 Ch. WOLFF 1720-27, *Ontologia*, éd. 1977, p. 12 *.

renvoyés aux § 85 puis 79, qui définissaient respectivement: «*est possible ce qui n'implique nulle contradiction, ce qui n'est pas impossible*» et «*est dit impossible quoi que ce soit qui implique contradiction*», et donc ultimement au principe de [non-]contradiction, par l'étude duquel débute effectivement, après des prolégomènes critiques, l'exposé «synthétique» de l'ouvrage. D'où suit alors, au § 135, le remarquable théorème que voici: «ce qui est possible est un être».

Eh bien non! Toute la fraîcheur et la force de l'étonnement suscité par l'énigme vont en sens inverse: étant donné ce qu'est, telle que la présuppose le surgissement de l'énigme, l'existence mathématique, les «principes» auxquels cherche à remonter la réflexion du mathématicien ne relèvent peut-être que d'un possible, ou non impossible, ou pensable sans contradiction, mais l'aspiration réaliste, constitutive en particulier de l'étonnement suscité par l'énigme comme, en général, de l'interrogation philosophique, conduit d'emblée celle-ci à rechercher des «principes» tout autres, qui le soient pour l'existence physique, expérimentée dans la sensation.

Mesurées à cette aspiration, aussi bien, ce n'est pas seulement la fondation wolffienne qui semble inacceptable, mais aussi les fondations cartésienne et kantienne.

R. Descartes, certes, a une intention réaliste, et il se montre même disposé, pour la faire aboutir, à payer le prix fort. Ayant préalablement creusé en effet, entre la conscience et le réel physique, le fossé logiquement infranchissable qui sépare substance pensante et substance étendue, il n'hésite pas à faire appel, pour jeter par dessus un pont réaliste, à Dieu lui-même. Non seulement toutefois on ne peut qu'acquiescer lorsque John Locke, David Hume ou E. Kant, par exemple, trouvent cela par trop fantastique, mais surtout on ne peut pas ne pas observer que cela a enfermé toute la philosophie postérieure, dont les auteurs nommés à l'instant, dans l'idéalisme. Non pas certes celui dont se défend E. Kant et qui consiste à douter de l'existence des choses [43] mais celui qui fait écrire à J. Locke, que «l'esprit n'a point d'autre objet de ses pensées et de ses raisonnements que ses propres idées», [44] ou, à E. Kant, que «nous n'avons jamais affaire qu'à nos représentations». Or, là encore, on voit bien comment le projet initial de fonder une philosophie mécaniste peut enfermer, avec la séparation fondatrice de la science du nombre, du mouvement et de la figure, dans la

---

43 E. KANT 1781-1787, tr.fr. p. 293.
44 J. LOCKE 1690, tr. fr (1755): *Essai philosophique concernant l'entendement humain*, p. 427.

pensée, mais on relèvera que l'étonnement suscité par l'énigme aspire justement à faire sortir de cet enfermement.

Et si E. Kant peut se féliciter, au terme de sa tentative de remontée aux fondements philosophiques des mathématiques, puis de la physique, d'avoir évité le recours cartésien à un dieu *ad hoc* et d'avoir surmonté, avec le «transcendental», la séparation également cartésienne du sujet et de l'objet, le prix à payer n'en paraît finalement pas moins fort. Car ce n'est pas seulement R. Descartes qui se trouve débouté. D'une part c'est toute possibilité de remonter spéculativement à Dieu qui se trouve éliminée. Et d'autre part, si l'a priori transcendental n'est ni métaphysique ni psycho-logique, l'idéalisme transcendental, pour spécifique qu'il soit, n'en est pas moins un idéalisme. Au regard du physicien étonné par l'énigme, en effet, la subjectivité transcendentale, dans la mesure même où la «déduction» de sa structure aboutit à l'établissement philosophique des principes du mécanisme newtonien, n'apparaît pas moins *ad hoc* que le dieu cartésien, et là encore c'est la fondation donnée aux mathématiques qui se révèle initialement déterminante. Que l'espace et le temps soient des formes a priori de la sensibilité constitutives du phénomène qui apparaît à la rencontre de notre sensibilité avec les choses extérieures, de fait, cela ouvre bien la voie à leur connaissance mécaniste mais, comme l'explicite fortement E. Kant, cela interdit que nous ayons quelque connaissance que ce soit de ce qu'elles sont «en soi». Au total, tout cela n'est pas moins idéaliste, et guère moins fantastique, que les constructions de R. Descartes ou des rationalistes, voire empiristes, postérieurs. Loin de répondre de manière satisfaisante à la question du rapport des mathématiques, et des sciences qui en usent, à la réalité initialement expérimentée par tous, l'idéalisme transcendental, en fermant la voie à toute philosophie spéculative, en a scellé le caractère d'énigme que nous lui voyons aujourd'hui. Et cela, même, doublement, comme l'exprime bien un texte d'Alexandre Koyré qui ne le vise pas lui seul mais dont la finale y trouve (conjointement à l'idéalisme transcendental de E. Husserl) la meilleure illustration:

> il y a quelque chose dont Newton doit être tenu responsable – ou, pour mieux dire, pas seulement Newton mais la science moderne en général: c'est la division de notre monde en deux. J'ai dit que la science moderne avait renversé les barrières qui séparaient les Cieux et la Terre, qu'elle unit et unifia l'Univers. Cela est vrai. Mais, je l'ai dit aussi, elle le fit en substituant à notre monde de qualités et de perceptions sensibles, monde dans lequel nous vivons, aimons et mourons, un autre monde: le monde de la quantité, de la géométrie réifiée, monde dans lequel, bien qu'il y ait place pour toute chose, il n'y en a pas pour l'homme. Ainsi le monde de la science – le monde réel – s'éloigna et se sépara entièrement du monde de la vie, que la science a été incapable d'expliquer

– même par une explication dissolvante qui en ferait une apparence «subjective».
En vérité ces deux mondes sont tous les jours – et de plus en plus – unis par la *praxis*. Mais pour la *theoria* ils sont séparés par un abîme.
Deux mondes: ce qui veut dire deux vérités. Ou pas de vérité du tout.
C'est en cela que consiste la tragédie de l'esprit moderne qui «résolut l'énigme de l'Univers, mais seulement pour la remplacer par une autre: l'énigme de lui-même. [45]

*

Y a-t-il donc une malédiction attachée, pour le philosophe réfléchissant sur sa propre démarche, à la prise en compte initiale des mathématiques et des sciences qui en usent? D'une certaine façon oui. Doit-il donc, et d'abord peut-il se dispenser d'une telle prise en compte? Non. La justification de ce oui et de ce non vont nous le faire vérifier: la particularité même des mathématiques et de leur usage contraint le philosophe à engager dans toute sa radicalité – c'est ce qu'a vu R. Descartes – l'interrogation *critique* – selon la juste dénomination kantienne – sur sa propre démarche. Mais comment donc, demandera-t-on après ce oui et ce non, engager cette interrogation critique? L'accentuation même des apories nous aidera à le préciser.

Que, d'une certaine façon, la prise en compte initiale des mathématiques par le philosophe le conduise quasi-fatalement non pas au réalisme spontané de son intention première mais à l'idéalisme, c'est ce qu'exprime fort bien, parce qu'il s'en félicite, Paul Mouy: «l'univers est cœxtensif à la représentation, autrement dit le réel a pour soutien et pour structure l'intelligible, l'*idéalisme est mathématique*. Ce sont les mathématiques qui ont apporté à l'humanité la révélation et le sentiment de l'idéalisme». [46]
Mais pourquoi en va-t-il ainsi?
La première raison que l'on en donnera, même si elle peut paraître à première vue paradoxale, c'est que le mathématicien, spontanément, est réaliste, mais d'un réalisme «platonisant». [47] Et de fait il y a une expérience

---

45 Alexandre KOYRÉ 1948, «Sens et portée de la synthèse newtonienne», éd. 1968 p. 41-2.
46 Paul MOUY 1962, «Les mathématiques et l'idéalisme philosophique», p. 373.
47 Ainsi notamment de la très informée philosophie des mathématiques d'Albert Lautman, qui écrit par exemple ceci: «il y a un réel physique et le miracle à expliquer, c'est qu'il soit besoin des théories mathématiques les plus développées pour l'interpréter. Il y a de même un réel mathématique et c'est un pareil objet d'admiration de voir des domaines résister à l'exploration jusqu'à ce

du mathématicien aussi incontournable, même si elle n'est pas donnée à tous, que les expériences externe et interne qui, partagées par tous, sont ce dont l'intention réaliste engage le philosophe à partir. Nul sans doute n'a mieux exprimé que Charles Hermite la conviction qu'elle fait naître chez la plupart de ceux qui la partagent:

> je crois que les nombres et les fonctions de l'analyse ne sont pas le produit arbitraire de notre esprit; je pense qu'ils existent en dehors de nous, avec le même caractère de nécessité que les choses de la réalité objective, et nous les rencontrons ou découvrons, et les étudions, comme les physiciens, les chimistes et les zoologistes. [48]

Et de fait, les réalités communément expérimentées par tous ont leur opacité, et provoquent par là à la recherche qui est celle des sciences, mais les «choses» qu'étudie le mathématicien ont aussi la leur, toutes séparées qu'elles soient du sensible et présentes, semble-t-il, à la seule intelligence: puisque d'autre part ces mêmes mathématiques s'avèrent, dans ces sciences, d'une applicabilité extraordinaire, pourquoi ne pas identifier ces deux opacités? Telle était bien, en somme, la décision programmatique dont R. Descartes entendait manifester métaphysiquement le bien fondé, et tel est, réciproquement, l'argument mis par Nicolas Malebranche sur les lèvres de Théodore pour faire sortir Ariste de l'embarras qu'il a «à distinguer les idées qui seules sont visibles par elles-mêmes, des objets qu'elles représentent, qui sont invisibles à l'esprit, par ce qu'ils ne peuvent agir sur lui, ni se représenter à lui»:

> nul corps ne peut résister à un esprit. Ce plancher résiste à vôtre pied. Je le veux. Mais c'est tout autre chose que vôtre plancher, ou que vôtre corps, qui résiste à vôtre esprit, ou qui lui donne le sentiment que vous avez de résistance ou de solidité. Néanmoins je vous accorde encore que vôtre plancher vous résiste. Mais pensez-vous que vos idées ne vous résistent point? [...] [L'étendüe] résiste à vôtre esprit. Ne doutez point de sa réalité. Vôtre plancher est impénétrable à vôtre pied: c'est ce que vous apprennent vos sens d'une manière confuse et trompeuse. L'étendüe intelligible est aussi impénétrable à sa façon:

---

qu'on les aborde avec des méthodes nouvelles» (Albert LAUTMAN 1935, «Mathématiques et réalité», éd. 1997 p. 281) et qui développe une doctrine selon laquelle «la réalité inhérente aux théories mathématiques leur vient de ce qu'elles participent à une réalité idéale qui est dominatrice par rapport à la mathématique, mais qui n'est connaissable qu'à travers elle» (1937, «De la réalité inhérente aux théories mathématiques», éd. 1977, p. 290).

48   Charles HERMITE, *Oeuvres*, t. II p. 398, cité par BOURBAKI N. 1970, *Eléments de mathématiques. Théorie des ensembles*, p. E IV 50.

c'est ce qu'elle vous fait voir clairement par son évidence et par sa propre lumière. [49]

Mais il s'en faut de beaucoup que tout le monde accepte avec Théodore la thèse cartésienne corollaire selon laquelle «les corps ne sont que de l'étendüe» (p. 72) et, de manière générale, la portée exacte de la conviction commune exprimée par Ch. Hermite demeure difficile à préciser. Sans doute souscrira-t-on aisément à l'observation de Denis Vernant selon laquelle «le réalisme des objets mathématiques constitue un moyen facile et efficace pour assurer la consistance et l'indépendance des idéalités mathématiques» [50] et aux remarques énoncées par Philip J. Davis et Reuben Hersh, et illustrées par eux de plusieurs expériences, dans *The mathematical experience*: «le «platonisme» du mathématicien au travail n'est pas vraiment une croyance dans le mythe de Platon; c'est seulement une conscience de la nature réfractaire, l'obstination des faits mathématiques. Ils sont ce qu'*ils* sont, non ce que *nous* voulons qu'ils soient», [51] mais on y verra non tant un commencement de réponse que, plutôt, une articulation plus précise de l'interrogation. Si d'ailleurs «nous savons que le platonisme vulgaire est la philosophie spontanée de tout mathématicien», [52] on ne saurait pour autant lui identifier les philosophies ni de Platon ni de la plupart de ceux qui, cependant, sont bien induits à l'idéalisme par la prise en considération des mathématiques.

Derechef, donc, pourquoi en va-t-il ainsi?

Observons d'abord, pour continuer à écouter Platon, R. Descartes et N. Malebranche, qu'aucun des trois ne vise *en premier lieu* à affirmer, «vulgaire» ou pas, quelque «réalisme platonicien». Certes ils sont conduits à quelque affirmation relative au réel, mais en vue d'en asseoir une autre, relative au *savoir de science* concernant ce réel: en vue de *fonder* celui-ci. La démarche, sur ce point, est remarquablement parallèle chez les trois. Le cinquième livre de la *République* tout d'abord, au cours de la discussion visant à distinguer et caractériser science et opinion, en vient à mettre sur les lèvres de Socrate et de Glaucon le petit échange suivant:

– Celui qui connaît, demande Socrate, connaît-il quelque chose, ou rien?
– Je répondrai [...] qu'il connaît quelque chose
– Qui est, ou qui n'est pas?
– Qui est, car le moyen de connaître quelque chose qui n'est pas? (476 e-477 a)

---

49 Nicolas MALEBRANCHE 1688-96, *Entretiens sur la métaphysique et la religion*, éd. 1984 p. 39 et 42.
50 Denis VERNANT 1993, *La philosophie mathématique de Russell*, p. 172.
51 Philip J. DAVIS et Reuben HERSH 1982, tr. fr.: *L'univers mathématique*, p. 352.
52 Hervé BARREAU 1990, *L'épistémologie*, p. 47.

La cinquième des *Méditations*, quant à elle, énonce: «Il est très évident que tout ce qui est vrai est quelque chose» [53] et l'Axiome X des «raisons qui [...], disposées d'une façon géométrique» à la demande des auteurs des secondes objections, «prouvent l'existence de Dieu et la distinction qui est entre l'esprit et le corps humain», cet axiome énonce: «Dans l'idée ou le concept de chaque chose, l'existence y est contenue, parce que nous ne pouvons rien concevoir que sous la forme d'une chose qui existe» (p. 395). Et quant à Théodore, dès le premier des *Entretiens sur la métaphysique et la religion*, il lance à un Ariste interloqué:

> Je pense à quantité de choses: à un nombre, à un cercle, à une maison, à tels & tels êtres, à l'être. Donc tout cela est, du moins dans le tems que j'y pense. Assurément, quand je pense à un cercle, à un nombre, à l'être ou à l'infini, à tel être fini, j'aperçois des réalitez. Car si le cercle que j'apperçois n'était rien, en y pensant je ne penserois à rien. Ainsi dans le même tems je penserois & je ne penserois point. Or le cercle que j'apperçois a des proprietez que n'a pas telle autre figure. Donc ce cercle existe dans le tems que j'y pense; puisque le néant n'a point de proprietez & qu'un néant ne peut être différent d'un autre néant. [54]

«J'y pense, donc cela est»: passer du *connu, vrai, pensé* et donc *intelligible*, à l'*être* voilà ce à quoi incite chez nos trois auteurs, dans leur recherche de ce que sera le savoir de science, la considération initiale des mathématiques. Manifestement en effet – du moins n'est-on pas entré en mathématiques tant qu'on n'en a pas pris conscience – les «réalités» qu'elles nous font connaître ont un mode d'exister autre que celles que nous disons communément «être». Plus précisément, la comparaison montre ces dernières sensibles et soumises à un devenir constant et donc: ou intermédiaires, à l'estime de Platon, entre l'être et le non-être, et ne pouvant par suite être connues que sur le mode de l'opinion; ou d'une existence incapable, selon les exigences de Descartes, de résister à l'épreuve du doute, et ne pouvant par suite être scientifiquement connues à partir de l'expérience sensible, laquelle suffit assurément à l'animal pour qu'il acquière un comportement vitalement efficace (telle sera à peu près la raison selon D. Hume), mais ne nous livre rien de nécessaire, rien donc qui puisse fonder la certitude que l'on attend de la science; ou encore, comme la Raison universelle nous le fait voir si nous lui prêtons la pieuse attention à laquelle nous convie N. Malebranche, si «invisibles à l'esprit» qu'il est besoin de l'intervention de Dieu même pour que, notre corps propre rencontrant d'occasion un autre corps, notre esprit en soit averti. Et donc ce

---

53 R. DESCARTES 1641b, *Meditationes de Prima Philosophia*, tr. fr. 1647, La Pléiade p. 311.
54 N. MALEBRANCHE 1688-96, éd. 1984 p. 35.

n'est pas seulement la particularité du mode de connaître que semblent devoir partager, étant tous deux de science, les savoirs du mathématicien et du philosophe, c'est aussi le mode d'être non-sensible, séparé, disons idéal puisque d'idées, de ce qu'ils nous font connaître (et peu importe ici que ces idées soient subsistantes hors de nous, ou innées en nous, ou visibles en Dieu). L'affirmation de cette idéalité, toutefois, prend un sens tout différent pour l'un et pour l'autre: pour le mathématicien, à qui la séparation axiomatique initiale assure un mode de science et une autonomie incontestés de son savoir, elle signifie que cette autonomie se fonde sur le fait que les «réalités» qu'il a à connaître, bien que n'ayant pas le mode d'être des réalités sensibles, sont bien de certaines réalités ayant leur mode propre d'exister, sans qu'il ait, sur ce point précis, à chercher plus loin; pour le philosophe, qui au contraire cherche à aller plus loin mais dont le mode de science fait question, elle signifie que le mode d'exister de ce qu'il cherche à connaître n'est pas celui, irrémédiablement obscur et contingent, des réalités sensibles, mais celui, en soi nécessaire et lumineux, de quelque intelligible pur: Formes subsistant au delà tant du sensible que du mathématique-même; idées innées dont la clarté et distinction est celle des êtres mathématiques mais aussi, par exemple, des idées de substance ou, même, de Dieu; visible en Dieu par la pensée portant son attention, en lui, de «l'étendue intelligible» à «l'être». Où la mise en œuvre du principe: «j'y pense, donc cela est» – appliqué, avec le mathématicien, à l'être mathé-matique (mais non sans précautions, toutefois!), avec Platon, à tous universaux, avec R. Descartes au «je» pensant, avec N. Malebranche, à Dieu –, cette mise en œuvre a donc, on le voit, des implications concernant *ce qui est*, mais où surtout, et cela de par le souci en effet constitutif de l'intention philosophique d'arriver à un savoir de science, ce que l'on est amené à dire concernant *ce qui est* dépend de ce que l'on pense devoir tenir concernant le *rapport de la pensée à ce qui est*.

La raison pour laquelle, par conséquent, la considération initiale des mathématiques induit le philosophe à l'idéalisme paraît résider en ce qu'il en résulte une *subordination* de l'interrogation vers ce qui est, disons, quitte à mieux le préciser par la suite, *de l'interrogation métaphysique*, à l'inter-rogation sur le rapport de la pensée à ce qui est, disons à *l'interrogation critique*. A preuve, aussi bien, le fait qu'elle joue encore, voire plus fortement, chez les philosophes qui, n'adhérant plus au réalisme du mathématicien, s'engagent cependant dans la pensée par une réflexion, critique précisément, sur les mathématiques. A commencer par celui-là même à qui il est revenu de dégager la nécessité d'engager l'interrogation critique pour elle-même, E. Kant. Ou aussi, sur ce point particulièrement illustratif, Léon Brunschvicg. Le philosophe en effet qui, par manière de récapitulation, concluait *Les étapes de la philosophie mathématique* par les lignes suivantes: «la considération de la mathématique est à la base de la connaissance de l'esprit comme elle est à la base des sciences de la nature, et pour une même raison: l'œuvre libre et féconde de la pensée date de l'époque où la mathématique vint apporter à l'homme la norme véritable de la vérité»,[55] est aussi celui qui, lui-même ouvertement idéaliste, sait caractériser de manière tout à la fois générale et précise, devant la Société française de philosophie discutant les articles du dictionnaire Lalande, ce qu'est l'idéalisme:

> idéalisme peut avoir un sens très précis, à condition de ne pas séparer la théorie de la connaissance de la métaphysique, car précisément l'idéalisme soutient que toute la métaphysique se réduit à la théorie de la connaissance. L'affirmation de l'être a pour base la détermination de l'être connu, thèse admirablement nette (sauf analyse ultérieure du mot *connu*) par opposition au réalisme, qui a pour base l'intuition de l'être en tant qu'être.[56]

Edouard Le Roy aussi bien, lui encore idéaliste, écrivait excellemment de la mathématique que non seulement «elle noue des liens spéciaux avec la théorie de la connaissance», mais que de plus elle les noue de telle manière que «l'exemple qu'elle nous propose demeure l'éternelle et presque invincible tentation du philosophe».[57] Eh bien, de fait, pour le philosophe qui entend rester fidèle au réalisme initial de l'intention philosophique, la malédiction attachée à la prise en compte initiale des mathématiques semble résulter de cela même qui y conduit: la nécessité d'une réflexion critique.

Mais, dira-t-on, que la considération des mathématiques conduise le philosophe à l'idéalisme, cela se comprend en effet, mais ce que l'on doit à Galilée ce n'est pas seulement la formulation d'un programme de mathématisation mécaniste, c'est aussi, solidairement, l'instauration de la méthode expérimentale, donc l'appui dans l'expérience. Aussi bien, discutant la question soulevée par Maurice Clavelin[58] de savoir «si le platonisme de Galilée ne fut pas, simplement, de circonstance», Gérard

---

55 Léon BRUNSCHVICG 1912, *Les étapes de la philosophie mathématique*, éd. 1947 p. 577.

56 André LALANDE (éd.), *Vocabulaire technique et critique de la philosophie*, éd. 1976 p. 443.

57 Edouard LE ROY 1960, *La pensée mathématique pure*, p. 4-5.

58 Maurice CLAVELIN 1968, *La philosophie naturelle de Galilée. Essai sur les origines et la formation de la mécanique classique*, p. 430sq.

Jorland en vient à conclure, en s'appuyant avec L. Geymonat sur certaines lettres de Galilée, notamment à l'aristotélicien Liceti [59]:

aristotéliciens qui le critiquent: son mathématisme répond au canon de la rigueur logique; les phénomènes dont ils disputent ont été observés et c'est lui qui, en préférant les résultats de ces observations, de ces expériences sensibles, est en accord avec le précepte d'Aristote. Et il conclut non pas qu'il est d'accord avec Aristote mais qu'Aristote serait d'accord avec lui. Autrement dit, non pas qu'il est aristotélicien, mais qu'Aristote serait galiléen. [60]

Eh bien non! S'il est une leçon à tirer sur ce point du développement des sciences ouvert par le mécanisme, c'est bien que le recours à l'expérimentation n'est justement pas le recours à l'expérience. Sans doute la chute des corps, la trajectoire des projectiles, celle des planètes, le mouvement des marées, tout cela dont la réalisation du programme galiléen a permis de rendre compte est-il encore au niveau de nos expériences et observations communes, mais non, déjà, leur observation convenablement précise, et encore moins leur explication théorique. Et l'écart est ensuite devenu, comme l'illustrent surabondamment les exemples pris par *La formation de l'esprit scientifique* dans des domaines effectivement à la charnière des XVIII° et XIX° siècles tels que l'électricité ou la chimie, toujours plus manifeste (pour ne pas parler, plus tard, de la relativité et, plus encore, de la mécanique quantique). On retrouve ici l'opportunisme épistémologique signalé par A. Einstein. Galilée n'est pas vraiment platonicien, ni déjà tenant de ce rationalisme qui va être inauguré par R. Descartes, mais il n'est pas non plus empiriste: «élaborés à partir d'une expérience que la raison vient non seulement ordonner, mais faire varier selon ses propres exigences, ces principes [de la physique galiléenne] ne sont ni imposés de force à la réalité, ni simplement induits de l'observation». [61] Et s'il est besoin de l'expérimentation c'est justement parce que l'explication théorique n'a pu s'élaborer que dans un *saut* hors de l'expérience, saut tel qu'ensuite, comme devait le développer longuement Karl Popper mais comme le relevait déjà A. Einstein, «la nature, ou plus précisément l'expérience [...] ne dit jamais «oui» à une théorie, dans les cas les plus favorables, elle dit «peut-être», et dans la grande majorité des cas un simple ‹non›». [62] Or, nous l'avons déjà relevé, Aristote a bien reconnu la

59 L. GEYMONAT 1957, tr. fr.: *Galilée* , p. 324sq.
60 Gérard JORLAND 1981, *La science dans la philosophie. Les recherches épistémologiques d'Alexandre Koyré*, p. 310.
61 M. CLAVELIN 1968, p. 432.
62 A. EINSTEIN 1922, Inscription du 11 novembre dans le livre d'or de Kammerlingh Onnes, *in*: tr. fr. *Correspondance*, cité par M. PATY 1993, p. 445.

nécessité d'un tel saut dans certains cas, mais le savoir de science qu'il recherchait ne pouvait s'en satisfaire.

Et si, d'ailleurs, c'est le rationalisme mathématisant qui a engagé la philosophie moderne dans l'idéalisme, l'empirisme ou phénoménisme qui lui fait face n'a certes fait appel, dans ses propres tentatives de fondation du savoir de science, ni à un Dieu *ad hoc* ni à la subjectivité transcendentale, mais: ou bien il a cru pouvoir se contenter d'en appeler à une méthodologie de l'induction, mais a alors méconnu l'importance de la mathématisation et n'a au mieux réussi qu'à transformer le problème en problème du fondement de l'induction, ainsi Francis Bacon et John Stuart Mill; [63] ou bien même, ainsi J. Locke, George Berkeley et D. Hume, il s'est montré lui aussi, en cela en dépendance non critiquée de R. Descartes, idéaliste.

Par où se confirme au demeurant que, plus radicalement que la considération initiale des mathématiques, c'est le primat de l'interrogation critique sur l'interrogation vers le réel qui induit à l'idéalisme. Est-ce à dire que ce ne sont pas seulement les mathématiques, mais aussi les sciences galiléennes qui induisent à cette primauté? Oui. Et le font-elles de manière propre? Oui encore, et d'une manière qui engage, Aristote en un sens avait raison de se méfier, la possibilité même de la philosophie. Car non seulement la science galiléenne ne part pas de l'expérience de la façon dont le réalisme aristotélicien entendait le faire, mais elle conduit à contester qu'il soit en aucune façon possible de parvenir, à procéder ainsi, à un quelconque savoir de science.

Or, qu'il en soit ainsi, ce n'est pas là un accident historique. S'il en est ainsi, c'est que le réel et nous-mêmes – *dont* nous mêmes – sommes d'une *complexité qui non seulement est* extraordinaire, mais qui surtout reste *en deçà de notre expérience* et ne peut être *connue distinctement que de manière doublement indirecte*: par des théories seulement possibles et par des procédures expérimentales engageant, entre notre sensation et l'objet de notre investigation, tout un appareil instrumental (et donc, là déjà, théorique).

De sorte que, ainsi que nous l'annoncions, il apparaît bien que la philosophie ne peut se dispenser, dans la mesure même où le réalisme foncier de son interrogation la conduit à vouloir partir de la seule expérience et où le développement des sciences autres passe par la reconnaissance du fait que ce n'est, quant à elles au moins, pas possible, la philosophie ne peut se dispenser, c'est la leçon tirée par E. Kant et qu'il faut retenir, de prendre en compte ces sciences autres et, car c'est cela qu'elles

---

63 Sur ce point, voir R. BLANCHÉ 1975, *L'induction scientifique et les lois naturelles*, p. 100-6.

demandent, de développer l'interrogation critique *pour elle-même*. Est-elle donc, dès lors, condamnée à l'idéalisme? Ou – d'un «ou» non exclusif – au positivisme? C'est ce à quoi l'étonnement qui s'exprime dans l'énigme interdit de se résoudre.

2.1.2. *L'aporie du cercle*

Les mathématiques et les sciences galiléennes ont leur autonomie, ce sont elles qui mènent la réflexion sur leurs points de départ et leurs voies de recherche, et même si cette réflexion ne se fait pas indépendamment de considérations philosophiques, elles ne demandent pas vraiment à la philosophie de les fonder. Bien plus, la philosophie théorétique s'est détruite elle-même à tenter de le faire. Mais cette autonomie même manifeste, et cette auto-destruction confirme, que si l'intention scientifique est foncièrement réaliste, ces points de départ et ces voies de recherche sont tels que, immédiatement en tout cas, ils ne permettent pas de maintenir ce réalisme. Et là, l'homme qu'est d'abord et que reste le savant se tourne vers la philosophie, avec son bagage de savant mais en tant qu'homme, et lui demande, non de *fonder* son savoir, mais plutôt de fournir une analyse du réel, et de notre rapport à lui, qui permette de *situer* en sagesse ledit savoir. Et cette demande implique que le philosophe, lui, développe un savoir de science qui demeure, dans ses points de départ et dans ses voies de recherche, immédiatement réaliste.

Cela est-il possible? Nous voilà bien reconduits à l'interrogation critique, mais nous voilà aussi, semble-t-il, pris dans un cercle. Roger Verneaux, auteur d'une *Critique de la Critique de la raison pure*, l'exprime assez bien (lisons pour le moment, là où il parle de métaphysique, «philosophie théorétique»):

> nous voici donc en présence d'une belle antinomie. La critique précède la métaphysique puisqu'elle met en question sa possibilité et recherche son fondement. Mais inversement la critique de la connaissance métaphysique suppose qu'il y a une connaissance métaphysique, sinon elle est sans objet. La critique est à la fois antérieure et postérieure à la métaphysique. [64]

Et la sortie de ce cercle est, très exactement, tout à la fois l'appel et le défi que lancent à la philosophie les mathématiques et les sciences galiléennes (et aussi, pourrait-on ajouter, les disciplines qui, devant «interpréter», rencontrent les problèmes du «cercle herméneutique» – disons, pour rester dans une mouvance italienne, les disciplines «vicoliennes»). La difficulté en effet, d'une part, ne se pose pas pour la seule philosophie théorétique

---

64 Roger VERNEAUX 1972, *Critique de la Critique de la raison pure*, p. 27.

mais, au moins radicalement, pour tout savoir de science. Willard Van Orman Quine l'évoque d'une manière qui, même si elle exprime aussi la perspective «analytique» où elle est énoncée, ne laisse pas d'être fort suggestive:

> la question philosophique apparemment fondamentale: «dans quelle mesure notre science est-elle un reflet authentique de la réalité?» est peut-être une fausse question [...] En tout cas nous sommes dans l'embarras si nous essayons de répondre à cette question; car pour répondre à cette question nous devons parler sur le monde aussi bien que sur le langage [ajoutons, quant à nous: et sur la pensée] et pour parler sur le monde nous devons déjà imposer au monde certains schèmes conceptuels, particuliers au langage spécial qui nous est propre

à quoi il ajoute:

> nous ne devons pas pour autant sauter à la conclusion fataliste que nous sommes indissolublement collés au schème conceptuel dans lequel nous avons grandi. Nous pouvons le changer petit à petit, planche par planche, alors même que, simultanément, il n'y a rien d'autre pour nous emporter que le schème conceptuel lui-même qui est ainsi sujet à évolution. La tâche du philosophe était à juste titre comparée par Neurath à celle d'un marin qui doit reconstruire son bateau en pleine mer. [65]

Or, d'autre part, les méthodes expérimentale et axiomatique, si elles ne résolvent pas la question au fond, lui offrent une solution *pratique* si manifestement efficace que rien ne semble s'opposer à ce qu'elle soit purement et simplement éludée. Si, en effet, elles rendent par principe révisables les sciences qu'elles gouvernent c'est que, dans le va-et-vient entre la théorie et l'expérimentation pour l'une, entre les axiomes et les problèmes pour l'autre, elles en ont rendu le processus même autocritique et circulaire. De sorte que la seule perspective de recherche qui semble rester ouverte à la philosophie semble être de se faire savoir un, mais postérieur aux multiples savoirs rendus possibles par ces méthodes, et ce sur le même mode qu'eux.

Telle est en tout cas la portée de la remarque de W.V.O. Quine suggérant que ce pourrait être «une fausse question», d'où il en vient à écrire ceci: «ce que je prends en considération, ce n'est pas l'état onto-logique des choses, mais les engagements ontologiques du discours. *Ce qui est* ne dépend pas en général de l'usage que l'on fait du langage, mais *ce dont on dit qu'il est* le fait» (p. 103). D'où l'on devrait dire avec Paul Gochet que «pour Quine, la philosophie est une science», mais en précisant bien:

---

65 Willard Van Orman QUINE 1953a, «Identity, ostension et hypostasis», p. 78-9.

«elle est même, en un sens, une *science empirique*, qui ne diffère des autres sciences que par son extrême généralité. Elle n'a pas à faire appel à des méthodes qui lui seraient propres»[66] mais, simplement, à user de leur méthode même dans l'examen de ce qu'elles disent être, non en tant que cela est mais en tant qu'elles le disent.

W.V.O. Quine est au départ un logicien. Sur un mode plus kantien, le mathématicien d'origine qu'est Ferdinand Gonseth ouvre une voie, «l'idonéïsme», dans laquelle on en vient à écrire, par exemple:

> une solution trouvée, un problème résolu sont soit mémorisés, soit transcrits dans un livre [...] la connaissance, elle, est une démarche [...] elle n'est pas engagée par ses conclusions provisoires; on sait qu'elle évoluera, elle est de l'erreur en train de se réduire [...] Ce qu'il y avait avant et ce qu'il y aura après s'impliquent désespérément. Il n'y a pas de temps-origine de la connaissance [...] celle-ci émerge peu à peu du «jeu de fonctions» qui l'actualise. Ces fonctions sont groupées en une chaîne circulaire (le serpent qui se mord la queue), chaîne passant obligatoirement [...] par l'environnement. Ce passage constitue la référence à la réalité, l'épreuve de la connaissance par le réel, facteur décisif de son élaboration [67]

et où, on le voit, notre rapport à la réalité dans l'expérience commune est par principe conçu sur le type de notre rapport à cette réalité dans la méthode expérimentale. Or justement, le défi des sciences galiléennes à la philosophie, ou l'appel qui se fait entendre dans l'étonnement qui s'exprime dans l'énigme, consistent en la demande de produire un savoir de science qui *ne soit pas engagé dans ce cercle*, où le réel n'est atteint qu'à travers un possible toujours révisable. Et par conséquent, semble-t-il, ils impliquent que, depuis l'expérience commune, le philosophe développe un rapport au réel *autre* que celui que développent mathématiques et sciences galiléennes.

Derechef, cela est-il possible? Une condition nécessaire en est, à coup sûr, qu'existe dès l'expérience commune un rapport au réel qui puisse servir de point de départ à un tel développement.

Or une première chose en tout cas est sûre, c'est que l'homme n'a pas attendu la science pour avoir du monde qui l'entoure une connaissance suffisante pour y survivre et, même, commencer au moins d'y «bien vivre». Mais cette connaissance, dira-t-on en invoquant par exemple l'accord sur ce

---

66 Paul GOCHET 1978, *Quine en perspective*, p. 209.
67 Edmund BERTHOLET 1968, *La philosophie des sciences de Ferdinand Gonseth*, p. 183-4.

point de N. Malebranche et D. Hume, n'a de valeur que pragmatique, et il faut, soit se tourner vers la Raison universelle pour accéder à la certitude propre à la science, soit ne reconnaître à celle-ci qu'un caractère probable. Et si, malgré tout, il y avait dans l'expérience commune et la connaissance ordinaire, plus qu'un savoir pragmatique, ou dans celui-ci virtuellement plus que lui-même, plus que de quoi amorcer mathématiques et sciences galiléennes, qui le fera voir? «Comme le note M. Edouard Le Roy en une belle et dense formule: ‹la connaissance commune est inconscience de soi›».[68] Eh bien! seul en effet un savoir philosophique effectivement développé manifestera, réflexivement, qu'il y avait bien en elle un tel plus. Réflexivement, mais sans peut-être qu'il y ait nécessairement, pour autant, cercle?

Et, deuxièmement, une autre chose est sûre, c'est que, de toutes les réalités dont nous faisons l'expérience, nous sommes non seulement la plus *complexe* mais aussi celle qui parvient à la *perfection* la plus haute. Et que, si l'extraordinaire *complexité* sous-jacente à ce dont nous faisons l'expérience, qu'il s'agisse de nous-mêmes ou des réalités extérieures, reste cachée en deça de cette expérience, la dépendance même où nous en sommes manifeste que c'est en nous qu'elle trouve, dans l'*unité* de notre être et de notre vie d'hommes, son achèvement le plus haut. Anthropocentrisme? Oui! Comme le remarque excellemment Jean Largeault,

> des idéalistes, qui professent que les choses existent seulement pour nous, sont mal fondés à critiquer Aristote de considérer la nature au point de vue de l'homme. On blâme l'anthropocentrisme et on répète avec délices: «les limites de notre langage sont celles du monde». Il est légitime de soutenir que la vérité des choses est relative à nous, quoiqu'elles existent et possèdent leur propriétés indépendamment d'être connues de nous. Comment regarderions-nous l'univers sans le rapporter à nous-mêmes? L'anthropocentrisme n'est pas tout entier enfantin et naïf, laissons ces calomnies aux brunschvicgiens.[69]

«L'homme mesure de toutes choses»? «C'est en ne disant rien d'extra-ordinaire que [Protagoras et ceux qui le suivent] paraissent dire quelque chose [d'extraordinaire]», car ce qui se produit là est ce qui se produit si l'on mesure notre taille avec une coudée: d'une part la mesure est une mesure qui provient de nous, mais d'autre part c'est bien nous qui sommes mesurés (cf. *Mét.* 11, 1053a31-b3). La question de l'unité et de ce qui mesure est certes tout à fait capitale et nous aurons à y revenir, mais ce que demande au philosophe l'étonnement qui s'exprime dans l'énigme c'est, au

---

68 E. LE ROY 1899, «Science et philosophie», p. 505, cité par R. VERNEAUX 1959, *Epistémologie générale*, p. 40.

69 J. LARGEAULT 1988, *Principes classiques d'interprétation de la nature*, p. 311.

départ et à la différence des mathématiques et des sciences galiléennes, de développer un savoir qui, loin de se séparer constitutivement des réalités singulières sensibles que nous expérimentons exister, respecte et même rejoigne leur transcendance, disons, quitte à mieux le préciser plus tard, ce qui fait qu'elles ont, *elles* (et, parmi elles, nous-mêmes, capables des mathématiques), une *unité d'être*, une manière d'exister impliquant certes de multiples conditionnements et dépendances matériels, mais aussi une certaine *séparation* des autres réalités matérielles, et une certaine *autonomie* dans leur devenir. Et ce n'est certes pas l'idéalisme auquel conduisent mathématiques et sciences galiléennes qui refusera de reconnaître que cette expérience est *nôtre*. Non, la question est bien plutôt de savoir s'il résulte de ce caractère de «nôtre» que, selon l'excellente formule d' E. Leroy en laquelle R. Verneaux condense à juste titre l'idéalisme, «un au delà de la pensée est impensable»,[70] c'est-à-dire, en somme, de savoir s'il est au contraire possible à l'analyse philosophique de trouver, dans le réel et accessible en lui dès l'expérience commune, un *point d'ancrage* à partir duquel le philosophe peut développer un savoir de science, sans pour autant s'enfermer dans le cercle théorie - expérimentation ou axiomatisation-problèmes, mais en intégrant au contraire le nécessaire regard réflexif de façon à échapper au cercle de l'interrogation vers le réel et de l'interrogation critique – soit, dirons-nous en bref dans la suite, au «cercle».

2.2. Explicitée et actualisée, l'articulation aristotélicienne de l'interrogation pourrait bien ouvrir la voie à la solution:

2.2.1. *tant de l'aporie du cercle...*

Le problème à vrai dire n'est pas neuf, et si là encore l'énigme nous invite à le poser à nouveau, là encore ce ne peut être fait sans examen du passé.

Les sophistes, déjà, l'ont aperçu. Certes il ne se pose alors pas, comme pour nous, au sein du problème d'avoir à discerner entre les voies de science de la philosophie et celles des autres sciences, ni donc comme problème spécifiquement philosophique du cercle entre interrogation critique et interrogation vers le réel, mais c'est bien lui déjà, malgré tout, sur lequel tombent subitement, dans leur recherche de *ce qu'est* la vertu, Ménon et Socrate:

---

70 Cf. R. VERNEAUX 1959, p. 50.

– MÉNON: Et comment chercheras-tu, Socrate, ce dont tu ne sais absolument pas ce que c'est? Laquelle en effet, parmi ces choses que tu ignores, donneras-tu pour objet de ta recherche? Mettons tout au mieux: tomberais-tu dessus, comment saurais-tu que c'est ce que tu ne savais pas?

– SOCRATE: Je comprends, Ménon, à quoi tu fais allusion. Aperçois-tu tout ce qu'il y a de captieux dans la thèse que tu me débites, à savoir que, soi-disant, il est impossible à l'homme de chercher, ni ce qu'il sait, ni ce qu'il ne sait pas? Ni, d'une part, ce qu'il sait, il ne le chercherait en effet, car il le sait et, en pareil cas, il n'a pas du tout besoin de le chercher; ni, d'autre part, ce qu'il ne sait pas, car il ne sait pas davantage ce qu'il devra chercher [71]

à quoi Platon répond, on le sait, par la doctrine de la réminiscence, laquelle apparaît plutôt, tout comme l'idéalisme moderne et même si les Idées sont transcendantes et non innées, comme une dérobade, si du moins on pose le problème dans l'orientation réaliste propre à l'étonnement qui s'exprime dans l'énigme.

Mais la réponse d'Aristote vaut-elle finalement, de ce point de vue, beaucoup mieux? La question demande un attentif premier examen.

Revenant tout d'abord, en effet, à la conclusion qui nous a fait déboucher sur l'aporie, à savoir que le réalisme sous-jacent à l'étonnement qui s'exprime dans l'énigme ne demande pas vraiment de *fonder*, mais bien plutôt de *situer* en sagesse les mathématiques et les sciences galiléennes, l'on ne peut pas ne pas relever que, par delà la différence des contextes historiques, une demande similaire se trouve déjà implicitement présente à la pensée d'Aristote, et cela en un lieu tout à fait décisif. Un parallèle s'impose, ici, entre deux points de départ tous deux programmatiques, celui de la première des *Règles pour la direction de l'esprit* et celui de *Mét.* Γ1. Inventeur de la géométrie analytique, science qui dépasse l'antique irréductibilité de l'arithmétique et de la géométrie, et partisan-concurrent de la «scienza nuova» galiléenne, R. Descartes en est venu à former le rêve d'une science unique et (parce que) toute rationnelle. Or, comme cela apparaît tout particulièrement dans la première des *Règles pour la direction de l'esprit:*

> Le but des études doit être de diriger l'esprit pour qu'il porte des jugements solides et vrais sur tout ce qui se présente à lui.
> Les hommes [...] voyant que tous les arts ne sauraient être appris en même temps [...] ont cru qu'il en est de même pour les sciences elles aussi, et, les distinguant les unes des autres selon la diversité de leurs objets, ils ont pensé qu'il faut les cultiver chacune à part [...] en quoi certes ils se sont trompés. Car

---

71 *Ménon*, 80 de, La Pléiade, p. 528.

étant donné que toutes les sciences ne sont rien d'autres que la sagesse humaine, qui demeure toujours une et toujours la même […] il n'est pas besoin d'imposer de bornes à l'esprit [72]

et comme les doutes méthodique puis hyperbolique vont ensuite en tirer la conséquence, cette unicité provient bien du primat accordé en raison de son indépassable ampleur, par R. Descartes mais aussi par toute la philosophe postérieure, à l'interrogation critique.

Or, Aristote, assurément, ne demandait pas que l'on passe, pour entrer dans la philosophie première, par le doute méthodique et hyperbolique, mais il faisait bien intervenir, dans le nouement initial de son interrogation, la diversité des sciences. De cette nouvelle science en effet que A 1-2 anticipait comme devant être sagesse mais disait encore recherchée, et dont Γ1 lance la fière annonce que l'on connaît: «il existe une certaine science qui fait regarder par l'intelligence ce qui est [pris] en tant qu'être et les [propriétés] qui lui appartiennent par soi», la suite de ce même texte tente de manifester la nécessité par la première justification que voici:

cette [science] n'est la même qu'aucune de celles qui sont dites [telles] dans une partie [de ce qui est]. Aucune des autres [sciences] en effet ne fait porter son examen sur, universellement, ce qui est en tant qu'être, mais, y découpant une certaine partie, c'est sur celle-ci qu'elles font regarder par l'intelligence ce qui lui advient – ainsi, par exemple, celles des sciences qui sont mathématiques – (1003a21-26).

Où, on le voit, la considération de la diversité des sciences engage bien implicitement dans une interrogation critique d'ampleur égale à leur ensemble, mais en la subordonnant à une interrogation autre, interrogeant elle encore, mais autrement que les savoirs de science particuliers, vers le réel. A cette interrogation, cette subordination ne donne pas d'être plus ample mais elle en anticipe programmatiquement une pénétration du réel plus radicale que celle d'aucun d'entre eux. Dans la mesure, de fait, où la demande de ces savoirs d'avoir à être situés en sagesse contribuera au nouement de cette nouvelle interrogation, la nouvelle science qui en naîtra devrait être *en retour* capable de les *situer*, en effet, en sagesse, en situant ce qui, *dans le réel* approché et analysé par elle selon un abord et des voies propres, les appelle. Et cela en retour en effet, car si ces divers savoirs peuvent et doivent contribuer à nourrir son interrogation c'est parce que, d'une part, ils ont leur *autonomie*, et n'ont donc pas besoin d'être fondés,

---

72 R. DESCARTES 1628, La Pléiade p. 37-8. Comme l'a magistralement démontré Jean-Luc Marion, les *Regulæ* sont le lieu de la confrontation de R. Descartes avec Aristote. On en lira, concernant la Règle I, les §2 et 3 (Jean-Luc MARION 1975, *Sur l'ontologie grise de Descartes*, éd. 1993 p. 24-34).

mais que, d'autre part, la démarche par laquelle ils s'assurent cette autonomie est aussi celle qui les enferme dans une certaine *particularité*, d'où naît le besoin de les situer en sagesse. Par ailleurs, et c'est là le point décisif qui nous permet d'espérer trouver dans la lecture de textes d'il y a plus de 2300 ans la réponse à une énigme dont l'acuité est celle-même des savoirs qui la soulève aujourd'hui, cette articulation de l'interrogation de la philosophie première à celles des savoirs autres *via* l'interrogation critique en rend possible et en appelle un constant renouvellement.

Mieux encore, cette même articulation semble bien ouvrir la voie à la résolution de l'aporie du cercle, car la présence de l'interrogation critique au nouement initial même de l'interrogation de la philosophie première l'appelle à situer dans *ce qui est* non seulement ce qui appelle et rend possible les savoirs autres, et tout spécialement celui dont l'altérité avec elle est la plus grande, à savoir les mathématiques, mais aussi et concurremment ce qui l'appelle et la rend elle-même possible. Or, assurément, cela ne peut être accompli que dans une démarche régressive, critique donc; mais, dans un cas, cette régression ne peut se faire, comme chez E. Kant, qu'après coup, à partir d'un savoir déjà développé scientifiquement, alors que, dans l'autre, elle peut et doit se faire, à l'encontre de la démarche kantienne, à partir de la connaissance ordinaire et dans le mouvement d'un savoir en train d'acquérir son caractère scientifique. *Pour la philosophie, l'interrogation critique n'a à être ni antérieure ni postérieure[73] à l'interrogation vers le réel, elle peut et doit lui être intérieure.*[74] C'est cela qui lui

---

73 Comme le croit possible, par exemple, Joseph de TONQUÉDEC 1929, *La critique de la connaissance*. Et il y a là une vraie difficulté, il faut le reconnaître, pour qui veut composer un livre de critique – du moins pour les premiers développements de l'interrogation critique, car ce que nous appellerons plus loin la critique «intentionnelle», ou encore l'étude des «transcendantaux», se prêtent sans doute sans trop de peine à un exposé autonome et postérieur. Mais cette difficulté est-elle autre que celle de faire entrer la pensée philosophique vivante dans des manuels?

74 S'attachant à manifester «la pertinence d'une philosophie de la nature aujourd'hui», Jean LADRIÈRE 1992 écrit: «le projet philosophique ne peut être déterminé de l'extérieur, comme s'il y avait une instance rationnelle supérieure prescrivant à la philosophie et à la science leurs tâches respectives. Ce qui définit une perspective comme philosophique ne peut être déterminé que de l'intérieur de la philosophie elle-même, car c'est par un acte spécifique, ouvrant de façon tout à fait initiale une perspective originale de questionnement et de compréhension que la philosophie s'instaure. Sa détermination de ce qu'est une perspective philosophique est déjà nécessairement philosophique, se présuppose donc elle-même, et n'est donc pertinente et valide que selon les critères mêmes qu'elle décide, en son acte fondateur, de mettre en jeu. C'est en cette

permettra de *situer* les autres savoirs, et c'est cela qui lui rend *indispensable*, pour préciser et maintenir le réalisme qui lui est propre, de prendre en compte l'appel qu'ils contiennent à un tel réalisme. [75]

Mais ces promesses que nous croyons pouvoir lire dans *Mét.* Γ1, l'Aristote effectif les tient-il?

Certes la distinction posée au début des *Sec. Anal.* entre la connaissance de ce que la chose *est* et celle de *ce que* elle est ouvre-t-elle bien la réflexion sur le savoir de science en pleine cohérence avec ces promesses, car celles-ci engagent bien cette réflexion à regarder tout savoir de science comme recherche d'un certain savoir de *ce qui est* passant par un certain savoir de *ce qu'est* ce qu'il cherche à en connaître. Et certes encore, même si en l'occurrence l'exemple utilisé est celui d'un triangle «induit» sur la figure formée par un cercle et un angle inscrit en lui et sous-tendu par un de ses diamètres, Aristote peut-il alors montrer qu'un contact renouvelé avec l'être de la chose permet d'acquérir «par induction» la connaissance d'un universel dont la saisie, ensuite, permet de conduire par déduction à une conclusion nécessaire constituant une connaissance nouvelle. Or non seulement cela permet de donner à l'aporie du *Ménon* une solution autre que la réminiscence, et de ce point de vue il semble heureux que l'exemple choisi relève des mathématiques; mais encore, même si sur ce point ce

---

circularité que se rend manifeste la radicalité de la démarche philosophique.» (p. 85-6). Il nous semble que l'on ne peut ici mieux dire même si, dans la suite, nous développerons sur cette base une lecture d'Aristote qui, tant dans la place accordée au point de départ de l'interrogation à l'observation du dire que, ensuite, dans le développement de l'interrogation vers l'être comme analyse causale, nous semblera conduire à reconnaître à l'œuvre théorétique du Stagirite un actualité beaucoup plus grande encore que celle, pourtant déjà majeure, que lui reconnaît J. Ladrière (cf., *ibidem*, les p. 92-3) – et aussi, il est vrai, à soulever alors la question d'une réévaluation (d'une réinterprétation?) des rapports de la philosophie première et de l'«herméneutique» proposée par notre auteur (cf. p. 82-5 et J. LADRIÈRE 1991, «Herméneutique et épistémologie»).

75 A l'époque moderne, c'est vraisemblablement à D. Hume qu'il faut reconnaître le mérite d'avoir le premier et en tout cas le plus fortement posé le problème du cercle. Mais il l'a fait à propos du principe de causalité, variante du «principe de raison», dont M. Heidegger a très pertinemment souligné (cf. M. HEIDEGGER 1957a) le caractère récent de l'explicitation. Nous aurons à examiner de près cette vaste question, mais nous allons voir l'énigme nous pousser à chercher à remonter avec Aristote à des «premiers» *causes* et non pas seulement *fondements*, et elle nous conduit par là à choisir de mener cette recherche jusqu'à son terme avant d'engager cet examen, lequel par suite ne sera entrepris pour lui-même que dans le second livre de notre travail.

choix peut apparaître moins heureux, cela introduit bien à la thèse, tenue par l'aristotélisme tout entier et ce en opposition à Platon, selon lequel le *ti esti*, le «ce que c'est» de la chose doit être reconnu comme immanent à la chose *sensible* offerte à notre expérience.

Mais on ne peut que douter, à regarder rétrospectivement la chose depuis la situation où est née l'énigme, qu'il y ait là ce point d'ancrage dans le réel qu'elle nous a conduits à chercher. Par delà sa différence d'avec Platon, en effet, Aristote semble bien accorder à la saisie du *ti esti* quant à son rôle dans l'acquisition du savoir de science, un rôle proche de celui que lui demandait, là encore, le Socrate du *Ménon*. Ménon lui ayant demandé, de fait: «es-tu à même, Socrate, de me dire, au sujet de la vertu, si c'est quelque chose qui s'enseigne?», il lui répliquait:

> quant à moi, je suis tellement loin de savoir si elle est matière d'enseignement ou si elle n'est pas matière d'enseignement que *ce que*, absolument et en fin de compte, *elle est,* il se trouve que je ne le connais même pas! [...] Or quand je ne sais pas *ce qu'est* une chose comment saurais-je quelles en sont les *qualités?* (70a et 71a-b).

Or telle est encore à peu près la démarche défendue aujourd'hui, dans le prolongement voulu d'Aristote, par tel manuel:

> le seul fondement valable d'un jugement est l'intuition d'un objet. Parfois le jugement se réfère directement à une intuition: c'est le cas des jugements *per se nota*. Parfois il est relié à l'intuition par un certain nombre d'intermédiaires: c'est le cas des jugements démontrés. Mais la source de la vérité est toujours l'intuition. Et quelle est cette intuition? Puisque nous ne considérons ici que les jugements a priori, l'intuition qui les fonde n'est pas sensible mais intellectuelle. C'est donc soit l'intuition de quelque essence particulière, comme l'essence «triangle», soit l'intuition de l'être [...] Il apparaît donc en fin de compte que le caractère nécessaire et universel de certains jugements s'explique [...] par l'intuition des essences que l'intelligence abstrait de l'expérience [76]

où «l'essence «triangle»» n'est pas invoquée par hasard, car ce sont bien les mathématiques grecques qui ont donné, et à Platon en premier lieu, l'exemple d'une science qui l'était par la déduction qu'elle permettait des *propriétés* (cf. les *qualités* du *Ménon* et l'égalité à un angle droit de l'angle inscrit dans un demi-cercle prise en exemple par *Sec. Anal.* A1) à partir de l'expression de *ce qu'est* la chose, soit de ce que les latins traduisant le grec ont dénommé *essentia* (*quel* mot grec? Il faudra y revenir).

Mais Galilée, déjà, rejetait cette démarche. C'est ce que souligne, par exemple, Emile Namer:

---

76 R. VERNEAUX 1959, p. 44.

il est absurde, disait Galilée, de demander à la philosophie de nous révéler un effet, mieux que ne le ferait l'expérience. L'idée qu'il ne fallait pas dépasser la connaissance sensible, sinon pour l'organiser et la définir, de façon à la rendre prévisible et utilisable, se trouve dans l'œuvre tout entière. Et cette conviction exprimée sous mille formes est que nous ne pouvons connaître les essences, ni celles qui sont sous nos yeux, ni celles qui sont éloignées. [77]

Et de fait, pour employer au second degré les termes rendus techniques par K. Popper dans une analyse épistémologique qui en met particulièrement en valeur le fait au premier degré, le développement des sciences galiléennes, loin d'avoir «corroboré» la vision aristotélico-scolastique de la science, l'a plutôt «falsifiée» ou «réfutée» et, en rendant manifeste que leur mode scientifique même en rendait en permanence révisables les fondements, a confirmé le bien-fondé de son rejet par Galilée. Qui plus est, ce sont les mathématiques elles-mêmes, «la science d'où est issue la notion d'une vérité abstraite indépendante», qui maintenant, depuis environ un siècle, sont «l'occasion d'une démonstration de l'inanité de l'absolu scientifique» [78] et cela, il faudra y revenir, tant par leur transformation de science «catégorico-déductive» en science «hypothético-déductive» que par la découverte de ce que l'être mathématique se laisse en quelque façon réduire à un réseau de relations logiques. Et sans doute continue-t-on, ici comme là, à présenter des définitions disant «ce qu'est» ceci ou cela, mais elles revêtent un caractère «décisoire», [79] voire nominal, [80] et s'éprouvent non comme exprimant «l'intuition d'une essence» mais, simplement, par leurs plus ou moins grandes puissance ou fécondité, soit mathématique, soit théorique ou (et) expérimentale.

Et surtout il y a, du point de vue de l'étonnement qui s'exprime dans l'énigme, plus grave encore. Malgré une certaine apparence en effet, nous l'avons dit, on ne peut pas vraiment dire que la méthode expérimentale parte de l'expérience, et c'est même là ce qui finit par produire l'énigme. Mais, toute immanente que soit «l'essence» à la chose, est-elle en mesure d'offrir, et avec elle ce que nous appellerons désormais «l'essentialisme», ce point d'ancrage dans le réel, dans le réel sensible et soumis au devenir offert à notre expérience, que cette situation nous a conduit à rechercher? Elle ne semble pas y suffire. Pour reprendre les expressions d'un autre manuel, la science peut et doit exprimer, dans les jugements à caractère

---

77 Emile NAMER 1968, «L'intelligibilité mathématique et l'expérience chez Galilée», p. 117.
78 E. BERTHOLET 1968, p. 98.
79 R. BLANCHÉ 1957, *Introduction à la logique contemporaine*, éd. 1968 p. 47 et... *supra*, Rép. VI 510c-d.
80 Cf. D. VERNANT 1993, p. 25-6.

universel et nécessaire que lui permet l'intuition de l'essence, des «vérités éternelles» n'ayant «pas nécessairement et de soi un sens ‹existentiel›». [81] Mais s'il en est ainsi, et l'appel à l'exemple de «l'essence ‹triangle›» ne peut que le confirmer, l'aristotélisme n'est pas, face à l'énigme, décisivement distinct du platonisme.

Tout pourtant n'est peut-être pas erroné dans l'essentialisme, et peut-être y a-t-il plus à apprendre chez Aristote que les aristotélisants en général et la scolastique en particulier n'ont su le faire?

Car si l'essentialisme s'est révélé insuffisant c'est, en ce qui concerne tant les mathématiques et sciences galiléennes que la philosophie, comme réponse à la question de savoir ce qui en fait des savoirs de science. D'une part en effet il tient que la connaissance que nous manifestons avoir lorsque nous exprimons *ce que sont* les choses a son fondement dans «l'essence» qui leur est immanente et dont nous acquérons l'intelligibilité par abstraction, ce qui, à la différence du platonisme, donne bien un point d'ancrage dans le réel et commence au moins à faire sortir du cercle. Mais d'autre part et ensuite il maintient le savoir de science au niveau de cette seule intelligibilité, et c'est là que, tout à la fois, il se montre: non décisivement différent du platonisme en ce que, même dégagée par abstraction, cette intelligibilité reste, comme l'explicite la remarque que les vérités éternelles d'essence n'ont pas de soi un caractère existentiel, de l'ordre du possible; et réfuté par les sciences galiléennes et les mathématiques hypothético-déductives, réfutation qui est à l'origine tant de l'enfermement idéaliste de la philosophie dans le cercle que de la naissance de l'énigme. De ce point de vue de ce qui fait le savoir de science, la leçon retirée par E. Kant de la nouvelle science est définitive: ce n'est pas une connaissance de ce que les choses dont nous faisons l'expérience sont *en soi* qui nous en donne un tel savoir, ni philosophique, ni positif.

Mais peut-on nier pour autant que, du point de vue de la connaissance *ordinaire* que l'expérience commune nous donne de ces choses, non de l'électron, ni de la cellule, etc., mais des qualités morales (oui, Socrate), des êtres de la nature qui nous entourent, et spécialement des vivants (oui, Aristote), etc., nous ayons une première connaissance de ce qu'elles sont? Non. Seul un savoir de science permettra éventuellement de préciser, réflexivement, ce qu'il y avait dans cette première connaissance? Assu-

---

81 Cf. Jacques MARITAIN 1920, *Eléments de philosophie*: II: *L'ordre des concepts 1. Petite logique (Logique formelle)*, éd. 1966, p. 269-70. On trouvera chez Frédéric LOT 1997, *Pour une topologie du savoir. En marge de l'œuvre de Jacques Maritain*, un excellent parcours du «réalisme critique» développé par J. Maritain, ainsi que sa confrontation à une lecture renouvelée d'Aristote.

rément. Nous voilà donc décidément enfermés dans le cercle? Pas nécessairement. Tel serait le cas si le savoir de science en question ne pouvait
être que du type des sciences galiléennes et donc, en arrière-fond, des
mathématiques. Mais ce que demande l'étonnement qui s'exprime dans
l'énigme, c'est justement un savoir de science autre. Non un savoir de
science qui pourrait se substituer de quelque façon que ce soit à celui d'où
naît l'énigme: de ce qui reste en deçà de notre expérience nous ne pouvons
avoir un savoir de science que par le possible, c'est là ce dont les anciens, et
Aristote plus que tout autre, ont manqué à voir l'importance. Mais un
savoir de science susceptible de répondre aux grandes questions du niveau
de l'énigme, un savoir de science qui soit sagesse, la philosophie en un
mot, c'est là ce que les anciens, précisons: les Grecs, précisons encore:
Aristote, ont cherché avant tout. Et l'étonnement qui s'exprime dans
l'énigme ne fait pas que demander un tel savoir de science, il indique ce
dont, s'il est possible, il doit partir: de cette connaissance ordinaire de ce
que sont les choses accessibles à notre expérience commune. [82] Pourquoi
cela? Parce que seule cette connaissance est susceptible, si cela est possible,
de nous donner dans le réel ce point d'ancrage qui nous fera et sortir du

---

82 G. ISRAEL 1996 écrit (p. 224, n. 1): «L'intuition de ce qui est «réel» a une
   importance qu'on ne peut absolument pas sous-estimer sans mettre en cause les
   fondements même de la science qui prend comme point de départ incontournable les «intuitions premières». Sur cet aspect, je partage entièrement le
   point de vue de René Thom (R. THOM 1991): il n'y a aucune raison d'affirmer
   que le savoir qui dérive d'une représentation abstraite soit plus pertinent que le
   savoir tiré des intuitions premières». Disons que le grand détour par la lecture
   de la *Métaphysique* devrait permettre à cette vue de dépasser le stade d'une
   intuition. Notons aussi avec M. Paty qu'«Einstein a le souci de définir très
   précisément de quelle façon le problème de la réalité a des effets en science, et
   de *séparer cet aspect des considérations philosophiques plus générales*» (p. 475-6,
   souligné par moi), et ajoutons que si, au contraire, l'on s'engage du côté de ces
   considérations, l'on acceptera peut-être «que le libre choix des éléments
   constructifs intelligibles, posés librement et impossibles à déduire empiri-
   quement, ne commence pas dans la science proprement dite, mais qu'il
   appartient à la vie mentale de tous les jours» (EINSTEIN A. 1950c, lettre à
   Michele Besso du 15 juin, citée *ibidem* p. 419), mais n'on n'acceptera pas
   nécessairement pour autant que *tous* concepts soient ainsi acquis dans «la vie
   mentale de tous les jours» ni, du même coup, que la métaphysique succombe
   par essence à «l'illusion [de croire] que l'homme est capable de comprendre le
   monde objectif rationnellement, par la pensée pure, sans aucun fondement
   empirique» ou que «[tout] métaphysicien [autre que le «métaphysicien appri-
   voisé» qu'est le physicien einsteinien croie] que ce qui est logiquement simple
   est aussi réel» (EINSTEIN A. 1950a, cité *ibidem* p. 469).

cercle et, peut-être, résoudre l'énigme. Et encore, pourquoi cela? Parce que seule une telle connaissance dépasse l'ordre du possible et nous rapporte, non encore de manière scientifique mais pourtant en toute certitude, à *ce qui est*, à ce qui est à quoi l'expérience commune nous rapporte selon, certes, une première connaissance de *ce qu'est* ceci ou cela qui est, mais plus encore, selon un *jugement d'existence* où, *alliée à la sensation*, l'intelligence *se mesure à* un réel qui toujours aussi la *transcende*. Simplement, ce point d'ancrage se révèle insuffisant à répondre à la question de la *source de la nécessité*, source que l'«engagement pour le réalisme» [83] auquel nous convie l'énigme ne peut rechercher qu'au delà de lui, dans une analyse de ce qui est passant par lui mais pénétrant plus profondément dans ce qui est.

Mais justement, l'on peut et doit douter que, nonobstant l'aristotélisme postérieur, la réponse d'Aristote à cette question ait été essentialiste. Nous l'avons déjà relevé, les *Sec. Anal.* ont offert, après les premières explorations platoniciennes, la première grande réflexion sur le savoir de science, déterminante tant pour les mathématiques que pour la philosophie, au point d'ailleurs que beaucoup, tant sympathisants qu'adversaires, et tant pour le lui reprocher que pour l'en féliciter, les lisent comme posant que «l'idéal de la science est mathématique». [84] Or quelle est leur démarche? Remontons, pour mieux le voir, à ce que nous soulignions en commençant et demandons-nous: d'où naît, pour nous humains en tout cas, le savoir de science? De l'interrogation. Et cette interrogation? Nous le savons depuis Platon et Aristote et le rappelions: de l'étonnement. Or l'étonnement, d'une part, présuppose et de premières connaissances et la reconnaissance d'une ignorance et, d'autre part, engage dans la recherche du *«pourquoi»* (et du *«comment»*... il faudra y revenir), recherche dont nous attendons et

---

83 Selon la belle expression de Frédéric NEF 1991, *Logique, langage et réalité*, p. 42, et par où l'on retrouve l'idée einsteinienne d'un réalisme programmatique (voir les pages 474-8 de M. PATY 1993, développées sous le titre: «Le réel comme programme et comme référence», et notamment la citation qui y est faite, p. 477, d'A. EINSTEIN 1950b, lettre à Michele Besso du 15 avril: «Y a-t-il quelque chose qui remplace la «réalité» comme programme théorique?»). Certes nous la reprenons *pour la philosophie*, alors qu'il l'entendait pour son travail de physicien, mais *Mét.* Γ, et spécialement son chap. 1 (mais aussi les livres A, α et E, le premier ne parlant pas par inadvertance d'un «science recherchée»), n'est-il pas programmatique et cela, déjà, face aux mathématiques? Il n'y a pas de science sans engagement pour le réalisme, mais la complexité du réel et du rapport que nous avons avec lui nous oblige à le pratiquer sur des modes divers.

84 Jean-Marie LE BLOND 1939, *Logique et méthode chez Aristote*, p. 91, 100, 106.

anticipons que non seulement elle nous fasse atteindre ce «pourquoi» mais que, de plus, elle nous le fasse atteindre de façon que l'on saisisse la *nécessité* de ce dont il est le pourquoi, et que, enfin, la démarche entière se laisse transmettre dans un enseignement, dans un dire rationnel donc et même, plus précisément, démonstratif. D'où, prenant les choses depuis le résultat ainsi anticipé à partir de l'expérience commune, les *Sec. Anal.* affirment-ils:

– d'entrée, comme nous le rappelions à l'instant, et sans se limiter au savoir de science, que «tout enseignement et tout apprentissage *discursifs* de connaissances [nouvelles] procèdent à partir d'une connaissance pré-existante» (A1, 71a1-3)

– dès le début des considérations concernant proprement la science, que:

nous pensons connaître chaque [réalité qui peut l'être], absolument [parlant] de science, mais non, à la manière des sophistes, *par accident* lorsque nous pensons à la fois:
• connaître
* la cause de par la vertu de laquelle la réalité [considérée] *est,*
* [le fait] qu'elle [en] est la cause
• et [savoir] qu'il n'est pas loisible qu'il en aille autrement (A2, 71b9-12).

Entre autres enseignements à en retenir, soulignons à nouveau la double secondarité du savoir de science, soit et équivalemment, mais ici comme conséquence de cette constatation, l'existence dans son développement d'un certain cercle.

La chose est manifeste, tout d'abord, pour les mathématiques. L'axiomatisation en effet, d'une part réalise la séparation de l'«être» mathématique d'avec les données sensibles au sein desquelles cependant sont apparus les problèmes d'où est née la recherche mathématique, et d'autre part présuppose une démarche réflexive, celle-là même dont les *Sec. Anal.* ont fourni les moyens aux *Eléments* d'Euclide. Et cette double secondarité engage bien dans un certain cercle: étant donné un certain état des mathématiques, elles se développent, pour reprendre l'expression de Thomas Kuhn, en «science normale»; mais leurs progrès mêmes, et notamment l'apparition de méthodes nouvelles, font apparaître de nouveaux problèmes, ou font apparaître sous un jour nouveau des problèmes anciens (voire très anciens), ce qui appelle un retour sur les «connaissances préexistantes» – à comprendre on le voit, tant au niveau, initialement, des problèmes de l'expérience commune que, progressivement à celui d'axiomatisations antérieures ou de présupposés engagés dans les méthodes nouvelles, ainsi celles du calcul infinitésimal – et provoque, ouvrant un départ à nouveau, une «révolution scientifique».[85]

Et la philosophie? Eh bien! elle aussi doit pouvoir se transmettre dans un enseignement rationnel et elle aussi donc appelle une remontée des dires démonstratifs en lesquels s'exprime cet enseignement, remontée vers des «premiers» par rapport à la saisie desquels les conclusions nécessaires constituent bien un savoir second, et remontée qui présuppose bien cette réflexion, cette démarche seconde, que constituent les *Sec. Anal.* Mais quels sont ces «premiers», dont le dernier chapitre de ceux-ci nous dit qu' «il est manifeste qu'il est nécessaire pour nous d'acquérir la connaissance des ‹premiers› par induction, car c'est aussi ainsi que la sensation produit, dans [l'âme], l'universel» (B19, 100b3-5), et vers lesquels pointe en effet leur démarche entière?[86] Est-ce, comme l'a interprété l'essentialisme raisonnant pour la philosophie sur l'essence du triangle, l'essence? Non. S'il en était ainsi, on ne comprendrait pas que les *Sec. Anal.* tournent si longuement, pour d'ailleurs la laisser sans réponse, autour d'une question déjà posée par le *Peri Hermeneias* mais alors renvoyée à un autre sujet de recherche: «qu'est-ce qui fait l'unité de la définition?» (cf. *Peri Herm.* 5, 17a13-15 et *Sec. Anal.* B 1-10 en entier, en particulier 6, 92a27-33). Car si Aristote avait été essentialiste il aurait eu à sa disposition, dans l'«essence», la réponse immédiate à cette question, quelque chose au delà de quoi il n'eût pas eu besoin d'aller. Loin qu'il en aille ainsi, c'est dans l'analyse métaphysique, donc dans la recherche des causes, l'avons-nous lu annoncer, de ce qui est pris en tant qu'être, qu'il reprend la question, et en s'y reprenant au moins à deux fois (*Mét.* Z12 et *Mét.* H entier, spécialement H6).

Aussi bien, comment va procéder l'interrogation de la science de ce qui est pris en tant qu'être? La suite de Γ1, tout en rappelant à titre de seconde justification de cette science que A1-2 avait anticipé la «science recherchée» comme devant nous conduire jusqu'aux causes «les plus élevées», soit donc éventuellement jusqu'à la transcendance d'une causalité divine, explicite en même temps qu'il faut aussi (et même d'abord) entendre ces causes comme de certaines principes *immanents*, analogues en cela aux éléments composants les êtres de la nature pris comme tels, à cette «certaine nature» que, pris en tant qu'êtres, ils sont encore:

> puisque, d'ailleurs, nous cherchons les principes et les causes les plus élevés, il est manifeste que c'est de quelque chose comme une certaine nature que, prise

---

85 Sans que pour autant il y ait totale incommensurabilité entre théories...

86 Voir sur ce point, en complément du présent ouvrage, M. BALMÈS 1998, «Quels sont ces ‹premiers› dont il nous est nécessaire d'acquérir la connaissance ‹par induction›? (*Sec. Anal.* B19, 100b3-5)».

par soi, ils sont nécessairement les principes et les causes. Si donc ceux qui cherchaient les éléments des êtres cherchaient, en fait, les principes absolument premiers, [ces éléments qu'ils cherchaient] étaient nécessairement aussi les éléments de ce qui est, pris non par accident mais en tant qu'être (1003a26-31).

L'expérience commune, de fait, ne nous donne pas seulement une première connaissance de ce que sont les réalités qui s'y manifestent exister, elle nous fait saisir entre elles et en elles tout un jeu de causalités. Or, la saisie de la cause étant, de manière très générale, ce qui permet de répondre à la question qui nous a fait demander «pourquoi?» et, par suite et au moins pour une certaine interrogation, ce au delà de quoi nous ne pouvons et ne cherchons pas à aller, le savoir de science peut et doit se caractériser, là encore de manière très générale, comme étant par delà le «visible» ou ce qui apparaît – par delà les «phénomènes» –, une recherche des causes.

L'histoire, au surplus, confirme amplement l'importance unique de la question. Toute la réflexion sur le savoir de science, en effet et d'une part, s'est développée sur le fond de l'affirmation des *Sec. Anal.* que connaître de science, et donc connaître le nécessaire dans ce qui est, c'est connaître par les causes. Et, d'autre part, la grande contestation qui s'est développée après que la seconde des *Méditations métaphysiques* eût coupé la pensée de ce qui est a précisément porté, spécialement avec N. Malebranche, D. Hume puis le positivisme, sur la possibilité pour nous d'atteindre à une telle connaissance. Et de fait, si le premier point d'ancrage de notre pensée dans le réel est la saisie de *ce que sont* les réalités dont nous faisons l'expérience, son élimination ne peut que conduire à celle de tout ancrage plus radical tel que nous avons vu devoir en chercher et tel que pourrait bien être celui d'une cause. [87] Mais inversement, tout effort, a fortiori tout choix décidé vers le réalisme ne peut que s'orienter vers un *réalisme causal*. C'est, par exemple, ce que reconnaît bien haut René Thom préfaçant le *Systèmes de la nature* de J. Largeault:

> tout son ouvrage est centré sur la notion de causalité. Longtemps j'ai cru moi-même au dogme néo-positiviste selon lequel la causalité devait s'effacer devant la légalité (essentiellement mathématique) de la théorisation. L'insistance de certains savants – les biologistes – à demander des explications m'a fait réfléchir. Je pense maintenant que cette exigence est légitime, et que toute explication requiert en dernière analyse une ontologie – la présence d'entités

---

87 Dans «l'ontologie grise» de R. Descartes, relève J.-L. MARION 1975, «l'objet ne comporte pas en soi son *archè* puisque le gouverne de part en part l'évidence, donc l'esprit» (éd. 1993 p. 187).

relativement stables, visibles ou invisibles, dont les interactions propagent l'influx causal qui détermine l'évolution temporelle des phénomènes [88]

ou, encore, ce qu'annonce le titre même, *Causal Realism*, [89] d'un ouvrage où John Cahalan s'emploie à juste raison à montrer la nécessité de sortir, et par là, du «linguistic turn» contemporain.

Des causes, cependant, *Mét.* Γ1 en parlait relativement à ce qui est pris *en tant qu'être*, alors que les trois auteurs cités, et la plupart avec eux, [90] en parlent relativement au *devenir*, ou à la *vie* (ce que bien entendu fait aussi Aristote, d'où d'ailleurs le «une certaine nature» de la l. 1003a27), et alors que l'on introduit traditionnellement à la doctrine des quatre causes, et cela de manière non infidèle à Aristote mais en suscitant l'objection d'anthropocentrisme ou d'animisme, à partir de l'expérience humaine du *faire?* [91]

---

88 J. LARGEAULT 1985, *Systèmes de la nature*, préface de R. THOM, p. IV-V.

89 John C. CAHALAN 1985, *Causal Realism*.

90 Ainsi encore, souvent proche de J. Largeault et comme lui riche en information et pistes stimulantes, de Miguel ESPINOZA: 1987, *Essai sur l'intelligibilité de la nature*, (ouvrage qui souligne à plusieurs reprises que «l'une des questions principales auxquelles doit répondre la philosophie mathématique est la suivante: comment pouvons-nous expliquer que les mathématiques s'appli-quent à la nature?» (p. 40) mais qui détend dès le départ le ressort de l'interrogation en écrivant en conclusion du chap. 1: «l'application des mathé-matiques ne devrait pas être considérée comme un miracle mais plutôt comme une chose à laquelle on pouvait s'attendre», et cela parce que: «superficiellement on peut croire qu'il y a plusieurs sources d'intelligibilité: la nature, les symboles, les croyances métaphysiques, les caractéristiques de notre façon de voir et de comprendre (les catégories), mais au fond il y a seulement une source, la nature [...] Nous ne pouvons pas nous éloigner de la nature [...] nous ne devrions pas nous surprendre de ce que la nature se laisse appréhender. Pourquoi ferait-elle les choses d'un manière quand il s'agit d'agir, et d'une autre quand il s'agit de comprendre?» (p. 15). Mais non, on ne peut en rester à la causalité, même quadruple, de la nature, et l'énigme, précisément, devrait en convaincre!); 1994, *Théorie de l'intelligibilité* (ouvrage qui se conclut, il est vrai, en citant *Mét.* Γ1: «la question posée depuis longtemps est posée à nouveau aujourd'hui et sera posée encore demain... elle est toujours difficile, la question étant: qu'est-ce que l'être, qu'est-ce que la substance?» (p. 198); 1997, *Les mathématiques et le monde sensible*).

91 C. WITT 1989, écrit bien, pour sa part: «lorsqu'Aristote pose la question «qu'est-ce que la substance?» il recherche le principe ou la cause ce qu'une chose est une substance.Il ne recherche pas la signification du mot substance» (p. 36) mais, voyant dans l'essence la cause recherchée, elle ne donne pas à cette proposition la portée que nous lui reconnaîtrons. G. ROMEYER-DHERBEY 1983, pour sa

Eh bien oui, telles sont bien, avec en outre celui de l'*agir* moral ou (et) politique, les grands domaines de notre expérience, en chacun desquels les réalités que nous expérimentons être se présentent à nous avec une certaine autonomie et certains achèvements. Et puisque, interrogeant à partir de l'énigme, nous interrogeons à partir du conditionnement sous-jacent à ces autonomies et achèvements, notre travail aura certainement à relier celui-ci à ce sous la vertu de quoi, dans les réalités singulières que nous expérimentons être, se présentent ces autonomies, achèvements et aussi, conjointement, dépendances, c'est-à-dire précisément aux causes qui s'y exercent. Et, redisons-le, les objections d'anthropocentrisme, ou même d'animisme, ne peuvent justifier le renoncement à une telle interrogation philosophique, mais seulement obliger à une saine prise en compte de l'exigence critique.

Mais, justement, seule l'interrogation proprement métaphysique est à la hauteur de celle-ci comme aussi, nous lirons Aristote lui-même le souligner, des mathématiques et donc, pouvons-nous ajouter, de l'énigme?

---

part, s'attachant à «déterminer [...] quels sont les concepts philosophiques par lesquels Aristote va exprimer, et grâce auxquels il va penser, la structure propre de que l'expérience humaine désigne du ‹nom de choses›» relève que «l'être chose est cerné dans l'aristotélisme par des analyses convergentes mais distinctes» (p. 181), à savoir celles qui l'analyseront «comme sujet» (§ 2, p. 182-97), «comme composé» (§ 3, p. 197-207) et comme «en développement» (§ 4, p. 208-17). Notre lecture du texte d'Aristote rencontrera bien chemin faisant ces trois moments, et elle confirmera que «ces trois déterminations de l'être chose ne sont qu'en apparence dispersées» (p. 181). Peut-être même permettrait-elle de dire que «le point commun des trois analyses, et qui forme toute l'originalité de la description aristotélicienne [mais est-ce seulement une *description*?], est donc de concevoir une chose comme une *tension*» (p. 181-2), même si ce dernier mot a des consonances bien stoïciennes. Mais elle fera voir dans les *causes*, et spécialement de ce qui est *pris en tant qu'être*, les «premiers» immanents à la chose à partir desquels ou vers lesquels joue, acceptons le mot, cette tension. Certes la «conception [d'Aristote] permet de rejeter la question stérile du *pourquoi* une chose est elle-même», mais sa recherche est tout à fait explicitement une recherche de causes, donc de ce que vise la question *pourquoi*, et cette recherche ne s'efface nullement «au profit de la question *comment* (pôs) sont les essences sensibles?» (p. 182), même si celle-ci est effectivement posée. «Causes de ce qui est pris en tant qu'être», qu'est-ce à dire? Causes de ce que la chose existe «par soi» (ce à quoi introduit le travail mené à bien au début du traité des *Cat.*), «séparée» (ce à quoi introduit le travail mené à bien en *Phys.* A et B) et, au delà de la complexité qui lui vient de sa soumission au devenir, dans un *être un* (ce dont l'étonnement que cela peut et doit susciter est une des voies d'entrée dans l'interrogation de la philosophie première).

C'est exact, mais est-ce à dire que la philosophie première doive partir de l'esprit, de la conscience? Tel fut, à la naissance de la science galiléenne, le choix de R. Descartes, mais l'étonnement qui s'exprime dans l'énigme semble bien inviter à revenir sur se choix. L'autonomie que nous donne l'esprit, au demeurant, est-elle l'autonomie d'une «substance pensante» séparée de la «substance étendue» que serait notre corps? Manifestement non. D'une part nous sommes manifestement dans une dépendance multiforme, externe et interne, de la nature, et d'autre part la nature a manifestement elle aussi, à la fois comme «tout indivisible «et dans les parties en lesquelles elle est cependant divisible – et certes, pour celles-ci selon des degrés s'étendant sur une très vaste échelle – son autonomie. C'est même la reconnaissance de cette autonomie, reconnaissance repérable dès les propos d'Héraclite autour du *logos* qui constitue l'une des sources, voire la source majeure d'où est née la recherche grecque d'un savoir de science concernant la nature, et aussi la source qui, encore aujourd'hui, donne tout leur *thumos* à ceux qui s'adonnent aux sciences de la nature. Et c'est elle encore qui donne toute sa force à l'étonnement même qui s'exprime dans l'énigme. Certes cette reconnaissance ne permet pas par elle-même de répondre aux étonnements que suscite la nature, mais du moins ouvre-t-elle la voie des recherches qui entreprendront de le faire, ce qui montre qu'elle donne bien déjà, malgré tout, *une certaine* saisie de cet ancrage dans le réel que l'énigme ne demande de chercher que parce que, mais obscurément, il le tient déjà. Si donc la philosophie première est en effet invitée par les mathématiques et la science galiléenne à partir du fait de *notre* autonomie [92] d'êtres ayant un esprit, la décision de prendre ce

---

92 Peut-être nous permettra-t-on, malgré l'altérité des contextes d'interrogation, de rapprocher ici notre démarche de celle de Paul Ricœur lorsque, dans les premières lignes (p. 381) d'une conférence intitulée «L'attestation: entre phéno-ménologie et ontologie», il déclare «L'essai qui suit conjoint deux problé-matiques; d'abord celle qui naît à la frontière ente phénoménologie et ontologie. A cet égard, cet essai veut épouser la pente qui incline une phénoménologie, au sens le plus précis de la description de ce qui apparaît, tel que cela se montre, vers une ontologie, au sens du discernement du mode d'être adjointé à ce qui apparaît. Pour ce faire, le phénomène de l'*ipséité* est pris pour fil conducteur...». Dite en termes non de phénoménologie mais de philosophie première, cette «*ipséité*», en effet, ne nous paraît pas fort éloignée de ce que nous thématisons comme «autonomie dans l'ordre de l'être». Lorsque d'ailleurs P. Ricœur écrit: «que l'*ipséité* ait partie liée avec une ontologie de l'être comme acte-puissance, alors que la *mêmeté* a partie liée avec une ontologie de l'être comme substance, terme pilote de la série des catégories, telle est la première ligne directrice de mon entreprise ([en note]: dans la conjoncture philosophique contemporaine, du moins celle que marque l'alternative Heidegger/Lévinas, la tentative ici

point de départ ne doit nullement nous faire mettre entre parenthèses que nous sommes en même temps plongés dans la nature et membres de la nature,[93] mais au contraire intégrer dans son interrogation le fait de l'autonomie des êtres naturels – et aussi, bien sûr, celui de leurs et de nos dépendances.

Ce qui est vrai, par suite, c'est que l'articulation initiale de l'interrogation métaphysique n'aura pas à se nouer avec la seule interrogation critique, mais aura à le faire aussi, parce que tout ce que nous expérimentons être est soumis au devenir et parce que cette expérience s'accomplit, en nous, en des opérations vitales, avec des interrogations relevant tant de la philosophie de la nature que de la philosophie du vivant. Et, pour elles comme pour l'interrogation critique, c'est grâce à cette participation à l'articulation de l'interrogation métaphysique qu'elles recevront, *en retour*, les discernements qu'appellent, face à elles, les sciences

---

proposée serait de sauver une ontologie autre que celle que Lévinas récuse, mais autre aussi que celle que Heidegger déploie [...] La voie de l'ontologie de l'acte, explorée dans le sillage de la phénoménologie du soi, serait une voie distincte de celle que l'un préconise et de celle que l'autre refuse [...])», nous pourrions le reprendre tel quel comme anticipation de ce que sera l'articulation des premiers et seconds livres de notre travail. Toutefois, à la lecture de la fin de la phrase laissée plus haut inachevée: «[...] et il est assigné à l'ontologie la tâche d'explorer, au sein de la grande polysémie du verbe être soulignée par Aristote en *Métaphysique* E1-2, celles des significations qui gravitent autour de la paire *acte-puissance*», nous ferions observer qu'il ne s'agit certainement pas pour nous d'en rester (comme la phénoménologie) à une exploration de significations, mais bien d'entrer résolument dans cette «terre promise» qu'est, accessible dès maintenant et pas seulement à l'horizon (cf., p. 12, la préface de Jean Greisch et Richard Kearney), la philosophie première, et de procéder (sans préjudice aucun pour les recherches herméneutiques mais au contraire dans un bénéfice mutuel, et comme l'on doit au père M.-D. Philippe d'avoir redécouvert que c'est ce que fait Aristote) à une *analyse causale* de ce qui est pris en tant qu'être. Cf., d'une part, Paul RICŒUR 1991, et, d'autre part M.-D. PHILIPPE 1973, p. 323-541; 1974, p. 781-91; 1977, p. 327-32 et 361-2; 1991, p. 189-200.

93 J. LADRIÈRE 1992, ayant montré que l'appel vers une philosophie de la nature aujourd'hui se noue «au croisement de deux perspectives, la transformation de la *représentation* du monde inscrite dans la science, l'avènement [cf. le *souci écologique*] d'une préoccupation radicale quant à la signification de la nature pour l'homme», note ceci «on retrouve ici, mais en partant de d'idée générale du rapport à la nature, le problème classique de l'âme et du corps, que la séparation tranchée de la pensée et de l'étendue rend quasi insoluble, que la simple attention aux données les plus élémentaires impose cependant comme question centrale de l'anthropologie» (p. 67-8).

positives. Mais, encore une fois, cela ne sera possible que si est retrouvée la vigueur de l'interrogation de la philosophie première comme recherche des *causes propres* de ce qui est pris *en tant qu'être*. Il faut d'ailleurs le souligner, c'est bien cela que la *Métaphysique*, du livre A au livre E, construit et annonce comme devant être l'interrogation directrice la plus radicale de la «science recherchée», et non pas la question «qu'est-ce que l'être?». Comme nous le verrons, celle-ci ou, plus précisément, son articulation dans la question «qu'est-ce que la substance?» est finalement exhaussée en *Mét.* Z17 au niveau de la question «sous la vertu de quoi? *dia ti;*», donc de la question qui recherche les causes, mais elle est d'abord introduite à partir de l'observation que «*to on legetai pollachôs*» observation qui invite bien à s'engager, comme cela apparaîtra tout spécialement en Z4 et 6, dans une interrogation *critique* sur la signification et son fondement, et c'est précisément le long travail *logikôs* (4, 1029b13) de Z4 à 16 qui obligera à passer de la recherche de l'ancrage de la seule signification à celle d'un ancrage plus radical.

*

Et cette articulation de l'interrogation ne pourra se préciser dans la méconnaissance de la question de Dieu? Cela est bien possible en effet. De fait, il faut totalement refuser, avec E. Kant, le dieu-fondement-du-mécanisme de R. Descartes (et, contre le même E. Kant, le dieu-fondement-de-l'impératif-catégorique), avec lequel on ne respecte, quoi qu'en ait pensé N. Malebranche, ni l'autonomie des réalités que nous expérimentons être, ni notre intelligence, ni donc Dieu lui-même. [94] Si la philosophie parvient à remonter à Dieu (ce que la *Métaphysique* s'assigne comme but dans ses deux premiers chapitres et ce à quoi elle nous convie dans le livre Λ), ce ne sera certainement pas de cette manière intéressée, mais bien plutôt dans la recherche de la cause ultime dont peuvent bien dépendre, dans la magnificence de leur autonomie (qui est ce que souligne implicitement le «une certaine nature» déjà souligné par nous en Γ1, 1003a 27), ces réalités et cette intelligence. Mais ce qui pourrait bien être vrai, par contre, c'est que, sans la reconnaissance en sa radicalité de la question de Dieu, nous ne saurions engager notre analyse du réel dans des voies assez radicales pour nous permettre de parvenir, par exemple, à cette situation critique en sagesse des mathématiques que nous demande l'énigme ou, a fortiori, à cette vision de sagesse sur notre situation dans l'Univers qu'appellent les

---

94 Voir sur ce point Pierre MAGNARD 1992, *Le Dieu des philosophes*, spécialement les p. 9-16, qui introduisent à la problématique du livre sous le titre: «le problème: la fonction dieu».

fabuleuses explorations scientifiques de l'extrême que permettent lesdites mathématiques. «L'insensé, chante le psaume, dit en son cœur: ‹il n'y a pas de Dieu›». Pourquoi, «insensé»? Non, comme le voudrait l'ontologisme, [95] parce que Dieu nous serait immédiatement évident pour peu que nous opérions une rentrée en nous-mêmes suffisamment attentive, mais seulement parce qu'il est insensé d'en rejeter a priori la question:

> le Seigneur, du haut du ciel, se penche
> observant les fils d'hommes,
> pour voir s'il s'en trouve qui aient l'Intelligence,
> et qui cherchent Dieu. [96]

Et que l'acceptation de cette question concoure *par surcroît* à des fruits de *sagesse* qui ne soient pas proprement de son niveau mais qui soient *quasi-*inaccessibles sans au moins sa reconnaissance, faudrait-il vraiment s'en étonner? Non sans doute, surtout si ces fruits sont appelés par des questions dont on peut voir qu'elles débouchent, non exclusivement peut-être, mais *aussi*, sur la question de Dieu. Et ne serait-ce pas là le cas de l'énigme? Nous l'avons vu, c'est bien ainsi en tout cas que l'entendait, certes à sa manière, A. Einstein.

2.2.2. ...que de l'énigme

Certainement, donc, il nous faudra revenir sur cette composante des interrogations contenues dans l'énigme, mais il nous faut d'abord et pour longtemps encore, travailler à l'appel qu'elle lance à la philosophie de produire une analyse du réel permettant, non pas certes de fonder, mais du moins de situer les savoirs dont le développements l'ont fait naître. Dans ce travail, pouvons-nous dès maintenant anticiper en guise de conclusion à la question de l'essentialisme d'Aristote, un point tout à fait décisif sera acquis si, à suivre pas à pas ses propres démarches, nous parvenons à

---

95 Paul FOULQUIÉ et Raymond SAINT-JEAN 1969, *Dictionnaire de la langue philosophique*, distinguent trois sens de ce mot: «A. Proprement: doctrine affirmant que la norme d'après laquelle l'esprit humain juge de l'être et du non-être est l'Etre absolu, c'est-à-dire Dieu, atteint directement en lui-même [...] B. Au sens large: toute doctrine admettant une connaissance intuitive de Dieu. En particulier la théorie de la vision en Dieu de MALEBRANCHE. C. Abusivement (avec une intention péjorative) toute doctrine admettant la possibilité d'une ontologie» (p. 498a). Avec M.-D. Philippe (cf. par exemple M.-D. PHILIPPE 1977a, p. 305 sq.), nous en usons au sens B.
96 Ps. 13 (14), v. 2, tr. fr. de Jean-Claude NESMY 1973, *Psautier chrétien*.

atteindre avec lui les sources les plus radicales de ce qui, dans les réalités que nous expérimentons être, est nécessaire,

– non pas, comme le Socrate du *Ménon* ou l'aristotélisme traditionnel, dans leur «essence» entendue comme leur intelligibilité première telle qu'exprimée, comme la suite du *Ménon* précisément engageait déjà à le tenter, dans une définition par genre et différence,

– mais, plus profondément, dans les causes immanentes de leur être pris comme tel.

Non seulement, en effet, cela manifesterait que l'articulation opérée en Γ1 entre l'interrogation critique et l'interrogation vers le réel propre à la philosophie première ouvre bien la voie à la résolution de l'aporie du cercle – car, menée à partir de la connaissance ordinaire et dans le mouvement d'un savoir en train d'acquérir son caractère scientifique, la démarche initiée à partir de cette articulation aurait réussi à maintenir l'interrogation critique *intérieure* à l'interrogation vers le réel et, ainsi, à situer ce qui, dans la connaissance ordinaire appelle et rend possible, mais non sans le labeur de cette démarche, ce savoir de science *sui generis* que l'on anticipait devoir être la philosophie première.

Mais, en outre, cela semble bien ouvrir du même coup la voie à la résolution de l'énigme elle-même, à l'existence de laquelle, au demeurant, il faut certainement reconnaître un lien intime à l'aporie du cercle. Telle que nous venons de l'anticiper, en effet, la solution aristotélicienne et réaliste à celle-ci passe par la distinction de deux niveaux irréductibles d'ancrages possibles de notre pensée dans le réel:

– celui, acquis dès la connaissance ordinaire mais non encore scientifique, d'un premier savoir de *ce que sont* les réalités à l'*existence* desquelles notre intelligence peut dès l'expérience commune se mesurer

– celui, acquis dans la recherche philosophique – et spécialement, car seule à prendre en compte dans toute sa force l'interrogation critique, dans la recherche propre à la philosophie première –, des causes qui, à lui immanentes, y sont sources de ce qui y est nécessaire.

Or c'est bien par une distinction similaire que semble devoir passer la solution à l'énigme. D'où vient en effet, dans les sciences qui la font soulever, la nécessité de l'usage des mathématiques? Tout particulièrement de ce que, comme l'exprime excellemment ce que J. Largeault appelle «l'axiome du monisme matérialiste», il semble qu'«il ne se passe rien de connaissable à l'homme sans que se modifie quelque chose qui est susceptible de mesure» [97] – et, aussi bien, «l'axiome» semble bien valoir encore, sauf peut-être lorsqu'elles prennent un mode non plus galiléen

---

[97] Félix LE DANTEC 1917, *L'athéisme*, p. 165, cité par LARGEAULT J. 1988, p. 22.

mais vicolien, pour les «sciences humaines».[98] Or ce que l'intelligence mesure c'est ce qui justement ne se donne pas à notre expérience dans un achèvement et une perfection suffisants pour que ce soit elle qui s'y mesure immédiatement,[99] mais qui relève de la complexité sous-jacente, toujours en quelque façon matérielle, à la transcendance de ce qui se donne à nous dans cette expérience. Et, bien évidemment, nos mesures ne peuvent être exploitées, ni même conçues, sans les mathématiques. Or encore, l'intelligibilité scientifique ainsi acquise assure-t-elle le même ancrage dans le réel que l'intelligibilité commune de *ce que sont* les réalités qui nous entourent? L'acquisition de l'intelligence de *ce qu'est* la tension d'un courant électrique, ou de *ce qu'est* la constante de gravitation, s'ancre-t-elle

---

98 Avec toutefois cette différence que relève G. Israël: «si les mathématiques ont eu un rôle constitutif dans la physique, il faut souligner que tel n'a pas été le cas dans les sciences non physiques: la biologie, l'économie, les sciences sociales, les sciences du comportement, la psychologie, se sont formées avec des systèmes conceptuels et des méthodes propres qui n'avaient apparemment aucun (ou presque aucun) rapport avec la vision mathématique du monde». La chose cependant doit être examinée de plus près, et c'est ce que G. Israël relève immédiatement: «sans doute cette assertion doit-elle être considérée *cum grano salis* à la lumière d'une analyse historique plus attentive. L'économie théorique, en particulier, s'est développée sous l'emprise d'une forte tendance à l'approche mathématique» (G. ISRAEL 1996, p. 12). Sur ce dernier point, signalons, outre les pages qu'y consacre cet auteur (notamment les p. 311-22), le dialogue d'un économiste «littéraire» et d'un économiste «mathématicien» que présentent Pierre de CALAN et Emile QUINET 1992, *Les mathématiques en économie;* ainsi que Alain DESROSIÈRES 1993, *La politique des grands nombres. Histoire de la raison statistique.*

99 En quoi nous nous rencontrons sans doute avec François Dagognet lorsque, dans un exposé reproduit en annexe de *Réflexions sur la mesure* il présente comme suit l'une des «trois prouesses» de «l'opération métrologique»: «elle permet que nous nous emparions de l'insaisissable: si la colombe de Kant ne pouvait pas quitter son milieu, – l'air qui l'enveloppe et la soutient dans son vol – nous pouvons, par le moyen de la mesure, désimpliquer les données et sortir nous-mêmes de ce en quoi nous sommes immergés, par là, nous constituons un monde» (François DAGOGNET 1993, p. 166). De manière générale, d'ailleurs, ce petit livre doit être vivement recommandé à tout «non-mesureur», car même si nous donnerons raison à celui-ci de ne pas se laisser «convaincre […] qu'il se prive *du* véritable savoir» (p. 153, souligné par moi), nous estimons cependant qu'il sous-estime généralement beaucoup trop combien d'extraordinaire intelligence, et en fin de compte de véritable savoir, inaccessible autrement, peut engager la mesure. Sur celle-ci, signalons également Jean-Claude BEAUNE 1994 (sous la dir. de): *La mesure. Instruments et philosophies* et les p. 202-211 de LOT F. 1997.

dans le réel comme le fait celle de *ce que sont* le courage, un animal, une plante, un rocher, de l'eau? Bien évidemment non et c'est là, au contraire, ce que l'étonnement qui s'exprime dans l'énigme nous demande d'examiner de plus près: il y a, dans les réalités dont nous faisons l'expérience, DU MATHÉMATISABLE, du mathématisable immédiat, auquel toujours l'expérimentation reconduit la théorie, mais aussi du mathématisable PROFOND. Comme le notait excellemment Albert Lautman: «si les premiers contacts avec le sensible ne sont que sensations et émotions, la constitution de la physique mathématique nous donne accès au réel par la connaissance de la structure dont il est doué», [100] où, bien entendu, nous entendrons derrière le mot «structure» non seulement les structures statiques de la matière mais aussi, voire d'abord et en tout cas corrélativement, les relations fonctionnelles, les lois, qui gouvernent son devenir. C'est ce que soulignent par exemple, même si les mots de *relation* et de *structure* sont absents du texte qui suit, R. Thom et A. Boutot:

> en réalité, ce n'est pas tant l'introduction des mathématiques comme telle qui marque la naissance de la physique moderne, mais bien plutôt l'utilisation et le développement, à partir du XVIIᵉ siècle, d'une branche particulière des mathématiques: l'analyse, dont un des chapitres essentiels est le calcul différentiel. R. Thom a justement souligné à ce propos l'importance de la notion de fonction dans l'avènement de la science moderne. Cette notion, inconnue de l'Antiquité gréco-romaine, «s'est précisée avec les développements des algébristes italiens du XVIᵉ xiècle; développée au XVIIᵉ siècle par Viète, Descartes et Newton, elle n'a trouvé son expression définitive qu'avec Leibniz (1695)... Seule la notion mathématique de fonction, ajoute-t-il, a permis l'élaboration du concept de «loi scientifique», et cette notion, complétée par l'invention du calcul différentiel (Newton et Leibniz), a conduit, plus tard, à cet idéal insurpassable de légalité scientifique qu'est le déterminisme laplacien». Depuis lors, la place de l'outil mathématique dans les sciences de la nature n'a cessé de s'étendre. [101]

Mais ce mathématisable profond, seule la théorie permet de l'atteindre et seule elle rend possible la conception des instruments qui permettent de le transformer en un mathématisable immédiat, et c'est lui, et non pas seulement le mathématisable immédiat des quantités discrète et continue, que le savant, dès lors qu'il se tourne vers le philosophe, lui demande de *situer* dans le réel.

Ici précisément, toutefois, pourrait bien se trouver le cœur de l'énigme. La question se pose en effet de savoir comment atteindre *philosophiquement* ce mathématisable. Certes les quantités discrète et continue, dont sont

---

100   Albert LAUTMAN 1935, éd. 1977 p. 284.
101   A. BOUTOT 1990, p. 511, citant R. THOM 1986, *La philosophie des sciences aujourd'hui*, p. 8.

68

parties les mathématiques et *via* lesquelles ont longtemps passé toutes leurs utilisations, par lesquelles passent encore la plupart et auxquelles sans doute toutes restent encore liées, sont-elles données à l'expérience de tout un chacun. Mais il s'en faut de beaucoup que les quantités mises en œuvre dans les théories physiques et mesurées par les instruments fondés sur ces théories soient accessibles à l'expérience commune. Or c'est bien elles, comme les lois et structures dans l'expression mathématique desquelles elles entrent en jeu, que l'étonnement qui s'exprime dans l'énigme demande au philosophe de situer dans ce que nous expérimentons être, et ce, donc, en allant *au delà* de la donnée commune des quantités discrète et continue, tout comme, d'ailleurs, elle prétend bien elle aussi aller au delà de la simple connaissance commune. Mais voilà bien le nœud! Comment la philosophie approchera-t-elle cet *au-delà*? Ce ne peut -être, d'une part, à la manière des mathématiques, car elles se suffisent à elles-mêmes, et c'est hors de cette suffisance qu'elle doit chercher sa prise. Mais ce ne peut être, d'autre part, indépendamment des mathématiques, car il n'y a pas d'autres accès qu'elles-mêmes à ce qu'elles nous font connaître.

Mais si là précisément se trouve le cœur de l'énigme, c'est que de là aussi devraient pouvoir être articulées les interrogations dont le développement devrait permettre de la dénouer. Si, en effet, ce sont les sciences dont le développement a conduit à l'énigme qui ont fait apparaître dans toute sa force l'aporie du cercle, et si Aristote s'avère avoir articulé ensemble interrogation critique et interrogation vers le réel d'une manière qui permette À et POUR la philosophie de dénouer cette aporie, alors sans doute ouvre-t-il du même coup la voie au dénouement de l'énigme. Lui-même aussi bien, nous le verrons, fait contribuer à l'articulation initiale des interrogations et tout au long du travail qu'elles ouvrent, des interrogations concernant les mathématiques. Et non seulement cela mais, comme c'est d'emblée le cas dans l'annonce programmatique de Γ1, cette prise en compte se fait toujours pour mieux *discerner, par différence donc,* tant ce qui, dans le réel, ne peut être atteint que par la philosophie première que, quant à nous, les voies pour l'atteindre. Même si, par conséquent, Aristote s'est largement détourné, dans la mesure où il l'a aperçue, de la voie galiléenne de la mathématisation, et même si les mathématiques d'aujourd'hui, tout en reconnaissant la fondamentale irréductibilité du discret et du continu, prennent plutôt comme primitifs quelque chose comme l'ensemble et la structure, il doit être possible, en actualisant convenablement son articulation des interrogatifs, de reprendre à sa suite pour aujourd'hui le travail d'analyse de ce qui est pris en tant qu'être accompli par lui dans la *Métaphysique*, et d'y gagner les moyens d'y situer *par différence*, par delà le mathématisable immédiat du discret et du continu, le mathématisable profond des lois et structures. Si, de fait, les causes immanentes aux réalités que nous expérimentons être y sont, à prendre celles-ci comme telles et par delà le premier ancrage qu'y atteint notre connaissance ordinaire de ce qu'elles sont, les sources le plus radicales de ce qui y est nécessaire, alors leur saisie doit effectivement permettre de situer dans ces mêmes réalités, par delà les quantités discrète et continue qu'elles offrent à notre expérience commune, ce mathématisable plus profond de lois et de structures qui, de façons que précisément l'énigme demande de déterminer, y constituent ou expriment une partie au moins de cela qui y est nécessaire.

Préalablement, cependant, à l'actualisation de l'articulation des interrogations métaphysique et critique, il nous faut commencer au moins de situer mutuellement l'interrogation critique et les deux grandes lignes d'interrogation qui, avant E. Kant, l'accueillaient: l'interrogation «psychologique» sur les «opérations de l'âme» et l'interrogation «logique» sur le dire rationnel.

Si, en effet, l'interrogation critique est une interrogation sur le rapport de notre pensée au réel depuis l'expérience commune jusqu'aux divers savoirs de science, il semble tout d'abord que cela implique une interrogation sur la pensée elle-même en son exercice et donc sur ce que, chez nous humains, l'opération vitale qu'elle constitue met en jeu: imagination, sensation, contacts passifs et actifs de notre corps, notamment par la main, avec les autres corps... Et cela d'autant plus, pour nous qui interrogeons à partir de l'énigme, qu'elle ne peut pas ne pas nous faire retrouver «la grande idée originale des Grecs, le caractère d'«objets de la pensée» qu'ils ont, de façon ineffaçable, attribué aux notions mathématiques». [102] Comme le souligne Jean Dieudonné, Platon, à la suite du passage de la *République* cité plus haut, prend soin de préciser aussitôt que les mathématiciens

> font usage de figures visibles, et sur ces figures construisent des raisonnements, sans avoir dans l'esprit ces figures elles-mêmes, mais les figures parfaites dont celles-ci sont les images [...]; ils cherchent à voir les figures absolues, objets dont la vision ne doit être possible pour personne autrement que par le moyen de la pensée. [103]

Si d'ailleurs l'engagement pour le réalisme qui est le nôtre nous fait exclure avec Aristote et le sens commun que l'être mathématique existe, comme le pose le platonisme courant, à la manière des Idées platoniciennes, il semble

---

102   Jean DIEUDONNÉ 1987, *Pour l'honneur de l'esprit humain*, p. 10.
103   *Rép.* VI, 510d, La Pléiade, p. 1100; cité par J. DIEUDONNÉ 1987, p. 48.

bien nous conduire, du même mouvement et toujours avec Aristote, à le voir comme existant à partir de (*ex*), dans (*en*), sous la vertu de (*dia*) quelque abstraction/séparation (*aphairesis*). Et de fait, si le mathématisable a, dans le réel, sa différence, les opérations intellectuelles qui le relient à l'être mathématique, tant depuis les problèmes originaires qu'*in fine* dans les applications, ont aussi nécessairement la leur, et d'autant plus capitale que, à la différence de l'être physique, l'être mathématique n'existe qu'à partir d'elles, en elles, sous leur vertu. Aussi bien M. Guérard des Lauriers relève-t-il ceci:

> Le qualificatif «mathématique», «l'(es) être(s)» mathématiques(s)», désignent, selon la philosophie traditionnelle, la nature des entités qui procèdent de l'esprit lorsque celui-ci considère la réalité au point de vue de la quantité, et la «pose dans le nombre» pour la comprendre. L'être mathématique a, dans cette vue, deux fondements réellement distincts et indissociables: d'une part l'acte de l'esprit, sans lequel ne pourrait exister l'«unité d'une pluralité», en quoi consiste le nombre; d'autre part la multiplicité en acte ou en puissance, soit extramentale et en fait sensible, soit intramentale et immanente au «discours» de la raison, multiplicité *objectivement* donnée c'est-à-dire donnée à titre d'*objet*, sans laquelle l'esprit lui-même, le *noûs*, dont l'acte est simple, ne pourrait inventer le nombre.

Bien plus, il poursuit:

> la philosophie traditionnelle, fondée sur le sens commun mais en l'occurrence sous-mesurée par lui, n'a guère mis en évidence que le fondement objectif (en Aristote, «ta mathematica» signifie les entités mathématiques plutôt que l'activité du mathématicien). Elle n'ignore évidemment pas que l'être mathématique n'existe qu'en vertu de l'acte de l'esprit, mais elle caractérise cet acte comme étant une sorte de filtrage grâce auquel l'esprit ne perçoit, passivement, de la réalité, qu'un cadre sans contenu. Point de place, dans cette théorie, pour ce qu'on appelle aujourd'hui, d'une manière inconsidérément généralisée, la «créativité». [104]

Or, d'où vient que, méconnaissant l'usage technique d'*aphairesis* par Aristote, [105] la tradition ait ainsi assimilé ce que désigne ce terme à l'abstraction «universelle», mettant par exemple sur le même plan, comme nous l'avons vu faire par l'essentialisme, l'universel «homme» et l'universel «triangle», même si, ensuite, celui-ci est présenté comme soumis à une abstraction «formelle» spécifique? Sans aucun doute, selon d'ailleurs une connexion qui paraît bien réciproque, du fait de la continuité des mathématiques grecques avec l'intuition commune. Mais cette continuité,

---

104 M. GUÉRARD des LAURIERS 1972, p. 18-19.
105 Sur cet usage, et sur ce qui suit, voir M.-D. PHILIPPE 1948, «Aphairesis, prosthesis, chorizein, dans la philosophie d'Aristote».

au long de l'aventure mathématique, n'a pas cessé d'être toujours plus distendue par la «créativité» des mathématiciens et, aussi bien, la formulation de l'énigme par A. Einstein évoque-t-elle «la mathématique [...] produit de la pensée humaine et indépendante de toute expérience». L'interrogation sur ce qui, dans l'être mathématique, est «produit de la pensée humaine» et, puisque là aussi il faut manifestement procéder par différence, sur l'exercice de la pensée en général, doit donc être reconnue inéludable.

Inéludable, mais comme une composante de l'énigme. Si l'existence même de celle-ci, en effet, oblige à reconnaître l'insuffisance de la vision traditionnelle, l'engagement pour le réalisme auquel elle nous a menés ne nous conduit pas seulement à intégrer l'interrogation critique à l'interrogation vers le réel mais aussi, a fortiori, à faire dépendre des réponses à l'une et l'autre les réponses à l'interrogation «psychologique». Ce en quoi d'ailleurs nous ne rejoignons pas seulement le refus de tout «psychologisme» que l'on peut entendre, par exemple, de la part du logicisme de G. Frege ou de B. Russell, ou dans l'orientation vers le transcendental de E. Kant ou de E. Husserl, mais, aussi et surtout, l'organisation stratégique de l'interrogation telle que la présente le traité *De l'âme* lui-même lorsqu'Aristote y écrit:

> il est nécessaire, à qui veut faire porter son examen sur ces [*puissances* de l'âme] de prendre en compte pour chacune d'elles ce qu'elle est, [et c'est] ainsi [qu']ensuite [il sera possible] d'engager les autres [considérations qu'elles appellent]. Si d'ailleurs il faut [ainsi] dire pour chacune d'elles *ce que* [*elle est*], par exemple ce qu'[est] la [faculté] pensante, ou la [faculté] sensible, ou la [faculté] nutritive, il faut de plus dire d'abord ce qu'[est] le penser et ce qu'[est] le sentir. Selon la notion, en effet, les *actes* et les *opérations* sont antérieurs aux puissances. Et si par suite il faut de plus amener sous le regard les *objets* antérieurs à ces [actes et opérations], [eh bien] il faudra [en effet], sous le vertu de la même cause, discerner d'abord ce qui concerne ceux-ci, par exemple ce qui concerne l'aliment, le sensible et le pensable (B4, 415a14-22).

Où, certes, l'interrogation directrice concerne l'âme et ses facultés, ce qui a sans doute maintenu la tradition, à l'encontre de ce qu'en disait M. Guérard des Lauriers, dans un certain psychologisme, mais où, nous aurons à le constater en reprenant longuement à notre tour la stratégie ici énoncée, c'est bien de l'interrogation critique intégrée à l'interrogation métaphysique qu'elle reçoit les discernements fondamentaux dont elle est ici déclarée avoir besoin. Et certes encore, le pensable ou intelligible dont on annonce la détermination sera ce *ti ên eînai* dont la tradition fera ensuite «l'essence», mais la reprise dans notre contexte, celui de l'énigme, de la démarche d'Aristote, nous la fera découvrir conduire à tout autre chose qu'à celle-ci.

*

Toutefois, puisque nous essayons de remonter, à partir du savoir mathématique et de la connaissance ordinaire, à ce qui, dans les réalités que nous expérimentons et jugeons exister, y est soit l'*antikeimenon* l'objet de notre connaissance commune de ce qu'elles sont, soit ce qui y est mathématisable, il faut bien que nous disposions des moyens de nous saisir *techniquement* de ce savoir ou (et) de cette connaissance. D'autant plus délicats seront les discernements à faire et les interrogations à articuler, d'autant plus précis devront être les instruments de cette saisie. Eh bien! ce par quoi ce savoir et cette connaissance donnent prise, c'est le *dire rationnel* dans lequel ils s'expriment; et la discipline qui développe les instruments de cette prise, discipline dont Aristote est unanimement reconnu être l'inventeur, est l'observation et réflexion logique. A côté de l'interrogation psychologique, c'est en elle aussi que l'interrogation critique trouvait, avant E. Kant, à se développer et, aussi bien, le corps de la *Critique de la raison pure* est-il dénommé par celui-ci *Logique transcendentale*. Pourquoi «transcendentale»? Pour la distinguer de la logique «générale» qui, elle, ne serait pas une logique «du contenu». La tradition déjà distinguait, depuis Alexandre d'Aphrodise cherchant à caractériser ce qui distingue les *Premiers* et les *Seconds Analytiques*, entre logiques «formelle» et «matérielle». [106] Et, certes, ces distinctions semblent toutes deux avancées pour empêcher l'enfermement dans l'immanence du raisonnement. Ni l'une ni l'autre toutefois ne parviennent à maintenir l'engagement pour le réalisme que nous demande l'énigme. La première prend même un chemin exactement opposé:

> La distinction du transcendental et de l'empirique n'appartient [...] qu'à la critique des connaissances et ne concerne pas le rapport de ces connaissances à leur objet.

---

106 «De même, écrivait Alexandre d'Aphrodise, que les techniques, en tant qu'elles sont techniques, ne se distinguent l'une de l'autre que par la différence de la matière dont elles s'occupent et par la manière de leur emploi, de même qu'elles reçoivent ainsi leurs distinctions et que de ce cette manière l'une est celle du charpentier, l'autre celle du maçon et ainsi de suite, de même en est-il des syllogismes [...] Les syllogismes ne se distinguent point selon leur forme [...] ils ont leur différence par rapport à leur matière», éd. Wallies, *Com. in Ar. græca* II 2, p. 2, l. 16-29, cité par Eric WEIL 1951, «Aristote et la logique», p. 285.

Par conséquent, dans la présomption qu'il peut y avoir des concepts capables de se rapporter a priori à des objets, non comme des intuitions pures ou sensibles, mais simplement comme des actions de la pensée pure, qui sont, par suite, des concepts, mais d'une origine qui n'est ni empirique ni esthétique, nous nous faisons, par avance, l'idée d'une science de l'entendement pur et de la connaissance de la raison par laquelle nous pensons des objets complètement a priori. Une telle science, qui déterminerait l'origine, l'étendue et la valeur objective de ces connaissances, devrait être appelée *Logique transcendentale* [107]

et la seconde, nous le verrons, est en fait solidaire de l'essentialisme.

Eh bien non! ce que le réalisme de l'étonnement qui s'exprime dans l'énigme va nous obliger à reconnaître, c'est que l'observation et réflexion logique ne saurait être ultimement qu'un *auxiliaire*, tant de la démarche réflexive dont a besoin le mathématicien que des interrogations critique et métaphysique du philosophe. Et ce qui nous y obligera c'est l'extrémité même à laquelle a conduit, achevant en quelque sorte le mouvement seulement commencé par E. Kant, le passage de l'observation et réflexion logique du philosophe Aristote à celle du mathématicien Gottlob Frege. Comme l'a fort judicieusement souligné, en effet, Michaël Dummett, nous aurons à constater que «Frege achève une révolution copernicienne en sémantique en ne réglant plus l'énoncé sur la réalité, mais la réalité sur l'énoncé». [108] Or, l'étonnement qui s'exprime dans l'énigme nous poussant à estimer qu'il faut, pour y répondre, faire le choix de la philosophie, et que cela pourrait bien être, identiquement, faire en philosophie le choix du réalisme, il nous incline à maintenir ou à reprendre au contraire l'ordre vers l'être et vers l'objet, non pas d'ailleurs du seul énoncé ou dire rationnel en général, mais bien, d'abord et immédiatement de la pensée.

Ce qui est vrai, par contre, c'est que nous pourrions avoir atteint ici, dans notre effort de rejoindre dans *ce qui est* le mathématisable en son originelle différence «en soi», la différence originelle «quant à nous», celle qui donnera prise à notre interrogation et à partir de laquelle nous pourrons progresser. Ce à quoi aboutit en effet la démarche réflexive du mathématicien, c'est à l'*axiomatisation*. Mais, fait bien remarquable, l'on peut et l'on doit distinguer avec F. Gonseth [109] une «première» et une «seconde axiomatisation»: celle des Grecs, dont les *Eléments* d'Euclide sont l'expression demeurée inébranlée durant plus de deux millénaires; et celle à laquelle ont travaillé le XIXᵉ puis le XXᵉ siècle, et que les *Eléments* de Nicolas Bourbaki ont eu l'ambition de récapituler. Or, si le développement

---

107   E. KANT 1781-1787, tr. fr. p. 80.
108   Cf. F. NEF 1991, p. 26.
109   Cf. F. GONSETH 1936, *Les mathématiques et la réalité*.

spécifique de la logique «mathématique» a joué un rôle essentiel dans cette seconde axiomatisation, et donc dans le regard réflexif des mathématiques sur elles-mêmes, peut-être reste-t-il encore à la philosophie à redécouvrir dans leurs spécificité et pureté les voies que, pour un bénéfice analogue, il lui est nécessaire d'emprunter lorsqu'elle s'attache à observer le dire rationnel. La première axiomatisation en effet, solidaire des *Sec. Anal.* et de l'*Organon* aristotélicien, non seulement n'a pas fait ressortir de différence significative avec la démarche correspondante du philosophe, mais même a généralement conduit, et tout spécialement *in fine* avec Ch. Wolff, à leur identification. L'énigme au contraire nous convie, afin de remonter à la différence originelle du mathématisable dans ce qui est, à bien marquer la différence observable entre, d'une part, le dire rationnel du mathématicien et, d'autre part, ce que le dire rationnel du philosophe le conduit à retenir du dire ordinaire de ce qui est – voire, pour commencer, à bien préciser la différence des modes mêmes d'observation, solidaire de la différence tant de ce qui est à observer que des fins des savoirs de science correspondants.

Et peut-être d'ailleurs découvrirons-nous du même coup que nous ne faisons là que retrouver, occultée par les siècles et, essentiellement, l'essentialisme, la démarche profonde d'Aristote. Non seulement en effet cette démarche articule profondément, comme l'énigme nous a conduit à en expliciter la nécessité, interrogation vers ce qui est pris en tant qu'être et interrogation critique sur le rapport de la pensée à ce qui est, mais elle use pour ce faire de l'observation réfléchie du dire rationnel telle que menée dans l'*Organon*: comme nous le verrons, les résultats de cette observation réfléchie jouent un rôle non exclusif, mais en plusieurs points décisif, dans l'articulation des interrogations qui gouvernent le travail de pensée accompli au long de *Mét.* Z-H. C'est-à-dire que si, par delà le tournant critique initié par R. Descartes et par delà le tournant vers le langage initié plus récemment de divers côtés, l'énigme nous invite, afin de tenter d'atteindre par différence le mathématisable dans ce qui est, à remonter le triangle parménidien de l'être, du penser et du dire, [110] et si Aristote semble être celui qui pourra nous guider dans cette voie, c'est parce que lui-même

---

110 Cf. fr. 2 «Eh bien! Allons, je vais te DIRE – mais toi écoute ma parole et garde la – quelles sont les seules voies de recherche à PENSER: la première, qu'il EST et qu'il est impossible qu'il ne soit pas, c'est le chemin de persuasion (car il suit la vérité); l'autre qu'il N'EST PAS et qu'il est nécessaire qu'il ne soit pas, cette voie, je te le dis, est un sentier de totale incrédulité, car tu ne saurais NI CONNAÎTRE le non-étant (il n'est, en effet, le terme de rien), NI L'ÉNONCER» (tr. fr. de Jean-Noël DREYER, *Le poème de Parménide*, traduction et commentaire, mémoire de licence présenté à l'Université de Fribourg, Suisse, 1977).

effectue à plusieurs reprises, dans la préparation et dans le cours même de son analyse causale de ce qui est pris en tant qu'être, une telle remontée. Citons ici une première fois, pour faire apercevoir qu'une telle remontée fait bien partie des voies qu'il emprunte, le texte où cela apparaît le plus clairement:

> ce qui est dans la voix est symbole des passions qui sont dans l'âme, et ce qui est écrit de ce qui est dans la voix; et de même que l'écriture n'est pas la même pour tous, les sons vocaux ne sont pas non plus les mêmes. Par contre, ce dont ceux-ci sont immédiatement les signes, c'est des passions de l'âme, [qui sont] les mêmes pour tous et ce dont celles-ci [les passions de l'âme] sont les similitudes, c'est des réalités qui, a fortiori, sont les mêmes. Mais de cela il a été parlé dans ce que [nous avons dit] au sujet de l'âme – car [cela relève] d'un autre sujet de recherche (16a3-9).

Repérant dans ce texte, outre le pôle de l'écrit, les trois pôles du triangle de Parménide, nous y relèverons deux mouvements de directions opposées:

1) le mouvement qui part des passions de l'âme, passe par les sons de la voix et aboutit aux signes de l'écriture, mouvement donc qui «redescend» le triangle être – penser – dire

2) le mouvement qui part des sons de la voix, passe par les passions de l'âme, et aboutit aux réalités, mouvement donc qui est une «remontée» du triangle de Parménide.

Ce texte cependant, même s'il énonce un résultat décisif concernant l'ancrage premier de notre connaissance ordinaire dans ce que nous expérimentons communément être, et même s'il balise la voie qui y a conduit, ne fait que cela. Cette voie reste pour nous à parcourir, seul ce parcours à nouveau nous donnera, avec la force et l'actualité nécessaires, d'atteindre nous-mêmes cet ancrage premier, comme aussi, ensuite, d'entrer dans les voies qui ont conduit Aristote à des ancrages plus radicaux et dont nous espérons qu'elles nous permettent de situer le mathématisable, par différence, dans ce qui est. Pour ce faire, c'est-à-dire pour entrer dans la lecture du texte d'Aristote de manière appropriée à cet espoir, il nous faut commencer par manifester l'existence, et la pertinence pour notre propos, d'une différence des mises en forme logique du dire rationnel adaptées aux fins du mathématicien et du philosophe.

Chapitre II

Transcription en un calcul et traduction en attributions

1. Différence des finalités de l'observation logique

1.1. Le parallélisme logico-mathématique

Il existe, le fait est devenu d'une indéniable portée mathématique, et il est plus encore d'une profonde signification philosophique, un «parallélisme logico-mathématique». Même si elle a été forgée par Edwards Beth dans les années 50, en commentaire aux travaux d'Alfred Tarski et A. Robinson, cette heureuse expression mérite d'être étendue rétroactivement, pour désigner la situation que font apparaître non seulement la théorie des modèles mais aussi l'ensemble de l'extraordinaire aventure (non achevée) qu'ont vécue mathématiciens et logiciens depuis, disons, l'*Analyse mathématique de la logique* de G. Boole. Rétrospectivement, d'ailleurs, les 2200 ans antérieurs se laissent ponctuer par ce qui apparaît comme autant de pré-émergences: l'invention de la variable logique dans les *Premiers Analytiques;*[1] l'éclosion de l'algèbre grâce aux premières extensions de la notion de nombre (par les Hindous du haut moyen-âge pour le zéro et les nombres négatifs, par les Italiens du XVIe siècle pour les imaginaires) et grâce à l'invention de notations judicieuses par François Viète et R. Descartes; les tentatives de *calculus ratiocinator* et de *lingua characteristica universalis*[2] de G. Leibniz.

---

1 A ceci près toutefois, selon Gilles Gaston Granger, que «les symboles des termes introduits par Aristote au moyen des lettres ne sont pas *stricto sensu* des variables au niveau du calcul syllogistique. Ce sont des lettres syntaxiques, des symboles d'indéterminées, dont il n'est pas nécessaire de préciser l'identification» (G. G. GRANGER 1976, *La théorie aristotélicienne de la science*, p. 116).

2 Celle-ci pressentie par R. Descartes dans une lettre au père Augustin Mersenne du 20 novembre 1629, La Pléiade, p. 911-15.

Mais cette portée mathématique, et surtout cette signification philosophique, quelles sont-elles exactement? C'est aujourd'hui encore et là aussi une énigme, point du tout étrangère, d'ailleurs à celle qui nous occupe, et soulevant des questions d'une ampleur philosophique presque aussi grande. Presque, seulement, car l'énigme einsteinienne est de soi réaliste, tandis que celle-ci semble à première vue relever, non nécessairement sans doute, mais au moins au vu de son impact dans l'histoire de la pensée, de l'interrogation sur la seule raison.

A moins qu'on ne la reconnaisse sous-jacente à l'attrait philosophique d'un Platon ou d'un R. Descartes pour les mathématiques? Certes l'un ignorait une logique qu'Aristote n'avait pas encore «inventée» (et que d'ailleurs il n'allait pas lui-même dénommer ainsi) et l'autre la tenait dans le mépris de ce qu'elle était devenue entre-temps, de sorte que si les *Principes de la philosophie* recommandent que, après avoir adopté une morale de provision, l'homme qui désire s'instruire commence par «étudier la logique», ils précisent: «non pas celle de l'Ecole [...] mais celle qui apprend à bien conduire sa raison pour découvrir les vérités qu'on ignore; et, parce qu'elle dépend beaucoup de l'usage, il est bon qu'il s'exerce à en pratiquer les règles touchant des questions faciles et simples, comme sont celles des mathématiques». [3] Mais si la «science générale qui explique tout ce qu'on peut chercher concernant l'ordre et la mesure, sans les appliquer à une matière spéciale», si cette *mathesis universalis* entr'aperçue dans la quatrième des *Règles pour la direction de l'esprit* [4] et explicitement attribuée aux Anciens a suscité par la suite et jusqu'à aujourd'hui de grandes initiatives de pensée, c'est bien, dès G. Leibniz, dans la conscience toujours plus explicite et techniquement éprouvée du fait fondamental du parallélisme logico-mathématique. [5]

Eh bien oui, cette ligne de recherche est effectivement l'une des grandes lignes sous-jacente à l'histoire de la pensée, mais justement, si elle tend à méconnaître l'énigme du parallélisme, c'est qu'elle tend à en identifier les deux branches, et si elle tend à cette identification, c'est qu'elle tend à ce dont l'énigme einsteinienne traduit le refus: l'enfermement dans la raison. Oui, comme le note fort justement Jean Ladrière dans un très bel article de l'*Encyclopédie philosophique universelle*, «l'expérience de la raison est [...] liée à la discursivité»; oui, «pour que la raison commence à s'apparaître à elle-même et à se dire, il faut qu'intervienne un moment réflexif capable

3   R. DESCARTES 1644, La Pléiade, p. 565.
4   R. DESCARTES 1628, La Pléiade, p. 46-51.
5   Voir par exemple M. LOI, «La *mathesis universalis* aujourd'hui», in: *Encyclopédie philosophique universelle* I, p. 931-4.

d'instaurer une distance, à l'intérieur même de la pratique de la raison, par rapport à son effectivité»;[6] oui, l'on rencontre, à examiner «comment ce mouvement réflexif a [...] pu s'amorcer» le fait suivant, ce fait-même dont nous soulignions le caractère énigmatique, à savoir que «deux types de pratique semblent avoir joué un rôle décisif: la pratique argumentative et la pratique mathématique» (p. 476b); oui enfin cela conduit à s'interroger (c'est le titre de l'article) sur «La forme et le sens», et cela tout spécialement à partir du fait remarquablement exposé et analysé par J. Ladrière, «d'une certaine limitation de la méthode de formalisation» (p. 490a).[7] Mais non, à la question (qui est celle même de notre énigme): «le pouvoir éclairant de la représentation mathématique pose une question fondamentale: comment des objets idéaux, qui sont de nature formelle, peuvent-il être source d'intelligibilité?», on ne parviendra pas à répondre depuis la *seule* considération suivante: «une situation, un processus, un objet sont intelligibles dans la mesure où ils se prêtent à être compris. Et comprendre, c'est saisir un sens. La question est donc celle du rapport de la forme et du sens» (p. 488 a). Il y aura peut-être en effet quelque part de vérité à conclure:

> si c'est en tant que forme que l'objet formel est source de la clarté en laquelle il se montre, il faut dire que c'est de sa participation à l'idée de forme pure qu'il reçoit le pouvoir d'être ainsi auto-élucidant. Le sens de la forme ne lui vient pas de l'extérieur, il adhère à son être même. Et ce qui, dans toute forme déterminée et particulière, fait son sens, c'est son rapport à un horizon de constitution qui est la condition a priori du déploiement des formes (p. 491 b)

mais cela ne fait que rendre plus aiguë l'énigme einsteinienne, et donc aussi l'énigme que constitue le fait du parallélisme logico-mathématique. Car s'il y a quelque chose de commun à tous les participants de l'aventure suscitée par ce fait, et jusqu'à cet essai de J. Ladrière, c'est bien la *dérobade* à la première. A l'exception de l'atomisme logique initial de B. Russell ou de la première philosophie de Ludwig Wittgenstein?[8] Mais justement ils n'ont pu s'y maintenir. Et si, d'autre part, l'intuitionnisme brouwérien sépare mathématiques et logique, ce n'est en aucune façon pour affronter l'énigme

---

6 J. LADRIÈRE 1989, «La forme et le sens», p. 475b.
7 Voir aussi J. LADRIÈRE 1957, *Les limitations internes des formalismes*, et 1959, «La philosophie des mathématiques et le problème du formalisme», *Revue philosophique de Louvain*.
8 Cf. B. RUSSELL 1911, «Le réalisme analytique», p. 56 (cité *in fine* de l'exposé de D. VERNANT 1993, p. 115-22) et Ludwig WITTGENSTEIN 1921, *Tractatus logico-philosophicus*.

mais, au risque du solipsisme, pour faire naître les mathématiques, et pas seulement elles, de l'intuition primordiale de la «deuxité». [9]

Or, se dérober à cette première énigme c'est perdre le plus profond de la seconde, de sorte que ce qu'elles appellent toutes deux c'est, décidément, une interrogation philosophique *réaliste*, et le défi est maintenant pour celle-ci de trouver en elle-même une ressource suffisante pour élaborer l'auxiliaire logique sans lequel elle ne parviendra pas à s'articuler avec l'acuité convenable – car s'il faut refuser la dérobade, il faut aussi assumer ce qui y entraîne.

C'est à ce point, aussi bien, que nous en étions arrivés: à la différence de la dérobade à l'énigme il nous faut, sous la motion de l'étonnement qui s'y exprime, tenter de saisir le mathématisable, dans sa différence, en ce qui est; et il nous faut, pour cela, tenter une remontée du triangle de Parménide, remontée dont le point de départ doit nous être fourni par une observation réfléchie, et différenciée, du dire rationnel. C'est à cette différenciation que vient de nous reconduire le fait du parallélisme logico-mathématique, qui est donc ce qu'il nous va falloir examiner de plus près, et dans l'histoire de son émergence.

Assurément en effet nous n'accepterions qu'avec beaucoup de réticences de parler à ce sujet, toujours avec J. Ladrière, d'un «processus d'auto-constitution de la raison». S'il existe dans le réel des «premiers» tels que nous les fait rechercher, avec Aristote, notre choix réaliste, l'accès à ces «premiers», et les renouvellements nécessaires de cet accès, auront certes leur histoire, mais ils seront, eux, au-delà. Si au contraire il n'y a rien de tel dans ce qui est mais seulement, en nous, un «horizon de constitution [...] condition a priori du déploiement de formes», et si donc la dérobade n'en est pas une, alors l'historicité de l'aventure de la raison, et tout premiè-rement de son aventure logico-mathématique, ne sera plus seulement *quoad nos*, mais *in se*. Mais rien ne nous contraint à un tel renoncement, ni à une telle absolutisation de compensation. Aussi bien J. Ladrière poursuit-il: «sans doute la raison ne se construit-elle pas à partir de sa totale absence. Elle se reçoit de ce qui opère déjà dans la discursivité du langage», et si, de là, nous ne poursuivrions pas exactement comme lui:

> mais elle n'est encore présente, à ce stade, que comme possibilité d'elle même. Son auto-constitution, c'est la construction, sur la présupposition de cette possibilité, d'un univers original où se montrera, dans sa libre expansivité indéfinie, cette puissance auto-positionnelle que le langage philosophique désigne par le terme de *logos* (p. 476 a)

---

9   J. Voir LARGEAULT 1993, *Intuitionisme* [sic] *et théorie de la démonstration*, p. 159sq.

nous en retiendrons cependant bien l'existence d'une discursivité du langage antérieure aux savoirs de science et à l'attitude réflexive qu'ils impliquent, et la nécessité de tirer profit, dans l'explicitation de certaines de ses virtualités que constituera notre observation du dire rationnel de ce qui est, des développements auxquels a donné lieu, historiquement, le parallélisme logico-mathématique. Simplement, acceptant que les mathématiques, et donc sans doute avec elles, à la mesure précisément de leur parallélisme, la logique, présentent «la construction [...] d'un univers original où se montrera, dans sa libre expansivité indéfinie, cette puissance [...] que le langage philosophique désigne [comme un certain] *logos*, [ou comme la raison en l'un de ses exercices]», nous essayerons de forger, au cours de cette observation, cet auxiliaire des interrogations critique et métaphysique dont l'étonnement qui s'exprime dans l'énigme nous a fait découvrir, en même temps que l'irréductibilité de celles-ci et à leur service, le besoin lui aussi original. Serait-ce donc qu'il y aurait plusieurs logiques? Nous allons devoir aborder cette question, mais un peu plus loin. Examinons d'abord de plus près et pour nos besoins, l'état de fait actuel.

*

La première grande manifestation de l'existence du *parallélisme* logico-mathématique c'est, bien entendu, sa radicalisation logiciste en une *identification* et, à sa suite, la «crise des fondements». Mais, pour reprendre des phrases vigoureuses d'Hourya Sinaceur, «le logicisme de Frege ou Russell est hors de saison. N'en parlons plus! Mais le formalisme de Hilbert – ou celui qu'on lui prête – et l'intuitionnisme de Brouwer, s'ils méritent qu'on s'y arrête, de façon critique d'ailleurs, sont tout de même totalement hors circuit».[10] Ces phrases, à vrai dire, sont écrites dans le contexte d'un travail qui, passionnant, fait surtout voir la portée mathématique du parallélisme qu'il introduit dans la présentation de la transformation par A. Tarski de la métamathématique hilbertienne, transformation telle que, désormais

> il n'y a [...] «aucune ligne de démarcation nette entre la métamathématique et les mathématiques». Les résultats de celles-ci sont, bien entendu, repris par celle-là de son propre point de vue qui double l'étude des modèles mathématiques par une analyse du langage dans lequel en sont formulées les

---

10 Hourya SINACEUR 1991, *Corps et Modèles*, p. 316; sur la pensée de D. Hilbert, plus complexe qu'on ne la présente couramment, voir *Revue internationale de philosophie*, 1993 n° 4: *Hilbert*, spécialement l'article de H. Sinaceur: «Du formalisme à la constructivité: le finitisme».

théories. Réciproquement [...] les investigations métamathématiques peuvent être «incorporées» dans les mathématiques. [11]

Mais ces lignes, malgré tout, nous aurions de bonnes raisons de les reprendre à notre compte. D'une part en effet elles expriment une conséquence du fait que «pour Tarski l'idée de fondement est une idée philosophique, [de sorte que] sa réalisation [éventuelle] en ce qui concerne les mathématiques n'a pas pour terrain la métamathématique, mais bien entendu la philosophie» (p. 315). Et elles permettent d'introduire, d'autre part, à la situation actuelle:

> c'est définitivement la fin, cette fois, du premier parcours de la «logique mathématique»; en se séparant de la philosophie, dans la deuxième moitié du siècle dernier, celle-ci concluait néanmoins avec elle une alliance pour ainsi dire «naturelle» dans la mesure où croyant pouvoir réaliser, mieux que la philosophie elle-même, des exigences philosophiques, elle se laissait subjuguer par des idées philosophiques, comme cette idée de fondement [...] [Désormais] un logicien peut bien être aussi «une espèce de philosophe», mais la logique n'a pas de lien interne ou privilégié avec la philosophie. Tarski est le premier logicien vraiment moderne, dans la mesure où c'est de façon explicite qu'il assume la rupture de la logique avec la philosophie – ou du moins sa disjonction en technique *et* philosophie. [12]

Et de fait Pascal Engel peut aujourd'hui, d'une part, sous-titrer un livre *Philosophie de la logique*, et l'ouvrir, d'autre part, en affirmant: «La logique est une discipline aujourd'hui florissante. Elle constitue une branche active des mathématiques». On le voit, si le parallélisme logico-mathématique est plus que jamais agissant, la portée en semble aujourd'hui en quelque façon inverse de celle que croyait pouvoir en tirer le logicisme et, peut-être plus riche, mais moins radicale que ne la voyait D. Hilbert lorsque, rejetant l'identification logiciste, il adoptait cependant la logique mathématique nouvelle comme adéquate à son propre programme et travaillait à «étendre ‹le point de vue formel de l'algèbre à toute la mathématique›». [13]

Notre travail toutefois, s'il ne va pas *lui non plus* à *fonder* philosophiquement ou logiquement les mathématiques, va bien à tenter de les *situer*, ce qui implique d'une part, nous l'avons assez dit, le refus de la dérobade, mais aussi, redisons-le, l'examen de ce qui y entraîne ou y a entraîné. Et cela d'autant plus que non seulement «l'esprit *model-theoretic*» issu d'A. Tarski pourrait bien apparaître ne pas avoir, sur ce point, changé fondamentalement les choses – voire les avoir aggravées –, mais qu'il a

---

11 P. 318, citant Alfred TARSKI 1974, p. 304..
12 P. 316, citant A. TARSKI 1974, p. 304.
13 H. SINACEUR 1993, p. 271.

malgré tout davantage affecté le cours de la logique que celui des mathématiques. J. Dieudonné en effet, auteur généralement bien informé de la pensée de N. Bourbaki, s'estime fondé à écrire, sans grande crainte de voir la provocation relevée:

> les jeunes mathématiciens dits «formalistes» ne savent même plus qu'il y a eu jadis une «crise des fondements»; c'est là d'ailleurs une désignation tout à fait abusive, lorsqu'on compare ce qui s'est passé en mathématiques avec les véritables «crises» de la physique [...] En mathématiques, on peut tout au plus parler d'un certain malaise causé par les paradoxes; mais en dehors de Brouwer et de ses disciples, il n'y a guère eu de mathématiciens qui aient été amenés à changer quoi que ce soit à leur façon de présenter les démonstrations. [14]

Et s'il reconnaît que «la logique mathématique constitue à présent un imposant édifice» et que «certains mathématiciens, utilisant la logique classique dans leurs démonstrations, ont tiré parti des découvertes des logiciens», il poursuit:

> toutefois, si on parcourt *Mathematical Reviews*, on constate que ces travaux ne représentent qu'une fort petite partie des recherches des «formalistes» [...] Les mathématiciens travaillant dans ces directions ne connaissent guère ce que font les logiciens, et s'ils en entendent quelquefois parler, ils ne leur accordent pas plus d'attention qu'à des sciences très éloignées des mathématiques, comme la biologie ou la géologie. Si les logiciens se montrent parfois étonnés de cette séparation, c'est qu'ils ne se rendent pas compte de l'évolution des mathématiques depuis 50 ans (p. 246-7).

Certes, le rejet de l'essentialisme nous oblige à nous y résigner, on ne saurait exclure que cette situation change un jour. Mais même alors elle restera, tout comme encore aujourd'hui les mathématiques euclidiennes, une digne matière à penser pour le philosophe. Puisque, de toutes façons, les mathématiques (et «la» logique qui va avec) sont dans le possible, un possible plus élaboré ne rend pas obsolète, pour lui, un possible plus ancien. Au contraire, puisque ce possible nouveau s'est davantage éloigné des problèmes initiaux et donc du réel commun d'où tout est parti et que lui philosophe il ne quitte pas, il le renvoie de manière renouvelée à ce possible ancien. D'une certaine façon, d'ailleurs, de tels possibles plus élaborés existent déjà, tant avec les théories des «catégories» et du «topos» qu'avec la théorie des modèles. Mais justement ils confirment par eux-mêmes, et l'écoute de la lecture philosophique qu'en donne par exemple J. Ladrière [15] n'infirme pas que, dans la dérobade commune à l'énigme, c'est au possible en quelque sorte minimal qu'il sera le plus approprié de prêter

---

14 J. DIEUDONNÉ 1987, p. 246.
15 J. LADRIÈRE 1989.

attention. D'autant que, si l'obsolescence du logicisme et du formalisme, et l'émergence en logique de l'esprit de la théorie des modèles, en sont venus à faire douter, nous y venons, de l'universalisme de la logique du calcul des prédicats du premier ordre, celui-ci n'en garde pas moins une place tout à fait privilégiée aux yeux des logiciens et cela notamment, mais pas seulement, à cause du rôle qu'il joue *de fait* chez les mathématiciens.

En fin de compte, par conséquent, et nonobstant le fait que «aujourd'hui personne ne considère les axiomes de Z-F [Zermelo et Frænkel] comme des vérités intangibles; on reconnaît qu'ils sont révisables; les résultats de Gödel et de Cohen montrent qu'ils ne renferment pas de réponse à des questions importantes qu'on peut se poser sur les ensembles», [16] la vision *mathématicienne* des mathématiques sur laquelle nous allons prendre appui sera celle qui se développe et s'expose sur la base de ce calcul et de l'axiomatisation de la théorie des ensembles par Zermelo-Frænkel, notamment dans les *Eléments* de N. Bourbaki. Vision souvent présentée comme «formaliste» , mais «à tort» dit maintenant J. Dieudonné, [17] et de fait, comme le manifestaient déjà les lignes par lesquelles N. Bourbaki concluait l'Introduction de sa *Théorie des ensembles:*

> en résumé, nous croyons que la mathématique est destinée à survivre, et qu'on ne verra jamais les parties essentielles de ce majestueux édifice s'écrouler du fait d'une contradiction soudain manifestée; mais nous ne prétendons pas que cette opinion repose sur autre chose que sur l'expérience. C'est peu, diront certains. Mais voilà vingt siècles que les mathématiciens ont l'habitude de corriger leurs erreurs et d'en voir leur science enrichie, non appauvrie; cela leur donne le droit d'envisager l'avenir avec sérénité [18]

il s'agit bien plutôt d'un pragmatisme syncrétiste, de cette sorte de pragmatisme opportuniste dont A. Einstein faisait état chez les physiciens et qui se traduit par l'inconstance philosophique relevée par A. Fraenkel chez les mathématiciens. Mais *philosophiquement,* nous pouvons certes voir dans ce pragmatisme la traduction pour le mathématicien de l'autonomie que le philosophe, dès lors qu'il renonce à les fonder, reconnaît aux mathématiques, nous ne devons pour autant en aucune façon nous laisser aller à ce à quoi le pragmatisme risque toujours d'entraîner: la renonciation à l'interrogation *philosophique.* L'énigme, notamment et encore une fois, nous l'interdit et, aussi bien, l'extinction pragmatique de la crise des fondements souligne le trait que nous relevions commun aux divers participants à l'aventure logico-mathématique inaugurée par G. Boole: la

---

16 J. LARGEAULT 1993, p. 166-7 n.3; voir aussi p. 90 n. 2.
17 J. DIEUDONNÉ 1987, p. 244.
18 Nicolas BOURBAKI 1970, p. EI 13.

dérobade à l'énigme. Dans notre ligne d'interrogation par conséquent et contrairement, en fin de compte, à l'attitude que H. Sinaceur nous présentait comme adoptée par A. Tarski dans la ligne de sa métama-thématique, il nous faut, au delà de la portée mathématique du paral-lélisme, nous interroger sur sa signification philosophique, et il nous faut pour cela, librement mais réellement, continuer à prêter quelque attention à ceux qui l'ont rencontré et tout spécialement, peut-être, à leurs échecs mêmes, comme aussi, d'ailleurs et du même coup, à ce qui les a précédés.

1.2. Sa signification philosophique

1.2.1. Le problème de l'universalisme de la logique
      et la nécessité d'une observation différenciée du dire rationnel

S'agissant d'échecs, le premier et le plus apparent de ceux qu'a connus la grande aventure logico-mathématique est celui du projet qui a longtemps mobilisé ses participants: le projet fondationniste. Mais il s'accompagne, sinon d'un autre, du moins de la crainte d'un autre, et de plus grande profondeur: l'échec à élaborer «une» logique qui soit «la» logique. La distinction même entre «une» (ou plutôt une variété de) logique(s), partie des mathématiques, et une «philosophie de la logique» est prégnante de cette question. Et c'est semble-t-il avec quelque vague à l'âme que François Rivenc en vient à écrire:

> sans doute il ne saurait s'agir aujourd'hui de revenir à l'universalisme logique, au sens où les grands anciens de la logique moderne le comprenaient; mais on ne saurait se dispenser de faire droit un certain type de questions dont la critique (au sens philosophique) de la théorie des modèles et de son auto-interprétation n'est qu'un exemple parmi d'autres. A l'heure où le «tournant naturaliste» a l'air général en philosophie, il convient de rappeler qu'il n'y a de réalisme qu'interne, à l'intérieur de cadres conceptuels dans lesquels nous vivons avant, dans de rares occasions, de les choisir. Il n'y a pas à chercher du côté de la «philosophie»: c'est plutôt que rien ne vient en premier hormis, de manière paradoxale, les cadres de langage dans lesquels nous tentons obstinément de construire la réalité. [19]

Et de fait, si la raison est une, «la» logique ne doit-elle pas l'être aussi? Telle semble avoir été, sans problèmes, la conviction bimillénaire de la logique

---

19 François RIVENC 1993, *Recherches sur l'universalisme logique. Russell et Carnap*, Paris, p. XIV.

traditionnelle et tel était en tout cas le présupposé des programmes logicistes de G. Frege ou B. Russell, comme du programme formaliste de D. Hilbert. Mais sont venues les antinomies, la manifestation par Kürt Gödel de ce que J. Ladrière a heureusement nommé «la limitation interne des formalismes»,[20] la mise en œuvre par A. Tarski de la distinction entre syntaxe et sémantique, de la distinction des niveaux de langage et de la théorie des modèles, et il en est résulté que désormais, comme le résume Philippe de Rouilhan présentant et discutant les *Selected Essays* de Jean Van Heijenoort, «le premier à poser ce genre de question et à y apporter une réponse circonstanciée»: «la logique [...] n'est plus ce qu'elle était [...] On ne fait plus de la logique comme avant, à se demander même (je me le demande) si on fait encore de la logique».[21]

Ou bien, si impressionnant et énigmatique que soit le fait du parallélisme, peut-être est-il temps de se demander si un troisième intervenant n'a pas été jusqu'ici trop négligé? Certes «l'histoire de la raison», ou du moins l'histoire des mathématiques et de la logique, n'était-elle pas assez avancée avant G. Leibniz ou même G. Boole pour que la philosophie, chez qui logeait alors la logique, soupçonnât même la question. Mais peut-être avait-elle elle aussi des ressources insoupçonnées, et que seul l'affrontement à nos deux énigmes, c'est-à-dire l'acceptation du défi des «sciences», ou encore l'écoute de leur secret appel, est susceptible de faire venir au jour? Ici aussi, ici d'abord en un sens, il y a un problème de cercle. En quel sens? Au sens qu'ici vont naître les démarches auxiliaires appelées par le problème du cercle tel que nous l'avons repéré. C'est d'ailleurs ce qu'observe J. Van Heijenoort dès le deuxième alinéa de son article «Absolutism and Relativism in Logic»:

> l'absolutisme a envahi, à différents degrés aux différentes époques, la philosophie de la logique. Aux temps modernes il a été mis en avant, de différentes manières, par Kant, Frege et Russell, entre autres. Et, généralement, sans beaucoup d'argumentation pour le soutenir. L'explication en est peut-être que tout argument de cette sorte serait circulaire. Selon Kant la logique, et il pensait à la logique classique [disons plutôt traditionnelle], est «la forme de la pensée». Et sans doute aucune pensée ne peut-elle interroger sa propre forme sans être engagée dans un cercle.[22]

Pourtant, estime Ph. de Rouilhan, «prouver la cohérence du système de la logique dans le cadre de ce système ne serait pas, après tout, tout à fait circulaire, s'il est vrai que la cohérence en question ne fait pas partie des

---

20 Cf. J. LADRIÈRE 1957.
21 Philippe de ROUILHAN 1991, «De l'universalité de la logique», p. 1.
22 Jean Van HEIJENOORT 1985, p. 75.

prémisses de la preuve». [23] En même temps, il avait repris à J. van Heijenoort l'observation selon laquelle

> l'absolutisme a partie liée avec le réalisme: avec l'idée qu'il y a, *indépendamment* de toute expérience, un domaine ontologique dont il s'agit de découvrir la structure logique [...] C'est à partir d'une telle extériorité que l'absolutiste [...] compte la logique pour une, unique et universelle. Et pas question pour lui, comme le remarque [J. van Heijenoort], d'en administrer la *preuve* sans pétition de principe. J'ajouterai: pas question non plus pour lui, en toute rigueur, d'*énoncer* sa propre thèse [...] Si elle est vraie, et il s'agit bien de la thèse absolutiste *externe*, elle est dénuée de sens; donc elle est fausse ou dénuée de sens (p. 96)

et c'est pourquoi il avait précisé comme suit le sens de sa défense pré-programmatique (d'un programme à la constitution duquel espère contribuer le travail cité, et plutôt historique, de F. Rivenc) de l'universalisme logique:

> ce n'est pas pour l'universalisme *externe* que je prendrais finalement fait et cause, mais pour quelque chose comme un universalisme *interne* [...] je dirais: il appartient à l'idée de la logique d'être universelle et de penser sa propre universalité. Ou plutôt, car je ne crois pas que la logique doive être rien de séparé: il appartient à l'idée de la connaissance de se constituer en système du monde et de se penser soi-même comme pensée de la totalité (p. 102).

Mais cette vision du lien entre «réalisme» et «absolutisme» est-elle bien exacte? S'agissant de G. Frege, B. Russell, L. Wittgenstein et, virtuellement, G. Leibniz, sans doute. Mais d'Aristote, même si à vrai dire il n'a pas, et ne pouvait en aucune façon apercevoir seulement la question, certainement pas. Car en tout cas – nous l'avons déjà avancé mais c'est ce dont il nous reste à découvrir l'extraordinaire pertinence pour aujourd'hui, car relativement à nos deux énigmes –, c'est précisément pour développer techniquement le discernement de la complexité réelle et de la complexité rationnelle que le Stagirite, face à leur identification platonicienne, est devenu le «père de la logique». Oui, «la faillite de l'absolutisme en logique est la faillite du réalisme, c'est-à-dire d'une conception pour laquelle l'expérience est transmuée en réalité indépendamment de tout processus de connaissance», [24] mais il s'agit-là, parmi ses mille avatars, d'un réalisme platonisant auquel, depuis l'Antiquité et pour sa méconnaissance toujours renouvelée, a été amalgamé le réalisme aristotélicien.

---

23 Ph. de ROUILHAN 1991, p. 106, qui cite dans le même sens K. Adjukiewicz et, citant celui-ci, A. Tarski.
24 J. Van HEIJENOORT 1985, *Selected Essays,* p. 83.

Et qu'est, aussi bien, cette idée, cette espérance d'un «universalisme interne» de la logique ou(et) d'une connaissance parvenant à «se constituer en système du monde et [à] se penser soi-même comme pensée de la totalité», sinon, encore et toujours, le refus de l'énigme einsteinienne et le rêve de la dissolution de l'énigme du parallélisme? Non qu'il faille interdire ce rêve: il a sans doute eu et aura peut-être encore une fécondité logico-mathématique, ne serait-ce que par les obstacles qu'il a rencontré et rencontrera. Mais il ne faut certainement pas non plus se résigner à ce refus, car rien ne nous y contraint. Tout ici au contraire, et spécialement dans les épisodes de l'aventure suscitée par le fait du parallélisme, est susceptible de nous aider à redécouvrir de manière neuve, car au degré d'acribie exigé par nos deux énigmes, les voies et les moyens d'une interrogation véritablement réaliste. Et celle-ci sera, quant à la logique et si l'on reprend la division de J. van Heijenoort, «relativiste».

Si en effet existent, dans les réalités que nous expérimentons être, de certains «premiers» à nous accessibles – or il doit bien en exister, à en croire l'autonomie et le caractère séparé que nous expérimentons appartenir à ces réalités, même si elles les possèdent selon des degrés divers et qui demandent précisions et analyses, et ils doivent bien nous être accessibles, puisque nous en expérimentons ce qui nous les fait pressentir et rechercher – si donc existent de tels «premiers», rien ne nous permet de penser que, «plus connaissables en soi», ils puissent jamais voir épuisée, dans la complexité rationnelle de nos savoirs, l'intelligibilité que, sources de la nécessité qui ordonne la complexité du réel, ils leur offrent à découvrir ou inventer en celui-ci. Au contraire, les analyses et promesses indéfiniment renouvelées de ces savoirs manifestent, sous-jacent à notre finitude et à celle de tout ce que nous expérimentons avoir un être achevé, un infini, un *apeiron*, pour nous en tout cas inépuisable. Mais s'il en est ainsi, il doit exister une philosophie première (et aussi de la nature et du vivant, mais ce n'est pas encore le lieu de préciser ces choses), une philosophie première distincte de «la logique», mais usant de celle-ci pour nouer, en même temps que l'interrogation critique, l'interrogation susceptible de conduire à ces «premiers». S'il en est ainsi, en outre, et une fois l'essentialisme clairement rejeté, on peut accorder à F. Rivenc «qu'il n'y a de réalisme qu'interne, à l'intérieur des cadres conceptuels dans lesquels nous vivons avant, dans de rares occasions, de les choisir», et même que, d'une certaine façon, «rien ne vient en premier hormis, de manière paradoxale, les cadres de langage dans lesquels nous tentons obstinément de construire la réalité», mais à condition d'y entendre les prémisses du choix d'un programme réaliste de travail: observer le dire rationnel de ce qui est en vue de remonter le triangle de Parménide et, discernant complexités rationnelle et réelle, préciser suffisamment en quoi consiste, et quelles limites rencontre le réalisme de notre connaissance ordinaire de ce qui est, pour passer du plus connaissable pour nous au plus connaissable en soi et rendre possibles tant une analyse philosophique réaliste de ce qui est que la situation en sagesse des autres savoirs de science, des mathématiques en premier lieu. Et si cela est réalisable, ce devrait l'être notamment grâce à une observation convenable et différenciée du dire rationnel de ce qui est. C'est ce que, rétrospectivement, nous pourrions voir pressenti par J. van Heijenoort lorsque par exemple, à la question: «mais, maintenant, comment procéder dans la confrontation des logiques alternatives?», il répond:

> si nous admettons, pour le moment, que nous n'avons pas de notion établie antérieurement de la vérité [...] alors le choix parmi les systèmes logiques est guidé par des considérations générales, par les conséquences que présenteraient, dans l'organisation générale de notre connaissance, l'adoption d'une logique ou d'une autre (p. 79).

Rétrospectivement, car Ph. de Rouilhan n'a pas tort d'écrire, à propos de ce texte: «on se demande, à vrai dire, à quoi pourrait ressembler précisément, dans ces conditions, la dite ‹organisation *générale* de la connaissance› (je souligne). Evidemment l'A. n'en dit rien».[25] Mais l'étonnement qui s'exprime dans l'énigme a sur ce point orienté notre interrogation, et elle devrait trouver là les moyens de progresser plus avant. De même devrait-elle prolonger et faire fructifier cette autre observation:

> dans le papier bien connu que Tarski a consacré à la sémantique du domaine de la théorie des ensembles, les seules remarques philosophiques touchent au réalisme aristotélicien de sa définition de la vérité. Mais la sémantique repose sur des assomptions ontologiques qui ont été à peine rendu explicites: nous avons des individus dénudés; ces individus n'ont pas de structure interne, ce sont de simples pions [...] Nous posons que nous avons une collection de tels individus, distinguable par sa cardinalité. Propriétés et relations viennent ensuite et ne contribuent pas à l'identification des individus. Au contraire [...] ce [point] est laissé hors de compte [...] Cette ontologie desséchée peut-elle prendre en compte tout ce dont nous voulons parler?[26]

Prolonger ainsi, aussi bien, les observations «relativistes» de J. van Heijenoort c'est tourner le dos à ce dont Ph. de Rouilhan et F. Rivenc veulent maintenir la recherche: «une logique universelle [qui] serait une logique dans le cadre de laquelle on pourrait exprimer tout ce que l'on peut penser» – qui serait alors exprimé «pour être précis [...] dans un langage obtenu à partir du langage de cette logique par adjonction de constantes

25 Ph. de ROUILHAN 1991, p. 97.
26 J. Van HEIJENOORT 1985, p. 47-8, voir aussi p. 77 et 80.

extra-logiques».[27] Mais le vœu d'une logique universelle passe-t-il nécessairement par l'invention ou la découverte d'un tel «langage»? La recherche est libre, certes, mais elle peut aussi rencontrer des impasses, et c'est précisément ce que semblent suggérer tant les échecs logiciste et formaliste que, confortée par eux, l'intuition qui s'exprime dans le «premier acte de l'intuitionnisme», lequel «sépare complètement les mathématiques du langage mathématique, en particulier des phénomènes de langage qui sont décrits par la logique théorique».[28] Sans doute cette dernière réaction est-elle excessive: la réflexion sur la pensée, mathématique ou autre, ne peut se passer de la *mise en forme* logique du dire en lequel elle s'exprime. Oui, l'intuitionnisme a raison de proclamer, avec A. Heyting et face au refus de B. Russell de recourir à la «notion totalement impertinente (*totally irrelevant*) d'esprit»,[29] que «nous n'acceptons pas que le chemin de la science mène à l'élimination de l'esprit».[30] Mais non, la pertinence de l'interrogation psychologique n'implique pas la mise de côté de toute observation logique. Ce qui est vrai, par contre, c'est que les évènements sont venus confirmer l'intuition brouwerienne: il y a, de la pensée mathématique à son dire, tant «spontané» que *mis en forme logique*, une inévitable dénivellation. C'est bien là une des leçons de la limitation interne des formalismes, c'en est aussi une d'une conséquence paradoxale d'un théorème fameux de Löwenheim-Skolem, excellemment présentés par J. Ladrière «si la théorie des ensembles est exemplifiable, elle est exemplifiable dans un domaine dénombrable. Cette propriété est paradoxale, parce qu'il est possible de représenter, dans le cadre de la théorie axiomatique des ensembles, le célèbre raisonnement de Cantor qui prouve l'existence d'ensembles non dénombrables».[31] Nous ne pouvons reproduire ici le détail de la présentation et analyse de J. Ladrière. Retenons-en simplement encore ceci:

> lorsque la théorie intuitive parle de «tous» les ensembles d'entiers, ou de «tous» les prédicats d'entiers, elle exprime par là la thématisation de sa visée et ce «tous» a ainsi un sens réflexif [...] en ce sens que la visée est un acte, non une expression, mais elle présuppose des expressions, et la thématisation, objectivant la visée, reprend l'acte que constitue celle-ci dans une expression d'un niveau supérieur. Le système formel, [lui], ne connaît pas de changements de plans: il se meut tout entier à un même plan, qui est celui des expressions (p. 128).

---

27 Ph. de ROUILHAN 1991, p. 102.
28 A. HEYTING 1956. Cf. J. LARGEAULT 1993, p. 71.
29 B. RUSSELL 1903, *Principles of Mathematics*, p. 4.
30 Cité *in* R. BLANCHÉ 1955, p. 89.
31 J. LADRIÈRE 1969, «Le théorème de Löwenheim-Skolem», p. 122-3.

Mais si la pensée mathématique et son expression formalisée connaissent une telle dénivellation, comment n'en sera-t-il pas a fortiori de même entre la pensée philosophique et la mise en forme logique de son dire? D'autant que, ici, le choix réaliste de notre interrogation ne peut pas ne pas nous faire reconnaître une «double dénivellation» [32]: non seulement de la pensée au dire, mais aussi de l'être à la pensée. La question de celle-ci, à vrai dire et curieusement, apparaît négligée par J. Ladrière lorsque, ayant excellemment montré «la dualité du système et du modèle», il y fait voir «en définitive la dualité de l'abstrait et du concret et leur incapacité à s'entrexprimer adéquatement», et poursuit:

> cette dualité irréductible de points de vue correspond, dans le domaine de la pensée formelle, à la dualité qui se manifeste dans le langage entre le point de vue de la nomination et celui de la prédication; dans le statut du concept entre l'extension et la compréhension [...] et dans la structure de la connaissance entre la perception et la détermination par concepts. [33]

Mais il est vrai aussi que cette négligence n'est rien d'autre que l'insuffisance de la prise en compte de l'énigme einsteinienne et, plus encore, que celle-ci ne nous oriente pas seulement vers une double mais bien vers une triple dénivellation, à savoir, en dernier lieu, une dénivellation à l'intérieur même de ce qui est. Eh bien oui! Telle est exactement la portée de la distinction du plus connaissable pour nous et du plus connaissable en soi, comme de la recherche de «premiers» qui soient tels *in re*. Et ce pourrait bien être dans l'exploration de *l'écart*, en ce qui est, entre l'être et la première intelligibilité que nous en avons, que se trouverait la voie d'accès au mathématisable en sa différence. N'est-ce pas d'ailleurs cet écart que tentait d'explorer J. Ladrière dans un article plus ancien intitulé «Objectivité et réalité en mathématiques»? D'une certaine façon oui, mais d'une certaine façon seulement, car c'est pour l'être naturel que cette exploration sera décisive. Faisant d'ailleurs «l'hypothèse d'une correspon-dance totale entre le monde mathématique et le monde physique, mais à la condition [...] de prendre les mathématiques dans leur ensemble et le monde dans son ensemble», l'article se concluait dans une vision que le lecteur doit pouvoir déjà sentir différente de la nôtre:

> ainsi, par la médiation de nos sytèmes, au milieu de nos représentations, et par delà tout ce qu'elles accomplissent ou symbolisent, se révèle peu à peu la figure de ce monde invisible, souverain et éclatant comme un ciel constellé, que les

---

32 Cf. Claude BLONDIAUX 1983, «De la distinction entre ce qui est, ce qui est connu et ce qui est dit».
33 J. LADRIÈRE 1989, p. 490a.

grands mathématiciens du XVIe siècle avaient nommé d'un nom majestueux et inoubliable: *mathesis universalis.* [34]

Nous y reviendrons. Pour le moment, il devrait être clair que cet écart et son exploration ne nous seront pas accessibles sans une observation *différenciée* du dire rationnel des mathématiques et de la philosophie, observation qui n'aurait pas lieu d'être si se trouvait constitué le langage que conduit à rechercher l'idée de l'universalisme logique, mais observation que l'inexistence dudit langage conduit au contraire à entreprendre.

1.2.2. Différentes finalités supra-logiques de l'observation logique

Mais comment, maintenant, engager cette observation? Et comment repérer et opérer les choix qui, si décidément il y a pluralisme et différenciation, vont se présenter? Nous avons entendu tout à l'heure J. Van Heijenoort envisager de subordonner ces choix aux conséquences qui en résulteraient «dans l'organisation générale de notre connaissance»; il poursuit:

> maintenant, si nous avions une conception ferme et généralement acceptée de la vérité avant de considérer des systèmes logiques variés, alors nous pourrions confronter tour à tour chaque système avec cette conception de la vérité [...] et, apparemment, en venir à une décision [...] Mais, bien entendu, nous contemplons là une énorme et douteuse assomption, l'assomption que nous avons une conception de la vérité, antérieure à toute logique et assez stable et précise pour imposer un système logique parmi plusieurs. Le statut de l'ontologie et de l'épistémologie comme sciences n'est pas tel qu'il nous permette une confrontation d'une telle précision. [35]

Eh bien! L'ontologie et l'épistémologie, disons la métaphysique et la critique, n'ont pas en effet pour nous un tel statut, vu que, pour le moment, elles en sont encore pour nous au stade de l'interrogation. Mais à ce stade, par contre, elles ont déjà de quoi éclairer certains au moins des choix qui se proposent à l'observation logique. Car ce à quoi elles sont de soi ordonnées, et à quoi l'énigme va nous confirmer, de toute l'autorité des savoirs qui la suscitent, leur ordination, c'est à une vérité qui soit, à la différence de celle de ces savoirs, *adaequatio intellectus ad rem.* Reste certes à voir comment cela sera possible, mais cette question, qui est celle de l'interrogation critique, est justement, avec et subordonnée à l'interrogation métaphysique, l'une des deux qui font appel à l'observation logique

---

34 J. LADRIÈRE 1966, «Objectivité et réalité en mathématiques», p. 579 et 581.
35 J. Van HEIJENOORT 1985, p. 79.

différenciée comme à une démarche auxiliaire dont elles ont besoin pour se nouer avec l'acribie convenable. Et par où se laissera saisir la différenciation? Depuis la différence des fins que poursuivent mathématicien et philosophe, par la différence des fins qui en résultent pour la *mise en forme logique* de leur dire.

Les fins qui en fixent les éventuels choix initiaux ne sont-elles donc pas de l'ordre de «la» logique? Non en effet. Si décidément il y a bien, comme une première réflexion le fait subodorer à tout un chacun, et comme la limitation interne des formalismes doit le faire voir aux témoins du parallélisme logico-mathématique, la double dénivellation susdite (la troisième est plus cachée), «la» logique ne peut bien en effet être *d'abord* que l'auxiliaire d'interrogations autres. Que la raison humaine soit une, au surplus, n'implique pas qu'elle ne puisse pas avoir des exercices irréductibles entre eux, mais appelle seulement à la situation en sagesse, à l'intérieur de l'un d'eux, de l'autonomie des autres. Et que, dans le travail engagé pour répondre à cet appel, apparaissent diverses mises en forme possibles du dire rationnel, avec chacune leurs limitations propres, il faut certainement y voir non seulement un fait qui confirme *l'excès* de la pensée vivante sur toute mise en forme de sa discursivité rationnelle, mais surtout une prise irremplaçable pour la poursuite dudit travail.

Existe-t-il donc plusieurs logiques, en tout cas deux: une logique philosophique et une logique mathématique? Non, car si la raison est une «le» logique est un lui aussi, et c'est justement cette unité *du* logique qui fait de *la* logique un lieu de rencontre de la philosophie et des mathématiques, *le* lieu hors de la fréquentation duquel la philosophie ne pourra en aucune façon situer les mathématiques, ni résoudre l'énigme einsteinienne, ou l'énigme du parallélisme. Ce qui est vrai, par contre, c'est que «le» logique ne se laisse pas observer, dans sa complexité, indépendamment de choix raisonnés, et donc de fins qui dépassent l'ordre de «la» logique.

Est-ce à dire qu'il n'y a pas de fins proprement logiques? Si, il y en a au moins une: discerner les diverses causes possibles de non-validité de nos inférences. Mais cette fin est négative. La validité est moins que la vérité, même s'il n'y a pas de vérité scientifique sans raisonnement (lequel apporte donc quelque chose d'irréductible, plus: renvoie dans le réel à quelque chose d'irréductible? – Quoi donc? – Il nous faudra nous le demander), elle est non pas, malgré le titre du livre cité de P. Engel, «norme du vrai», mais seulement, selon la juste expression d'E. Kant, condition *sine qua non* de son acquisition par voie discursive. De sorte que la *mesure* de la validité peut bien constituer pour le logicien, dans la mise en forme et l'observation consécutive du dire ordinaire du «langage naturel» ou des dires scientifiques (ou déontiques ou...), l'exigence fondamentale qui structurera sa recherche, celle-ci ne peut être qu'un moment d'un parcours circulaire dont les points d'amorçage et d'épreuve sont d'un autre ordre. Quant à la circularité de son parcours, en effet, la logique est comparable à ces autres sciences «mesurantes» que sont mathématiques et sciences positives. Comme le relève encore J. Van Heijennort

> avec l'apparition des géométries non euclidiennes, de la théorie de la relativité, de la mécanique quantique, l'intuition, ou tout au moins certaines formes d'intuition ont souffert, durant les cent cinquante dernières années, plusieurs défaites. Ce sentiment de certitude que les hommes ont éprouvé durant des siècles en d'importantes matières, ce sentiment s'est révélé illusoire. L'on cherche en vain la raison pour laquelle la logique échapperait à la mise en question qui s'est établie dans d'autre champs fondamentaux de la connaissance (*ibidem*).

Mais s'il est vrai, alors, que «sa validité est la validité qu'elle acquiert dans l'organisation générale de notre connaissance» (*ibidem*), il en résulte qu'elle n'est pas seule ni même première concernée par les choix qui ouvrent sa démarche, et sur lesquels le déroulement de celle-ci conduit ensuite à revenir. D'un certain point de vue, F. Nef le note très justement,

> la question philosophique de la forme générale des énoncés déclaratifs est inséparable de celle portant sur la forme d'une logique. Celle-ci se définissant essentiellement comme la théorie des conséquences, le lien entre les deux questions peut se reformuler ainsi: la forme de l'énoncé est dégagée en vue de cette théorie des conséquences. [36]

Mais quel est ce point de vue? Il peut être celui de la tentation dont le parallélisme fait du mathématicien et du logicien les instigateurs complices, la tentation de la dérobade à l'interrogation réaliste, tentation dans le consentement à laquelle G. Frege marque une étape essentielle car, comme le relève F. Nef quelques lignes plus bas, il «achève une révolution copernicienne en sémantique en ne réglant plus l'énoncé sur la réalité, mais la réalité sur l'énoncé». Et ce choix a sans doute sa légitimité, si les mathématiques ont la leur, mais le choix opposé a aussi la sienne, si du moins doit exister la philosophie et si, d'ailleurs, il faut situer la légitimité du premier, c'est-à-dire résoudre les énigmes einsteinienne et du parallélisme.

De sorte que si «le» logique est un et donc «la logique» une elle aussi, et guidée par une fin propre, son unité n'en est pas moins celle d'un carrefour, carrefour où semble s'offrir le choix entre deux directions, l'une d'ailleurs qui, tendant à s'enfermer dans «le» logique, s'interdit par là

---

36   F. NEF 1991, p. 26.

même de le situer (Ph. de Rouilhan en était plus haut pour nous le témoin), et l'autre qui, le relativisant, donnera peut-être les moyens, mais à la critique, de faire voir cette situation. Comment? De manière analogue, peut-on penser, à ce que nous escomptons pour le mathématisable: par différence. Le parallélisme semble bien l'indiquer en effet, les deux questions ne sont pas indépendantes.

Mais le pluralisme salué par J. Van Heijennoort coïncide-t-il avec cette simple bifurcation? Dans les considérants qu'il amène, et l'interprétation qu'il en amorce, non sans doute. Mais dans l'interprétation que nous pouvons en faire, la suite devrait le faire mieux voir. Un point cependant doit être ici souligné, et apparemment en sens inverse, à savoir que si de multiples considérations conduisent à de multiples propositions autres, le calcul des prédicats du premier ordre reste pratiquement pour tous, et même pour la théorie des modèles, la référence première. Pour A. Robinson par exemple, et selon H. Sinaceur «il faut considérer comme un donné «rigide», en logique, un noyau syntaxique constitué par les connecteurs, les quantificateurs, les variables, les expressions bien formées. Il y a un minimum logique qui n'est pas affaire de choix». [37] W.V.O. Quine, lui, affirme «le caractère révisable en principe de toutes les lois classiques» mais il «soutient [aussi] que, pour des raisons pragmatiques, tenant à la nécessité de préserver la cohérence de notre théorie de la nature, nous pouvons la plupart du temps refuser une révision. En ce sens il penche en faveur du conservatisme». [38] Bien plus, il travaille activement, tout en reconnaissant en particulier «l'irréductibilité du discours intensionnel», à *contourner* toutes irréductibilités de cette sorte, et s'en justifie ainsi:

en même temps il y a de bonnes raisons de ne pas essayer d'entrelacer [ce discours intensionnel] dans notre théorie scientifique du monde en vue de réaliser un système d'une plus grande compréhension. Sans lui la science peut jouir de la pureté cristalline de l'*extensionalité*: c'est-à-dire de la substituabilité de l'identité et, plus généralement, de l'interchangeabilité de tous les termes et énoncés coextensifs, *salva veritate*. La transparence et l'efficience de la logique classique des prédicats continuent [leurs bienfaits] de manière inégalée. Aussi longtemps que la science extensionnelle peut procéder de manière autonome et auto-limitée, sans fossé de causalité que des intrusions intensionnelles pourrait servir à combler, la saine stratégie est celle du dualisme linguistique du monisme anomal. [39]

---

37 H. SINACEUR 1991, p. 403.
38 P. ENGEL 1989, p. 368.
39 W. V. O. QUINE 1990, *Pursuit of Truth*, p. 71-72..

Et sans doute «l'engagement pour le réalisme» qui est le nôtre va-t-il en sens opposé de l'engagement qui meut ce que notre auteur appelle «le point de vue logique». [40] Pour lui en effet, comme l'exprime fort bien Sandra Laugier-Rabaté

> La logique peut à la fois prendre soin d'elle-même et être confortée par l'ensemble de la science. Là réside l'«essence» du point de vue logique: la logique ne saurait être gouvernée par l'épistémologie, qui reste, chez Quine, toujours «seconde», mais elle est justifiée par l'ensemble du schéma conceptuel. [41]

Mais peu importe. Le carrefour existe, et la voie que nous y choisissons n'interdit pas que l'on emprunte l'autre, mais au contraire entend tirer parti de ce que l'on y trouve, et cela d'autant plus qu'il y a ici un surprenant parallélisme avec Aristote. Dans sa mise en forme du dire rationnel, en effet, celui-ci a rencontré deux caractères d'une proposition susceptibles d'une expression explicite: l'universalité et la nécessité. Les relations entre propositions mises en forme selon le premier d'entre eux sont explicitées dans ce que la tradition a ensuite nommé, avec Apulée, le «carré logique», puis fondent la logique «assertorique». Le second conduit aux développements parallèles de la logique «modale». La véritable nécessité étant plus que la simple universalité, la logique modale semblerait a priori plus importante philosophiquement, et de manière générale scientifiquement, que la logique assertorique, et l'on a pu entendre Irénée Bochenski regretter dans ses cours qu'Aristote ait commencé ses observation et réflexion logiques par cette dernière. Le fait est, pourtant, que les *Sec. Anal.* assoient sur elle leur réflexion sur la science, et que jamais jusqu'à nos jours une quelconque logique modale n'est parvenue à prendre la première place. Serait-ce à dire que, d'un côté de la bifurcation comme de l'autre, une, voire *la* source du pluralisme des mises en formes serait une incapacité de principe à y enfermer l'aspect modal de la rationalité discursive, restant vrai que, fondamentalement et relativisant donc le pluralisme «la» mise en forme logique serait d'abord exten-sionnelle? Retenons-en tout cas, pour le moment, que ce n'est pas seule-ment le pragmatisme du *working mathematician*, mais aussi sans doute des raisons proprement logiques qui doivent nous conduire à examiner en priorité, dans la comparaison des mises en forme du dire rationnel que le logicien est susceptible de proposer au philosophe et au mathématicien, et comme mise en forme exprimant déjà le parallélisme logico-mathématique, le calcul classique des prédicats.

---

40 W. V. O. QUINE 1953, *From a logical point of view.*
41 Sandra LAUGIER-RABATÉ 1992, p. 208.

Auparavant, cependant, il nous faut certes constater que nous n'avons pas pris le chemin de poursuivre la finalité réductionniste et antimétaphysique qui animait R. Carnap ni, sans doute, ne retiendrons la portée conventionnaliste[42] de son «principe de tolérance»: «en logique, il n'y a pas de morale»; mais il nous faut aussi souligner que nous en retenons bien, par contre, la suggestion que la morale qui assurera à l'œuvre, à *l'ergon* logique le bonheur d'atteindre sa fin est celle qui lui fera élaborer ses moyens techniques aux fins de ceux qui font appel à elle. Etant données donc les fins que nous avons vu être celles du mathématicien et du philosophe, il nous faut tenter de préciser à quelles exigences (à quelles normes...) devraient satisfaire les mises en forme qu'il pourra leur proposer. La séparation de l'existence sensible, avons-nous observé, est condition *sine qua non* de la poursuite par le mathématicien des fins qui sont les siennes. Au contraire, le maintien d'un rôle de principe aux jugements d'existence que la sensation seule nous permet nous est apparu comme condition *sine qua non* d'un éventuel accès réaliste du philosophe aux réalités séparées susceptibles de finaliser une vie d'homme. Mais s'il en est ainsi, faut-il encore s'étonner de la dérobade à l'énigme que nous relevions partagée par les explorateurs, autrement très divers, du parallélisme logico-mathématique? S'en étonner, non sans doute en effet. Explorer la différence qui apparaît ici, voilà bien par contre ce qu'il nous faut entreprendre.

1.3. Conséquences pour les fins de l'observation logique

Cette différence, rien à coup sûr n'en a mieux souligné la traduction quant à l'interrogation critique que «la fameuse *définition de la mathématique pure* proposée dès 1901 par Russell»:

la mathématique pure se compose entièrement d'assertions selon lesquelles si telle et telle proposition est vraie d'*une chose quelconque (anything)* alors telle et telle autre proposition est vraie de cette chose. Il est essentiel de ne pas demander si la première proposition est effectivement vraie et de ne pas mentionner ce qu'est cette chose quelconque à propos de laquelle on suppose une vérité. Ces deux points relèveraient de la mathématique appliquée. Nous partons, dans la mathématique pure, de certaines règles d'inférence qui permettent d'inférer que si une proposition est vraie, alors quelque autre proposition l'est aussi. Ces règles d'inférence constituent la majeure partie des

---

42 Même relative, cf. Joëlle PROUST 1986, p. 394 et P. ENGEL 1989, p. 329-32.

principes de la logique formelle. Ensuite, nous posons une hypothèse quelconque qui semble amusante et nous déduisons ses conséquences. *Si* notre hypothèse porte sur *une chose quelconque*, et non sur une ou plusieurs choses particulières, alors nos déductions constituent la mathématique. Ainsi la mathématique peut être définie comme le domaine dans lequel nous ne savons jamais de quoi nous parlons ni si ce que nous disons est vrai. [43]

Et sans doute ce texte fait-il d'abord retentir l'éphémère triomphe du logicisme. Mais même une fois celui-ci devenu obsolète il garde sa part de vérité. Les deux premières différences en effet affectant l'observation du dire rationnel par le mathématicien paraissent bien consister en ce qu'il n'a pas, justement, à s'y proposer pour fin la fin, critique, de s'interroger sur la vérité ou la signification.

L'interrogation sur la vérité

De la vérité, tout d'abord, la réflexion du mathématicien semble ne pouvoir que se désintéresser. Sans doute élabore-t-il ses théories comme des organisations rationnelles s'achevant en des théorèmes et reconnaît-il donc dans la proposition le discours achevé minimum, dont l'analyse logique, même, doit présupposer la vérité. Mais il ne s'interroge pas sur le rapport qu'établit, entre notre intelligence et ce à quoi elle se rapporte, le jugement qu'exprime cette proposition, à savoir, précisément, sur sa vérité. C'est ainsi que, s'il doit concéder que:

> les représentants typiques de l'universalisme [logique], Frege et Russell, héritaient sans doute d'une tradition philosophique où le propos d'une théorie de la vérité était de dire, d'un point de vue absolu – où le philosophe, après s'être comme tel autre tiré par les cheveux, croyait se tenir à égale distance du langage et du monde –, de dire, donc, quel est le rapport entre le monde d'un côté et nos énoncés vrais de l'autre [...] Bien plus, on peut reprocher à Russell d'être tombé dans l'illusion de croire «apporter dans la discussion les choses-mêmes»

F. Rivenc peut cependant ajouter, à l'encontre de ce «rêve métaphysique»:

> Frege était plus lucide: [...] il affirme en plusieurs passages que le concept de vérité est indéfinissable, étant en quelque manière inéliminable de l'usage et à l'œuvre dans la «force assertive» de nos affirmations «sérieuses» (Frege, *Logische Untersuchungen* I: *Der Gedanke* . On trouve des remarques du même ordre dans un texte de 1897, «Logik», publié dans les *Nachgelassene Schriften*). [44]

---

43 B. RUSSELL 1901, «Recent Works on the Principles of Mathematics», p. 59-60, cité par D. VERNANT1993, p. 22-3.

44 F. RIVENC 1993, p. 14-5.

C'est ainsi également que le succès du programme formaliste aurait dissous «la notion de vérité mathématique, à laquelle Hilbert avait voulu substituer celle de démonstrabilité relativement à un système d'axiomes». Dès 1909 d'ailleurs, nous rapporte H. Sinaceur,

> alors qu'il n'a encore qu'une vague idée de sa théorie de la démonstration, [...] Hilbert écrit explicitement que «dans les recherches sur les fondements de la géométrie, de l'arithmétique et de la théorie des ensembles, il ne s'agit pas tant de démontrer un fait [...] mais, bien plutôt, de faire une démonstration d'un énoncé en se restreignant à certains moyens déterminés ou d'apporter la preuve de l'impossibilité d'une telle démonstration». Ce qui est en jeu ce n'est pas la question de la vérité des énoncés, mais celle de leur prouvabilité par des moyens déterminés. [45]

Quant à l'intuitionnisme, il est vrai, il estime au contraire que «le non-contradictoire n'est pas le vrai: pour qu'il y ait du vrai, il faut une substance mathématique sous-jacente à la non contradiction logique». Mais s'il y a, avec cela, une philosophie qui le sous-tend, il semble bien que pour celle-ci, comme l'écrit J. Largeault, «il n'y a plus du tout de choses; seulement des actes: à la place des *choses* des réalistes viennent des actes de représentation et le problème de l'accord de la pensée et de l'objet s'évanouit». [46]

Or, nous l'avons déjà observé, s'il est possible et même nécessaire de s'interroger sur les actes de pensée du mathématicien, cela n'exclut pas mais au contraire appelle tant l'interrogation sur ce à quoi ils se rapportent, et sur ce rapport, que l'observation logique du dire en lequel ils s'expriment.

Bref, comme l'exprime excellemment le formaliste modéré qu'est N. Bourbaki:

> les mathématiciens ont toujours été persuadés qu'ils démontrent des «vérités» ou des «propositions vraies»; une telle conviction ne peut évidemment être que d'ordre sentimental ou métaphysique, et ce n'est pas en se plaçant sur le terrain de la mathématique qu'on peut le justifier, ni même lui donner un sens qui n'en fasse pas une tautologie. [47]

Et de fait, si nous admettons avec le sens commun et Aristote que «ce n'est pas en vertu du fait que nous te pensons avec vérité être blanc que tu es blanc, mais en vertu du fait que tu es blanc que nous sommes, en le disant, dans la vérité» (*Mét.* Θ10, 1051b 6-9) soit, pour le formuler techniquement

---

45 H. SINACEUR 1993, p. 261 et 255, citant D. HILBERT 1932-1935, III, p. 72.
46 J. LARGEAULT 1993, p. 81 et 36.
47 N. BOURBAKI 1970, p. EIV 43.

avec Isaac de l'Etoile (XIIᵉ siècle), si nous reconnaissons que la vérité consiste en l'*adaequatio intellectus ad rem,* la subordination de l'interrogation critique à l'interrogation métaphysique à laquelle nous a conduits l'énigme conduit ici à relever que l'on ne peut s'interroger sur la vérité sans s'interroger sur les deux complexités de la discursivité rationnelle et de «la chose», et sur «la chose» *comme telle.* Or le mathématicien s'interroge assurément sur les «choses» objets de ses recherches, et le fait du parallélisme logico-mathématique se traduit par une indéniable et féconde réflexivité de cette interrogation. [48] Mais il n'en reste pas moins que, comme le relève J. Van Heijenoort:

> dans toute sémantique pour un langage, la vérité des expressions est expliquée en termes de relations entre symboles du langage et quelque chose d'autre. Dans la sémantique intéressée à la théorie des ensembles [et] associée avec la logique classique le «quelque chose d'autre» consiste en éléments et sous-ensembles de l'univers du modèle. Dans le papier de Tarski sur le concept de vérité dans les langages formalisés (1936), où la sémantique de la logique classique est codifiée, il y a une note de bas de page (1956, p. 155) référant à Aristote, et cette note est parfois interprétée comme impliquant que la sémantique intéressée à la théorie des ensembles est basée sur le réalisme. Cela ne semble pas correct (quelle qu'ait pu être l'intention de Tarski). Le «quelque chose d'autre» auquel nous renvoie la définition de la vérité est [...] un domaine abstrait. Plutôt que de nous être dicté par l'expérience, ce domaine pourrait plutôt être vu comme un cadre préconçu que nous imposons sur l'expérience. [49]

Et il reste donc que la séparation même du savoir du mathématicien fait qu'il ne lui est ni possible ni nécessaire de s'interroger, comme mathématicien, sur la chose (physique bien sûr, mais même mathématique) *en tant que* chose. Ce lui est impossible en ce que, la proposition vraie exprimant ce qui en telle ou telle façon *est,* s'interroger sur «la chose» comme telle exige de dépasser les façons d'être de la chose mathématique pour d'abord poser, et à partir des réalités sensibles, la question «qu'est-ce que l'être?», et ensuite seulement situer ces façons d'être. Et ce lui est non nécessaire en ce que c'est justement l'un des buts et effets de la séparation initiale que de l'en dispenser. Dans la seconde axiomatisation, en effet, les mathématiques sont présentées, selon l'expression devenue classique de Mario Pieri, comme «*système hypothético-déductif*», dans lequel les propositions initiales sont posées non comme vérités mais comme hypothèses dont la déduction déroule les conséquences. Et si la première axioma-

---

48 Excellemment exposée par J. LADRIÈRE 1989 et exemplifiée par H. SINACEUR 1991.

49 J. Van HEIJENOORT 1985, p. 82-3.

tisation, *catégorico-déductive*, posait de telles vérités, c'était déjà elle aussi pour éliminer de la considération du mathématicien le problème de la vérité, en le reportant sur les seules propositions initiales, dont certains philosophes rationalistes ont pu croire qu'il leur revenait de les démontrer, mais comme philosophes, non comme mathématiciens.

Ces philosophes avaient tort. Mais ce tort, d'autre part, était de vouloir *fonder* les mathématiques; le besoin de les *situer*, lui, est inamissible. Et si le mathématicien en tant que tel ne peut ni ne doit s'interroger sur la chose en tant que chose, ni donc sur la vérité elle-même mais seulement, et seulement dans son domaine, sur ses *conditions* d'accès, la manière même dont il se comporte en cette affaire donne certainement au philosophe, par différence, un commencement de prise. Un commencement seulement, toutefois, car il faut encore, au moins, passer de la question de la vérité à celle de la signification.

L'interrogation sur la signification

Sur cette question, l'on pourrait dire que, de même que le mathématicien ne peut pas ne pas rencontrer la question de la vérité, mais ne peut ni ne doit non plus l'aborder pour elle-même, de même il ne peut pas ne pas rencontrer, et d'abord avec les définitions, la question de la signification, mais, là encore, dans la limite de ses besoins – et c'est cette limitation qui est philosophiquement intéressante.

La seconde axiomatisation, ici aussi, rend la chose plus patente, ainsi que cela apparaît dans ce texte de M. Pieri:

> la caractéristique la plus importante des choses primitives de chaque système hypothético-déductif est d'être susceptible d'interprétations arbitraires, dans certaines limites qui ont été indiquées par les propositions primitives [...] En d'autres termes, la signification des mots ou des signes qui indiquent un objet primitif quelconque est uniquement déterminée par les propositions primitives qui s'y rapportent, et le lecteur a la faculté d'attribuer à discrétion une signification à ces mots et à ces signes, pourvu que celle-ci soit compatible avec les propriétés générales qui sont imposées à ces objets par les propositions primitives. [50]

Mais là aussi la première axiomatisation reportait le problème sur les termes premiers et donc leurs genres ultimes, les quantités discrète et continue. Ainsi, relevant que «compter les définitions parmi les principes premiers [...] est une erreur logique étonnante, qu'un instant de réflexion

---

50 Mario PIERI 1899, *I Pincipii della Geometria di posizione composti in sistema logico deduttivo*, p. 60, cité par J. DIEUDONNÉ et *alii* 1978, *Abrégé d'histoire des mathématiques (1700-1900)*, p. 334.

suffit à dissiper», et précisant que l'«on définit un terme par d'autres termes [...] il faut bien s'arrêter à quelques termes non définis [...] ce sont ces indéfinissables qu'il convient d'énoncer en tête de la théorie déductive, et non des définitions», R. Blanché fait justement observer ceci:

> aussi les «définitions» initiales d'Euclide n'ont-elles des définitions que l'apparence. Elles se réduisent à de simples descriptions empiriques [...] ayant pour objet de diriger vers la notion dont il s'agit. Ce sont proprement des *désignations*. C'est pourquoi elles ne satisfont guère à la fonction qu'on semble leur assigner: énoncer les propriétés fondamentales, celles qu'on utilisera, afin d'en tirer toutes les autres. [51]

Simplement, lorsqu'elle fait des axiomes des définitions «implicites» (Gergonne) ou «déguisées» (Poincaré)[52] la seconde axiomatisation peut être à juste titre caractérisée comme «renversant [...] complètement le point de vue scolastique»[53] lequel, comme nous le rappelions plus haut, voyait tout découler, par delà la définition, de l'«essence» exprimée par elle, et croyait trouver dans le rôle joué par les définitions dans les *Eléments* d'Euclide un des supports les plus solides (aussi solide que les mathématiques) de cette vision.

Cette vision n'est pas soutenable, et d'abord philosophiquement: grâces soient rendues aux mathématiques de contribuer à le faire voir! L'essentialisme, en même temps, pèche par insuffisance d'engagement réaliste, non par excès: en manquant à découvrir dans le réel le point d'ancrage dont semble avoir besoin la philosophie et non, certes, les mathématiques, et c'est cette différence dont il nous faut tenter de tirer parti.

Le logicisme il est vrai, à la différence du formalisme hilbertien ou de la réduction bourbakienne à des structures, n'admet pas les définitions implicites ou «par postulats». Mais c'est parce que «de telles définitions – à

---

51 R. BLANCHÉ 1955, *L'axiomatique*, p. 20-1.
52 Cf. respectivement, *ibidem*, p. 38 et 40. Concernant Gergonne, relevons le rappel donné en note par R. Blanché: «l'équivocité des définitions par postulats [...] explique les cas de *dualité* qui avaient été antérieurement reconnus dans diverses théories scientifiques. Ainsi Gergonne avait exposé systématiquement (1826) les débuts de la géométrie projective (sans parallélisme) en l'écrivant sur deux colonnes, les termes de *point* et de *plan* étant permutés quand on passait de droite à gauche, sans que la vérité des propositions en souffre, par exemple: *deux points déterminent une droite, deux plans déterminent une droite, trois points non alignés déterminent un plan, trois plans n'ayant pas une droite commune déterminent un point, etc.*» (p. 40).
53 N. BOURBAKI 1970, p. EIV 53.

l'instar de celles de Peano [pour les entiers] – ne permettent en rien d'éliminer les concepts mathématiques au profit des constantes logiques».[54] Et si, dans les *Principles of Mathematics*, subsiste un résidu de «réalisme»:

> ontologiquement, les classes sont des *objets* auxquels Russell attribue unité logique et réalité ontologique. Ainsi, par exemple, les nombres jouissent d'un statut d'*être*. Considérée comme classe une, la classe des classes qui définit le nombre possède en effet suffisamment d'unité pour devenir sujet logique d'une assertion (p. 171-2)

il faut d'abord observer à nouveau avec D. Vernant (et nous aurons à y revenir au sujet du «réalisme» de G. Frege) que «ce genre d'engagement ontologique n'est pas propre à Russell. Le *réalisme des objets mathématiques* constitue un moyen facile et efficace pour assurer la consistance et la dépendance des idéalités mathématiques» (p. 172); et, surtout, il faut relever que la pensée de B. Russell évoluera de telle sorte que

> la voie sera [...] libre pour une reconnaissance explicite de l'effet nominaliste des définitions logicistes des concepts mathématiques. A la réduction axiomatique fera écho une réduction ontologique (le «rasoir d'Occam» [...]) et, dans la nouvelle construction des *Principia mathematica* de 1910, les principaux objets, telles les classes et les relations en extension, feront enfin figure de «fictions logiques» (p. 173).

En outre, si l'axiomatisation a pour but et effet de renvoyer à des considérations autres ou d'éliminer les interrogations d'ordre «ontologique» ou critique sur la vérité et la signification de la pensée et du dire mathématiques, cette mise à l'écart vaut tout autant des interrogations d'ordre «psychologique». Ainsi par exemple, concernant le nombre entier

> la démarche russellienne rompait avec les préjugés traditionnels concernant le nombre [...] Ces préjugés, logiques et philosophiques, revenaient tous à assimiler l'idée de nombre à la numération, c'est-à-dire à l'opération concrète de dénombrement d'objets. Russell n'eut pas de peine à montrer qu'une telle assimilation est totalement fallacieuse. Loin d'être simple et de permettre la définition du nombre, l'opération de dénombrement est complexe et *présuppose* le nombre, qui plus est le nombre *ordinal* [...] [en outre] elle ne s'applique qu'aux classes ayant des éléments finis [...] [et] lier l'idée de nombre au dénombrement en fait une *propriété des objets* eux-mêmes (p. 129-130).

Et si les *Principles of Mathematics* pensent nécessaire, contre tout formalisme, une «analyse philosophique des principes logiques»,

> le refus russellien du formalisme ne saurait conduire à une psychologisation de la logique (...) «La philosophie, quant à elle, répondait [à la question de la

---

signification de la mathématique] en introduisant la notion, totalement inadéquate, d'esprit». Loin de produire une quelconque réduction d'ordre psychologique, l'explication philosophique des constantes logiques demeure, au contraire, *immanente* au champ logico-mathématique lui-même.[55]

Au total, les échecs du logicisme et, tout autant, du formalisme, ont montré que les mathématiques ont un «contenu», contenu que, par ailleurs, l'intuitionnisme de L. Brouwer ne suffit pas à construire. Mais quel est ce contenu? La chose reste énigmatique, d'une énigme qui englobe celle du parallélisme – car même si logicisme et formalisme ont échoué, les faits logico-mathématiques qui les ont suggérés ou qu'ils ont fait apparaître sont, eux, toujours là, et se sont même développés. Et cette énigme, sans doute, dépend de l'énigme einsteinienne? S'engager dans cette voie – qui est celle de la quête du mathématisable – c'est reconnaître, au moins le temps de son exploration, que si la réflexion mathématicienne rencontre nécessairement la question de la signification et d'ailleurs, comme toute recherche d'un savoir de science, «travaille» énormément et constamment celle-ci, elle n'a pas à demander à l'observation et réflexion logique dont elle a besoin pour ce faire de lui donner les moyens de sortir d'une immanence rationnelle où, au contraire et de manière énigmatique, elles se rencontrent, sans cependant se confondre. Ces moyens, au contraire, le philosophe en a besoin, quant à lui d'abord, mais aussi, secondement, pour tenter de résoudre ces énigmes. Et, quant à celles-ci, ce sont les limites qu'elles manifestent, et le repérage «interne» qui en est possible, qui lui donneront, par différence, la prise convenable.

L'interrogation vers la source de la nécessité

En vue de ce repérage reste à examiner la troisième différence affectant, en contraste avec les fins du philosophe, les fins de l'observation du dire rationnel par le mathématicien, à savoir, nous l'avions déjà aperçu, qu'elle n'a pas à servir l'interrogation métaphysique et critique sur la source de la nécessité *in re.* Là d'ailleurs aurait été la pointe du succès du projet fondationniste: dans l'élimination de cette interrogation. Là donc se trouve la pointe de ce que son échec confirme, la pertinence philosophique inéludable de cette même interrogation. Là surtout réapparaît en son lieu premier notre énigme seconde, celle du parallélisme logico-mathématique, lequel fait apparaître la double conjonction suivante:
– que, d'une part, le dire rationnel du *mathématicien* appelle une observation logique qui élude les interrogations critiques sur la *signification* de ses termes et la *vérité* de ses propositions, cela n'est pas vrai seulement

---

55 *Ibidem*, p. 29, citant B. RUSSELL 1903, p. 4 – l'ajout entre crochets est de D.V.

en vertu de l'usage que le mathématicien veut en faire au service de la séparation sur laquelle se fonde son savoir, mais ce motif entre en conjonction avec l'appel que ne peut pas ne pas entendre le *logicien* à un examen *pour elle-même* de la *validité* des raisonnements qui s'expriment dans le dire rationnel *en général*, c'est-à-dire, précisément, à un examen qui se sépare semblablement de ces mêmes interrogations critiques – quitte à les rependre *ensuite* dans une «logique matérielle» ou dans une «philosophie de la logique»; d'où, dans le texte cité de B. Russell, l'identification des deux séparations

– que, d'autre part et solidairement, le besoin et la possibilité puissent exister d'une *formalisation* des divers éléments du dire rationnel, cela aussi s'est progressivement manifesté à deux niveaux qui sont eux aussi finalement entrés en conjonction: celui des *calculs* de plus en plus divers et puissants que les problèmes rencontrés par les *mathématiciens* leur ont fait progressivement inventer et celui des calculs dans lesquels les *logiciens* ont progressivement réussi à transcrire le dire rationnel pris avant tout, grâce à la séparation susdite et selon la fin propre de la logique, comme exprimant des *inférences.*

Historiquement, cette double conjonction est indéniablement sous-jacente, par exemple, au texte suivant d'A. Prior:

> Je suis enclin à dire que le terme «logique» admet un sens strict et un sens lâche. Dans son sens strict la logique étudie les propriétés de *l'inférence* et de *l'universalité*; dans un sens plus lâche, il concerne les principes d'inférence en général, dans toutes sortes de domaines [...] Je ne pense pas qu'il y ait mieux à dire ici que certains domaines ont en fait plus d'ordre, plus de structure, plus de forme que d'autres – que certains sujets sont plus à même d'être traités au moyen d'un *calcul logique formel* que d'autres. [56]

Eh bien! Ici apparaît dans toute sa force la dérobade à l'interrogation critique induite par les fins que poursuit la mise en forme du dire rationnel par le mathématicien. Sans doute l'échec de l'interprétation logiciste montre-t-il qu'il y a dans cette double conjonction non pas un *explicans* mais bien plutôt un *explicandum*, l'un des *faits* majeurs appelant, avec l'énigme einsteinienne et comme l'un des éléments constitutifs de celle-ci, notre tentative d'approche philosophique du mathématique et du mathématisable. [57] Mais telle n'est pas de soi la direction de recherche du

---

56 A. PRIOR 1976, p. 128-9, cité *in* P. ENGEL 1989, p. 322, souligné par moi.
57 Si donc nous nous rencontrons avec A. BADIOU 1988, *L'être et l'évènement*, pour reconnaître dans la théorie cantorienne un fait philosophiquement majeur, et si par suite nous recommandons vivement la lecture, en particulier, de celles de

mathématicien comme tel, et telle n'est pas non plus la direction où engage l'autre interprétation de cette double conjonction, direction qui est bien plutôt celle où engage ce choix qui fut déjà celui de G. Frege, à savoir celui qui «place la philosophie du langage en position de philosophie première» et qui est «comme le dit Dummett ‹l'article de base de la philosophie analytique›». [58] Et sans doute, la «philosophie de la logique» s'interroge bien alors sur, entre autres choses, la vérité, la signification, la nécessité et leurs liens, mais c'est toujours à partir de ou (et) en vue de «langages formels» artificiels, donc relativement à, d'abord, la validité. Ainsi P. Engel est-il amené à poser, dans sa discussion du «problème de la démarcation externe de la logique» (où nous retrouvons le problème de son universalité), qu'«une logique est un certain type de langage, clos sous une relation de déduction, et permettant de déterminer les conditions de vérité ou les conditions d'assertion de certaines propositions». [59]

Si donc est propre aux mathématiques la séparation qui conduit le mathématicien à mettre à l'écart, dans son observation du dire rationnel, les interrogations critiques sur la vérité, la signification et la source de la nécessité en tant qu'elles se rapporteraient soit à la réalité existante singulière et donc sensible, soit même à l'être mathématique, il semble certes assez juste de faire de toute «logique» procédant de même une partie desdites mathématiques, mais cette possibilité même fait question, et cette

---

ces «méditations» de l'ouvrage dont l'auteur annonce qu'elles «prennent appui sur des fragments du discours mathématique» (p. 26), nous le prenons tout autrement que lui, puisque, s'appuyant sur lui pour opérer l'extraordinaire coup de force consistant à faire *des mathématiques* la science de l'être en tant qu'être, il en fait un *explicans* en quelque façon indépassable. Même si A. Badiou peut ainsi annoncer: «avec la philosophie analytique, on tiendra que la révolution mathématico-logique de Frege-Cantor fixe à la pensée des orientations nouvelles» (p. 8), et si même il nous prévient que «la thèse qu['il] soutien[t] ne déclare nullement que l'être est mathématique, c'est-à-dire composé d'objectivités mathématiques. C'est une thèse non sur le monde mais sur le discours. Elle affirme que les mathématiques, dans tout leur devenir historique, prononcent ce qui est dicible de l'être en tant qu'être» (p. 14), on verra là malgré tout une démarche fort différente de tout ce qu'a pu produire, quelle qu'en soit la diversité, ladite philosophie analytique. Evite-t-elle pour autant ce que nous voyons comme une dérobade? Suspendons momentanément notre réponse.

58 D. VERNANT 1993, p. IX.
59 P. ENGEL 1989, p. 280; cf. aussi le glossaire, p. 476: «Logique: un langage clos sous une relation de déduction et interprété par une sémantique. Un système formel».

106

question demande que, de la comparaison des fins de l'observation et réflexion logique, nous passions à celle des moyens qu'elles suscitent.

Quant à ces fins en tout cas, et pour en finir avec elles une chose est sûre: le contraste est ici complet avec le philosophe, dans la mesure du moins où il se veut réaliste. Ce à quoi se conforme en effet le jugement vrai, dans l'*adaequatio intellectus ad rem*, c'est bien, prise sous tel ou tel aspect qu'il en exprime, l'*existence* de la «chose»; et de cette «chose» que par principe le réalisme prend au départ dans l'expérience commune, la dite expérience nous donne au moins une première connaissance de *ce qu'elle est*. Or, si ensuite l'analyse doit conduire à un savoir de science, au delà de ce qui est simplement donné dans l'expérience, et cette analyse et ce savoir ne resteront réalistes que si, conjointement, est porté à la lumière le rapport de la pensée à ce qui est: et, au départ, dans l'expérience; et, en route, dans l'analyse; et, au terme, dans les conclusions. Eh bien! Cette mise à la lumière concernera assurément le raisonnement, sans lequel il n'est pas possible d'effectuer un tel passage de la connaissance ordinaire à un savoir de science, mais elle concernera principalement, pour qu'au terme soit maintenu le plein contact avec les réalités qu'au départ nous expérimentons être, les rapports plénier et fondamental de notre pensée à ces mêmes réalités, prises dans leurs *existence* et en *ce qu'elles sont*. C'est-à-dire que, à l'opposé des choix que doivent faire l'observation et réflexion logiques du mathématicien et la logique formelle développée pour elle-même, les voies de l'observation logique du philosophe doivent s'ordonner comme auxiliaires de sa réflexion critique et donc, immédiatement, à l'examen par celle-ci des problèmes, fondamentalement, de la *vérité* et de la *signification* et, ultimement, de *la source de la nécessité*, mais aussi et même davantage, s'il est vrai que l'interrogation critique ne demeurera réaliste qu'en se subordonnant à l'interrogation vers le réel, à l'articulation technique de celle-ci.

2. Différences conséquentes des mises en forme

Puis donc que se différencient ainsi les fins des mises en forme logique du dire rationnel par le mathématicien et par le philosophe, et puisque la mise en forme du premier semble lui avoir assuré pour un bon moment la tranquille dérobade dont il a besoin pour travailler en paix alors que le second semble s'être laissé totalement ensorcelé par cet exploit, essayons de tirer profit de la vigueur de l'étonnement qui s'exprime dans l'énigme pour, dans le contraste même avec les vertus dispositives de la *transcription* dans le *calcul des prédicats* faire ressortir celles de la *traduction* en *attributions*. Telles sont en effet les mises en forme dont font usage respectivement, nous l'avons vu, N. Bourbaki et Aristote.

En ce qui concerne la traduction en attributions elle semble tout particulièrement convenir à nos exigences, puisqu'elle permet d'établir une mise en forme qui tienne à la fois *distinctes* et *non-séparées*, dans l'utilisation des particularités du système indo-européen du verbe *être*, les trois lignes d'investigation métaphysique, critique et logique selon lesquelles nous avons vu devoir articuler notre interrogation. Ce que nous montre en effet l'observation linguistique telle que l'a en particulier menée Charles Kahn pour le grec, c'est que «conjointement à la construction copulative, les usages visant à exprimer la véridicité et l'existence [...] représentent», dans ces langues comme en grec «les trois fonctions du verbe *eînai* [être] qui sont de première importance pour toute théorie ou concept de l'être». [60] Dans de telles langues, de fait, existent:
– d'une part une opposition verbo-nominale permettant d'exprimer distinctement dans la phrase élémentaire *ce dont on dit* quelque chose, exprimé par un nom, et *ce qui en est dit*, exprimé à l'aide d'un verbe
– et, d'autre part, un verbe particulier, *être*, dont l'analyse de l'usage révèle trois composantes:
   1) signifier l'existence: *ceci est*; *Dieu est*; je pense donc *je suis*
   2) exprimer la véridicité: *il en est ainsi*; que votre parole soit: est, *est*; non, *non*
   3) faire fonction de copule: *Pierre est en train de courir* – où, à la différence de: *Pierre court*, signification et copule sont exprimées distinctement –
et il faut certainement voir dans cette conjonction, selon l'expression de Ch. Kahn, «*a piece of good luck* «(p. 403). Tout ce que nous expérimentons, en effet, *existe*; de manières si diverses, certes, que c'est là tout ce qu'il y a d'absolument commun à toutes nos expériences, mais de telle façon précisément que c'est toujours cette existence qui – comme l'exprime la fonction de *copule* de ce verbe être que nous *pouvons* faire apparaître dans tout jugement relatant cette expérience – en fait l'*unité*; et non sans que nous soyons engagés dans ce qui fait l'expérience «nôtre», mais de telle façon que c'est de cette existence et de cette unité de ce que nous expérimentons que se prend la *vérité* de ce que nous pensons et disons «être» ou «ne pas être». Ce que permet, donc, la conjonction des trois

---

60 Charles H. KAHN 1973, *The Verb «Be» in Ancient Greek* (*The Verbe «be» and Its Synonyms*, 6), p. 400.

composantes qui forment le système indo-européen du verte *être*, c'est bien tout à la fois la distinction et l'articulation mutuelle des interrogations:
– *métaphysique*: vers ce qui est pris comme tel,
– *critique*: sur le rapport de la pensée à ce qui est,
– *logique*: sur l'articulation rationnelle de la pensée, saisissable à travers le dire qui l'exprime.

Mais la particularité linguistique du système du verbe *être* ne rend-t-elle pas alors illusoire l'universalité à laquelle prétendent les démarches ouvertes par ces interrogations? Non, car il s'agit d'une universalité à acquérir, tout comme celle des autres sciences. Dans cette acquisition, l'usage de la langue grecque reste en principe accessible au locuteur de toute autre langue, ainsi que la compréhension de ses éventuels avantages comparatifs. A cette compréhension, d'ailleurs, la linguistique ou les recherches sur la logique des langues naturelles peuvent apporter une aide précieuse, mais la pleine appréciation de ce qui constitue ou non des conditions initiales favorables dépasse l'universalité qui leur est propre. Et que cette appréciation ne puisse se faire que rétrospectivement, depuis la philosophie première développée – nous retrouvons là le problème du cercle – ne relativise pas pour autant celle-ci, mais montre seulement que nous restons libres d'emprunter ou non telles ou telles voies, plus, de poursuivre ou non telle ou telle fin. Mettant donc nos pas dans ceux d'Aristote et faisant explicitement un choix qui n'était chez lui que l'explicitation d'une possibilité dont il ne pouvait apprécier toute l'heureuse particularité, nous prenons comme *décision* fondamentale, concernant la mise en forme du dire rationnel, de la *traduire* en *attributions*. Comme le dit excellemment F. Nef (sans pour autant le penser comme nous) et comme nous le verrons encore mieux dans la suite, «nous avons affaire ici à un ontocentrisme [...] qui contraste avec le logocentrisme des Modernes». [61] Bien qu'il ne soit pas d'Aristote le titre du petit ouvrage où s'effectue cette explicitation/[décision] est d'ailleurs ici non pas *unhelpful* [62] mais très significatif: la tradition, toujours, traduit, et elle a ici traduit *Peri Hermeneias* par *de Interpretatione*. Pourtant, *hermeneia* ne semble pas se trouver chez Aristote en ce sens, mais au sens d'*expression*: «la langue» (l'organe), relève le traité *De l'âme*, est utilisée par la nature à deux fins: «le goût et l'articulation [sonore]: le goût est une fonction nécessaire (dévolue, pour cette raison, à un plus grand nombre d'animaux), tandis que la faculté d'expression (*hermeneia*) vise la perfection de l'individu» (B8, 420b18-20). Mais la tradition/traduction n'a pas eu tort, car le geste fondamental du

---

61 F. NEF 1991, p. 54-5.
62 Cf. J.-L. ACKRILL 1963, *in*: Aristotelis *Categoriæ* et liber *De Interpretatione*, p. 70.

Peri Hermeneias, dont dépendent ensuite le réalisme et l'universalité des interrogations critique et métaphysique, consiste bien, en vue de rapporter la pensée à l'*existence* une de la chose sur laquelle elle porte un jugement et à *ce qu'est* cette chose, à *interpréter* le dire déclaratif dans lequel cette pensée *s'exprime* comme un dire de ce qui est et donc, techniquement, à la *ré-exprimer* et *traduire* en attributions.

Quelles interrogations cependant cette décision va-t-elle nous rendre possibles concernant la vérité, la signification et l'analyse de ce qui est jusqu'à la source de ce qui y est nécessaire, voilà une explicitation que nous devons remettre à un peu plus tard, car nous serons beaucoup plus à même de le faire, conformément d'ailleurs à notre stratégie générale, *par différence.*

La mise en forme attributive convient-elle donc, de l'autre côté, aux fins propres de la logique en général et de la réflexion sur le dire mathématique en particulier? Elle n'est pas totalement inadéquate. [63] C'est elle en effet

---

63 Et peut-être est-ce même là trop peu dire. Fred SOMMERS 1982, *The Logic of Natural Language,* en effet, développe une mise en forme «ressuscitant et modernisant la vieille logique des termes et montrant comment elle est systématiquement apparentée à la moderne logique des prédicats» (p. 11). Or il est certain que la «traduction en attributions» engage une logique des termes et il est au moins intéressant de montrer qu'une telle logique n'a pas néces-sairement, relativement au discours mathématique, les faiblesses rédhibitoires qu'on lui attribue généralement. Mais c'est là une étude dont l'importance est telle que nous ne pouvons ici l'indiquer que comme à faire. Notons seulement que les considérants initiaux de F. Sommers ne sont pas, du moins pas immédiatement, du même ordre que les nôtres, mais tournent autour du souci de mieux rejoindre, comme l'indique le titre, «la logique du langage naturel». Opposant en effet, là où nous opposons transcription et traduction, «translation versus regimentation», il caractérise comme suit les tenants de l'une et de l'autre: «le constructionniste croit avec Frege qu'une syntaxe vraiment logique est la syntaxe d'un langage artificiel construit dans l'intention de formaliser le raisonnement déductif. Le naturaliste croit avec Aristote et Leibniz que la syntaxe logique est implicitement dans la grammaire du langage naturel et que la structure attribuée par les grammairiens aux sentences du langage naturel est en étroite correspondance avec leur forme logique» (p. 2). Or il est certain que nous défendons nous aussi la forme «S est P» comme d'un certain point de vue primitive, mais ce point de vue est celui des besoins de l'*interrogation* philosophique, qui certes est naturelle, comme nous tenons aussi pour naturels et philosophiquement pertinents les modes d'interrogation qui, dans cette forme, sont ceux des prédicables, mais nous ne tenons pas pour autant que cette primitivité et cette pertinence puissent et doivent se dégager du seul examen des *langues* «naturelles». Sur ce point et pour une discussion serrée de la

qu'ont mis en œuvre Aristote dans les *Premiers Analytiques* et, à sa suite et malgré la logique stoïcienne dont on peut voir aujourd'hui ce que pressentait son inspiration autre, les logiques scolastique et même, assez longtemps, moderne; et c'est sur elle que s'appuient les *Seconds Analytiques* et donc les *Eléments* d'Euclide. C'est un fait toutefois, la double conjonction rappelée plus haut a conduit à d'autres formes de mise en forme. Dans la ligne des fins alors poursuivies, l'on en vient à ceci, que nous avons déjà emprunté à F. Nef:

> La question philosophique de la forme général des énoncés déclaratifs est inséparable de celle portant sur la forme d'une logique. Celle-ci se définissant essentiellement comme la théorie des conséquences, le lien entre les deux questions peut se reformuler ainsi: la forme de l'énoncé est dégagée *en vue de* cette théorie des conséquences. [64]

Et, premières intéressées aux voies d'observation ouvertes par une telle (ou de telles) mise(s) en forme, les mathématiques en ont aussi suggéré la démarche initiale: passer de la reconnaissance de la séparabilité de la validité du dire rationnel à son examen à travers une mise en forme permettant sa *formalisation* c'est-à-dire non plus sa *traduction* en phrases d'un certain type existant en certaines langues, mais sa *transcription*, non pas en un «langage» mais en une *écriture*: selon la juste dénomination que lui a donné G. Frege, une *Begriffsscrift, une idéographie*. Celle-ci exprimant alors, au moyen de ses symboles et de leurs articulations, les diverses fonctions et relations logiques auxquelles elle va permettre en priorité (et cela tant à ne prendre que le point de vue syntaxique qu'à prendre aussi le point de vue sémantique) de mesurer la validité des inférences constituant le dire rationnel, exprime du même coup celui-ci, ainsi qu'y invitait l'algèbre et comme nous le lisions ci-dessus sous la plume de A. Prior, comme un *calcul logique formel*. Tel semble bien en effet devoir être, en raison des fins que nous avons dite, l'*idéal* de cette logique formaliste que ne peut pas ne pas appeler, puisqu'elle se montre séparable et puisque la séparation propre au mathématicien ne demande finalement pas plus que son contrôle, la validité. Que, d'ailleurs, l'impossibilité démontrée de concrétiser cet idéal dans un «algorithme efficient de la déduction» [65] ou celle, putative, d'«une logique universelle [qui] serait une logique dans le cadre de laquelle on pourrait exprimer tout ce que l'on peut penser», que

---

confrontation Sommers/Frege, on lira avec grand profit Jacques BOUVERESSE 1986, «La théorie de la proposition atomique et l'assymétrie du sujet et du prédicat: deux dogmes de la logique contemporaine?».
64 F. NEF 1991, p. 26, souligné par moi.
65 W. V. O. QUINE 1960, tr. fr.: *Le mot et la chose*, p. 232.

ces impossibilités manifestent que cet idéal reste, quant à de telles fins, un inaccessible horizon, cela humilie peut-être le logicien mais cela ne gêne pas véritablement le mathématicien et devrait apparaître au philosophe, du moins réaliste, comme une prise à ne pas manquer.

La traduction en attributions, il est vrai, ne prête même pas la main, elle, à cette transformation/explicitation des relations constitutives du dire rationnel en relations constitutives d'un calcul. " Mais ce n'est là que revers de médaille: son atout à elle est de s'organiser autour du verbe être, donc dans le maintien prioritaire de la relation à ce qui est, à ce qui est atteint, par autant de jugements d'existence, dans l'existence une de réalités singulières ayant leur autonomie, donc dans la subordination de l'interrogation sur la complexité rationnelle à l'interrogation sur la complexité réelle, et donc dans le service choisi des interrogations critique et métaphysique. Que, ce faisant, elle conjoigne des relations et éléments que, pour satisfaire aux exigences d'univocité qui sont celles du calcul, la transcription devra disjoindre, cela manifestera sans doute ses limites, mais ces différences mêmes seront d'une aide décisive pour une bonne exploitation de ses possibilités propres. Passons donc à leur examen en nous limitant, comme déjà annoncé, à la transcription qui est celle du calcul des prédicats du premier ordre, soit à ce que W.V.O. Quine désigne comme «l'embrigadement dans une notation canonique», dont il rappelle que «la puissance a été démontrée par les embrigadements logiques très étendus de certains secteurs de la science, en particulier dans les travaux de Frege, de Peano et de leurs successeurs», et qu'il décrit comme suit:

> si nous adoptons la notation canonique austère, et si nous maintenons les économies formelles [antérieurement proposées], il nous reste précisément les constructions fondamentales suivantes: la prédication, la quantification universelle et les fonctions de vérité (qui peuvent se réduire à une seule). Les composants ultimes sont les variables et les termes généraux, lesquels se combinent par la prédication pour former les phrases atomiques ouvertes. Ce qui dès lors s'offre à nous comme un schème du monde, c'est cette structure qui est fort bien connue aujourd'hui des logiciens, à savoir la logique de la quantification ou le calcul des prédicats [...] Il est possible [...] de s'y tenir dans l'énoncé de la théorie scientifique [...] tous les traits de la réalité dignes de ce nom peuvent être exprimés dans un idiome austère de cette forme, si tant est qu'ils peuvent l'être dans un idiome quelconque (p. 232 et 316).

C'est dans la vérité que se trouve le rapport plénier de la pensée à ce qui est et c'est en vue de la vérité que la pensée rationnelle travaille la signification

---

66 Voir cependant, *supra*, la note 63.

et cherche par ses raisonnements à rejoindre du nécessaire: c'est donc du point de vue de la vérité qu'il nous faut commencer notre examen.

De ce point de vue, la construction «la plus fondamentale» est bien celle que notre auteur cite en premier: la «prédication» – ou plutôt sa transcription fonctionnelle due, on le sait, à G. Frege et, indépendamment, B. Russell. C'est en elle que se détermine de la manière la plus élémentaire la mise en forme de la proposition, et celle-ci est bien ce qui exprime ce qui est vrai ou faux, le jugement.

Dès cet abord il est vrai une différence semble devoir prendre le pas sur toute autre, et d'un autre point de vue que celui de l'interrogation sur la vérité:
– alors que la transcription dans la forme «P(s)» met en jeu d'une part une lettre de prédicat, «P», symbolisant *un* terme général, et d'autre part une lettre, «s», symbolisant le nom propre désignant un individu sujet de la prédication
– la traduction dans la forme «S est P», telle du moins qu'en fait usage la syllogistique d'Aristote, met en jeu *deux* termes généraux, et cela de telle façon que la dite syllogistique peut, dans la «conversion», interchanger leurs positions, faisant ainsi disparaître l'asymétrie du sujet et du prédicat que souligne au contraire la transcription P(s).

Or, à écouter Paul Geach, ce «passage d'Aristote à la théorie des deux termes fut un désastre que l'on ne peut comparer qu'à la chute d'Adam».[67] Et il est vrai à tout le moins que semble se présenter ici, compte tenu de tout ce que nous avons dit, une bien curieuse situation à fronts renversés. En effet, comme Aristote lui-même d'ailleurs le relève dans le traité *De l'interprétation*, «si l'on peut nier un terme prédicat comme «homme», de manière à obtenir un terme négatif comme «non-homme», cela n'a pas de sens de nier un terme singulier comme «Socrate» de manière à obtenir un terme singulier négatif comme ‹non-Socrate›»[68] de sorte que, à reprendre notre propre approche, il semblerait que ce soit le calcul des prédicats qui est susceptible de maintenir un rôle au jugement d'existence – puisque, nous en sommes d'accord avec G. d'Ockham, seuls existent des individus – et que ce soit Aristote qui, en usant de la conversion, l'abandonne!

Eh bien! les apparences sont ici trompeuses, mais le point est en effet tout à fait décisif et, aussi bien, va nous obliger à anticiper sur toute la suite. On remarquera pour commencer que l'asymétrie du sujet et de l'attribut semble jouer par ailleurs chez Aristote – un ailleurs d'ailleurs

---

67 Paul GEACH 1968, *Logic Matters*, p. 47, cité *in* P. ENGEL 1989, p. 61.
68 P. ENGEL 1989, p. 61, renvoyant à *De interp.* 10.

signalé par P. Geach, mais non approfondi par lui – un rôle tout à fait capital. Peut-être alors faudrait-il relativiser la syllogistique à cet ailleurs, plutôt que de les détruire conjointement en les faisant trop précipitamment et commodément se contredire? Il est bien connu, en outre, que la syllogistique présuppose l'existence de sujets auxquels s'attribuent les termes généraux qu'elle prend en compte, et il n'est pas interdit de voir dans cet «import existentiel» l'indice qu'elle maintient un lien au jugement d'existence, lien qui, assurément, reste encore à préciser. Eh bien regardons, pour ce faire, du côté du calcul des prédicats, et remarquons que, de lui-même, il met tous ses «prédicats» sur le même plan. Comme W.V.O. Quine sait excellemment nous le faire voir il n'y a pas pour lui de sens à accorder quelque primauté à l'un d'eux:

> les mathématiciens peuvent raisonnablement être conçus comme étant nécessairement rationnels, mais non nécessairement bipèdes; et les cyclistes comme nécessairement bipèdes mais non nécessairement rationnels. Mais qu'en serait-il d'un individu qui aurait au nombre de ses excentricités à la fois les mathématiques et le vélo? Cet individu concret est-il nécessairement rationnel et bipède de manière contingente, ou vice versa? Dans la mesure où [avec le calcul des prédicats] nous parlons référentiellement de cet objet, et sans préjugé particulier en faveur d'un groupement des mathématiciens en tant que tels jugé plus important que celui des cyclistes en tant que tels ou vice versa, dans cette mesure, il n'y a pas l'ombre d'un sens dans une évaluation qui compte certains des attributs de l'individu considérés comme nécessaires et d'autres comme des attributs contingents. [69]

Et sans doute faut-il rappeler que «pour Aristote, les hommes étaient rationnels par essence et avaient deux jambes par accident», [70] mais, rétorque avec force notre auteur: «pour Aristote, les choses avaient une essence; mais seules les formes linguistiques ont une signification. La signification c'est ce que devient l'essence, *une fois divorcée d'avec l'objet de la référence* et remariée au mot» (*ibidem*, souligné par moi).

Qu'est-ce qui se joue donc là? Il nous faudra y revenir longuement plus tard. Mais nous pouvons d'ores et déjà relever ceci: nous avons rejeté l'essentialisme, mais nous avons maintenu que l'expérience nous donne une première connaissance de *ce que sont* les réalités qui s'y donnent à nous à connaître. Qu'est-ce à dire? C'est justement une des questions absolument décisives, sans doute en un sens la plus décisive, auxquelles il nous faudra répondre. Mais, pour y répondre, encore faut-il se donner les

---

69 W. V. O. QUINE 1960, p. 279.
70 W. V. O. QUINE 1951, tr. fr.: «Les deux dogmes de l'empirisme», p. 89; quoique, quant aux jambes… il faudra y revenir.

moyens de la poser. C'est la voie que, en pleine demi-conscience et à juste raison, W.V.O. Quine souligne fermée pour qui adopte, pour interroger, le calcul des prédicats (en demi-conscience seulement, car une conscience entière ne saurait être acquise qu'en empruntant la voie même qu'il ferme). Pourquoi en est-il ainsi? Parce que, comme le relève J. Van Heijenoort à propos du «papier bien connu de Tarski sur la sémantique d'esprit ‹théorie des ensembles›»,

> la sémantique en reste à des assomptions ontologiques qui ont été à peine rendues explicites: nous avons des individus nus; ces individus n'ont *aucune structure interne,* ils sont de simples points d'accrochage. C'est pourquoi nous parlons souvent d'«éléments», souvent même de «points». Nous présupposons que nous avons une collection de tels individus, distinguables par leur cardinalité. Propriétés et relations viennent par la suite et ne contribuent pas à l'identification des individus. Au contraire, les individus ont à être individués de telle sorte que les propriétés et relations puissent être introduits. Comment les individus sont-ils individués? Cela est laissé hors du compte [71]

remarques qu'il précise ainsi ailleurs:

> qu'est-ce qui peut-être dit concernant ces individus? Ils peuvent être comptés, nous pouvons distinguer des domaines de cardinalités variées [...] en fait, concernant les individus dans un univers [d'interprétation], nous ne pouvons rien dire au delà de combien ils sont, puisque les questions logiques demeurent invariantes sous une transformation qui cartographie un univers sur un autre de manière biunivoque. [72]

Nous l'annoncions tout à l'heure, le calcul des prédicats disjoint ici des éléments et relations que la traduction attributive garde conjoints. Nous voici en un de ces lieux décisifs: le traitement par la mise en forme de la fonction de sujet. Seuls les individus existent. Mais les interrogations critique et métaphysique (philosophique) demandent de situer *en eux, en leur existence,* ce point d'ancrage auquel nous attache, dans le réel qu'il sont, la première connaissance que nous avons de *ce qu'ils sont.* Or l'affirmation vraie mesure notre intelligence à ce qui est grâce à l'unité que donne le *est* à l'attribution qui l'exprime, mais c'est *à travers la fonction de sujet* que se fait en nous la composition des éléments de signification qu'expriment les deux termes que comportent les propositions simples non singulières, composition que l'affirmation du *est* (ou la négation du *non est*) peut alors sceller et rapporter à l'être. Notre remontée au point d'ancrage ou au fondement de la signification, par conséquent, passera nécessairement par la mise au

---

71 J. Van HEIJENOORT 1985, p. 47-8, souligné par moi.
72 *Ibidem,* p. 77; dans ce sens, voir l'utilisation que fait W.V.O. Quine du théorème de Löwenheim-Skolem dans W. V. O. QUINE 1990, p. 32-3.

jour de ce qui, dans ce qui est, est exprimé en fonction de sujet. Or c'est exactement là une chose que nous interdisent tant le «divorce de la signification d'avec l'objet de la référence» consécutif à la disjonction opérée par le calcul des prédicats entre variable d'individu et lettre de prédicat que, équivalemment, le fait que ses individus sont de simples pions, sans aucune structure interne.

Par ailleurs, l'occultation goguenarde de l'humanité du mathématicien cycliste nous le fait voir aussi, ce n'est pas seulement l'interrogation critique sur la signification, mais aussi celle sur la source de la nécessité dans ce qui est qui se trouve ainsi éludée. Mais ne l'est-elle pas aussi par l'acceptation de la conversion? Celle-ci assurément met entre parenthèses l'asymétrie du sujet et de l'attribut. Mais cela manifeste-t-il autre chose que le caractère séparable de la validité? Une chose est d'examiner celle-ci pour elle-même comme le font les *Premiers* des *Analytiques*, autre chose de s'interroger sur le rapport de la pensée à ce qui est dans l'acquisition du savoir de science, et donc dans le raisonnement, comme le font les *Seconds*. Et, là, la traduction attributive permet de maintenir solidaires propositions universelles et propositions singulières se rapportant aux individus seuls existants, d'une existence que même les universelles peuvent présupposer, et donc de nouer les interrogations critique et métaphysique en maintenant un rôle de principe au jugement d'existence alors que, c'est ce qu'il nous va falloir constater en revenant à la question sur la vérité, ce n'est pas le cas, en fait, du calcul des prédicats. Il est vrai que cela suppose que l'on maintienne «l'ambiguïté» de la copule quant au fait de savoir si elle exprime l'appartenance d'un individu à un ensemble ou l'inclusion d'un ensemble dans un autre, mais peut-être y a-t-il là encore une de ces disjonctions qui, nécessaires à la transcription en un calcul, font définitivement obstacle à la remontée du triangle de Parménide? Seuls la pratique de cette remontée et ses fruits éventuels pourront nous le faire apprécier, mais il nous faut, avant de la tenter dans une reprise des pas d'Aristote, en poursuivre encore les préparatifs. Ceux-ci vont en particulier concerner les interrogations sur le fondement de la signification et la source de la nécessité, mais il nous faut auparavant, tout en tenant compte du détour anticipateur que nous venons d'effectuer, faire l'examen comparatif du rapport de nos deux mises en forme à la question de la vérité.

Que retenir, pour le moment, de ce détour? Que ce qui nous a obligés à en passer par lui vient de ce qui fait que la comparaison des deux mises en forme ne va pas pouvoir en rester à celle de «S est P» et «P(s)» soit, par exemple, à celle de «l'homme est mortel» et de «Socrate est mortel», ou de «[être] mortel appartient à l'homme» et ««mortel» est vrai de Socrate». La première en effet *contient déjà virtuellement* des éléments dont les pendants *s'ajouteront seulement,* car là encore disjoints, dans la seconde. En celle-ci, W.V.O. Quine nous le rappelait, s'ajoutent, à l'écriture de la fonction propositionnelle, la quantification et les connecteurs du calcul des propositions.

Et les phrases du type «l'homme est mortel», de fait, plaisent bien au philosophe [73] (parce que naturellement platonicien? Non, pas nécessairement! Mais il est vrai que si la tentation peut être surmontée, elle ne saurait être évitée), tant pour ses conclusions, d'ailleurs, que pour ses prémisses indémontrables, mais la pensée discursive qui relie celles-là à celles-ci ne peut pas ne pas en expliciter la force, force qui est, nous l'avons déjà relevé, soit de simple universalité soit de véritable nécessité. Ici d'ailleurs apparaît une question: faut-il entendre la modalité *de re:* «l'homme est nécessairement mortel», ou *de dicto:* «il est nécessaire que l'homme soit mortel»? ...encore que William et Martha Kneale aient pu ici proposer un dilemme:

> si les termes modaux modifient les prédicats, il n'est nul besoin d'une théorie spéciale des syllogismes *modaux.* Car ceux-ci sont seulement des syllogismes assertoriques ordinaires, dont les prémisses ont des prédicats particuliers. D'un autre côté, si les termes modaux modifient les énoncés auxquels ils sont attachés dans leur entier, il n'est nul besoin d'une *syllogistique* modale spéciale, puisque les règles déterminant les relations logiques entre énoncés modaux sont indépendantes du caractère des propositions gouvernées par les termes modaux [74]

...tandis que l'interrogation philosophique, elle, oriente vers l'interprétation *de re.* Mais justement, telle pourrait être la raison de l'attirance du philosophe pour la proposition indéterminée. Cette attirance ne signifie pas que: «l'homme est mortel» doive s'entendre: «l'idée d'homme inclut nécessairement l'idée de la mortalité»: il s'y agit bien des hommes que nous expérimentons exister. Mais il ne suffit pas non plus d'y entendre: «tous les hommes sont mortels», car la nécessité y est bien présente, au moins comme ce que l'on cherche à saisir. Et que le logicien exige que l'on explicite s'il s'agit d'une proposition de l'un ou de l'autre type, cela

---

73 Cf. Thomas d'Aquin (d') AQUIN 1269-1272b, *In Aristotelis libros* Peri Hermeneias *expositio:* «*utuntur autem quandoque philosophi indefinitis negativis pro universalibus in his, quæ per se removentur ab universalibus; sicut et utuntur indefinitis affirmativis pro universalibus in his, quæ per se de universalibus prædicantur*», éd. 1964, n°151, p. 56.

74 William and Martha KNEALE 1962, *The Development of Logic,* p. 91, repris par R. BLANCHÉ 1970, *La logique et son histoire, d'Aristote à Russell,* p. 76-7.

pourrait bien manifester que son observation ne peut s'engager sans opérer des choix qui rendront ensuite sa démarche nécessairement inadéquate à la pensée discursive vivante. D'où d'ailleurs, quitte à en suspendre la manifestation de la pertinence aux résultats qu'il lui permettra d'atteindre, le choix du philosophe pour la traduction *de re* se trouve conforté car, à la différence de la traduction *de dicto*, elle préserve le rôle unificateur du seul *est*. C'est aussi ce que fait l'énoncé indéterminé «S est P», qui est donc l'expression que nous allons comparer à «P(s)» car rien n'empêche d'*expliciter* ensuite ce qu'il contient ou peut contenir au regard du logicien, tout comme rien n'empêche d'*ajouter* à la forme «P(s)» les «constructions» de la quantification et du calcul des propositions.

Cette comparaison, semble-t-il, donne ceci:
– alors que la traduction dans la forme «S est P» explicite *l'énoncé vrai* comme mesurant l'union affirmée par sa copule à l'existence une du (des) *sujet(s)* qui, à la fois désigné(s) et signifié(s) en ce qu'il est (sont) par le terme S, possède(nt) *l'attribut* exprimé par le terme P, et prepare par là l'articulation à l'interrogation métaphysique vers ce qui est des interrogations logique et critique sur la vérité de l'énoncé, sur la signification de ses termes et sur la nécessité dont il permet d'exprimer l'éventuelle saisie *in re*,
– la transcription dans la forme «P(s)» part bien, elle aussi, de la *vérité* de l'énoncé et de la *signification* de son terme, elle oriente toutefois l'investigation non plus vers ce à quoi ils nous rapportent: ce qui est, mais vers la *forme* du raisonnement qui les intègrera, forme dont il s'agit d'élaborer une mesure – avec à l'horizon l'idéal d'un calcul logique formel adéquat à la discursivité; ce que retient en effet, de l'affirmation vraie de la proposition simple singulière, la forme «P(s)», c'est que le terme général P *est vrai de* l'individu désigné par le nom propre s, c'est donc l'*APPLICATION* de la *fonction* jouée par le *prédicat* P(x) *A l'argument* s, «valeur» particulière de sa «variable» x, comme produisant la «valeur de vérité» *vrai* – ou pour mieux dire, en exprimant les choses du point de vue non de l'argument et donc de l'*individu* auquel il réfère, mais de la fonction et donc de la forme du raisonnement où elle joue, la *SATURATION* de la dite fonction *PAR* ledit argument.

Ainsi la traduction «S est P» relativise l'énoncé et le jugement qu'il exprime à *ce qui est*, la transcription «P(s)» relativise l'individu existant, *via* la fonction P( ), à la *forme du raisonnement*. Une illustration remarquable en est d'ailleurs donnée dans le fait que sont par là aisément mis en forme les raisonnements mettant en œuvre des relations entre deux, trois ou plusieurs individus, ce que ne permet pas [75] la mise en forme attributive. Alors que celle-ci en effet oriente délibérément l'attention vers ce qui existe *un* parce que «*par soi*», le prédicat «triadique» P(x,y,z) (x aime plus y que z, par exemple) *relativise* d'emblée ses références à la relation qu'elles soutiennent entre elles, donc à lui-même. Mais cette relativisation, aussi bien, vaut déjà dans le cas des prédicats «monadiques». Nul d'ailleurs et sans doute n'a mieux exprimé cette relativisation que W.V.O. Quine, dans son fameux «critère d'engagement ontologique»: «être c'est être la valeur d'une variable». [76] Ainsi que le relève John C. Cahalan, en effet, «les choses ne deviennent descriptibles comme valeurs de variables qu'en conséquence du fait que l'on y fait référence dans le langage [...] Si exister était être la valeur d'une variable dans un énoncé vrai, exister serait *être connu* [...] C'est un fait, exister serait vrai des choses comme *objets* non comme *choses*». [77] Et sans doute doit-on ajouter tout de suite qu'»en aucune façon cette implication n'était dans l'intention de Quine [...] Comme ses discussions ultérieures ont toujours essayé de le rendre clair, il s'intéressait en réalité non pas à ce que c'est qu'exister, mais à ce que c'est qu'être *dit* exister» (*ibidem*). Mais ce retrait même est caractéristique de la direction où engage déjà la transcription fonctionnelle «P(s)»: celle de la dérobade où le fait du parallélisme et la séparabilité de la validité ont entraîné, à la suite des mathématiciens, les logiciens. Pourquoi, aussi bien, a-t-on besoin d'un «critère d'engagement ontologique»? Pour s'engager dans la question «qu'est-ce que l'être?» et dans une analyse causale de ce qui est? Tout au contraire, pour s'y dérober le plus possible et, achevant la révolution copernicienne, donner ainsi à la philosophie du langage la position de philosophie première.

Les deux autres «constructions» de la «notation canonique», achevant le démembrement du «est» dans les deux directions qu'A. Prior nous rappelait fondamentales de l'*universalité* et de l'*inférence*, vont dans le même sens. La relativisation des individus à la forme, aussi bien, n'est pas encore achevée tant que la fonction propositionnelle P(x) n'est transformée en proposition que par la saturation par un argument, valeur de la variable individuelle «*libre*» x; c'est au contraire le cas dès lors que:
– d'une part on laisse la variable *indéterminée*, mais simplement «*liée* «par un «quantificateur», soit «universel» soit «existentiel»

---

75 Du moins aussi aisément, cf., *supra*, note 63.
76 Cf. W. V. O. QUINE 1939, «Designation and Existence», p. 50; 1950, tr. fr.: *Méthodes de logique*, p. 249, 253; etc.
77 J. C. CAHALAN 1985, p. 61, souligné par moi.

– on prend d'autre part en considération, plutôt qu'une fonction propositionnelle isolée, la *connexion* de deux ou plusieurs d'entre elles.

Par là, en effet:

– on a bien exprimé une proposition et l'on retrouve bien (à la question de l'import existentiel près) les propositions fondamentales de la logique attributive assertorique distinguées du point de vue de l'*universalité*; cette expression toutefois en explicite non pas l'ordre de la composition des significations, *via* sa vérité, à l'existence une de quelqu'une des réalités singulières, identifiées à travers «S» mais non à travers «x», mais certaines conditions formelles d'universalité et de connexion dans lesquelles certaines significations produisent fonctionnellement la valeur de vérité *vrai*. Non d'ailleurs que soit coupé tout lien à l'existence, puisque l'un des quantificateurs au moins y renvoie explicitement et que l'autre peut s'y ramener par un usage judicieux de la négation, mais cette existence n'est que l'être «position» de ce qui peut «remplir» la forme valide, non ce que l'on cherche à analyser pour rejoindre la source de son unité et de l'autonomie de la réalité singulière qui la possède; l'interdéfinissabilité des deux quantificateurs, aussi bien, peut se lire dans l'autre sens, et montre alors que cette prise en compte de l'existence se laisse réaliser, avec l'aide de la négation, par celle de la seule universalité

– recensant les diverses connexions susceptibles d'être établies entre deux propositions – et donc en particulier entre deux fonctions propositionnelles ayant une variable commune convenablement liée – de sorte que la valeur de vérité de la connexion soit fonction de la seule valeur de vérité des propositions connectées, on élabore bien un calcul logique – d'ailleurs plus élémentaire et autonome – permettant d'exprimer l'*inférence*. Mais, on le sait, la liaison causale, telle que l'exprime l'usage ordinaire de *parce que,* ne fait pas partie de ces connexions et le connecteur $\Rightarrow$ ne dépasse pas la portée de la simple connexion $\neg (p \wedge \neg q)$, et ne peut alors exprimer un lien de nécessité qu'au second degré de l'implication *formelle* entre deux formules. Au premier degré il exprime seulement la négation de la négation que permettrait d'asserter, relativement à l'implication (au sens ordinaire) de q par p, la constatation de la vérité de $(p \wedge \neg q)$. Et cela suffit, certes, à donner une mesure extrêmement puissante de la validité, mais cela scelle aussi définitivement l'orientation de cette mise en forme non vers l'analyse de *ce qui est* mais, précisément, vers cette seule mesure de la validité du dire rationnel, visant et réussissant à résorber toute la nécessité qui s'exprime en lui, par l'explicitation des règles d'inférence gouvernant sa transcription, dans son immanence.

On observera d'ailleurs que, pour autant qu'il accorde la priorité de l'attention à la validité, l'exposé proprement logique considèrera la «construction» du calcul des propositions comme plus fondamentale, du fait de son autonomie, que celle de la fonction propositionnelle. Mais, au terme de l'étude où il retrace les «étapes fondamentales de l'évolution des notations mathématiques» [78] M. Guillaume note à juste titre que, historiquement,

> l'étape ultime, qui devait permettre l'introduction de véritables langages formalisés, est celle de l'introduction de variables représentatives de relations génériques, mais à condition d'être accompagnée de l'analyse de la proposition simple, dénuée de constantes logiques, en constat d'établissement d'une relation (opératrice) entre des arguments (opérandes) (p. 347)

et que «faute d'une telle analyse» ni G. Leibniz ni A. de Morgan ne sont parvenus à un «langage complètement formalisé».

D'un autre côté, W. et M. Kneale estiment que c'est dans «l'usage des quantificateurs pour des variables liées», méconnu par le B. Russell des *Principles of Mathematics*, que l'on doit reconnaître «l'une des plus grandes inventions intellectuelles du XIXᵉ siècle». [79] Sans doute faut-il y voir la «construction» qui *achève* un tout que les deux autres permettent de *fonder*. Aussi bien relèvera-t-on que c'est à partir de la quantification que W.V.O. Quine nous présente, dans ses *Méthodes de logique* son critère d'engagement ontologique:

– et en un premier lieu où, ayant établi «la possibilité d'une élimination théorique des termes singuliers – la possibilité de se passer de tous les noms», il commente:

> ce que la disparition des termes singuliers signifie est que la référence aux objets de tout genre, concrets ou abstraits [e.g.: l'étoile du soir, le nombre 7], est désormais limitée à un seul canal spécifique: les variables de quantification [...] Les objets dont l'existence est impliquée dans notre discours sont en fin de compte uniquement ceux qui, pour la vérité de nos assertions, doivent être reconnus comme «valeurs de variables». [...] Etre c'est être la valeur d'une variable. Il n'y a pas de problèmes philosophiques ultimes sur les termes et leurs références, mais seulement sur les variables et leurs valeurs; et il n'y a pas de problèmes philosophiques ultimes sur l'existence, sinon dans la mesure où l'existence est exprimée par le quantificateur «∃x»

– et un second, où ayant montré qu'il existe «un contenu irréductible de la théorie des classes» (ce que les mathématiciens appellent «ensembles») il commente:

---

78 *In* J. DIEUDONNÉ et *alii* 1978 II, p. 341-53.
79 W. and M. KNEALE 1962, p. 511.

l'adoption générale de variables de quantification pour les classes [et non plus seulement pour les individus, concrets ou abstraits] débouche ainsi sur une théorie dont les lois ne peuvent dans l'ensemble être exprimées à l'aide de niveaux antérieurs de la logique. Le prix payé pour ce pouvoir accru est ontologique: des objets d'un genre spécial et abstrait, savoir des classes, sont maintenant présupposés [...] être assumé comme une entité, c'est être assumé comme valeur d'une variable. [80]

Au total en tout cas, on le voit, le calcul des prédicats sert le retrait par rapport à l'interrogation métaphysique vers l'existence et à l'interrogation critique sur la vérité, retrait qui a ses légitimités mathématique et logique, mais retrait que l'énigme einsteinienne et l'énigme du parallélisme font apparaître comme, philosophiquement, une dérobade.

3. Usages respectifs de ces mises en forme

3.1. Leurs différences

De là, toutefois ou justement, nous pouvons passer aux services que peuvent rendre nos deux mises en forme dans le traitement des questions relatives à la signification et à la source de la nécessité.

On l'a déjà aperçu, la transcription logistique du dire des mathématiques réussit à résorber la nécessité qui s'y exprime dans l'immanence de sa forme, et donc à séparer celles-ci de *ce qui est* à un second degré. La source de la nécessité *dans ce qui est* voilà au contraire ce vers quoi le philosophe pointe ici sa recherche, si du moins il met ses pas dans ceux d'Aristote (mais le cheminement de la philosophie moderne, partant des désintérêts cartésiens et passant par la distinction leibnizienne entre vérités dépendant du principe «de contradiction» et vérités dépendant du principe de raison suffisante pour arriver à la distinction kantienne des jugements analytiques et synthétiques, ce cheminement pourrait être interprété comme tâtonnement vers la voie aristotélicienne... à ceci près que l'orientation vers l'a priori transcendantal n'est pas précisément orientation vers *ce qui est*).

Oui, la nécessité doit être examinée, radicalement, *de re*, et non seulement *de dicto*, mais, devons-nous constater et répondre au dilemme de W. et M. Kneale, cela fait sortir des possibilités de mise en forme logique, non

---

80 W. V. O. QUINE 1950, tr. fr. p. 249 et 253.

seulement fonctionnelle mais même attributive, pour contraindre à entrer dans les interrogations proprement critique et métaphysique (d'où il ne suffit pas de distinguer, avec Alexandre d'Aphrodise tentant de préciser la différence entre *Premiers* et *Seconds Analytiques*, logiques formelle et matérielle, mais c'est bien, à la suite d'E. Kant, entre interrogations logique et critique que doit se faire le discernement). Ce que peut faire ici l'observation et réflexion logique c'est seulement *préparer* ces interrogations.

Comment cela? Comme le fera à sa manière le mathématicien, lorsqu'il remontera, en deçà des propositions et de leur articulation dans la déduction, à une (je ne dis pas «la», car la chose est en principe révisable), à une structure de la signification des termes qui y sont engagés. Mais en saisissant cette structure, à la différence du mathématicien, non pas dans une reconstruction à partir de la relation d'appartenance, mais à travers les *diverses manières dont, en vertu de leurs significations et du point de vue de la nécessité, un terme peut être attribué à un autre.* Dès la connaissance ordinaire en effet, et donc dès le dire ordinaire de ce qui est, des distinctions se laissent ici saisir, et si le savoir de science comporte une saisie *explicite* de la nécessité qui fait défaut à la connaissance ordinaire et simple expérience, il ne saurait procéder de cette dernière – ce qui fait partie de l'intention réaliste – que si celle-ci comporte malgré tout *virtuellement* certaines saisies, sur des modes observables à partir du dire, de ce qui dans une réalité existante est nécessaire. Une telle saisie existe-t-elle et, si oui, quelle est sa portée et comment peut-elle être reprise dans un savoir de science? Ce sont là des questions qui relèvent de la philosophie en marche et tout spécialement des investigations métaphysique et critique. Du moins convient-il, pour s'y engager, de mener une première observation et réflexion sur le dire ordinaire de ce qui est, expressif de cette *expérience* dont entend partir la philosophie réaliste.

Sur le point qui nous concerne, Aristote s'exprime dans l'*Organon* en deux lieux principaux: chronologiquement, dans les *Topiques* d'abord, dans les *Seconds Analytiques* ensuite.

En ceux-ci, œuvre en partie au moins de pleine maturité, trois premiers chapitres commencent par montrer notamment que, spontanément conçue par nous comme devant être un savoir auto-lucide saisissant à partir de ses causes ce qui, dans la réalité connue, y est nécessaire, la science ne peut être telle que comme savoir second et s'exprimant dans des *démonstrations*, mais renvoyant à travers celles-ci à des *indémontrables* qui en constituent les *principes propres*. Disons que, en tant qu'elle est saisie *par nous* à travers la médiation de démonstrations traductibles en syllogismes, la nécessité existant *dans la réalité* même que nous connaissons de science peut et doit être approchée réductivement par la recherche et la caractérisation de ces certaines données nécessaires dont la saisie s'exprime dans les prémisses principes propres de ces syllogismes. La distinguant nettement de la «simple universalité», Aristote rencontre alors la «nécessité véritable» au niveau de données qui, soit sont liées entre elles, soit existent, *«par soi»*; à savoir, plus précisément (cf. *Sec. Anal.* A4, 73a34-b24):

– soit dans la manière dont l'attribution est pensée par nous relier ce qu'elle exprime en position d'attribut à ce qu'elle exprime en position de sujet; sont ainsi exprimées comme *appartenant «par soi»* à la réalité qui est exprimée en position de sujet toutes les données que ladite réalité est (par ailleurs) exprimée comme *possédant* (ici encore) *«par soi»* en ce que

• *selon un premier mode*, leur notion entre nécessairement dans la notion exprimant *ce qu'elle est* – Aristote donne ici comme exemples la ligne droite dans le triangle et le point dans la ligne –

• *selon un second mode*, sa notion à elle entre nécessairement dans la notion exprimant *ce qu'elles sont* – Aristote donne ici comme exemple, dans la ligne, le fait d'être droite, ou circulaire, ou…; dans le nombre le fait d'être pair ou impair, si impair premier ou composé, si composé carré ou rectangle, etc. –

– soit, plus fondamentalement, dans la réalité elle-même, en laquelle nous devons dire *être «par soi»*

• *en leur mode d'être*, certaines au moins des réalités que l'observation de notre dire conduit à classer dans la catégorie de la substance

• *en leur liaison causale*, toutes données dont la corrélation avec quelque réalité existante singulière se fait *en raison d'elles-mêmes* – il faut dire en effet *«par soi»* ce qui, en son advenue ou en son existence, se trouve corrélé par nous *en raison de soi* à l'existence de quelque réalité singulière autre, qui en est alors, dans la ligne d'analyse de la corrélation considérée, *cause «par soi»*.

De ces quatre «par soi», d'ailleurs, les deux premiers s'enracinent dans les deux seconds et c'est dans le passage de l'observation et réflexion logique à l'interrogation métaphysique que nous aurons à effectuer avec Aristote la remontée de ceux-là à ceux-ci. Disons seulement pour l'instant que la recherche de la source de ce qui, dans la chose existante, est nécessaire, nous conduira alors à remonter de la complexité de notre dire de ce qui est à la complexité de ce qui est et, de là, à la source de l'unité de son être, accessible par la seule interrogation proprement philosophique. «Des [nécessaires], écrit Aristote, il est pour les uns une cause autre de ce qu'ils sont nécessaires tandis que, pour les autres, il n'en est aucune mais, à cause d'eux, d'autres sont de par nécessité. De sorte que [ce qui est] le premier et principiellement nécessaire, c'est le simple» (*Mét.* Δ5, 1015b9-

12). Or tels sont les «premiers» dont nous parlions dans le premier chapitre et que nous aurons à redécouvrir avec le Stagirite.

Les *Topiques*, eux, même s'ils ont subi des remaniements ultérieurs, remontent au début de l'œuvre proprement aristotélicienne. Observation des, et réflexion sur les procédés de la dialectique platonicienne, laquelle tournait toujours, en conformité avec la doctrine des Idées, sur l'attribution ou la non attribution d'un terme à un autre, ils en viennent déjà à discerner diverses manières d'attribuer, sans encore aucun lien, toutefois, avec la déduction telle que l'analyseront les *Analytiques*, mais principalement dans le mouvement de la question socratique du «qu'est-ce que...?». Sans entrer ici dans le détail de la (double) présentation par Aristote de ce que l'on a ensuite appelé les *prédicables*,[81] retenons que l'on peut distinguer quatre manières dont un terme peut être attribué à un autre:

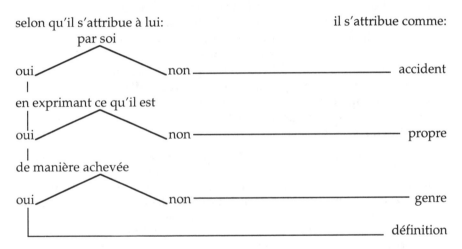

selon qu'il s'attribue à lui:

par soi

oui — non ————————————— accident

en exprimant ce qu'il est

oui — non ————————————— propre

de manière achevée

oui — non ————————————— genre

————————————————— définition

il s'attribue comme:

(regardant les termes plutôt que la manière d'attribuer, la liste de Porphyre, qui sera celle retenue par le Moyen-Age, comporte en outre l'espèce – ici toujours exprimée du côté du sujet – et, au lieu de la définition, la différence spécifique).

Que la source de la nécessité, aussi bien, soit à rechercher en remontant le dire selon la signification, c'est ce que Platon le premier avait appris de l'usage que faisaient de la question «qu'est-ce que...?» tant Socrate que, sans doute, les mathématiciens, dont l'exposé pouvait déjà se décrire, en

---

81 Pour cela voir Jacques BRUNSCHWIG 1967, introduction à: ARISTOTE, *Topiques* I-IV.

première approche, comme le font encore aujourd'hui P. J. Davis et R. Hersh: «à l'université, un cours typique en mathématiques avancées [...] est entièrement composé d'une définition, d'un théorème, d'une démonstration, dans une concaténation solennelle et monotone».[82] Nous l'avons déjà souligné toutefois, non seulement cela l'a conduit à identifier, dans l'Idée, l'être à l'intelligible, mais même la tradition aristotélicienne n'a pas su éviter ce platonisme larvé que constitue l'essentialisme (et sans doute le passage de la liste des prédicables des *Topiques* à celle de Porphyre a-t-elle sur ce point joué un certain rôle[83] et est-elle d'abord le témoin d'une certaine absorption platonisante d'Aristote par l'éclectisme de l'Antiquité finissante?). Eh bien! toute latérale qu'elle soit – ou justement parce que latérale – par rapport à l'analyse métaphysique de ce qui est, notre «remontée des différences», depuis celle des mises en formes logiques du dire rationnel par le philosophe et par le mathématicien jusqu'à celle du mathématisable dans ce qui est, pourrait bien s'avérer une occasion et une aide précieuses pour retrouver la pénétration et le réalisme de cette analyse. Le fait est en tout cas que se présente à nous maintenant dans cette remontée, entre la théorie des prédicables ou attributions «par soi» et la théorie des ensembles, une différence très primitive, source d'un ensemble de différences qu'il ne peut pas ne pas être fructueux d'explorer.

Pour introduire cette différence, le mieux est sans doute de rapporter ici assez longuement le commentaire de W. et M. Kneale sur la distinction des prédicables dans les *Topiques*:

> Il se peut que les inférences dans les *Topiques* n'aient pas été complètement formalisées parce qu'Aristote hésitait encore alors inconsciemment entre deux manières possibles de classer les énoncés dans lesquels un terme général est attribué à un autre. Il avait hérité de la méthode platonicienne de division une manière d'exprimer de tels énoncés sans aucun signe de quantification («tout» ou «quelque»). Des énoncés de cette forme, qu'Aristote appelle indéfinis, *adioristoi logoi* nous apparaissent hautement ambigus. Ils peuvent être rendus précis en l'une ou l'autre de deux manières, à savoir en ajoutant l'un des quantificateurs «tout» ou «quelque» au sujet, ou en rendant plus explicite la relation exprimée par «est», à savoir en introduisant différentes formes de copule. Si nous pensons aux termes généraux comme noms de classes, nous trouvons qu'il existe cinq relations possibles entre deux classes quelconques, X et Y: coïncidence, inclusion de Y par X mais non réciproquement, inclusion de X par Y mais non réciproquement, intersection et exclusion totale. La théorie des *Topiques* laisse entrevoir en quelque mesure cette classification. L'inclusion de X

---

82 P. J. DAVIS et R. HERSH 1982, tr. fr. p. 143.
83 Voir à ce sujet M. BALMÈS 1982, p. 232 et 2002, «Predicables de los *Topicos* y predicables de la *Isagogè*», *in*: *Anuario Filosofico* 2002 (35), p. 129-64.

dans Y est exprimée en disant que X est une *espèce* de Y; la relation converse, en disant que c'est son *genre*, car Aristote insiste toujours sur ce que le genre doit être plus étendu que l'espèce; les énoncés de *définition* et de *propriété* exprime tous les deux la relation de coïncidence, tandis que les énoncés d'*accident* correspondent d'une manière assez manifeste à l'intersection [...] son intérêt pour la nécessité et la contingence le conduisent à distinguer deux cas différents de coïncidence (définition et propriété) et à définir l'accident en termes de contingence. [84]

Eh bien! il n'est pas besoin de le souligner, cette «traduction» des prédicables engage dans une direction toute différente de celle que nous annoncions à l'instant: la recherche, dans une interrogation critique et métaphysique, de la source de la nécessité dans *ce qui est*. Mais cette direction est bien, par contre, celle où va s'engager le mathématicien achevant la mise en forme de son dire avec la théorie des ensembles – et elle nous fait en outre rencontrer un débat philosophique séculaire, décisif dans la compréhension et la critique de l'essentialisme.

En première approche, en effet, ces «classes» dont les termes généraux sont des noms et avec les divers cas de recouvrement desquelles W. et M. Kneale nous proposent d'interpréter les prédicables, ces classes ne sont rien d'autre que les «*ensembles*», que Georg Cantor définissait: «un groupement en un tout d'objets bien distincts de notre intuition ou de notre pensée», [85] la différence de noms venant de ce que son abord en a été initialement chez lui (comme chez Julius Dedekind) indépendant de l'effort de réflexion et de formalisation logiques, car suscité seulement par l'effort de mieux fonder et développer arithmétique et analyse. La convergence, aussi bien, se réalise dès l'œuvre de G. Frege, dont les *Lois fondamentales de l'arithmétique* posent en 1893 l'équivalent de ce qu'on appellera plus tard, selon le contexte, «principe d'abstraction», «axiome de compréhension», ou «schéma de compréhension». [86] Écrit en symboles:

$$\exists\alpha\ \forall x\ (x\ \varepsilon\ \alpha\ \Leftrightarrow\ F(x)) \qquad (1)$$

il exprime que toute «propriété», tout «prédicat monadique» F( ) (dont les variables autres que x sont quantifiées universellement) a une classe x pour extension («ε» symbolisant l'appartenance de x à α), classe susceptible elle aussi de quantification et donc de visée référentielle depuis la transcription du dire – ce que le calcul des prédicats n'accorde d'emblée qu'aux individus. Eh bien! avec cette convergence advient le fait majeur, qui

84 W. and M. KNEALE 1962, p. 39.
85 G. CANTOR 1932, p. 282, cité *in* N. BOURBAKI 1970, p. EIV 57.
86 Respectivement W. V. O. QUINE 1950, tr.fr. p. 268, A. FRAENKEL et *alii* 1973, p. 31 et J. DIEUDONNÉ et *alii* 1978 II; p. 376.

marque le *hiatus* entre première et seconde axiomatisations, et que W.V.O. Quine formule comme suit: «la théorie générale des classes représente une consolidation impressionnante pour les fondements des mathématiques. Il apparaît après traduction que les théorèmes mathématiques ne contiennent rien d'autre que la notation de la théorie des classes et sont donc déductibles des lois fondamentales de ‹ε›». [87] Il apparaît en effet maintenant que le mathématicien, dans le même mouvement qui lui faisait formaliser la déduction, est aussi parvenu à formaliser la constitution interne de ses termes généraux, de sorte que la nécessité prégnante à son dire se trouve bien entièrement assumée par la formalisation et les règles d'inférence accompagnant la notation canonique. Et cela d'autant plus que les développements de la théorie des ensembles ont montré que «si l'existence d'au moins un individu est appelée par des raisons tant philosophiques que pratiques», non seulement il en suffit d'un mais «il s'avère que, au vu de ce que se propose le mathématicien, il ne semble pas exister un réel besoin d'individus autres que l'ensemble vide». [88] Alors que la première axioma-

---

87 W. V. O. QUINE 1950, tr. fr. p. 268.
88 A. FRAENKEL et *alii* 1973, p. 24. Ici se situe le noyau de la science de l'être en tant qu'être selon G. Cantor/G. Frege interprétés par A. Badiou. L'on aperçoit comment cette découverte se situe dans le prolongement de l'illumination qu'avait antérieurement apportée à ce dernier la rencontre de la pensée de l'auteur de *L'être et le néant*. Quant à celle-ci, on renverra à une observation de G. ROMEYER-DHERBEY 1983 qui, après avoir montré que, selon Aristote, «la chose en route du potentiel vers l'actuel se meut afin d'atteindre la plénitude d'être en soi dont elle est privée, plénitude qui pourtant ne lui a pas fait complètement défaut depuis le début puisque tout le cheminement se dirige vers un accomplissement», peut poursuivre: «cette conception s'oppose par avance, nous le voyons d'emblée, à la description de la choséité que l'on peut lire chez Sartre par exemple où la chose, simple vis à vis de la conscience, est réduite à une identité pauvre avec elle-même, à cette compacité indifférenciée qui la réduit à n'être que ce qu'elle est, «en soi» c'est-à-dire adhérente à soi, «facticité» originairement et définitivement tautologique» (p. 182). Sur la base de quoi nous ajouterons que si le style de la dérobade à l'analyse du réel qui est par exemple et exemplairement celui de W. V. O. Quine n'est décidément pas celui d'A. Badiou, ni son louable rejet de tout épistémologisme (cf. BADIOU A. 1990, p. 7-8) ni la parenté (néo)-platonicienne que l'on ne peut pas ne pas lui reconnaître (cf. la première partie de *L'être et l'évènement*, intitulée: «L'être: multiple et vide. Platon/Cantor» et, en celle-ci, la «méditation un»: «l'un et le multiple: conditions a priori de toute ontologie possible») ne sont en mesure de nous faire renoncer à chercher les causes immanentes propres de l'exister par soi des choses que nous expérimentons être. Il est vrai qu'à lire, à la deuxième page de *L'être et l'évènement*, qu'«il y a donc accord général sur la conviction que

128

tisation remontait, dans la ligne de la signification, aux genres de la quantité discrète et de la quantité continue, en deçà desquels la parole semblait ne plus pouvoir appartenir qu'au philosophe, la seconde se trouve en mesure de reconstruire l'édifice mathématique à partir des seuls ensembles, donc de la seule relation d'appartenance symbolisée par «ε».

Pourtant, il ne s'agit là que d'un fait. Si, en effet, la donnée en est mathématiquement éprouvée, elle reste philosophiquement énigmatique: si la seconde axiomatisation réalise bien un degré supérieur de séparation des mathématiques, elle redouble d'autant l'énigme philosophique de leur contenu et de leur capacité à exprimer des nécessités naturelles. Et il y a d'ailleurs de cela un signe qui fait appel, mieux sans doute, qui donne prise à l'interrogation du philosophe: la théorie des ensembles ne joue son rôle que sous certaines conditions, dont la découverte de la nécessité a ouvert la «crise des fondements» et dont aucune des théorisations, qu'elles aient la préférences des logiciens: telle la théorie des types de B. Russell, ou celle des mathématiciens: telles les diverses axiomatisations proposées par, ou à la suite d'Ernst Zermelo, n'apportent, de l'aveu même d'A. Frænkel déjà cité, une lumière philosophique convaincante.

Avant même toutefois de se laisser fasciner par les antinomies sur lesquelles s'est brisée la théorie naïve des ensembles, ou (et) avant de se laisser intriguer par les limites des solutions qui y ont été apportées, le philosophe se doit de relever la différence suivante: contrairement à ce que font plus que suggérer W. et M. Kneale, la théorie des classes ou des ensembles ne permet pas de rendre compte des prédicables ou «par soi»,

---

nulle systématique spéculative n'est concevable, et que l'époque est révolue où la proposition d'une doctrine du nœud être/non-être/pensée (si l'on admet que c'est de ce nœud que depuis Parménide s'origine ce qu'on appelle «philosophie») pouvait se faire dans la forme d'un discours achevé» (p. 8), l'on demandera à discerner: d'accord pour rejeter le discours *achevé* des systèmes dogmatiques, mais non pour caricaturer ainsi la philosophie première ... voire la parole chrétienne. Car là est en vérité le grand et ultime débat, comme on peut le voir à lire ceci: «dans l'ek-stase temporalisante de la conscience, j'ai lu l'obligation laïque de l'éternité. Et dans l'humanisme existentialiste, j'ai lu que l'Homme n'existe qu'en outrepassant son humanité» (1991 p. 15; voir aussi 1990 p. 4-6). Il est certain que depuis que nous a été révélé que nous étions (depuis toujours) appelés à la divinisation dans la participation à la vie trinitaire, nul d'entre nous ne peut en rester quant à notre finitude (et c'est là assurément un renouvellement de l'épreuve originelle), au regard que les Grecs avaient sur elle. Mais qui, du premier maître d'. A. Badiou et du maître en philosophie du «*doctor communis*», a sur elle, c'est-à-dire sur ce que nous expérimentons être, le regard le plus respectueux et le plus aimant (au risque, c'est vrai, de la louange et de l'adoration)?

mais par contre, même si ce n'est que sous des conditions encore à comprendre philosophiquement, elle suffit aux besoins de mathématicien. C'est donc que l'*ÊTRE MATHEMATIQUE est tel que le dire qui l'exprime et le vise se laisse réduire à la transcription symbolique qui le reconstruit à partir de la seule relation d'appartenance,* tandis que *l'interrogation critique et métaphysique vers CE QUI EST exige de passer par la traduction du dire en attributions et la différenciation des divers manières d'attribuer.* Convenablement exploitée, cette différence devrait nous permettre de remonter, dans la pensée, aux caractéristiques propres de l'être mathématique et, dans ce qui est, au mathématisable en sa différence. [89]

En quoi la différenciation des prédicables, en effet, est-elle irréductible à une interprétation en termes de classes?

En première approche l'on reprendra une distinction sinon utilisée du moins explicitée pour la première fois par Antoine Arnauld et Pierre Nicole ans la *Logique ou art de penser* dite *Logique de Port-Royal,* à savoir la distinction entre *compréhension* et *extension,* et l'on dira que, prenant résolument parti dans un débat qui a constamment après eux animé les exposés de la syllogistique, la théorie des ensembles ou des classes choisit d'interpréter l'attribution «en extension» et non «en compréhension».

Si de fait, d'une part, les définitions d'A. Arnauld et P. Nicole posent:

J'appelle *comprehension* de l'idée, les attributs qu'elle enferme en soi, et qu'on ne lui peut ôter sans la détruire, comme la comprehension de l'idée du triangle

---

89 Préfaçant en 1972 la réédition de L. BRUNSCHVICG 1912, J.-T. Desanti écrivait (p. III): «Deux ans avant la parution des *Etapes* A. N. Whitehead et B. Russell avaient publié le premier volume de *Principia Mathematica.* Les deux tomes suivants devaient paraître en 1912 et en 1913. Dans l'esprit de leurs auteurs les *Principia* devaient réaliser, d'une manière jugée par eux enfin correcte, le projet inauguré à la fin du siècle précédent par G. Frege: constituer une logique suffisamment puissante et sûre pour qu'il soit possible, en n'utilisant que ses seules ressources, d'enchaîner en un système exempt de contradictions le corps des théorèmes produits dans l'analyse arithmétisée. De la sorte, pensaient-ils, se trouveraient fixés les principes propres à délimiter le domaine de ce qui serait ‹mathématisable›». C'est bien quelque chose comme ce qu'indique la dernière phrase de ce texte que nous nous proposons de réaliser, et L. Brunschvicg n'avait donc pas tort de situer cette approche dans la lignée aristotélicienne. Mais, même si la *tradition* aristotélisante lui donnait quelques bonnes raisons de le faire, il avait tort d'amalgamer les intentions de la «science recherchée» et les programmes ou rêves logicisants tels que ceux de G. Leibniz, du logicisme ou de la métamathématique hilbertienne. Aussi bien est-ce à une tout autre approche du mathématisable que celle proposée par les auteurs des *Principia* que nous sommes conduits à envisager de faire servir leur contribution.

enferme extension, figure, trois lignes, trois angles, et l'égalité de ces trois angles à deux droits, etc.

J'appelle *étendue* de l'idée, les sujets à qui cette idée convient, ce qu'on appelle aussi les inférieurs d'un terme general, qui à leur égard est appelé supérieur, comme l'idée du triangle en general s'étend à toutes les diverses especes de triangles [90]

c'est bien par les rapports de leurs «étendues» ou extensions que W. et M. Kneale nous faisaient aborder les termes généraux en nous demandant de les penser comme noms de classes; en outre, la théorie des ensembles pose comme l'un de ses deux premiers axiomes un *axiome* dit *d'extensionalité*, que l'on peut écrire, en exprimant par là que des «ensembles contenant les mêmes éléments sont égaux comme inclus l'un dans l'autre» [91]

$$\forall x \forall y \: (\forall \zeta \: (\zeta \: \varepsilon \: x \: \Leftrightarrow \: \zeta \: \varepsilon \: y) \Rightarrow x=y) \qquad (2)$$

ou encore, exprimant par là que «des classes quelconques α et β ayant les mêmes membres sont identiques en ce qu'elles appartiennent à leur tour aux mêmes classes» [92]

$$\forall \alpha \: \forall \beta \: \forall \varkappa \: (\forall z \: (z \: \varepsilon \: \alpha \Leftrightarrow z \: \varepsilon \: \beta) \: \& \: (\alpha \: \varepsilon \: \varkappa)) \Rightarrow (\beta \: \varepsilon \: \varkappa)) \qquad (3)$$

Tandis que, d'autre part, c'était bien le point de vue de la compréhension que nous faisaient prendre l'abord des prédicables ou des deux premiers «par soi», ce que W. et M. Kneale reconnaissaient à leur manière lorsque, expliquant les différences de la liste aristotélicienne d'avec leur propre liste, ils renvoyaient au fait que le prédicable *accident* est distingué des autres par la non nécessité du mode d'attribution qu'il constitue et que *définition* et *propriété* ne se distinguent que comme deux modes d'attribution de nécessités autres, mais non du point de vue de l'extension des classes correspondantes (et donc à l'encontre du «principe d'extensionalité»).

De manière plus précise, toutefois, l'ordination de l'observation et réflexion logique, dans les pas d'Aristote, à l'interrogation métaphysique et critique nous fera apparaître une insuffisance radicale et méconnue de la distinction extension/compréhension. On l'observera en effet, A. Arnauld et P. Nicole les définissent comme caractères de certaines *idées* et ils mettent dans la compréhension «les attributs qu'elle enferme en soi, et qu'on ne lui peut ôter sans la détruire» c'est-à-dire qui relèvent, selon la distinction

---

90 Antoine ARNAULD et Pierre NICOLE 1662-1683, *La logique ou l'art de penser*, éd. 1965 p. 59.
91 A. FRAENKEL et *alii* 1973, p. 27.
92 W. V. O. QUINE 1950, tr. fr. p. 269.

aristotélicienne, tant du premier que du second «par soi». Ce faisant ils résolvent d'avance et sans même s'en rendre compte la question que nous avons vu devoir nous mouvoir: celle de la source de la nécessité, qu'ils situent dans l'idée et nulle part ailleurs. Une fois de plus, d'ailleurs, on observera que leur exemple est pris des mathématiques.

Mais, dira-t-on, n'ont-ils pas là tout simplement explicité une distinction déjà agissante dans la scolastique antérieure comme d'abord chez Aristote lui-même, et d'ailleurs reprise telle quelle, et comme tout à fait primordiale, par la néo-scolastique? Ainsi peut-on lire sous la plume de Jacques Maritain, le commentaire suivant:

> pour le nominalisme il n'y a de réel dans un concept que les *individus* qu'il représente; dès lors l'extension d'un concept [...] voilà ce qui fait essentiellement et primordialement son caractère de concept. Au contraire, s'il est vrai que le concept présente immédiatement à l'esprit une *essence, nature* ou *quiddité*, et que celle-ci est quelque chose de réel, alors il faut dire que ce qui caractérise essentiellement et primordialement le concept comme tel, c'est sa compréhension, c'est-à-dire l'ensemble des notes constitutives de la nature présentée à lui par l'esprit [...] le concept n'étant *universel* que parce qu'il pose devant nous (à découvert ou occultement) la constitution nécessaire de quelque essence.
>
> [...] En d'autres termes la compréhension d'un concept est l'ensemble des notes qui le constituent EN SOI: premièrement et avant tout notes constitutives de l'ESSENCE elle-même présentée par lui [...], secondairement et par là-même notes qui dérivent nécessairement de cette essence et sont contenues radicalement en elles (*propriétés* [...] qu'il appartient au raisonnement de dégager et que notre concept contient virtuellement, quand même nous ne les connaissons pas encore). [93]

Eh bien oui! La distinction faite par la logique de Port-Royal est bien conforme à la logique scolastique, mais l'on voit qu'elle en reprend et conforte l'erreur majeure: l'essentialisme. Simplement, plus cohérente, elle le pousse jusqu'à remplacer le concept abstrait (lequel était reconnu comme un *quo:* ce par quoi la chose est connue) par l'idée innée (laquelle est un *quod:* ce qui est connu)... Et il convient d'ailleurs ici de le relever, cette erreur trouve dans la syllogistique une de ses (voire *sa*) racines majeures. J. Maritain note très justement que «la considération de l'extension et de la compréhension des concepts joue un rôle capital dans la théorie du raisonnement» (p. 33) et, présentant les «principes suprêmes du syllogisme», il en vient à écrire:

---

93 J. MARITAIN 1920, II, éd. 1966 p. 34-5.

remarquons qu'il est de l'essence même du Syllogisme que le [...] Moyen soit un objet de concept *universel;* car en tant même que *cause* ou *raison* de l'attribution du [grand terme] T, au [petit terme] t, [respectivement prédicat et sujet de la conclusion], en tant même que communiquant à un sujet le prédicat qui est dit de ce sujet dans la conclusion, il faut bien qu'à ce titre il soit lui-même *communicable* à ce sujet, et qui dit communicable à plusieurs dit universel. Voilà pourquoi *c'est dans la nature universelle que réside le principe du Syllogisme* (p. 217).

Eh bien oui! L'organisation de l'observation et réflexion logique autour du syllogisme est bien susceptible de faire ressortir le rôle principiel sinon de la «nature universelle» du moins des termes universels, et elle renvoie par là au grand débat sur les universaux. Mais ce grand débat est d'abord de nature critique: la question de ce en quoi consiste le mode universel de nos concepts présuppose celle du rapport où ils mettent notre pensée avec ce qui est [94] et celle-ci – qui exprime le problème de la signification – n'est qu'une partie de l'interrogation critique, à côté de la recherche de la source de la nécessité dans ce qui est. L'essentialisme, en son aspect critique, consiste précisément à confondre ces deux questions (d'où le blocage – explicité, si l'on peut dire, chez R. Descartes [95] – entre cause et raison; en son aspect métaphysique, nous aurons à y revenir, l'essentialisme, ayant perdu l'analyse de ce qui est *par les causes*, la réduit à la distinction essence/existence). Et l'absolutisation de la distinction extension/ compréhension, encore une fois, reprend et renforce cette confusion.

Mais l'observation et réflexion logique d'Aristote, elle, est tout autrement orientée. Certes c'est elle qui permettra à la *Métaphysique* d'apporter la réponse fondamentale au problème de la signification, telle que la reprendront les scolastiques affrontés au problème des universaux, mais, nous aurons à le voir, cette réponse se développera non en occultant, mais au contraire en orientant vers et préparant à résoudre cet *autre* problème qu'est le problème de la source de la nécessité dans ce qui est. Et ce qui le lui permettra c'est précisément l'attention à ces différenciations qui se présentent dans les manières d'attribuer qu'explicitent les prédicables et deux premiers «par soi», différenciations que la polarisation de l'attention sur l'explicitation quantifiée du dire rationnel perd nécessairement de vue, conduisant à absorber dans la «compréhension» ce qui relevait de deux «par soi» bien distincts – par où, on le voit, l'observation de I. Bochenski citée ci-dessus, selon laquelle «la relation d'essentialité

---

94 Sur ce sujet, voir M.-D. PHILIPPE 1975a.
95 Cf. R. DESCARTES 1641b, *Meditationes de Prima Philosophia,* tr. fr. 1647, La Pléiade p. 453.

apparaissait comme formellement impertinente», marque tout autant la limite du point de vue formel que son autonomie.

3.2. Pour la suite de notre travail

Nous voici donc maintenant au terme de la première étape de notre «remontée des différences». Si le philosophe et le mathématicien se doivent tous deux de mener une observation et réflexion «logiques» sur le dire rationnel, la différence des fins qui sont les leurs les conduit à développer des méthodes différentes, certes, mais aussi constamment comparables. Au point où nous sommes arrivés, nous pouvons constater et dire que l'observation et réflexion du mathématicien semble parvenue à un point d'achèvement suffisant pour qu'il puisse désormais vaquer sans plus de soucis à ses problèmes et théories. Certes des questions restent posées, mais d'une part elles semblent plutôt, par elles-mêmes, relever de la philosophie, et d'autre part elles rejoignent, dans le parallèle avec l'observation et réflexion du philosophe, le moment où celle-ci conduit à une interrogation proprement critique et métaphysique. Ainsi, ayant marqué dans une première étape les différences qui affectent les dires rationnels du mathématicien et du philosophe et les voies mêmes des observations qu'ils en font, nous voici conduits à une seconde étape: préciser les différences qui touchent aux rapports mêmes de la pensée qu'expriment ces dires à ce que par elle nous connaissons.

Ces rapports, avons-nous dit, sont à considérer d'une part dans la ligne des significations qu'elle met en jeu, d'autre part dans la quête de la source de la nécessité et, dans les deux cas, aux moments où elle atteint la vérité. Eh bien! tel est en effet le point où nous sommes parvenus. Des classes ou ensembles aux prédicables et deux premiers par soi, la différence est bien qu'avec ceux-là on a rejeté la tâche qu'avec ceux-ci on s'est donné le moyen d'entreprendre: rechercher dans *ce qui est* la source de la nécessité. Et cette recherche est bien engagée selon les deux lignes susdites, car si la théorie des ensembles efface la distinction des deux premiers «par soi», elle invite par là-même à se demander ce qui fait leur irréductibilité et à constater que:
– l'attribution selon le premier «par soi» se fait dans la ligne de la question «qu'est-ce que...?» et entre donc dans la ligne de l'interrogation sur la *signification* rapportant l'intelligence à l'intelligibilité de ce qui est
– l'attribution selon le second «par soi» implique tout à la fois une altérité et un lien de nécessité entre les aspects de ce qui est exprimés par les

termes qu'elle relie, et elle entre donc dans la ligne de l'interrogation sur la *source de la nécessité* dans *ce qui est*.

L'interrogation critique toutefois, avons-nous dit, ne reste réaliste que subordonnée à l'interrogation métaphysique vers *ce qui est:* telle est bien la voie dans laquelle va nous engager, à la suite d'Aristote, l'interrogation à partir des «par soi». Mais la théorie des ensembles manifeste que ceux-ci ne sont pas pertinents en ce qui concerne l'être mathématique. Eh bien là justement se trouve la différence qui va nous en ouvrir l'accès *philosophique.* Selon la première ligne, la première attribution selon le premier «par soi» est l'attribution selon le genre: le nombre, devrons-nous constater, n'est pas un genre. Selon la seconde ligne, l'attribution selon le second «par soi» exprime la propriété: l'être naturel et l'être mathématique, devrons-nous constater, présentent des constitutions internes autres. Et, de cette double différence, il devrait nous être possible d'accéder à celle, dans ce qui est, du mathématisable.

Chapitre III

Deux mêmes autres

1. Chercher à «atteindre la source où se manifesterait le contact originel avec les choses»

Nous essayons de remonter, en philosophes, à ce qui, dans ce qui est, est mathématisable.

Mais, dira-t-on à écouter la tradition, voilà qui ne va pas demander un bien grand travail! Ce qui est mathématisable dans ce qui est, ce qui, dans notre contact actif avec ce que nous expérimentons être, soulève des problèmes dont le développement des solutions fera naître les mathématiques, n'est-ce pas la quantité, discrète d'une part, continue d'autre part? Ou bien, à écouter le logicisme et déjà G. Boole: «il n'est pas de l'essence de la mathématique de s'occuper des idées de nombre et de la quantité», [1] dirons-nous que l'être mathématique n'est que relations, immanentes à la raison ou à quelque ciel logico-platonicien? Mais l'échec de cette seconde suggestion, et plus encore l'engagement pour le réalisme appelé par l'énigme, nous interdisent de nous contenter de celle-ci. Mais il ne nous permet pas non plus de nous contenter de la première. Certes, nous ayant fait choisir de partir de l'expérience commune, c'est dans le nombre rétrospectivement nommé «entier naturel» et les êtres géométriques premiers, tels que les saisit ou produit, par exemple, l'axiomatisation euclidienne, qu'il nous fait reconnaître les êtres mathématiques sur lesquels il nous faut nous interroger en premier lieu. Mais l'extraordinaire développement conséquent tant des mathématiques elles-mêmes que de leurs utilisations oblige aussi à reconnaître, avec toute la force de l'énigme qui en résulte, qu'il y a virtuellement en eux, ou dans la démarche qui nous les a fait poser, ou dans ce que du réel ils nous permettent de saisir, extraordinairement plus que ce que, laissée à leur seule considération, l'analyse philosophique la plus pénétrante serait capable d'y repérer. Non que le philosophe ait à partir des *résultats* proprement dits de ces extraordinaires développements mais plutôt que, pouvant et devant, et lui seul, assumer dans son interrogation vers le réel l'interrogation critique sur

---

1 Georges BOOLE, *Œuvres*, t. II, p. 13, cité *in* N. BOURBAKI 1960, éd. 1974 p. 32.

le rapport de la pensée à ce même réel, il peut et il doit, dans son interrogation vers le mathématisable, tenter d'assumer les interrogations critiques propres du mathématicien ou du savant usant des mathématiques – ces interrogations dont un fruit est précisément, pour le premier, la séparation d'avec le réel sensible, cette séparation d'où résulte, pour le second, l'énigme. Ainsi le philosophe doit-il relever le défi de situer dans ce qui est, par delà ces mathématisables immédiats que sont, au niveau de l'expérience commune, les quantités discrète et continue, un mathématisable profond, et, par là, de non seulement rendre compte du fait *critique* (et donc, avons-nous dit *explicandum* et non *explicans*) de la réductibilité des êtres mathématiques à la relation d'appartenance mais, aussi et surtout, de résoudre l'énigme. Or celle-ci oriente assurément aussi le regard vers la relation car, nous l'avons déjà relevé, les lois et structures que nous permet d'atteindre la mathématisation sont bien de son ordre, mais c'est justement là aussi que la séparation qui n'est d'abord le fait que des mathématiques en vient ensuite à affecter les savoirs qui en usent, de sorte que c'est aussi là précisément qu'apparaît la nécessité, pour en trouver l'ancrage dans le réel, d'une autre approche de celui-ci. [2] Par où mathématiques et physique

---

2   Et certes une étude qui, comme celle de D. LAMBERT 1996, «a tenté de retrouver l'enracinement du mathématique dans le corporel théâtre de notre première confrontation avec le réel physique» (p. 462), semble-t-elle aboutir à de précieux résultats, puisque, tentant «d'apporter des éléments de réponse aux deux questions suivantes: (i) Pourquoi la théorie physique est-elle entièrement mathématisée? (ii) Comment expliquer que certaines théories mathématiques de la physique soient si efficaces», elle se développe «en [se] fondant sur le raisonnement suivant: (a) La structure de l'activité théorique en physique est «isomorphe» à la structure de l'activité mathématique en général. (b) La structure de l'activité mathématique en général est «isomorphe» à (une extension de) la structure de la perception visuelle. On peut dès lors considérer les mathématiques comme une sorte de «prolongement» de la vision. (c) L'efficacité (ou l'inefficacité) des théories mathématiques de la physique – c'est-à-dire leur capacité à rejoindre (par prédiction) les «données» constituées dans les dispositifs expérimentaux – peut donc s'expliquer à partir de raisons analogues à celles que l'on invoque pour justifier l'efficacité (ou l'inefficacité) de l'acte usuel de perception visuelle» (p. 444). La vision cependant reste à la surface des choses, et ce n'est pas sans la main que nous pouvons accéder à leur intérieur. De même, semble-t-il, les mathématiques ne nous aident-elles pas seulement à connaître le mathématisable immédiat, même si géométrie, continu et vision ont bien une antériorité qui, quels que soient les succès de l'algèbre et du calcul, ne pourra jamais être effacée, mais aussi un mathématisable profond, lequel ne peut être situé que dans une analyse elle-même profonde, et autre (aristotélicienne, et non platonicienne…), du réel.

(et autres sciences usant des mathématiques de manière constitutive) ne seront pas *fondées:* elles sont, dans leur développement, pleinement autonomes, mais bien *situées: sapientis est ordinare* a très justement frappé dans le marbre du latin le théologien,[3] mais la formule, ici, concerne d'abord le philosophe.

Devant assumer l'interrogation critique, cette saisie, nous l'avons dit, ne pourra s'accomplir que dans une remontée du triangle de Parménide, et par différence. Si l'engagement pour le réalisme auquel conduit en effet, si l'on en saisit toute l'exigence, la recherche de la sagesse par voie de science que veut être la philosophie, si cet engagement donc commence par le choix de partir de l'expérience, ce choix même entraîne l'exigence, indépendante de la *skepsis,* la recherche réfléchie de chacune des sciences autres mais fortement et concrètement confirmée par elles, d'assumer conjointement l'interrogation critique et, pour ce faire, de partir d'une observation convenable de notre dire de ce qui est. Et si la *skepsis* même des sciences autres a pour contrecoup, c'est ce qu'exprime l'énigme, de conforter le philosophe dans son engagement pour le réalisme, c'est par différence seulement d'avec ses propres analyse du réel et remontée du triangle de Parménide qu'il parviendra, tâche seconde mais à laquelle il ne peut se dérober, à dégager dans ce qui est ce qui lui permettra de les situer.

Maintenant, donc, par où allons-nous commencer exactement? Tout se tient, en philosophie: la sagesse est une, faute de quoi elle ne pourrait satisfaire à l'exigence de tout ordonner, et le R. Descartes de la première des *Règles pour la direction de l'esprit* n'avait pas entièrement tort. Mais il y a dans l'expérience plusieurs portes d'entrée en philosophie, dont on peut voir rétrospectivement qu'elles se situent en chacune de ses parties organiques, et dont les développements qu'elles ouvrent ne peuvent pas ne pas faire découvrir, chemins faisant, la nécessité des autres. Ainsi, partant de l'étonnement qui s'exprime dans l'énigme, sommes-nous entrés en philosophie par le biais de l'interrogation critique mais, contre le choix cartésien historiquement déterminant jusqu'à nos jours, nous avons été conduits à choisir de la subordonner à l'interrogation de la philosophie première aristotélicienne vers ce qui est pris en tant qu'être. La nécessité de ce choix va se confirmer immédiatement, et va aussi réapparaître ce que nous avions déjà noté ci-dessus: la nécessité et l'irréductibilité d'autres interrogations encore, ouvrant autant de parties organiques de la philosophie.

De fait, comment atteindre le mathématisable sinon, première exigence, par les mathématiques, ce qui est en puissance sinon par ce qui est en acte?

---

3 Cf. Thomas d'Aquin d' AQUIN 1259-1264, *Summa contra Gentiles,* I 1, éd. 1961 p. 130.

Mais aussi comment, seconde exigence, repasser de l'être mathématique, existant séparé dans la pensée, à ce qui dans ce qui est s'offre comme mathématisable? L. Brunschvicg l'exprime excellemment: «il faut atteindre la source où se manifesterait le contact originel de l'intelligence avec les choses».[4] Le contact originel avec les choses... voilà bien la rencontre précieuse entre toutes, d'une richesse comme nuptiale, que la démarche régressive de la réflexion critique cherche, avec une interrogation de la plus grande délicatesse, et donc de la plus grande technicité possibles, à analyser. Pas de savoir réaliste en effet, et donc pas d'authentique sagesse, sans un renouvellement constant de ce contact; mais pas de philosophie non plus, c'est-à-dire pas d'accès à la sagesse par voie de science, sans le concours de cette analyse. Et pas non plus, or c'est bien cela que nous demande l'énigme, de situation en sagesse, et donc philosophique, des autres savoirs de science. Aucune science, par ailleurs, ne nous fait entretenir avec les choses un contact plus ténu que les mathématiques? D'autant plus délicates et précises devront se montrer tant la régression critique vers ce contact que l'analyse métaphysique desdites choses et, en elles, du mathématisable; et ce d'autant plus que, à raison même de cette ténuité, les mathématiques font encourir, à la vie de l'intelligence, le danger de l'idéalisme et, à notre contact entier avec les choses, dans la mesure où il n'est pas seulement le fait des sens et de l'intelligence mais se réalise aussi par le corps et spécialement la main, les multiples dangers d'une domination technique toujours plus émancipée de toute sagesse prudentielle.

Mais ce contact originel, où, comment, et d'abord à partir d'où tenter de le saisir? Comme contact avec *ce qui est* et donc à partir d'une observation du dire commun explicité, après traduction en attributions, en dire commun de *ce qui est*. Nous l'avons dit en effet, l'opposition verbo-nominale, le système du verbe *être* constituent un avantage comparatif philosophiquement décisif, et l'intention universaliste même de la philosophie nous fait un devoir de l'utiliser au mieux, c'est-à-dire, ici, en mettant à profit les trois composantes du verbe *être* pour chercher à préciser, depuis l'observation susdite et en passant par l'interrogation sur le contact originel susdit, ce avec quoi notre intelligence est, dans ce qui est, mise en rapport – par où, donc, nous faisons collaborer grammaire, logique, critique et métaphysique. Et puisqu'il est revenu à Aristote de développer ici le premier ce dont Platon n'a offert, spécialement à la fin du *Sophiste*, que le germe, commençons par l'écouter.

Relevons tout d'abord que le premier chapitre des *Seconds Analytiques*, ayant observé d'entrée, comme déjà rappelé, que «tout enseignement et

---

4   L. BRUNSCHVICG 1912, éd. 1947 p. 462.

tout apprentissage *discursifs* de connaissances [nouvelles] procèdent à partir d'une connaissance préexistante» (71a1-2), explicite que ces connaissances préexistantes, auxquelles conduit donc la remontée régressive de la discursivité, sont de deux types éventuellement conjoints:

> et [c'est] de deux façons [qu']il est nécessaire d'avoir des connaissances antérieures. [Ces connaissances consistent] en effet:
> – [relativement à certaines données]:
> • les unes, en ce qu'il est nécessaire de présupposer que [la donnée en question] *est*
> • les autres, en ce qu'il faut comprendre *ce qu'est* la [chose] dite;
> – relativement à d'autres en les deux (71a11-13).

Nous avons déjà rencontré le fait, mais il est bon de le souligner à nouveau ici: tel que l'exprime le dire attributif, «le contact originel de l'intelligence avec les choses» est double: avec l'*existence* (en comprenant d'ailleurs celle-ci en un sens très large: Aristote prend ici pour exemple le «fait» que toute énonciation vraie est affirmation ou négation) et avec *ce qu'est* la chose. Mais si seules des recherches impliquant des développements discursifs vont expliciter ou découvrir tout... ou du moins une partie, de ce qui n'est qu'implicitement ou virtuellement, donné dans ce contact originel – et cela nonobstant, comme déjà relevé, le caractère nécessairement circulaire du progrès de l'intelligence – elles appellent par cela même – et la nécessité du cercle avec elles – à préciser davantage ce à quoi, dans «les choses», ce contact nous met en rapport. Allons plus loin: au delà de ce «contact *originel* de l'intelligence avec les choses», et de ce qui par conséquent est *pour nous* premier, nous cherchons à aller à ce qui, *dans les choses*, est premier, de sorte qu'il faut nécessairement le comprendre – c'est là la nécessité dont découle celle du cercle – de deux façons: avant et après l'acquisition d'un certain savoir de science. «Ce n'est pas la même chose d'être antérieur par nature et pour nous, ni d'être plus connaissable [en soi] et d'être plus connaissable pour nous» relèvent un peu plus loin les *Seconds Analytiques* (cf. 2, 71b33-72a5; voir aussi *Phys.* A1, 184a16-21 et *Mét.* Z4, 1029b3-12). Ne serait-ce pas justement l'erreur de l'essentialisme de les identifier? Remonter au «contact originel de l'intelligence avec les choses» doit certes nous conduire à situer, dans les réalités que nous expérimentons *être*, ce que nous en connaissons lorsque ladite expérience nous donne de savoir *ce qu'elles sont*. Mais ce n'est là qu'explicitation – exprimée dans une définition attribuable à ces réalités dans une attribution par soi du premier mode – de ce qui constitue, au niveau de notre intelligence, un premier connaissable «pour nous». Or nous faisons aussi usage d'attributions par soi du second mode, dont certes l'expérience ne suffit pas à nous faire saisir la nécessité que nous y exprimons, mais qui justement pour cette raison nous incitent à aller chercher avec Aristote, au delà du premier connaissable pour nous exprimé dans la définition, des «premiers» plus radicaux. Cela veut-il dire que, contrairement à l'assertion fameuse selon laquelle «le réel ne contient rien de plus que le simple possible» il y aurait un écart entre la première intelligibilité et l'être? (Pour ce qui est, du moins, des réalités naturelles, car peut-être faut-il concéder que «cent thalers réels ne contiennent rien de plus que cent thalers possibles», non pas que, comme les nombres, ils ne soient pas entrés dans des jeux complexes et opaques de relations mais plutôt parce que, moyen utilitaire et conventionnel de mesure et d'échange, ils ne pouvaient se voir attribuer des complexité et opacité qu'ils auraient eues *en eux-mêmes*, mais pouvaient seulement être vus comme éléments d'un jeu indéfini de possibles, tels ces «individus nus» sans «aucune structure interne» dont J.Van Heijenoort nous montrait qu'ils étaient les seuls pris en compte, c'est cas de le dire, par la mise en forme de la proposition qui vise à transcrire le raisonnement en un calcul). Tel sera bien en effet l'*explorandum* que nous verrons s'ouvrir devant nous à tenter de situer dans ce qui est le plus connaissable pour nous que constitue le «ce que c'est», le *ti esti* des réalités que nous expérimentons communément. Et sans doute devrions-nous, dans le courant de l'exploration que nous tenterons alors, parvenir à discerner ce qui fait, dès le niveau «originel» de la connaissance commune, mais aussi à celui des sciences les plus avancées, la différence dans ce qui est du mathématisable. Tel est du moins notre espoir et nous userons, pour travailler à le réaliser, de la vision rétrospective que donnent les mathématiciens, depuis leur savoir avancé, sur le mathématisable du niveau originel de la connaissance commune. Mais, retenant de la tentative kantienne que chercher à fonder les mathématiques en vue de chercher à fonder la métaphysique aboutit nécessairement à perdre de vue la possibilité même que les «premiers» de celle-ci soient d'un tout autre ordre, nous entreprendrons notre remontée vers le «contact originel de l'intelligence avec les choses» à partir non d'Euclide ou d'I. Newton, mais de la connaissance ordinaire.

2. Comment va s'engager pour nous cette recherche

2.1. Diverses réponses du passé

Pour commencer, donc, soit à examiner de plus près le contact avec le premier «pour nous». Bien qu'il y soit énoncé par manière d'anticipation, c'est dans les premières lignes, déjà citées, de l'introduction au traité *De l'interprétation*, celui précisément où Aristote assoit la mise en forme attributive du dire rationnel, que le résultat fondamental en est exprimé par lui de la manière la plus nette. Et il est normal qu'il en soit ainsi, car si le choix de cette mise en forme pouvait et peut être fait indépendamment de ce résultat, celui-ci ne pouvait et ne peut être atteint, lui, indépendamment de ce choix et, rétrospectivement, il constitue la première confirmation de son bien-fondé.

De fait, avant d'asseoir la mise en forme attributive «il faut établir, d'abord ce qu'est le nom et ce qu'est le verbe, puis ce que sont la négation, l'affirmation, l'énonciation, l'expression [composée]» (16a1-2), et c'est ce que font les chapitres 2 à 6. Mais ces déterminations se font à l'intérieur d'un cadre qu'il convient de fixer au préalable, et c'est ce que fait le chapitre 1. Le *dire*, nous l'avons déjà relevé, est expression, *hermeneia*, de la *pensée*: tels sont les deux pôles centraux à prendre ici en considération, ils vont l'être par «les sons de la voix» d'une part, par «les passions de l'âme» ou «le pensé» d'autre part. Deux pôles extrêmes en outre, d'importances intrinsèques toutes différentes, sont également à prendre en compte: «*ce qui est écrit*» et «*les réalités*». Le cadre est le triangle de Parménide, auquel on ajoute les signes de l'écriture.

Première mise en place: «ce qui est dans la voix est symbole des passions qui sont dans l'âme, et ce qui est écrit de ce qui est dans la voix» (l. 3-4). La considération de l'écriture permet de faire ressortir un contraste entre ce qui se trouve aux deux pôles centraux: «et de même que l'écriture n'est pas la même pour tous, les sons vocaux ne sont pas non plus les mêmes. Par contre, ce dont ceux-ci sont immédiatement les signes, c'est des passions de l'âme, [qui sont] les mêmes pour tous» (l. 5-7)

De cette première mise en place et de ce contraste résulte que, si nous allons observer le dire, c'est en premier lieu comme *expression de la pensée*, pensée où se trouve le certain «même» qui rend possible mais aussi appelle cette observation, dont nous attendons qu'elle nous permette d'approcher ce «même» avec précision; et en second lieu seulement comme *moyen de communication*, où apparaît, comme l'explicitera la détermination du nom, la convention (2, 16a19), et donc une multiplicité qu'il faut ici dépasser.

D'où les précisions de la fin du chapitre: les chapitres suivants vont déterminer ce que sont l'énonciation, le nom, le verbe, etc., et par là ouvrir la mise en forme à partir de laquelle pourra se développer l'observation du dire rationnel. Mais cette mise en forme et donc cette observation sont d'emblée déterminées par ce qu'elles doivent servir: la remontée, depuis ce qui fait l'unité et la complexité du dire, à ce qui fait l'unité et la complexité de ce qu'il exprime. En effet:

[le fait] est que, de même qu'il y a dans l'âme tantôt un pensé sans vérité ni fausseté, tantôt, de là, [un pensé] auquel il est nécessaire qu'inhère l'une ou l'autre, de même en va-t-il aussi dans la voix, car c'est à propos d'une composition et d'une division qu'existent le faux et le vrai. Les noms eux-mêmes donc, et les verbes, sont semblables au pensé qui est sans composition ni division: ainsi par exemple *homme* ou *blanc* lorsqu'on ne leur appose par quelque signe: de fait, *le bouc-cerf* signifie bien quelque chose, mais pas encore du vrai ou du faux, si l'on n'appose pas l'être ou le non-être, soit absolument soit dans le temps (l. 9-18).

Une seconde mise en place joue, en même temps, à travers la distinction des deux «pensés» et une première mise en ordre conjointe des noms, verbes, énonciation et expression composée. Elle n'est que brièvement indiquée, comme par parenthèse, mais elle donne à leur ensemble et, à travers lui, à toute l'observation subséquente du *dire* rationnel, le point d'ancrage radical vers lequel ils vont permettre de remonter – à savoir dans le réel, dans *ce qui est*, un certain «même» – tout en passant, la chose est expressément indiquée, par la *pensée:* «et ce dont celles-ci [les passions de l'âme] sont les similitudes, c'est des réalités qui, a fortiori, sont les mêmes. Mais de cela il a été parlé dans ce que [nous avons dit] au sujet de l'âme – car [cela relève] d'un autre sujet de recherche» (l. 7-9).

Selon la construction même de notre texte, donc, apparaissent deux mouvements, schématisés ci-dessous:

1) le mouvement qui part des passions de l'âme, passe par les sons de la voix et aboutit aux signes de l'écriture, mouvement donc qui «redescend» le triangle être – penser – dire et qui permet de situer le caractère conventionnel et la pluralité des langues:

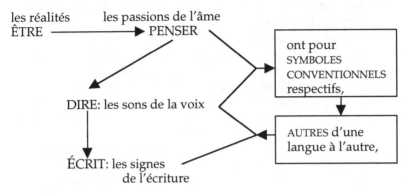

2) le mouvement qui part des sons de la voix, passe par les passions de l'âme, et aboutit aux réalités, mouvement donc qui est une «remontée» du triangle de Parménide, et mouvement qui permet de reconnaître dans la «mêmeté» qu'il y a, d'une part, entre passions de l'âme des locuteurs des différentes langues et, d'autre part, entre ces «passions» et «les réalités» ce qu'il y a de naturel dans le langage:

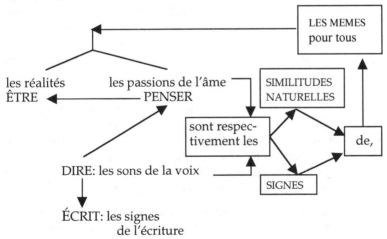

Par où, il faut le relever, il devient possible de répondre au problème, soulevé mais non résolu par le *Cratyle*, de savoir si le rapport des noms aux choses est naturel ou conventionnel. Ainsi posé dans la relation du dire à l'être il est en effet, peut-on voir ici, insoluble. Car il faut, pour le résoudre, adjoindre un troisième pôle: celui de la pensée, c'est-à-dire qu'il faut le poser dans le triangle de Parménide.

Bien plus, ce n'est pas seulement au problème du *Cratyle* qu'il est ici implicitement répondu, c'est aussi, du moins en germe, à celui de Porphyre, celui que l'*Isagogè* a soumis aux théologiens du Moyen Age: le problème des universaux. Mais l'explicitation qu'ils ont faite de ce germe a débouché sur l'essentialisme? C'est exact, et c'est bien ce qui va nous obliger à tenter de la reprendre à nouveaux frais. Mais la leur, plus précisément celle de Thomas d'Aquin et de ses grands commentateurs, n'est pas pour autant inutile. Donnons-en ici une présentation succincte. A les lire, on distinguera, dans le problème des universaux deux, ou plutôt trois problèmes: celui du fondement de la signification; celui de ce que peut bien être, pour nous apparaître à la fois un et multiple, l'universel pris comme tel; et celui, moins nettement explicité sans doute, mais le plus radical, et dont nous avons vu se dégager l'irréductible originalité, de la source de la nécessité. Quant au premier, distinguant dans le prolongement de notre texte et du *de Anima*, auquel il renvoie, trois opérations de l'intelligence: l'appréhension, le jugement et le raisonnement, et nommant concepts simple et énonciatif les fruits de la première et de la seconde, on fera voir dans le concept simple la similitude intentionnelle de la quiddité. Quant au second, on fera voir dans les différents types d'universaux les divers «relations» ou «êtres de raison» quasi-créés par l'intelligence dans l'assimilation intentionnelle de la quiddité. Et quant au troisième on y répondra comme déjà relevé, en faisant de cette quiddité/essence, soit encore du principe de non-contradiction, ou d'identité, la source de la nécessité.

Cette réponse au problème des universaux, toutefois n'est pas la seule qu'ait produite le Moyen-Age. Avant et après Thomas d'Aquin se sont opposés «réaux» et «nominaux», réalisme et nominalisme. Ecoutons celui-ci un bref instant en la personne de Guillaume d'Ockham, que Pierre Alféri nous présente reprendre, à la suite du commentaire de Boèce et au premier chapitre de sa *Somme de la logique*, les distinctions d'Aristote:

> Quels sont les genres de signes? Le signe est toujours une chose réelle renvoyant à des choses réelles, il se divise précisément selon le genre de chose réelle qu'il est en tant que signe. Il peut être une chose *pensée*, une chose *prononcée* ou une chose *écrite* [...]

Ils se distinguent selon leur être de chose réelle, certes, mais aussi selon leur origine. Le concept [...] est un signe naturel [...] Le signe prononcé ou écrit, en revanche, fut institué par décision libre ou par convention [...]
Voyons maintenant comment ces genres de signes ne se distinguent pas. La pensée d'Ockham est sur ce point décisive [...] Traditionnellement, on établissait entre ces genres de signes un rapport *hiérarchique*. Le signe écrit, disait-on, signifie le signe prononcé [...] Le signe prononcé signifie lui-même le concept ou le signe mental [...] Enfin, le concept signifie un ou plusieurs [singuliers]. [5]

Mais, «à cette description hiérarchique, on peut faire de sérieuses objections». D'une part à son premier échelon, où il n'y a proprement que correspondance, non signification, mais surtout au second, «dans l'idée que signes écrits et prononcés signifient tous deux, indirectement et directement, des *concepts*»:

Cette idée [...] encourage, selon Ockham, une grave confusion. Car, si les mots signifiaient nécessairement des concepts, il n'y aurait aucune différence entre l'usage habituel d'un mot et l'usage très spécial dans lequel il signifie proprement un concept [...] La proposition «l'homme marche sur deux pieds» est vraie dans l'usage normal du mot «homme» mais devient fausse si le mot «homme» signifie proprement le concept d'homme (p. 276-7).

A vrai dire, on se demandera qui exactement vise G. d'Ockham, car ni Aristote ni même Boèce (cf. p. 274 n. 10) n'ont avancé «la thèse: ‹les mots signifient les concepts›, [qui lui semble] si absurde qu'il n'ose l'attribuer à ces ‹autorités› qui, pourtant, l'ont laissée sous leur plume», mais seulement, quant au premier, que, dans l'expression, «ce qui est dans la voix *est symbole* des passions qui sont dans l'âme, et ce qui est écrit de ce qui est dans la voix». Mais l'important est ailleurs, dans ce à quoi G. d'Ockham veut en arriver. Ecoutons-le lui-même:

en général, tous les auteurs, lorsqu'ils disent que les paroles signifient des passions de l'âme ou en sont les marques, ne veulent pas dire autre chose que cela [que je dis, moi, Ockham] [...] En prenant le terme «signe» au sens propre, les paroles ne signifient pas toujours les concepts de l'âme de façon première et propre, mais les mots sont imposés pour signifier les mêmes choses qui sont signifiées par les concepts de l'esprit [...] Et ce qu'on dit des paroles par rapport aux intentions ou concepts, on doit le tenir aussi, à cet égard, analogiquement, des signes écrits par rapport aux paroles. [6]

Ce que P. Alféri explicite excellemment:

5   Pierre ALFÉRI 1989, *Guillaume d'Ockham. Le singulier*, p. 274-6.
6   Guillaume d'OCKHAM 1324, éd. 1974 p. 8, cité *in* P. ALFÉRI 1989, p. 277, n.16 et 17.

147

Le mot «homme» signifie les mêmes choses que signifie le concept d'homme: tous deux signifient les hommes singuliers. La signification est, avant tout, référence et la référence est directe du mot aux hommes singuliers comme du concept aux hommes singuliers. [...] Il faut donc penser le rapport entre mot et concept comme un rapport de *recouvrement* [...]: le mot «homme» recouvre le concept d'homme en tant qu'il signifie ce que le concept signifie. Mais c'est en lui-même que le mot signifie cela, il ne signifie pas le concept. Selon l'axe strict de la référence, il y a donc un *parallélisme* entre les genres de signes, non une hiérarchie (p. 277-8).

On le voit, ce que rejette G. d'Ockham, ce n'est pas tant la caricature *ad hoc* de la hiérarchie des genres de signes que, parce qu'opposée à la *conception référentielle de la signification* à laquelle il veut se tenir, la remontée du triangle de Parménide et l'ancrage dans les «réalités qui, a fortiori, sont les mêmes» et dont les passions de l'âme sont «les similitudes». Tel est, de toujours, le refus qui constitue le nominalisme. Chez le *venerabilis inceptor*, ce refus débouche sur une science autonome, la *scientia sermocinalis* soit, dirions-nous aujourd'hui, sur un programme:

la réponse au problème de l'universel revient à un nouveau genre de discours qui prend la relève de l'ontologie et n'a plus de comptes à lui rendre: une sémiologie. Car l'universel ne peut être qu'un signe [...] Ne lui correspond qu'une série déterminée de choses singulières [...] Or qu'est-ce que cette correspondance entre quelque chose d'unique [...] et plusieurs choses distinctes dans une série discrète? [...] C'est un rapport de signification. *La constitution d'une série s'accompagne toujours de l'institution d'un signe.* Seul un signe peut faire l'unité d'une série de singuliers. «L'homme» ou «le cheval» ne sont des universaux que parce qu'ils signifient, parce qu'ils peuvent *faire référence*. L'universalité n'est intelligible que comme le caractère d'un signe (p. 58).

Mais G. d'Ockham n'est pas le seul à développer une conception référentielle de la signification. Tel est aussi nécessairement le cas, si divers soient-ils par ailleurs, de tous ceux qui, emboîtant le pas au logicisme, abordent signification et vérité à partir d'une transcription logistique et non à partir d'une traduction en attributions et, de ce fait, sur la base d'une relativisation initiale qui n'est pas celle, dans la vérité mettant en jeu des significations, de la pensée à l'être, mais celle, à travers le rapport de référence, des individus existants au calcul dans lequel est transcrit la discursivité de la pensée.

Pourtant, dira-t-on, le premier logicisme au moins, celui de B. Russell par exemple, était en un certain sens «réaliste». Eh bien oui, si l'on veut! Mais c'est au sens où, comme nous l'avons déjà entendu souligner par D. Vernant, «le réalisme des objets mathématiques constitue un moyen facile et efficace pour assurer la consistance et l'indépendance des idéalités

mathématiques».[7] Le réalisme que nous avons déjà relevé être spontanément celui du mathématicien est toujours un platonisme, et le premier
logicisme, celui de G. Frege comme celui de B. Russell, en est une
illustration supplémentaire. Pour lui, comme l'ex-prime excellemment D.
Vernant introduisant une citation des *Principles of Mathematics*, il s'agit
avant tout d'un engagement méthodique:

> le discours logico-mathématique a un sens et s'applique parce que l'analyse sait
> discerner à travers le jeu des symboles l'organisation des choses mêmes: «Toute
> complexité est conceptuelle en ce qu'elle résulte d'un tout susceptible d'une
> analyse logique, mais elle est réelle en ce qu'elle ne dépend pas de l'esprit, mais
> seulement de la nature de l'objet».[8]

Pour nous, nous situant avec Thomas d'Aquin dans la suite du chapitre
premier du traité *De l'interprétation*, ce «réalisme» est doublement illusoire:
d'une part «l'objet» dont il est ici question est un être logico-mathématique,
et donc on ne franchit pas le passage entre la pensée et l'être; et d'autre part
on méconnaît, alors pourtant que c'est elle qui fait de l'observation et
réflexion logiques l'indispensable auxiliaire – mais cela seulement – des
interrogations critique et métaphysique, la distinction de la complexité
rationnelle et de la complexité réelle.

Au demeurant, comme le relève encore D. Vernant, dès «le Russell des
Principles [1903] le réalisme ontologique contredit directement le souci
constant de réduction axiomatique» (p. 172) et

> enracinée dans l'exigence première du sens [...] cette contradiction ne pourra
> être levée que lorsque Russell aura porté le fer à la racine du mal: la théorie de
> la dénotation. Dans «On Denoting», en faisant place à une dimension
> syntaxique du sens [en sus de sa seule dimension référentielle], il se donnera le
> moyen de rendre compte des objets *apparemment* dénotés. La voie sera alors
> enfin libre pour une reconnaissance explicite de l'effet nominaliste des
> définitions logi-cistes des concepts mathématiques. A la réduction axiomatique
> fera écho une réduction ontologique (rasoir d'Occam) et, dans la nouvelle
> construction des *Principia Mathematica* de 1910, les principaux objets, telles les
> classes et les relations en extension [et donc aussi les entiers naturels, cf. p. 360]
> feront enfin figures de «fictions logiques» (p. 173).

Mais justement, dira-t-on, puisque l'être mathématique est séparé, l'engagement méthodique logiciste, peu importe qu'il se maintienne en outre ou
non comme engagement réaliste, n'a-t-il pas, dans ce domaine du moins, sa
pertinence? Eh bien oui, mais à condition précisément que l'on reconnaisse
dans la réduction aux ensembles et dans la certaine unité qu'elle manifeste

---

7   D. VERNANT 1993, p. 172.
8   *Ibidem*, p. 166, citant B. RUSSELL1903, p. 466.

des mathématiques, non un *explicans* fondateur d'où il serait possible de commencer une philosophie enfin scientifique, i.e. la philosophie «analytique», mais, pour le philosophe cherchant à situer en réaliste les mathématiques et à résoudre l'énigme, un *explicandum* décisif. Et que les difficultés aient conduit B. Russell à passer de l'engagement méthodique réaliste initial au «désengagement ontologique» permis par le rasoir d'Ockham fait partie de l'intérêt heuristique de cet *explicandum*.

De fait, nous retrouvons ici le germe de la dérobade que nous avons vue être celle de W.V.O. Quine. Citant B. Russell: «Je crois encore impossible de réfuter l'existence des nombres entiers, des points, des instants ou des dieux de l'Olympe. Pour autant que je sache, ils peuvent tous être réels, mais il n'y a pas la moindre raison de le penser», [9] D. Vernant commente:

> le rasoir d'Occam constitue pour Russell ce que l'on pourrait appeler une méthode de «désengagement ontologique», le critère étant celui de l'éliminabilité: si un symbole peut être défini contextuellement, il est éliminable de la théorie et la question du statut ontologique de l'objet qu'il semblait dénoter n'a même pas à être posée (en note: cette expression [désengagement ontologique] est de Quine. Le point sur lequel Quine s'inspire le plus directement de Russell est précisément l'effet réductionniste de la définition d'usage) (p. 335).

Et à quoi se dérobe ce désengagement ontologique? A cela, très précisément, à quoi se dérobe toujours le nominalisme: la remontée du triangle de Parménide et l'ancrage dans les «réalités qui, a fortiori, sont les mêmes» et dont les passions de l'âme sont «les similitudes».

2.2. Deux «mêmes» autres

Mais si l'être mathématique n'existe que séparé, n'est-ce pas justement qu'il n'y a pas, pour lui en tout cas, le même ancrage, ni donc la même similitude? En effet. Et c'est là très précisément que naissent l'énigme et le besoin de remonter, mais philosophiquement seulement, et *par différence*, à ce qui, dans ce qui est, est mathématisable. Et, à coup sûr, cette différence peut-elle et doit-elle être saisie au niveau originel de l'entier naturel. En tout cas, «la première étape, capitale, du procès russellien de réduction logiciste du discours mathématique au discours logique» (p. 136) consiste en la définition «générique» du nombre cardinal. «Reprenant Cantor, Russell considère que deux classes sont *semblables* [*similar*] c'est-à-dire «ont le même nombre» quand il est possible d'instaurer entre leurs éléments

---

9   B. RUSSELL1959, p. 49, tr. fr.: *Histoire de mes idées philosophiques*, p. 78-9.

respectifs une relation un-un, opération d'appariement qui s'applique aussi bien aux classes infinies que finies» (p. 130), et «on obtient finalement la *définition russellienne du nombre cardinal*»:

le nombre d'une classe [est] la classe de toutes les classes semblables à une classe donnée. L'appartenance à cette classe de classes (considérée comme un prédicat) est une propriété commune de toutes les classes semblables et d'aucune autre; de plus, chaque classe de l'ensemble des classes semblables a avec l'ensemble une relation qu'elle n'a avec rien d'autre et que chaque classe a avec son propre ensemble. Ainsi les conditions sont-elles complètement remplies par cette classe de classes. Elle présente le mérite d'être déterminée quand une classe est donnée et d'être différente pour deux classes qui ne sont pas semblables. C'est donc une définition irréprochable du nombre d'une classe en termes purement logiques. [10]

Eh bien! Cette définition a-t-elle quelque chose à nous apprendre? Elle a d'abord été mise en forme par B. Russell sur fond d'engagement réaliste, puis de désengagement ontologique? Elle a aussi été reprise, par exemple par N. Bourbaki, sur fond d'une théorie des ensembles pragmatiquement axiomatisée? Ce n'est pas cela qui nous importe ici, mais plutôt la question suivante: puisqu'elle se montre avoir, dans cette dernière présentation, une réelle pertinence mathématique mais, dans le contraste des deux premières, une signification philosophique énigmatique, n'est-elle pas susceptible de nous faire approcher de la différence que nous cherchons à atteindre, dans ce qui est, du mathématisable?

C'est ce que, en tout cas, nous inclinerait à penser M.-L. Guérard des Lauriers, qu'il nous va falloir ici citer longuement. S'attachant à montrer que «les entités mathématiques», et tout d'abord l'entier naturel, «sont conçues, en bourbakisme, comme étant fermées», [11] il présente comme suit en note «quelques indications concernant les fondements de la distinction ‹ouvert-fermé›»:

L'intelligence rationnelle n'exerçant l'acte de connaître qu'en formant des actes, cet acte [mieux: toute réflexion sur cet acte?] a, de soi, pour objet, globalement: la réalité connue, le concept qui en est l'expression, et enfin le rapport de celui-ci à celle-là.

Cela étant, l'intelligence peut prendre pour objet de son acte exclusivement le concept. Dans ce cas, elle choisit donc de ne considérer ni le rapport que celui-ci soutient avec la réalité, ni par conséquent la réalité elle-même. L'opération abstractive, exercée par l'intelligence en acte de comprendre, est alors dite «fermée». L'acte, en effet, «se ferme» sur le concept, lequel se trouve

---

10 B. RUSSELL 1903, p. 115, cité par D. VERNANT 1993, p. 134.
11 M. GUÉRARD des LAURIERS 1972, p. 81-90.

simultanément coupé d'avec la réalité et substitué à elle au titre d'objet. Le concept, et en même temps que lui la notion qui en constitue formellement le contenu, sont alors dits «fermés»; la qualification d'une opération elle-même étant attribuée, non sans raison, au terme de cette opération.

Les éléments «ouverts» se définissent comme soutenant respectivement l'opposition de contradiction avec chacun des éléments «fermés»: soit que la réalité elle-même, et donc au moins implicitement le rapport que le concept soutient avec elle, soient positivement considérés, soit que simplement ces mêmes choses ne soient positivement ni exclues ni considérées. L'abstraction ouverte comporte donc deux cas; malgré la très grande importance du second, nous pouvons nous borner pour notre objet à considérer seulement le premier qui est plus simple. Il consiste en ce que la réalité elle-même, et pour le moins implicitement le rapport que le concept soutient avec elle, sont positivement considérés. L'acte de l'intelligence est alors dit «ouvert» car s'il ne laisse pas d'être spécifié et pour autant mesuré par le concept, primordialement il réalise «l'un» entre l'intelligence elle-même et l'être indéfiniment communicable immanent à la réalité connue. Par dérivation, le concept est lui-même dit «ouvert», parce qu'il rend possible l'acte en vertu duquel l'intelligence est ouverte à la réalité et par conséquent à l'être en sa communicabilité. Et enfin la notion qui est le répondant abstrait de la réalité connue, et qui constitue formellement le contenu du concept est elle-même dite «ouverte»; la qualification d'un acte étant attribuée à ce en vertu de quoi cet acte a d'être objectivement et immédiatement déterminé.

On voit que la distinction «ouvert-fermé», requise pour situer avec exactitude les entités mathématiques se réfère elle-même aux thèses les plus fondamentales de la métaphysique, notamment la distinction entre l'être et l'essence. Nous ne pouvons que le signaler (p. 80-82, n. 48).

Peut-être sera-t-on tenté de regretter que l'auteur n'en dise pas plus *in fine*. Mais le faut-il vraiment? Car tout porte à craindre – notamment la suggestion, déjà lue sous sa plume, que la tradition serait parvenue à «définir réellement au point de vue métaphysique» le nombre et le continu – que ce qu'il nous proposerait soit quelque essentialisme. Mais retenons cependant pour le moment d'avoir à nous interroger, c'est là ce que doit tenter notre remontée du triangle de Parménide, sur le contraste entre le caractère «fermé» de la définition russellienne de l'entier naturel et l'exigence philosophique (encore inefficace dans le moment «réaliste» du logicisme) de regarder celui-ci comme «ouvert». Et tout d'abord, puisque nous entendons, d'une part, approcher de la différence que nous cherchons à atteindre au «contact originel de l'intelligence avec les choses» et, d'autre part, le faire en usant de la traduction du dire en attributions, y a-t-il dans cette traduction de quoi amorcer cette approche? Oui. Pour reprendre un exemple dû à Louis Couturat, [12] les deux attributions:

---

12 Louis COUTURAT 1905a, *Les principes de la logique*, p. 46.

les Apôtres sont pieux

les Apôtres sont douze

sont, malgré l'apparence grammaticale, fort différentes. D. Vernant le marque bien:

> si l'on s'en tient aux illusions linguistiques, rien ne distingue la proposition de nombre de toute autre proposition prédicative [...] L'analyse russelliennne dissipe l'apparence grammaticale en révélant la spécificité de l'affirmation du nombre. Spécificité qui transparaît aussitôt qu'est patent le fait que le prétendu «prédicat» numérique ne peut valoir distributivement [...] L'affirmation du nombre repose sur le fait que toute collection peut valoir comme sujet logique sans pour autant perdre sa multiplicité constitutive. L'adjectif [douze] vaut ainsi, non pour un objet unique, mais pour une totalité. C'est dire, en définitive, que la théorie du nombre dépend de la théorie du *denoting*, précisément de la fonction du mot «tous» qui seul permet de dénoter l'unité d'une multiplicité. Loin d'être prédicat d'objet, le nombre est «propriété» de la classe qu'il forme. [13]

Pour nous, qui remontons le triangle de Parménide et qui, loin de nous en tenir aux illusions linguistiques, entendons au contraire distinguer autant que de besoin les complexités grammaticale, rationnelle et réelle, [14] une chose devrait en effet être nette: les «mêmes» dont les «passions de l'âme» exprimées par les mots «pieux» et «douze» sont les similitudes n'ont pas la même unité et réalité. Certes les deux mots ont ceci en commun que rien de ce à quoi ils sont susceptibles de faire référence, et que nous désignons d'une part par «la piété» et d'autre part par «douze» (que le français, pour une fois, n'éprouve pas le besoin de substantiver, alors que les Grecs, eux, l'éprouvaient), n'existe, comme le font les Apôtres, de manière autonome, «par soi». Mais en ce qui concerne «pieux», comme le manifeste sa distri-butivité, nous concevons et exprimons «la» piété comme existant «numé-riquement autre» en chacun de ceux-ci mais comme étant un «même intelligible», d'abord semblable de l'un à l'autre et ayant en chacun un certain être un, puis semblable de chacun à la «passion de l'âme» qui en est la «similitude» intentionnelle. Tandis que, pour «douze», la «passion de l'âme» qu'il exprime peut certes être vue comme la similitude de quelque chose de semblable entre la collection des Apôtres, celle des membres de la CEE ou celle des arêtes «du» cube, mais on sera conduit à reprendre, par exemple avec M.-L Guérard des Lauriers la distinction introduite par Aristote (à propos du temps – cf. *Phys.* Δ11, 219b6-7 – il faudra y revenir) entre nombre nombré et nombre nombrant:

---

13 D. VERNANT 1993, p. 137-8.
14 Point sur lequel on me permettra de renvoyer à M. BALMÈS 1982.

le *nombre nombré* est celui d'une collection concrète. Quiconque compte les *Apôtres,* exprime le résultat de l'opération une fois terminée dans un jugement: «il y a 12 *Apôtres*». Ce «douze», qui est, pour quiconque sauf pour les Bourbakistes, le nombre de l'ensemble des *Apôtres,* est un «nombre nombré». Et pareillement s'il y avait 12 membres de la CEE, ou 12 arêtes du cube; ou 12 objets *concrets.*

Le *nombre nombrant* est le nombre qui est dans l'esprit. Quelle que soit la nature des objets qui composent l'ensemble, le nombre de celui-ci est «douze»; et ce «douze» est dans l'esprit et il est dit «nombre nombrant», en tant que l'esprit ne retient, de l'ensemble concret, que la multiplicité des suppôts, et considère cette multiplicité comme une entité autonome, c'est-à-dire comme une *entité intramentale et sans référence nécessaire au concret, bien qu'une telle référence ne soit pas exclue.* [15]

Et l'on observera que si

> le nombre nombrant se trouve ontologiquement subordonné, non formellement au nombre nombré, mais à la multiplicité nombrable qui n'est donnée à l'esprit comme multiplicité que dans une réalité réellement distincte de l'acte de l'esprit [fût-ce même des actes de l'esprit perçus comme différents les uns des autres] et partant du nombre nombrant (p. 22)

il n'en reste pas moins que, dans sa «réalité», «le nombre requiert le nombre nombré et le nombre nombrant. C'est-à-dire que si l'un ou l'autre faisait défaut, le nombre n'existerait pas» (p. 21), et que son unité ne se trouve que dans le nombre nombrant, donc dans le seul esprit, alors que la piété de Pierre est en lui une certaine réalité une, indépendamment de la passion de l'âme qui en est en celle-ci une similitude.

Or s'il est à partir de là possible de comprendre comment le mathématicien peut être amené, dans son effort d'axiomatisation, jusqu'à une conception de l'être mathématique en général et de l'entier naturel en particulier comme «entités fermées», il l'est aussi, simultanément, d'apprécier combien l'extension des moyens mis en œuvre pour ce faire au problème général de la signification enferme dans une conception référentielle de celle-ci et, de ce fait, oblige à se dérober à l'énigme.

Mais, va-t-on rétorquer, tout cela ne confirme-t-il pas à chaque pas une caractéristique du réalisme traditionnel que B. Russell rejetait explicitement lorsqu'il écrivait que «la philosophie, quant à elle, répondait [à la question de la signification en mathématique] en introduisant la notion, totalement

---

15 M. GUÉRARD des LAURIERS 1972, p. 21; les exemples sont les nôtres et le texte a été modifié en conséquence.

inadéquate, d'esprit» [16] et que G. Frege dénonçait avant lui comme *psychologisme*? Mais nous avons déjà rencontré cette question: *l'interrogation* «psychologique» est inéludable, et contribue de manière spécifique à nouer l'interrogation critique: c'est pourquoi il nous a fallu la prendre en compte ici. Mais il ne peut y être *répondu*, sauf à renier l'engagement pour le réalisme, qu'après avoir précisé *ce à quoi se rapporte* ce qui la concerne, i.e. les opérations de l'âme: c'est là la tâche en laquelle nous sommes engagés et dont sans doute, en effet, le réalisme traditionnel n'a pas suffisamment vu la nécessité et la profondeur du travail dans lequel elle engage.

Retenant donc l'appel de L. Brunschvicg demandant de chercher à «atteindre la source où se manifesterait le contact originel de l'intelligence avec les choses», nous ne suivrons pas le chemin qu'il emprunte pour y répondre. Ce chemin en effet lui fait demander à «l'analyse des fonctions psychosociologiques dont la mathématique est issue» d'assumer les éléments fournis par la longue enquête historique des *Etapes de la philosophie mathématique* – éléments qui vont des théories de mathématiciens sur leur science à l'observation ethnographique. Et il en attend de rendre possible que «la philosophie mathématique», lorsqu'elle «se retourne vers l'histoire elle-même» et y «recherche la convergence et la coordination des résultats qui ont été obtenus aux différentes périodes [...] les enregistre comme les marques positives de l'objectivité». [17] Or, si le socio-psychologisme dont

---

16 B. RUSSELL1903, p. 4, cité par D. VERNANT 1993, p. 29, de qui est l'ajout entre crochets.

17 L. BRUNSCHVICG 1912, éd. 1947 p. 462-3. «La philosophie des mathématiques, écrit notre auteur p. 457, [...] édifiera par elle-même une doctrine de l'intelligence et de la vérité, sans se référer à aucune définition préconçue, à aucun principe d'origine étrangère» et, certes, sa transformation en «philosophie mathématique» (expression reprise, mais non le contenu, à Auguste Comte, cité p. 296) peut-elle se réclamer dans une certaine mesure de l'inspiration spinoziste invoquée par la dernière phrase du livre: «l'œuvre libre et féconde de la pensée date de l'époque où la mathématique vint apporter à l'homme la norme véritable de la vérité» (cf. Baruch SPINOZA 1677, tr. fr.: *L'éthique démontrée selon la méthode géométrique*, partie I, App. , La Pléiade, p. 349), mais il semble que l'énigme demande de *sortir* de tout cela. Certes encore l'on relèvera que la suite de l'histoire a confirmé comme prémonitoire (mais seulement prémonitoire) l'évocation du «jour où s'est enfin manifestée la contradiction inhérente à l'idée d'une déduction universelle, d'une déduction qui serait tenue en quelque sorte de se déduire elle-même» (p. 458) mais l'on récusera l'amalgame de la métaphysique à ce rêve, comme aussi à un dogmatisme pédagogique ou de tradition (cf. *ibidem*), et c'est à elle que l'on s'adressera pour affronter l'énigme, et non pas seulement à «l'expérience de l'histoire». L'histoire assurément doit être explorée et méditée, mais n'est-ce pas trop en

fait ici preuve L. Brunschvicg ne peut pas ne pas apparaître comme le prolongement naturel de l'idéalisme que nous lui connaissons déjà (et un sérieux affadissement du transcendentalisme kantien... dont cependant on se demandera si ce n'est pas une illusion qu'il puisse, non plus que celui d'E. Husserl, échapper au psychologisme), l'engagement pour le réalisme ne peut au contraire que nous pousser à articuler et même subordonner notre interrogation sur l'objectivité à l'interrogation vers le réel.

Mais c'est bien dans l'interrogation sur l'objectivité que nous voilà engagés, et nous le sommes bien à partir de la question que les *Etapes de la philosophie mathématique* voient comme «la question difficile qui a été la pierre d'achoppement de la philosophie mathématique contemporaine, peut-être de la philosophie contemporaine en général: la question des rapports entre la notion numérique et la notion générique» (p. 475), en cela d'accord d'ailleurs, une fois n'est pas coutume, avec Henri Bergson.[18] Comparant en effet «l'ordre vital» et «l'ordre physique», *L'évolution créatrice* en vient à relever que

> dans un cas comme dans l'autre, il y a ressemblance, et par conséquent généralisation possible [...] De là l'idée d'un *ordre général de la nature*, le même partout, planant à la fois sur la vie et sur la matière. De là notre habitude de désigner par un même mot, et de nous représenter de la même manière, l'existence de *lois* dans le domaine de la matière inerte et celle de *genres* dans le domaine de la vie.
>
> Que d'ailleurs cette confusion soit à l'origine de la plupart des difficultés soulevées par le problème de la connaissance, chez les anciens comme chez les modernes cela ne nous paraît pas douteux [...] Selon le point de vue où l'on se plaçait, la généralité des lois était expliquée par celles des genres [point de vue des anciens], ou celle des genres par celle des lois [point de vue des modernes].[19]

Or la loi, ici, est avant tout la loi mécanique, depuis laquelle nous sommes en bref renvoyés, par A. Einstein, à l'énigme et, par N. Bourbaki, au calcul des prédicats et à la relation d'appartenance, mais cela *via* l'*entier naturel*. Et ils peuvent nous aider à saisir rétrospectivement celui-ci depuis les mathématiques développées, mais il reste bien, lui, ce qu'il nous faut

---

attendre que d'articuler sa recherche autour de l'affirmation suivante: «l'expérience de l'histoire rend donc au philosophe un double service: elle dissipe le voile que les systèmes dogmatiques avaient interposé entre la philosophie des mathématiques et la réalité de la science; du coup elle lui permet de ressaisir à l'état naissant cette réalité et d'en déterminer le caractère véritable» (*ibidem*)?

18 Dans l'œuvre duquel les *Etapes* renvoient, p. 466, à *Matière et mémoire*, 1896, p. 173.

19 Henri BERGSON 1907, *L'évolution créatrice*, p. 246-7.

regarder si nous voulons «atteindre la source où se manifesterait le contact originel de l'intelligence avec les choses», et cela concurremment au *genre,* car celui-ci est bien l'universel fondamental.

Qu'est-ce, au demeurant, que l'objectivité? Sans doute nous accordera-t-on qu'elle est le caractère de ce qui permet à ce qui est, d'une façon ou d'une autre, *connu,* d'être, d'une façon ou d'une autre, *reconnu* comme «le même». Ainsi par exemple ce monde dont Héraclite nous dit que, «éveillés, les hommes ont un seul monde qui leur est commun, mais, pendant le sommeil chacun retourne à son propre univers», [20] ou, aussi, l'objet kantien transcendentalement constitué ou, encore, l'objet opératoirement et par là intersubjectivement constitué de telle ou telle science. Et que nous demande l'énigme, que requiert l'effort de situer les divers savoirs, sinon la précision de ce qui fait leur objectivité – l'objectivité de ce qu'elles nous donnent à connaître? Mais cette demande ne peut se satisfaire du transcendental ou de l'épistémologie (même poppérienne), elle implique l'engagement pour le réalisme, et donc la saisie et la situation dans ce qui est de ces certains «mêmes» dont, au «contact originel de l'intelligence avec les choses» la connaissance ordinaire se révèle, au travers de son expression dans le dire, avoir acquis une première prise. Et, certes, cette situation ne peut se préciser indépendamment des savoirs de science qu'elle rend possible et qui justement pour cette raison nous appellent à la préciser, mais, nous pensons l'avoir fait apercevoir, cette dépendance circulaire joue très différemment pour la philosophie et pour les sciences autres: de telle façon que celles-ci se développent à l'intérieur de tels cercles, et celle-là en intériorisant ce cercle à son interrogation. D'où il nous faut tout d'abord engager une interrogation vers ce qui est pris en tant qu'être capable d'y situer ce «même» que nous y saisissons lorsque nous en connaissons ou reconnaissons «ce que c'est», saisie que nous explicitons en tout premier lieu par l'attribution d'un, et du fait même par la classification dans un *genre.* D'où nous pourrons, ensuite, écouter et mettre à profit ce que nous disent N. Bourbaki et ses sources sur le *nombre,* à savoir certes «l'entier naturel», mais aussi, l'éclairant de manière rétrospective mais indispensable, les autres nombres, avec lesquels la communauté qu'il forme n'est pas – H. Bergson et L. Brunschvicg avaient raison d'y voir un fait de grande signification – celle d'un genre.

Chercher à situer ce «même» premier, d'autre part, n'est-ce pas la recherche dont le premier chapitre du traité *De l'interprétation* énonce brièvement le résultat, celle de l'objet premier de l'intelligence et fondement de la signification? De fait, les deux questions de la signification et de

---

20 DIELS-KRANZ, fr. 89; J. BRUN, fr. 67.

l'objectivité sont intimement liées, étant toutes deux recherches de la saisie de certains «mêmes»: celle-ci à partir de la question de la science, donc de la saisie du nécessaire, celle-là de la manière plus générale... mais non indépendante, compte tenu de ce que nous avons dit du caractère circulaire de l'acquisition du savoir de science. Et, de fait encore, nous l'avons déjà aperçu mais la chose va devenir progressivement opérante, la distinction des attributions par soi du premier et du second mode est ici décisive.

Chapitre IV

Remontée à la quiddité

1. Articulation de l'interrogation vers le fondement de la signification à l'interrogation vers ce qui est, pris en tant qu'être

1.1. Introduction

Soit donc à remonter à l'*objet premier* de l'intelligence sachant *ce qu'est* la *chose* qui est donnée à notre expérience et qui mesure notre jugement d'*existence;* et soit à situer cet objet en cette chose, au fil d'une analyse de celle-ci prise en tant qu'*être.*

Il faut distinguer en effet la chose et l'objet. Remarquons d'ailleurs à ce sujet que, en français tout au moins, le philosophe, là où le mathématicien parle d'*objet* mathématique, parle plus volontiers d'*être* mathématique. Selon la composition du mot l'*ob-jet*, l'*ob-jectum*, *to anti-keimenon*, c'est *ce qui est posé, jeté en face* en face de notre appétit ou amour par exemple, s'il s'agit d'un aliment (cf. *De l'âme* B4, 415a20-22) ou de ce que nous aimons ou, ici, en face de nous en acte de connaissance. Seulement ce «faire face» de la chose connue engage une double complexité: celle de la chose, celle de la connaissance que nous en avons. Ainsi, pour partir des réalités dont nous avons l'expérience courante, notre intelligence nous rapporte-t-elle à elles non seulement par la connaissance de *ce qu'est* soit chacune d'entre elles soit tel ou tel de ses traits, mais aussi et même d'abord en tant qu'elles sont «*un certain ceci*» désignable du doigt (et objet possible d'une référence individuelle du dire) parce qu'*existant* dans une certaine *unité d'être*, située dans le temps et dans le lieu. C'est pourquoi le philosophe distinguera «la chose en tant que chose, existant ou pouvant exister pour elle-même, et la chose en tant qu'objet posé devant la faculté de connaître et rendu présent à elle» et la *déterminant*. [1] Or il apparaît que «l'objet» du mathématicien est lui aussi à sa manière «un certain ceci» (cf. *Mét.* Z11, 1037a1-2, et ce à quoi

---

[1] Cf. J. MARITAIN 1932, *Distinguer pour unir, ou: Les degrés du savoir*, éd. 1963 p. 176, et J. C. CAHALAN 1985, p. 45-54.

réfèrent les «termes singuliers abstraits» tels que «7», «9» etc.), d'où le philosophe préfère l'appeler un «être mathématique»; tout en n'existant que comme posé devant l'intelligence, d'où sans doute son appellation comme «objet» par le mathématicien, qui comme tel n'a pas à s'interroger sur ce qui est en tant qu'être ou sur la chose en tant que chose. La différence d'usage dans le vocabulaire signale, en fait, la question tout à fait décisive: «l'être se ramène-t-il à l'intelligibilité?», sur laquelle nous avons déjà vu se diviser idéalisme et réalisme.

Or justement il est bon, afin de mieux préciser maintenant l'engagement de notre interrogation dans les voies de celui-ci, d'écouter à nouveau celui-là. Nous recherchons l'objet premier de la faculté de connaître comme ce qui, de la chose, la détermine en propre. Ainsi dirons-nous avec Aristote que nos sens sont déterminés par des *«sensibles» par accident*: ainsi l'homme que R. Descartes aperçoit dans la rue; ou *par soi*: ainsi les formes et couleurs de ses vêtements; ces sensibles par soi étant soit *communs*: le nombre, la grandeur, la figure, le mouvement, le repos, soit *propres*: ce sont ces derniers qui sont proprement l'objet de chacun desdits sens. Mais, objecteront les mécanistes Galilée, R. Descartes *et alii*, ce que vous appelez sensible propre n'existe que dans le *sujet* connaissant, seul est *objectif* le mesurable (les sensibles «communs»); et, viendra surenchérir E. Kant, nous ne connaissons pas la chose en soi, il est donc illusoire d'y rechercher l'objet, premier ou pas, de notre intelligence. Eh bien, répondrons-nous à ces deux séparations de la chose et de l'objet, aux niveaux de la sensation d'abord, de l'intelligence ensuite, le programme mécaniste peut bien choisir d'aborder le réel de façon que l'objectivité des qualités sensibles demeure inopérante dans son développement, et sans doute, certainement même, y a-t-il un aspect du réel qui ne peut être exploré qu'ainsi, mais cela ne montre pas qu'elles soient seulement subjectives. Cela montre certes qu'il est besoin d'une réflexion critique pour préciser et situer entre autres en quoi consiste leur objectivité, et c'est le mérite d'E. Kant d'avoir manifesté l'irréductibilité de l'interrogation critique, mais cela ne montre ni que cette réflexion doive s'engager en acceptant dès l'abord la séparation du sensible qui est propre aux mathématiques ou au programme mécaniste, ni qu'elle doive prolonger la «falsification» de l'essentialisme par les succès de ce programme en une négation du fait originel que l'expérience commune nous donne, des réalités qui nous entourent, une première connaissance, non scientifique sans doute mais «réelle» (selon un usage quasi-kantien du mot), et présupposée par les sciences, de *ce qu'elles sont*. Cela montre au contraire qu'elle doit s'engager en premier lieu à discerner et cerner, dans cette première connaissance, l'objet premier de notre intelligence et cela, afin de maintenir cette intention réaliste que, *a contrario* et au regard de l'énigme, le criticisme kantien manifeste inséparable de l'intention philosophique spéculative, dans la solidarité et la subordination à l'interrogation vers le réel.

Loin de nous enfermer, par conséquent, dans l'opposition du sujet connaissant et de l'objet connu ou (et) la séparation de la chose et de l'objet, nous chercherons à discerner l'objet premier de l'intelligence, son *antikeimenon, dans* ce sujet réel, cet *hupokeimenon,* qu'est, dans notre expérience, chaque chose singulière, l'*hekaston* à quoi nous nous rapportons dans un jugement d'existence comportant, à partir de la sensation dont la critique ne peut venir qu'ensuite, une première connaissance de ce qu'elle est. Et si ce discernement, en nous permettant d'atteindre «la source où se manifesterait le contact originel de l'intelligence avec les choses», doit d'abord manifester l'appel à, et la possibilité de ce savoir réaliste de science que veut être la philosophie, il devrait aussi permettre, ceci précisant et confirmant d'ailleurs cela, l'approche dans ce qui est du mathématisable en sa différence.

Comment, dès lors, se noue maintenant notre interrogation sur la signification, l'objet premier de l'intelligence et, par delà, sur l'objectivité des divers savoirs? Et comment, tout d'abord, la signification se donne-t-elle à saisir? A travers le dire, bien entendu, par lequel de manière générale s'exprime et se laisse saisir notre pensée mais, spécifiquement et en tout cas élémentairement, en ce que cette expression exprime la «vue» ou la «saisie» par notre intelligence de quelque «*intelligible*» qui, par delà la *multiplicité* et *temporalité* des pensées ou dires en lesquels il est engagé, en nous comme en ceux avec qui le dire nous permet de communiquer, et par delà aussi les *pluralités* ou *variations* du réel dans lequel nous le «voyons» ou «saisissons», se trouve être et demeurer un certain «même»: pour reprendre avec Aristote le mot de Platon, un *eîdos*, une «forme eidétique» qui est *ce que voit l'intelligence sachant ce que la chose est* et dont, aussi bien, la vue ou saisie s'explicite dans la mise en œuvre – dont c'est l'un des titres de gloire de Socrate d'en avoir le premier saisi l'importance – de la question «qu'est-ce que...?».

Eh bien, partant de l'expérience commune et explicitant les diverses façons dont notre dire exprime comme *même* cet intelligible dont la signification qu'il met en jeu exprime la saisie par notre intelligence, nous allons voir ce *même* se dédoubler entre la *forme eidétique* d'une part et le *sujet* d'autre part, et nous mener, *depuis* une explicitation de ce que notre dire descriptif dit être et *en passant* par une recherche des éléments d'intelligibilité que présuppose la connaissance commune du devenir et de ce qui y est soumis, *jusqu'à* une première articulation de l'interrogation vers ce qui est, pris en tant qu'être, laquelle se confirmera être simultanément articulation de l'interrogation sur la signification. R. Descartes aussi bien pourrait presque, ici, nous servir de guide, ou tout au moins nous mettre sur la voie. Bien que, en effet, il ait commencé par n'accepter comme existence certaine que celle de sa pensée, la recherche de ce qui se trouve en celle-ci le conduit à prendre en considération avec nous un certain bloc de cire et à s'interroger sur la connaissance distincte que nous en avons. [2] Or ce qu'il nous en dit en fait le *sujet d'attributions descriptives*, qui l'expriment *sujet existant* de *déterminations diverses elles aussi existantes* et, par elles, *le même* que diverses autres réalités antérieurement expérimentées par nous, *sujet physique* aussi de *divers changements* réalisés sous nos yeux, et malgré lesquels notre auteur nous demande de le reconnaître comme *le même*. Mais examinons cela de plus près et selon nos voies.

1.2. Deux approches

1.2.1. *Ce que notre dire descriptif dit être*

α. *Le dédoublement «même» intelligible:* eîdos, *et «même» numérique:* hupokeimenon, *ou:* ti kata tinos

L'exprimant dans notre dire comme «numériquement le même» par delà une *multiplicité* d'attributions, nous aurons à nous interroger, d'une part, sur ce que ce dire exprime en position de sujet. Nous avons choisi en effet de traduire et observer ce dire sous forme d'*attributions* afin de maintenir tout au long de l'analyse la plénitude réaliste du contact de l'intelligence, tel que l'exprime le *est* qui les noue, avec l'existence des réalités expérimentées. Or il nous faut maintenant revenir à l'observation déjà faite que si la signification se trouve en chacun des termes reliés, elle ne s'y trouve pas de manière symétrique: l'attribution affirme ou nie «quelque chose de quelque chose», elle est énonciation *ti kata tinos,* ou *ti apo tinos* (cf. *De l'interprétation* 6, 17a25-26), et cette asymétrie n'est pas seulement grammaticale. Nous pouvons en effet dire aussi bien: «Pierre est un homme», «cette feuille est blanche», «le rouge est une couleur», que: «[cet] homme est Pierre», «cette [chose] blanche est une feuille», «une couleur est le rouge», et la «conversion» du sujet et du prédicat donne deux phrases de significations différentes, mais cela qui est dit Pierre et homme, feuille et blanc, rouge et couleur, fait apparaître, par delà la fonction *grammaticale* de sujet, certes susceptible d'être exercée par «[cet] homme», «cette [chose]

---

2   Pour alimenter ce parallèle, voir G. ROMEYER-DHERBEY 1983, p. 188-91.

blanche» ou «une couleur», une fonction disons *logique,* plutôt exercée, diversement d'ailleurs, par «Pierre», «cette feuille» «le rouge». Plus précisément, c'est en explicitant *ce que, pour* Pierre ou un homme, *pour* cette feuille ou cette chose blanche, *pour* le rouge ou une couleur, *est* «*être*» que nous déterminons auquel des deux termes qui les expriment il convient en propre d'exprimer ce qui, de la réalité à laquelle se rapporte l'attribution affirmative, possède l'existence en quelque façon une que celle-ci présuppose, et auquel pour cette raison il convient davantage d'exercer la fonction de sujet.[3] Convenance qui, on le voit, apparaît au niveau de l'observation du dire rationnel comme tel, donc au niveau logique, mais conduit en même temps à son dépassement, puisqu'elle apparaît dans la prise en considération de ce qui a plus proprement l'existence. Et aussi bien avons-nous retrouvé là un mode de poser la question «qu'est-ce que...?» inventé par Aristote, lequel demande souvent, explicitement ou implicitement:

ti esti	to	Xoi	eînai?
qu'est	ce que	pour X (au datif)	[est] «être»?

mode dont il use, et dont nous userons avec lui, comme d'un instrument technique destiné à maintenir, au service des interrogations critique et métaphysique, le lien de la question «qu'est-ce que...?» au jugement d'existence.[4]

Et aussi bien, si notre dire renvoie, à travers la fonction de sujet logique, à quelque «numériquement le même» ayant une existence en quelque façon une par delà la multiplicité des attributions, les significations que celles-ci mettent en jeu engagent d'autres combinaisons d'un et de multiple, de même et d'autre: en corrélation avec ce que le dire exprime en position de sujet il nous faudra nous interroger, d'autre part, sur ce qu'il y exprime comme vu par l'intelligence: la *forme eidétique.* Certes il existe un usage en quelque façon primitif du dire selon lequel nous sommes plusieurs à utiliser *le même nom*: «René Descartes» pour désigner un même individu: René Descartes, et certes encore, si une telle conjonction d'un et de multiple

---

3 Cf. *Sec. Anal.* A19, 81b22-29.

4 Lors donc que Pierre AUBENQUE 1962, *Le problème de l'être chez Aristote. Essai sur la problématique aristotélicienne,* écrit, dans les pages très travaillées qu'il consacre au *ti ên eînai* (éd. 1977 p. 462-72), que «c'est donc comme question que doit être pensé le *ti ên eînai*», nous pensons que c'est ici qu'il faut d'abord voir la question, dont le *ti ên eînai* désignera alors ce qui, *du réel* (d'où le *eînai* à la fin des deux expressions), est exprimé par la réponse qui lui est faite, même si nous verrons nous aussi dans le *ên* une question, ou plutôt le rappel d'une question.

est particulièrement frappante dans le cas des *noms propres*, elle se rencontre aussi, de manière en tout cas analogue, dans le cas des *noms communs*. De manière seulement analogue cependant, quelle que soit sur ce point la nostalgie nominaliste, car ils ne servent pas seulement à *désigner* et n'ont pas seulement avec ce qui est un rapport de *référence*, mais aussi et même d'abord un rapport de *signification* – d'où le besoin, dans les exemples de tout à l'heure, d'adjectifs déictiques: *cet* homme est Pierre. Or ce rapport engage bien d'autres combinaisons de même et d'autre. Ainsi par exemple accorderons-nous à R. Descartes que le bloc de matière qu'il nous a présenté, et dans lequel nous avons initialement reconnu avec lui un bloc de cire, est resté pour le principal au moins numériquement le même (peut-être cependant des gaz s'en sont-ils échappés?). Sans doute R. Descartes a-t-il en tête qu'il n'existe que deux sortes de substances, pensante et étendue – d'où il caractérise la cire comme «flexible et muable», mécaniquement donc – mais au niveau de l'expérience commune, où notre auteur a bien voulu se placer provisoirement avec nous, *ce qu'est* telle portion de l'étendue – et non seulement les traits qui la rende descriptible – pourrait devenir autre après avoir subi la chaleur du feu. Ainsi relèverons-nous que *ceci*, cette réalité singulière qui est désignée d'un *même nom* par plusieurs locuteurs et qui demeure *numériquement la même* sous plusieurs attributions et dans plusieurs états, est aussi *un certain* ceci: selon ce qu'exprime notre dire attributif, l'expérience nous donne une première connaissance de *ce qu'elle est* et, *en elle*, de plusieurs *déterminations secondes*, où notre intelligence voit autant de *formes eidétiques*, que ce même dire exprime comme *les mêmes* à deux nouveaux points de vue: *les mêmes que dans plusieurs autres réalités singulières* et, dans cette réalité-ci, *les mêmes durant un certain temps* – malgré le devenir auquel elle est constamment soumise (sans compter que ce dire exprime cette vision comme *la même* par delà le devenir auquel nous sommes nous-mêmes soumis, mais nous avons subordonné l'interrogation sur la pensée à l'interrogation sur l'être).

Hupokeimenon, même numérique, *eîdos*, même intelligible, nous voici donc mieux armés, grâce à l'observation de notre dire attributif, pour nouer l'interrogation par laquelle nous cherchons à remonter de la signification à ce à quoi, dans ce qui est, elle nous met en contact originel. Le couple, nous pouvons déjà l'apercevoir, devrait en effet nous aider à nouer l'interrogation critique sur la signification aux interrogations physique et métaphysique vers ce qui est, en tant que soumis au devenir et en tant qu'être: portant un jugement d'existence sur quelque réalité singulière dont nous avons une première connaissance de ce qu'elle est, nous relevons que l'*eîdos* vu en elle par l'intelligence dépasse le devenir, mais qu'en même temps c'est selon ce qui en est exprimé en position d'*hupokeimenon* que semble résider en elle l'existence présupposée au devenir; et si l'*eîdos* lui donne une unité d'intelligibilité, l'unité d'être se trouve, là encore, du côté de l'*hupokeimenon*.

β. *Explicitation de ce que notre dire descriptif dit être*

Chacun des deux cependant, et leurs rapports, se présentent à nous de manière encore trop globale et indifférenciée, et c'est ce qu'il nous faut débrouiller au préalable si nous voulons articuler de manière décisive les interrogations susdites. Comment? En explicitant plus avant comment se donnent à nous dans leur jeu, encore et toujours observable dans notre dire, les significations qui se forment en nous à cette origine dont l'intention réaliste nous fait toujours à nouveau repartir: l'expérience. Dans la diversité de nos dires, en effet, il en est un qui exprime au plus près notre expérience: le dire *descriptif*. Et, décrivant, nous attribuons bien certains «mêmes intelligibles», certaines formes eidétiques, à un certain «même numérique», un certain sujet – par exemple un bloc de cire. Cette explicitation, d'ailleurs, a déjà été réalisée: par Aristote, dans le traité des *Catégories*. Mais peut-être faut-il, comme le manifestent en particulier les hésitations de l'Antiquité et des Modernes sur le point de savoir si elles relèvent du dire, de la pensée ou de l'être,[5] peut-être faut-il situer cette explicitation d'une manière plus expressément critique que ne le pouvait son inventeur, ce que trois remarques préalables devraient nous aider à faire pour aujourd'hui.

---

5 Qu'il me soit permis de renvoyer sur ce point à M. BALMÈS 1982, notamment p. 147 et 159. Pour l'Antiquité, cf. Simplicius qui, relativement à la question de savoir ce qu'a voulu Aristote dans cette étude des genres de l'être que présente le traité des *Catégories*, relève ceci: «les uns disent que ces genres sont les *mots*, que le traité n'a rapport qu'aux termes simples, et qu'il est la première partie de la logique […]; d'autres ne l'admettent pas; ce n'est pas, disent-ils, au philosophe de traiter des mots, mais au grammairien, et ils disent que le traité se rapporte aux *êtres* mêmes désignés par les mots […] D'autres disent qu'il n'étudie là ni les mots qui signifient ni les choses signifiées, mais les *notions* simples» (*In Aristotelis Commentarium*, ed. C. KALBFLEISCH, Berlin, Reimer, 1907, p. 9; cité par Emile BRÉHIER dans la notice d'introduction de PLOTIN, *Ennéades*, VI 1, Paris, Les Belles Lettres, 1936, p. 9). Sans qu'il soit possible de développer ici la confrontation qu'elles mériteraient, signalons en outre, comme essayant de situer avec des outils contemporains la place des *Catégories* dans le travail de pensée aristotélicien les études de Jules VUILLEMIN 1967, «Le système des Catégories d'Aristote et sa signification logique et métaphysique», et G. G. GRANGER 1976, *La théorie aristotélicienne de la science*, p. 57sq.

Cette explicitation, tout d'abord, doit être vue comme *propédeutique* à l'interrogation métaphysique. Tel est le sens de l'observation fameuse qui la résume: ce qui est se dit de plusieurs façons, *to on legetai pollachôs* Décrivant, en effet, nous disons *être*, en quelque façon, et ce que nous décrivons et ce par quoi nous le décrivons. Mais ce dont part Aristote, c'est du dire, et des significations qui sont en lui. Simplement, ce qu'il cherche à faire ensuite, c'est à rattacher ces significations à ce qui est, mieux, à analyser ce qui est à partir du discernement de ces significations. Telle est exactement notre démarche. Cherchant à remonter du dire mathématique au mathématisable, et revenant d'abord au dire descriptif, nous y trouvons deux mathématisables primitifs: le nombre et les grandeurs. Mais nous les trouvons parmi d'autres éléments descriptifs que, eux aussi voire davantage, nous exprimons en quelque façon *être*; et cela doit nous donner bon espoir de parvenir, à partir de là, à une analyse de *ce qui est* capable d'y préciser le mathématisable en sa différence.

On observera d'ailleurs que ce discernement des catégories ne sera pas une mise en ordre de toutes significations, même formées dès l'expérience commune, mais seulement de celles qui se laissent saisir comme *univoquement* mêmes. Seuls en effet des termes ayant une signification *univoquement* une semblent en mesure de désigner de certains êtres distincts et par là-même classables. Où nous retrouvons le genre, dont l'attribution précisément comporte cette univocité et va dans un premier temps rendre possible une telle classification: tel est précisément le point de vue propre au traité des *Catégories*, seulement propédeutique, encore une fois, à l'interrogation métaphysique, qu'il va permettre seulement d'articuler. Si vraiment, en effet et notamment, «le contact originel de l'intelligence avec les choses» est autre dans le cas du genre et dans celui de l'entier naturel, altérité se manifestant dans des complexités rationnelles (propres et subséquentes) autres, c'est à partir de celles-ci et de leurs différences qu'il devrait nous être possible de remonter à ce qui dans le réel les appelle, selon une complexité et avec des différences qui sont ce à quoi l'énigme nous demande de remonter.

Propédeutique, ensuite, l'explicitation des catégories l'est également à l'interrogation critique. Même rapide, un parallèle nous sera ici encore utile avec W.V.O. Quine, qui lui aussi et beaucoup plus récemment qu'Aristote s'est attaché à préciser ce que nous disons être.

Notons d'abord, avec P. Gochet, que pour W.V.O. Quine «le philosophe ne dispose pas d'un mode de connaissance privilégié, il doit renoncer à l'ambition de *fonder* la science. Il n'y a pas de philosophie première». [6] Il y a bien, toutefois, des questions ontologiques, auxquelles *Word and Object* introduit comme suit:

> on trouve ou on peut concevoir qu'il y a désaccord sur la question de savoir s'il y a des opossums, des licornes, des anges, des neutrinos, des classes, des points, des lieues, des propositions. La philosophie et les sciences particulières offrent un champ infini pour des désaccords sur la réponse à la question: «Qu'est-ce qui existe?». Une de ces questions qui a, traditionnellement, divisé les philosophes est de savoir s'il existe des objets abstraits. Les *nominalistes* ont soutenu qu'il n'y en a pas; les *réalistes* (dans une certaine acception du mot) ou les *Platonistes* (comme on les appelle pour éviter les difficultés du mot «réalistes») ont soutenu qu'il y en a [...] Il nous suffit [...] de citer les classes, les attributs, les propositions, les nombres, les relations et les fonctions comme objets typiquement abstraits, et les objets physiques comme objets concrets «par excellence» et de considérer les questions ontologiques dans la mesure où elles portent sur ces cas typiques. [7]

Pour répondre à ces questions, que doit faire le philosophe? «Il doit partir du cadre conceptuel que la science lui livre, et ne tenir pour réelles que les entités qu'il ne peut réduire à d'autres sans appauvrir le budget de lois de la science considérée». [8] A cette fin, un *instrument* se présente, grâce auquel le philosophe de Harvard «formule un critère permettant de localiser, puis de mesurer, la *charge ontologique* des théories» (*ibidem*, quatrième de couverture): la «notation canonique austère» du calcul des prédicats. Et voici ce à quoi il aboutit: «la recherche d'une notation canonique universelle qui ait la structure la plus simple et la plus claire possible ne doit pas être distinguée d'une recherche des catégories dernières ou d'un effort de reproduction des traits les plus généraux de la réalité», [9] de sorte que, nous l'avons déjà relevé, «pour Quine, la philosophie est une science. Elle est même, en un sens, une *science empirique* qui ne diffère des autres sciences que par son extrême généralité», [10] d'où P. Gochet s'estime fondé à tenir que

> Quine a brisé les cloisons étanches que d'autres avaient élevées entre la philosophie et les sciences et restauré la continuité entre celles-ci et celle-là. Il renoue ainsi avec la grande tradition d'Aristote, de Descartes et de Kant. On range souvent Quine parmi les pragmatistes [...] il est pragmatiste, mais d'un *pragmatisme qui se métamorphose en réalisme* (p. 208).

---

6 P. GOCHET 1978, p. 13.
7 W. V. O. QUINE 1960, tr. fr. p. 322-4.
8 P. GOCHET 1978, p. 13.
9 W. V. O. QUINE 1960, tr. fr. p. 232.
10 P. GOCHET 1978, p. 209.

Eh bien! Nous non plus, nous l'avons dit, nous ne cherchons pas à fonder la science, pas même à partir de la philosophie première. Mais si nous entendons bien faire partir la philosophie, de manière générale, de l'expérience, c'est avec des fins et par suite selon des voies distinctes de celles des «sciences empiriques», selon une différence qui ne consiste pas essentiellement en son «extrême généralité» par rapport à elles, mais en un mode d'analyse autre –par les «principes et causes propres». Pour la philosophie première, en particulier, la mise à jour des catégories n'est pas le fruit ultime d'une formidable régression logico-critique usant de l'embrigadement du dire des sciences dans la notation canonique du calcul des prédicats, mais le résultat *propédeutique* d'une modeste – bien qu'assurément de très grande portée – observation de notre dire descriptif le plus ordinaire de ce qui est, observation usant de certaines des possibilités les plus fondamentales offertes par l'attribution. L'usage de cette mise en forme du dire rationnel, aussi bien, ne lui relativise pas ce qui est, mais relativise au contraire par elle notre pensée, dans l'interrogation métaphysique précisément, à ce que nous expérimentons être. Et si cette interrogation assume le problème des universaux et ouvre une analyse qui en permettra la solution, ce n'est, ici comme là, qu'accompagnement critique d'une démarche premièrement orientée, encore une fois, vers ce qui est.

Que la recherche de fondements aux mathématiques ait pu conduire à relativiser l'être réel à l'être de raison objet de l'observation et réflexion logique [11] et à ramener l'interrogation vers l'être à une interrogation critique, on ne s'en étonnera pas vraiment, puisque l'être mathématique est constitutivement séparé de l'être réel et n'existe qu'en étant connu, mais on en tirera argument pour, décidément, conduire comme suit notre tentative d'«atteindre la source où se manifesterait le contact originel de l'intelligence avec les choses»: partir de la saisie du mathématisable dans l'expérience la plus ordinaire et, de là, tenter de conduire l'analyse métaphysique de *ce qui est* de manière à préciser philosophiquement ce que peut bien être en lui ce mathématisable pour que les mathématiques et les sciences qui en usent soient ce qu'elles sont. Que nous reprenions ainsi les catégories aristotéliciennes et donc la vision ancienne des mathématiques comme science de la quantité, discrète d'une part et continue d'autre part, cela ne doit pas nous arrêter, car il ne s'agit là nullement de la conclusion de notre recherche, mais au contraire de son point de départ. Si en effet le retour à l'expérience commune nous fait rattacher les mathématiques à la quantité, nous n'acquerrons pas une intelligence philosophique de celle-ci et, avec elle du mathématisable, sans prendre en compte le savoir dont ils ont

---

11 Cf. M.-D. PHILIPPE 1975a.

suscité le développement... ni non plus sans intégrer notre interrogation, afin de procéder par différence, à l'interrogation vers ce qui est pris en tant qu'être. La philosophie première en effet, comme d'ailleurs aussi, mais au degré immédiatement inférieur, chacune des parties de la philosophie, possède bien un caractère de plus grande universalité, mais *dans l'interro-gation*, et ce vers quoi elle interroge c'est toujours vers ce qui est, qui toujours se présente dans notre expérience comme une réalité singulière et, pour commencer, descriptible.

Propédeutique, enfin, l'explicitation des catégories l'est encore à l'interrogation de la philosophie de la nature. Car le devenir aussi se dit de plusieurs façons: «*pollachôs de legomenou toû gignesthai*» (*Phys.* A7, 190a31), et il se laisse décrire sous plusieurs aspects, qui nécessairement se retrouvent dans les divers aspects ou façons d'être que notre dire descriptif de ce qui est dit être. Le jeu de même et d'autre, en nous, des seconds, s'enracine nécessairement dans le jeu de même et d'autre, dans les réalités soumises au devenir, des premiers. Et il y a là, dans notre tentative de remontée de la signification au réel originel, un passage obligé: la phénoménologie husserlienne nous propose, afin de saisir quelque *eîdos*, une méthode de variations en imagination destinée à isoler le noyau dur d'intelligibilité qui le constitue; mais ce sont les réalités elles-mêmes qui présentent d'elles-mêmes de telles variations, un tel jeu de même et d'autre, et ce que le discernement des catégories met au jour ce sont les lignes fondamentales et irréductibles d'intelligibilité selon lesquelles l'expérience qui en résulte nous donne d'en acquérir par abstractions spontanées, avant même toute méthode et sans qu'il semble utile d'invo-quer quelque subjectivité transcendentale que ce soit, une première connaissance. A quoi l'on ajoutera que si, selon le mot de Maurice Merleau-Ponty, «il s'agit [pour la phénoménologie] de décrire, et non pas d'expliquer ni d'analyser», et si «cette première consigne [...] est d'abord le désaveu de la science», [12] le discernement des catégories pourrait bien être ce discernement descriptif au ras de l'expérience commune auquel il conviendrait de rapporter, pour en apprécier la portée philosophique, les élaborations ultérieures des sciences non seulement mathématiques, com-me nous le suggérions face à W.V.O. Quine, mais de manière générale positives. On relèvera ici, en particulier, que les sciences positives saisiront plutôt le devenir comme celui d'un système isolé passant d'un état initial à un état terminal, tous deux caractérisés, ainsi que la «trajectoire» qui les relie, par un certain nombre de paramètres dont on cherchera les relations

---

12 Maurice MERLEAU-PONTY, *Phénoménologie de la perception*, 1945; éd. 1979; p. 2.

légales qui les co-déterminent. [13] Mais c'est qu'elles nous rapportent au réel par des *mesures* et donc – et cela dès la géométrie – à partir de théories qui en font des sciences du réel par le possible. Pour la philosophie au contraire, la philosophie de la nature en particulier, il s'agit de développer un savoir qui conserve un rôle de principe au jugement d'existence. C'est donc en lien étroit avec le discernement des catégories qu'elle commencera d'analyser le devenir et d'abord la connaissance que nous en avons, parcourant au demeurant du même coup la première étape de cette remontée de la signification au réel originel en laquelle nous sommes engagés.

*

Avec en vue, donc, une analyse de ce qui est en tant qu'être et pour partir dès l'abord de manière réaliste de ce que nous expérimentons être, nous essayons de préciser ce que notre dire descriptif de ce qui est, traduit en attributions, dit être. Sans l'exposer et la commenter pour elle-même, tâchons de reprendre brièvement la démarche des quatre premiers chapitres du traité des *Catégories*. [14] Elle se présente, bien avant et de manière sensiblement plus simple que chez W.V.O. Quine comme une *procédure*, aboutissant en trois étapes à une *classification* de ces «objets de référence» que nos attributions descriptives disent être.

Première étape: prenant les termes qui dans les attributions descriptives les *signifient* et qui, si nous explicitons le fait qu'implicitement nous les disons être, peuvent aussi nous servir à les *désigner*, nous disjoignons ou regroupons ces référents catégoriaux en demandant «*ce que pour* eux [*est*] *être*» – selon une formulation de la question «qu'est-ce que…?» qui bien entendu vise à expliciter la signification des dits termes mais, nous l'avons vu, en explicitant aussi le lien à l'existence de leur référent non seulement *signifiable* mais aussi *désignable* parce qu'*existant*: tel était déjà le cas, lorsque, explicitant *ce que pour* Pierre ou l'homme, la feuille ou le blanc, le rouge ou la couleur, *est être*, nous déterminions auquel de ces termes il convenait davantage d'exercer la fonction de sujet logique.

Ainsi par exemple, notre test disjoint les deux référents pourtant désignés par le même terme: *homme* dans les descriptions de Socrate et du tableau qui le représente, et au contraire maintient conjoints, *du moins génériquement*, ce cheval et ce bœuf, car, malgré qu'ils soient *in fine* spécifiquement différents, il fait apparaître comme pris de la même façon le

---

13 Voir (par exemple) à ce sujet la première partie: «Le concept de modèle mathématique», de G. ISRAËL1996, p. 17-102.
14 Cf. aussi M. BALMÈS 1982, p. 211-38.

terme *animal* par lequel nous pouvons les désigner tous les deux. Et, de même, il fait reconnaître comme unique le référent à partir duquel, d'une part, nous désignons Maurice Grevisse comme *grammairien* et que, d'autre part, nous désignons comme son *savoir grammatical*. Ainsi discerne-t-on, comme il convient de le faire au début de toute classification, ce à partir de quoi les *classificanda* seront pris comme *mêmes* ou comme *autres*.

Deuxième étape: distinguant, dans les liaisons qu'opère entre deux termes de notre dire attributif, des liaisons «horizontales», descriptives de ce qui y est exprimé en position de sujet, comme par exemple dans:

ce cheval est blanc

et des liaisons «verticales», exprimant *ce qu'est* (spécifiquement ou génériquement) ce qui y est exprimé en position de sujet, comme par exemple, en lisant de bas en haut, dans

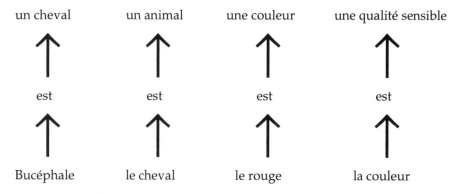

un cheval	un animal	une couleur	une qualité sensible
est	est	est	est
Bucéphale	le cheval	le rouge	la couleur

nous en venons à une première mise en ordre qui, à partir de premiers discernements concernant ce que, des réalités que nous décrivons, nous exprimons en position de sujet, va nous faire distinguer en elles les référents catégoriaux suivants:

– «ce qui est un certain *ceci, to tode ti*» qui est proprement *ce qui*, désigné du doigt, éventuellement nommé d'un nom propre et en tout cas pris pour référence d'une expression déictique, est *décrit*. Exprimé en position de sujet et comme sujet singulier, tant des attributions seulement descriptives que de l'attribution qui dit *ce qu'est* la réalité décrite, il est ce sur quoi porte le jugement d'existence implicite à la description et ce «dans» l'existence en quelque façon une de quoi sont exprimés exister les divers attributs descriptifs

– sa détermination première, dont l'expression explicite «le ce que c'est, *to ti esti*» qui en fait proprement ce *certain* ceci, et cela ordinairement, quelque doute ou défi que se plaise à soulever sur ce point W.V.O. Quine, sans l'ombre d'une difficulté: l'individu que nous décrivons comme mathématicien et donc rationnel, ou comme cycliste et donc bipède, est d'abord un homme, et c'est à l'homme en lui qu'appartient en premier lieu la fonction de sujet. Sans doute faut-il, pour le reconnaître, aborder la signification dans ce qu'elle a d'irréductible à la référence et donc en préservant le lien à l'existence qui lui est propre, mais tel est précisément le choix auquel conduit l'intention réaliste. Et sans doute ce choix va-t-il déboucher sur de difficiles questions, puisque d'une part il implique que l'on devra distinguer des attributions nécessaires et non-nécessaires et, dans celles-là, de deux types de nécessité, et que d'autre part ce à quoi renvoient ces distinctions dans le réel reste énigmatique, mais c'est par là précisément que nous escomptons nouer les interrogations métaphysique et critique. Pour le moment, contentons-nous de relever trois points:
• cette «détermination première», tout d'abord, n'est pas exprimée «exister dans» mais «être ce qu'est» la réalité singulière décrite;
• mais, de ce fait même, elle est exprimée comme entrant «dans» son intelligibilité – ou, pour la nommer selon l'abord logique, sa compréhension;
• et, enfin, c'est précisément dans cette intelligibilité ou compréhension qu'elle est exprimée «première», d'une primauté donc qui se maintiendra lorsque, quittant les attributions seulement descriptives, et donc singulières, pour tenter d'aller vers des propositions universelles ou (et) scientifiques, ce que nous exprimerons en position de sujet le sera de manière particulière ou universelle – par où l'on voit que si l'unité de l'attribution que scelle le *est* se réalise par l'entremise de la fonction de sujet, l'observation de notre dire manifeste cette liaison comme impliquant deux primautés et donc deux ordres: selon l'existence (primauté du sujet) et selon l'intelligibilité (primauté de la forme eidétique), non indépendants toutefois: c'est parce qu'elle est *ce qu'est* le sujet singulier que la détermination «première» de celui-ci est telle

– des déterminations secondes, qui sont autant de traits descriptifs; à leur égard, deux observations:
• comme le manifeste la tentative de répondre à leur sujet à la question «qu'est-ce que pour ... est être?», on ne peut y voir de certains êtres, dont on ne peut exprimer formellement ce qu'ils sont qu'au prix d'une abstraction formelle, laquelle prolonge en une *existence séparée* la *distinction*

notionnelle de ce qu'elles sont d'avec ce que sont les réalités exprimées en position de sujet en lesquelles seules pourtant elles existent
• et il en résulte que si l'explicitation de leur intelligibilité ou compréhension produit, comme pour les déterminations premières, des chaînes de liaisons verticales dont les termes initiaux désignent de certains êtres «insécables [en compréhension] et numériquement uns» (*Cat.* 2, 1b6-7: *atoma kai hen arithmôi*), ceux-ci sont tels de deux façons bien distinctes: selon une certaine unité d'être dans un cas, celle d'un individu entrant dans l'extension d'une espèce ultime et existant par lui-même; selon une certaine unité d'intelligibilité dans l'autre, celle d'une espèce ultime entrant dans l'extension d'un genre mais n'ayant d'existence singulière et donc réelle que dans un être d'intelligibilité première autre.

Troisième étape: observant que la liaison verticale obéit aux deux principes de:
– transitivité
– séparation hiérarchique: pour qu'une même espèce entre dans deux genres distincts il faut et il suffit que l'un s'attribue à l'autre, qui lui est subordonné
on en arrive à regrouper les chaînes verticales obtenues à la deuxième étape en dix arbres distincts aboutissant à une classification en dix genres ultimes irréductibles: les «catégories»: «des expressions [descriptives] dites sans aucune composition chacune signifie soit une *substance*, soit un *tant*, soit un *tel*, soit un *être en [telle] position*, soit un *avoir*, *soit un agir*, soit un *pâtir*» (*Cat.* 4, 1b25-27).

Cette classification d'ailleurs assume la première mise en ordre accomplie lors de la seconde étape: la primauté de la première des catégories, la substance, est celle-là même, double il est vrai, de ce qui est un certain ceci et de ce que c'est; d'où vient d'ailleurs que c'est à partir de la manière propre dont elle se laisse exprimer en position de sujet qu'elle se laissera caractériser, comme l'exprime la traduction latine *substantia*: du point de vue de l'observation du dire, elle est ce qui n'est exprimé se rapporter ni par son intelligibilité ni par son existence à quelque sujet, mais au contraire, ce à quoi, comme sujet et selon ces deux lignes, tout est exprimé se rapporter. Bien plus, pouvons-nous ajouter en quittant le point de vue de l'observation du dire pour passer à l'explicitation de ce que nous observons être, les réalités qui se classent dans la catégorie de la substance ont une manière d'exister propre: elles, et elles seules, «existent par soi» (c'est là, on l'aura reconnu, le troisième des «par soi» distingués dans les *Seconds Analytiques*). Ainsi, visant à analyser ce qui est en tant qu'être et nous posant pour ce faire avec Aristote la question «qu'est-ce que l'être?», tout nous pousse à articuler plus avant notre interrogation en demandant: «qu'est-ce que la substance?». Et, dès maintenant, les combinaisons du même numérique et du même intelligible que nous avons pu observer dans notre dire de ce qui est nous font apercevoir qu'il faudra nous demander si la réponse à cette question se trouve dans le sujet ou dans la forme eidétique.

1.2.2. Des principes d'intelligibilité que présuppose notre connaissance commune, tant du devenir que des réalités qui y sont soumises, aux éléments dont sont composées celles-ci (Physique A)

Nous n'avons pas encore achevé d'expliciter, toutefois, tout ce qui, au simple niveau de la connaissance ordinaire que nous donne du réel l'expérience commune, se livre en leur jeu. Ce réel, en effet, est toujours plongé dans le devenir et c'est ce que, deux observations nouvelles vont nous le confirmer, il nous faut maintenant prendre en considération.

Première observation: l'unité d'être de ce que nous exprimons en position de sujet peut être fort diverse: celle d'un fleuve n'est pas celle d'un arbre ni celle d'un vivant celle d'une œuvre d'art ou d'un objet technique. Toutes ces réalités qu'au seul niveau de l'observation du dire nous pourrions classer dans la catégorie de la substance possèdent quelque forme eidétique une, mais seules celles qui sont des réalités *naturelles* sont susceptibles de présenter une unité d'être proprement telle – ainsi avant tout les vivants mais aussi sans doute certains au moins des corps physiques – et donc d'être proprement des substances n'exerçant pas seulement la fonction de sujet mais existant par soi. Or ce sont leurs devenirs qui nous conduisent à discerner, dans l'expérience commune, les réalités «naturelles» de celles qui ne le sont pas.

Deuxième observation: «l'être» mathématique, tout spécialement, a une unité, et d'abord un être, de modes bien particuliers. Comme nous le relevions déjà plus haut il est lui aussi en quelque façon un certain ceci, désignable toutefois non du doigt et à la sensation, mais dans la pensée seule. Aussi bien n'entre-t-il à proprement parler dans aucune des classes discernées par le traité des *Catégories*: séparé, il ne fait pas partie des réalités que l'expérience commune offre à la description. Il s'y rattache cependant, et avant tout, la chose est trop manifeste, par la quantité. Le fait est remarquable: les déterminations secondes ne peuvent être considérées pour elles-mêmes que moyennant une abstraction formelle qui est, en somme, une sorte de séparation; mais l'une des neuf classes où elles entrent, et *elle seule*: la quantité, offre alors le champ d'une science spécifique: les mathématiques (et non, certes, sans qu'intervienne aussi massivement la catégorie de la relation; mais celle-ci se retrouve partout et la direction où nous engage l'énigme ne semble pas devoir être, nous l'avons vu, celle d'une *mathesis*, ou *logica, universalis*). De cette science comme de toute autre le dire peut être traduit en attributions, en lesquelles se distingue ce dont on dit quelque chose et ce qui en est dit. Ici toutefois ce dont on dit quelque chose, à quoi donc se rapportent des jugements et qui est exprimé en position de sujet, n'existe que séparé par nous. Le triangle, par exemple, est une figure, et entre comme tel dans la catégorie de la qualité. Mais le triangle mathématique n'est pas le triangle qualitatif, dont un souple morceau de tissu, par exemple, réalisera parfaitement la figure. Le triangle mathématique, lui, n'existe que de par une définition mathématique, qui présuppose elle-même des indéfinissables posés axiomatiquement et qui appelle une démonstration d'existence;[15] la qualité, elle, nous est donnée comme existant dans ce que nous expérimentons être et c'est à partir de cette donnée que nous cherchons à la définir. Un même être mathématique en outre se prête le plus souvent à une définition par divers traits, dont ceux qui n'ont pas été choisis deviennent propriétés; et si la traduction du dire mathématique en attributions est possible, elle peut se révéler malcommode et beaucoup moins adaptée que la transcription logistique, laquelle désarticule ce qui s'unit autour de ce qui est exprimé par l'attribution en position de sujet... D'où vient, d'ailleurs et justement, l'unité de l'être mathématique? Aristote pose explicitement la question:

> en quoi et quand les grandeurs mathématiques seront-elles unes? Les [réalités qui sont] là [expérimentées par nous grâce à la sensation, sont unes] par une âme, ou une partie de l'âme, ou quelque autre [principe] convenable, sinon elles [sont] multiples et se dissolvent, mais pour ces [êtres mathématiques], divisibles, et qui sont des quantités, quelle est la cause du fait qu'ils soient et demeurent uns? (*Mét.* M2, 1077a20-24).

L'unité de l'être mathématique, manifestement, n'est que de l'ordre de l'intelligibilité, au delà du devenir. Et certes il jouit, dans ce dépassement du devenir qui commande l'accès à l'ordre de l'intelligible, d'une situation exceptionnelle. La séparation par laquelle nous le faisons être, en effet, semble nous donner accès à une existence qui présente à nos investigations, tout comme l'existence des réalités en devenir, divers degrés de profondeur ou (et) d'opacité, mais cette existence reste tout entière, à la différence de l'existence des réalités physiques, dans l'intelligible et le

---

15 Aussi bien, comme le note M. CRUBELLIER 1994, commentant *Mét.* M3, «il est remarquable qu'[Aristote] ne cherche pas à [y] ramener les objets mathématiques à l'une des autres catégories, pas même celle de la quantité» (p. 124).

nécessaire. Mais précisément, cette situation privilégiée est la marque de la faiblesse, dans ce qui est, du mathématisable et, au niveau descriptif qui est celui des ca-tégories, de la quantité. La quantité rend *divisible* et *mesurable* ce qui est, l'unité d'être des réalités qu'il nous est donné d'expérimenter exister (et avec elle, en particulier, le continu *physique*), est d'un autre ordre que celle des êtres mathématiques, elle n'est pas seulement d'ordre intelligible.

Or, pour accéder à ce qui est en tant qu'être et rendre compte de son unité propre, il nous fallait certes passer par l'explicitation de ce que notre dire descriptif dit être et une mise en ordre de sa complexité, mais ce ne pouvait être là qu'étape préalable; et pour aller au-delà, pour *analyser* ce qui est, il nous faut au préalable encore remonter à, et expliciter, une autre complexité de même et d'autre, de même numérique et de même intelligible, par delà laquelle se donne à nous ce que nous expérimentons être: la complexité de ce qui est en tant que *soumis au devenir*. Là d'abord en effet, c'était notre première observation, se donnent à nous une unité d'être et un dépassement du devenir qu'elle comporte. Mais là aussi, pouvons-nous pressentir, devrait commencer à se laisser saisir et situer ce qui, dans ce qui est, est mathématisable. Car si la quantité ne rend pas compte de l'unité des réalités que nous expérimentons être, elle *accompagne* constamment par contre, et rend connaissable comme mesurable, ce qui les fait divisibles: le *conditionnement* dans lequel, *du fait précisément qu'elles sont soumises au devenir*, elles *existent* en fait. Chacune des autres catégories, d'ailleurs, se laisse lier, de manières propres à chacune d'elles, à quelque(s) quantité(s). Et sans doute est-ce là le fait de sciences de ce conditionnement, de sciences positives, dont les significations, les mêmes intelligibles qu'elles mettent en jeu dépassent très vite et très profondément le niveau descriptif des catégories; ainsi en va-t-il en particulier, mais pas seulement, des grandeurs que dans ce conditionnement elles découvrent déterminantes, et cela selon un déterminisme mathématiquement exprimable. Mais précisément ces significations ne pourront être critiquement rattachées à ce qui est, et par là les sciences positives situées en sagesse, qu'à partir d'une analyse du réel autre que celle qu'appellent la divisibilité et le conditionnement, une analyse *philosophique* de ce qui est, en tant qu'être et en tant que soumis au devenir.

Et tout d'abord, donc, il nous faut expliciter selon quel jeu de même et d'autre, de même intelligible et de même numérique, notre expérience commune nous donne d'acquérir une certaine intelligence et du devenir lui-même et de ce qui lui est soumis.

*

Les réalités qui existent autour de nous et nous-mêmes sommes soumis au devenir, c'est un fait; l'expérience que nous en avons nous donne d'en acquérir une certaine connaissance qui est par elle-même au delà de ce devenir, c'est un autre fait. Pour Platon, qui ramène l'être à l'intelligibilité, ce qui est soumis au devenir n'est pas vraiment; pour nous, dont l'expérience ne permet de poser un jugement d'existence: «ceci est» que sur les réalités soumises au devenir, c'est dans l'examen même du premier dépassement du devenir qu'implique l'acquisition, *dès la connaissance ordinaire*, d'une première intelligence de ce qui détermine ce «ceci», que doit pouvoir et que peut être effectivement manifestée la nécessité d'un second dépassement – en même temps que d'un retour – vers l'être auquel nous rapporte le «est» – et cela *par la philosophie*. Cet examen, en lequel se poursuit notre tentative de remontée de la signification au «contact originel de notre intelligence avec les choses», se prend, encore et toujours à partir du dire: de ce jeu de même et d'autre en lequel sont engagées en nous les significations, nous essayons de remonter à ce jeu de même et d'autre en lequel sont engagées, du fait qu'elles sont soumises au devenir, les réalités que nous expérimentons être.

Ce faisant, nous retrouvons tout d'abord les catégories. Face à Parménide et Mélissos niant le devenir pour ne nous fixer qu'à l'être, Aristote est conduit à argumenter à partir du fait que l'être, ce qui est, se dit de plusieurs façons. Ce n'est pas là une simple contingence historique: soumis au devenir, ce qui est ne peut être simple et, nous l'avons déjà relevé, la complexité du devenir et la complexité de ce qui est sont nécessairement solidaires. Ainsi pouvons nous reconnaître, au niveau descriptif des catégories, trois d'entre elles qui disent par elles-mêmes devenir: l'action, la passion, le temps; quatre autres selon lesquelles se produisent quatre sortes distinctes de devenir: la génération ou la corruption substantielles, l'altération qualitative, l'accroissement ou la diminution quantitatifs, le mouvement selon le lieu (cf. par ex. *Phys.* E1, spécialement 225a35-b9), auquel on peut rattacher, comme réalisant *ad intra* un déplacement que lui-même réalise *ad extra*, le changement de position (tant la relation que l'avoir apparaissent eux aussi engagés dans le devenir, mais toujours en second par rapport à des devenirs autres).

Mais, surtout, la mise au jour de la diversité des façons dont se dit ce qui est et dont se dit le devenir ouvre la voie à la saisie dans l'expérience – saisie *régressive*: l'interrogation philosophique intériorise l'interrogation critique – de certains «premiers» présupposés par le fait de la première connaissance que nous donne, du devenir et des réalités qui lui sont soumises, la dite expérience. Il y a là deux parallèles à faire. Le premier (cf. *Phys.* A1, 184a10-16 et *Mét.* E1, 1025b4-7) avec la démarche régressive du mathématicien: de même que celui-ci remonte d'un premier développement de son savoir aux «premiers» dont la saisie et l'explicitation vont lui permettre d'en assurer de meilleure (mais révisable) manière le caractère de science, de même ici il devrait être possible de remonter de notre connaissance ordinaire du devenir et des réalités qui lui sont soumises aux «premiers» qu'elle présuppose, avec cette différence toutefois que ces «premiers» ne seront pas tels, comme c'est le cas pour le mathématicien, comme *principes* dont la position la séparerait des réalités que nous expérimentons être, mais bien plus fortement comme *«éléments», «premiers à partir desquels»* (cf. *Phys.* A6, 189b16 et 27, et 7, 190b18) doivent au contraire être *constituées* ces réalités pour que, dans le devenir où elles existent, notre expérience nous en donne, bien avant que nous commencions à philosopher, la connaissance que de fait nous en avons. Toute régressive qu'elle soit, cette remontée, remontée du triangle de Parménide, vise à franchir le fossé cartésien entre la pensée et l'être. D'où serait à faire, parallèle au précédent, un parallèle avec tous ceux qui se situent dans la mouvance du projet fondationniste cartésien, spécialement, on devrait l'apercevoir, D. Hume et E. Kant.

De fait, prenant en considération notre expérience courante du devenir et partant pour ce faire de l'expression que nous en donnons dans notre dire ordinaire – et non dans celui des théories «galiléennes» – nous reprendrons brièvement comme suit les discernements de *Phys.* A.

Quant au *devenir*, tout d'abord, il n'est jamais que partiel. Pris *en lui-même* et en ce qui en fait *tel* devenir ayant son unité – et non par le biais des paramètres du système isolé dont les sciences positives cherchent à découvrir/élaborer les lois d'évolution – il est exprimé se dérouler entre un *terminus a quo* et un *terminus ad quem*, opposés entre eux comme *contraires* en ce que:
– ils ne peuvent *coexister*, mais, toujours:
– ils présentent une *intelligibilité commune*, laquelle entre dans telle ou telle des catégories (éventuellement une conjonction de catégories), dont se confirme ici que c'est par les variations mêmes des réalités naturelles que nous sommes conduits à les distinguer, puisque la forme eidétique, toujours «vue» dans des réalités soumises au devenir, se présente toujours comme *terminus ad quem* de quelque devenir antérieur – et se présentera, dans quelque futur, comme *terminus a quo* d'un autre devenir
– ils présupposent l'*existence* d'une réalité *sous-jacente*, par où se confirme l'importance, du point de vue de l'existence et donc de l'intention réaliste propre à la philosophie, de la considération de ce que nous exprimons en

position de sujet, et donc de l'articulation de notre connaissance ordinaire du devenir à notre connaissance ordinaire de ce qui y est soumis.

Quant à *ce qui est*, ensuite et par conséquent, pris *non en tant qu'être mais en tant que soumis au devenir*, nous voilà conduits à l'observer toujours exprimé composé, selon une composition qui peut et doit être saisie à deux niveaux.

Au premier niveau, celui qui part de l'observation du dire et du fait de la connaissance qui s'y exprime, nous dirons que tout devenir, affectant une certaine réalité et lui procurant (pour un certain temps) quelque *achèvement* (soit, donc, s'il ne s'agit pas d'une corruption, mais celle-ci pourrait s'analyser de manière symétrique) peut être observé exprimé comme mettant en jeu:
– ladite réalité, qui lui préexiste et qui est CE QUI devient
– quelque chose de réel, qui existe à son terme et qui est, *terminus ad quem* un, CE QUE devient cette réalité qui est *ce qui* devient
– et donc en celle-ci, qui de ce fait apparaît bien comme COM-POSÉE, *la dualité de:*
• un sujet, qui demeure SUB-POSÉ au cours du devenir en question
• la privation OP-POSÉE, *terminus a quo* rétrospectivement un et détermination contraire, à *ce que* elle devient.

Où, par conséquent, l'observation du dire permet de dégager, présupposés par la connaissance qu'il exprime, trois *principes d'intelligibilité* du devenir et de ce qui lui est soumis – ou deux, si l'on considère que le troisième est saisi relativement au second.

Mais où, à un second niveau, l'on observera que ce même dire exprime en fait davantage à savoir que *hupokeimenon* et *eîdos*, ce qui est exprimé en position de sujet et forme eidétique sont tous deux exprimés éléments réels à partir desquels est constituée la réalité soumise au devenir. Or, comme tels, ils peuvent certes être désignés comme *hupokeimenon* et *eîdos*, mais ils le sont alors par ce qui nous y a donné accès, et non en eux-mêmes: quant à la détermination vue par notre intelligence, en effet, ce n'est pas seulement comme telle qu'elle est saisie élément de ce qui est soumis au devenir, mais bien comme le rendant, à l'un des termes de son devenir et au long d'une certaine durée, déterminé; et quant au sujet que nous avons dévoilé subposé à ce devenir, nous l'avons bien mis au jour à partir de l'observation de notre dire, c'est-à-dire, précisément, à partir du sujet *logique*, mais lui aussi est bien saisi comme un élément réel de ce qui est soumis au devenir. C'est pourquoi, reprenant des termes qui valent d'abord dans l'analyse du devenir et des réalités artificiels, nous y ferons plus justement référence en les désignant comme *forme* non seulement eidétique: *eîdos*, mais même et d'abord *physique*: *morphè*, et comme matière: *hulè*.

1.3. Passage à l'interrogation de la philosophie première

1.3.1. Deux observations y conduisent

D'où alors, dans notre remontée de la signification au «contact originel de l'intelligence avec les choses», deux observations.

Tant pour les réalités naturelles que pour les réalités artificielles, première observation, cette analyse en matière et forme peut se faire à plusieurs niveaux successifs, et elle est donc analogique: ce qui à un certain niveau est un composé achevé de matière et de forme est, relativement à un niveau supérieur, assumé comme matière, d'où s'amorce en sens inverse une régression de ce qui est matière «seconde», présentant une certaine détermination, vers ce qui est matière «première», sous-jacente à tout devenir, même substantiel, mais purement telle. Ici précisément se rencontrent le conditionnement et les sciences qu'il appelle: dans sa complexité, la matière des réalités dont nous avons l'expérience reste pour la plus grande part en deçà de cette expérience – même si celle-ci nous donne de ces réalités une connaissance vitalement suffisante, et donc en quelque façon animale. Pour cette raison, elle ne peut être atteinte qu'indirectement, par des sciences qui ne sont sciences du réel qu'elle est que par le possible, ce que d'ailleurs, comme déjà noté, [16] avait aperçu Aristote.

Pour en revenir au bloc de cire, par exemple, il n'est pas possible de réduire ce qui le fait demeurer le même, par delà l'épreuve de l'exposition au feu, à la portion d'étendue, même caractérisée par quelque complexité quantitative cachée, qu'il occupe; mais si l'analyse chimique qui permettrait de dire si, oui ou non, il est toujours, non seulement un même bloc de matière mais aussi et encore un bloc *de cire*, cette analyse engage une théorie qui assurément ne réduit pas la matière à l'étendue, mais qui non moins assurément n'a pu commencer et ne saurait se développer sans le recours à diverses approches quantitatives.

Ainsi, l'abord quantitatif, même s'il n'est pas suffisant, joue-t-il le rôle nécessaire et déterminant dans l'accès non plus seulement empirique mais expérimental à partir duquel seul pouvaient se développer les sciences positives. Celles-ci dès lors, dans la mesure même où elles impliquent de là une mathématisation du réel, en impliquent aussi séparation, et connaissance par le possible – raison pour laquelle, d'ailleurs, Aristote s'en détournait – et de ce fait elles ne rapportent jamais l'intelligence aux réalités naturelles en leur éventuelle unité d'être mais, comme pour les réalités artificielles et pour l'être mathématique, selon une certaine unité

---

16 Cf. *supra* p. 29.

d'intelligibilité. D'où, si l'on mène avec E. Kant la régression depuis, non pas la connaissance ordinaire, mais Euclide et I. Newton, et si avec cela l'on ne voit avec D. Hume de franchissement du fossé cartésien que depuis un univers tout mécanique jusqu'au chaos d'impressions qu'il produit en notre conscience, on retrouvera bien une forme et une matière, mais il s'agira de la matière et de la forme *du phénomène*, en aucune façon d'éléments constitutifs d'une chose en soi en fait inaccessible.

*

Avec ces éléments, toutefois, avons-nous atteint les «premiers» les plus fondamentaux? Telle semble avoir été la vision des scolastiques, notamment de Thomas d'Aquin, qui introduit comme suit son commentaire au livre H de la *Métaphysique:*

> après avoir déterminé ce qui concerne la substance, dans le livre Z, *sur un mode «logique»* – à savoir en considérant la définition, les parties de la définition et les autres *consideranda* qui, de cette sorte, sont de l'ordre de la raison – le Philosophe entend, dans le livre H, déterminer ce qui concerne les substances sensibles *par leurs principes propres*, en appliquant à ces substances tout ce qui a été recherché plus haut de manière «logique» […] Une fois posée la continuité de ce qui a été dit [alors] à ce qui est [maintenant] à dire […] [son exposé] se divise en deux parties. Dans la première, il détermine ce qui concerne la matière et la forme, qui sont les principes des substances sensibles. [17]

Et sans doute le rejoignons-nous en partie. Le qualificatif de *modo logico* par lequel Thomas d'Aquin caractérise le travail (cf. 1029b3.5) effectué depuis *Mét.* Z4, qualificatif qui traduit le *logikôs* alors employé par Aristote (1029b 13) et que la distinction que nous avons faite entre logique et critique nous amène à traduire: «sur un mode logico-critique», ce qualificatif renvoie à ce que nous avons explicité comme «remontée du triangle de Parménide». Et un premier fruit de cette remontée est bien une première saisie, *via* l'*eîdos* et l'*hupokeimenon* de la *morphè* et de la *hulè*. Mais c'est là un fruit de *Phys.* A; le travail de *Mét.* H, et d'abord Z, le présuppose certes et en fait usage, mais pour «creuser» beaucoup plus loin.

Et de fait, c'est notre seconde observation, le travail de pensée que nous venons de reprendre à la suite de *Phys.* A, travail qui a été tout d'abord de régression critique et seulement *in fine* amorce d'analyse philosophique, ce travail n'a fait encore que commencer de dégager le plus connaissable pour nous, au niveau de la connaissance ordinaire. Passer, *de là* certes, mais sans y rester, au plus connaissable en soi, c'est un travail qu'Aristote effectue

---

17 Thomas d'AQUIN 1268-1272, éd. 1964, n° 1681 et 1686, p. 402-3.

ensuite, et dans deux directions qui vont se distinguer ici: de la philosophie de la nature et de la philosophie première. En chacune des deux, d'ailleurs, en prenant un nouveau départ (annoncé à la fin de *Phys.* A, en 9, 192b4, pour la première, et souligné au début de *Mét.* Z17, en 1041a6-7, pour la seconde), et un nouveau départ qui consiste, pour les deux encore, à passer des préparatifs «logico-critiques» à une analyse causale. Mais n'anticipons pas davantage: certes le travail de l'analyse causale est désormais amorcé, mais ni Aristote dans son contexte ni nous-mêmes dans le nôtre n'était ou ne sommes déjà en mesure de prendre tout de suite ces nouveaux départs.

Certes nous avons déjà vu et voyons se préciser où ils se situent. A la différence des réalités artificielles, en effet, certaines au moins des réalités naturelles, celles que nous classons dans la catégorie de la substance, ont tout à la fois et solidairement:
– par delà l'analyse en matière et forme qu'en rendent toujours possible le devenir où elles sont plongées et les conditionnements qui en résultent, une irréductible unité et autonomie dans l'ordre de l'être
– par delà les multiples efficiences qui s'exercent, tant extérieurement qu'intérieurement, dans ce conditionnement et relativement aux devenirs et achèvements qui leur sont propres parce qu'au niveau de leur être un, une efficience elle aussi une et autonome.

Et certes encore nous pouvons voir que de cela ni les mathématiques, ni les savoirs de science indirects qui en font usage, et moins encore les philosophies dépendantes de quelque projet fondationniste, ne sauraient nous faire saisir, *dans* ces réalités, les causes propres.

Mais nous ne voyons pas encore comment nouer l'interrogation pour ce faire. Pourquoi cela? Parce que ce nouement doit se soumettre à l'exigence, que l'énigme a considérablement renforcée depuis qu'Aristote s'attachait à y satisfaire face aux mathématiques euclidiennes alors en gestation avancée, d'ouvrir une analyse de ce qui est qui permettra de situer en sagesse lesdits savoirs. Et que faire pour progresser dans cette direction? Garder en perspective qu'il nous faudra nous interroger sur la *source de la nécessité*, car existence par soi et autonomies assument dans l'existence et le devenir singuliers les multiples nécessités que les sciences positives font ressortir gouverner les conditionnements sous-jacents, mais qu'il nous faut d'abord poursuivre l'interrogation, tout juste commencée, sur la *signification*.

De celle-ci, par contre, nous voici arrivés à une étape décisive. Cherchant en effet à expliciter ce que notre dire descriptif dit être et à remonter à ce que présuppose notre connaissance ordinaire du devenir et de ce qui y est soumis, nous avons commencé d'expliciter les jeux de même et d'autre de ce que nous exprimons en position de sujet et de ce que nous exprimons vu par l'intelligence, les complexités de l'*hupokeimenon*, de l'*eîdos* et de leurs rapports, et nous en sommes arrivés à franchir le fossé cartésien entre la pensée et l'être en passant, d'une part, du sujet logique au sujet physique et à la matière et, d'autre part, de la forme eidétique à la forme physique. Or nous en arrivons par là à une articulation décisive de l'interrogation vers ce qui est en tant qu'être, interrogation qui, intégrant l'interrogation sur la signification, permettra de lui donner une première et décisive réponse. Pressentie par nous dès l'observation logique, cette articulation, qui gouverne la démarche entière de *Mét.* Z-H, est un point d'aboutissement de la régression critique engagée par *Phys.* A: «Est-ce que d'ailleurs [c'est] la forme eidétique, ou bien le sujet, [qui est] substance, ce n'est pas encore manifeste: *poteron de ousia to eîdos è to hupokeimenon oupo dèlon*» (7, 191a19-20).

Ce sur quoi porte en premier lieu cette question, toutefois, ce ne sont plus ni le sujet ni la forme eidétique, mais la «substance», l'*ousia*. *Phys.* A7, d'ailleurs, n'entreprend pas d'y répondre, et le chap. 9 laisse entrevoir pourquoi: si, d'un côté, l'existence de la matière, qui n'est pas non-être absolu, appelle une science de ce qui «en» elle est soumis au devenir – une philosophie de la nature –, de l'autre côté, «quant au principe selon la forme, est-ce qu'il est un ou bien plusieurs, et ce qu'[il est], ou ce qu'ils sont, [c']est le travail de la philosophie première de le déterminer de la manière la plus précise (192a34-36)». Et de fait, l'interrogation critique, conjointe à l'interrogation vers la nature débouche bien, ici, sur l'interrogation vers ce qui est pris en tant qu'être. Elles n'en constituent cependant qu'une composante, et l'étape décisive à laquelle nous sommes parvenus rend indispensable non de développer pour elle-même l'autre (et première) composante: la question de Dieu, mais, du moins, d'en marquer et reconnaître la convergence avec la ligne de recherche qui est la nôtre. Ainsi seulement en effet pouvons-nous espérer nouer du mieux possible l'interrogation qui ouvre l'*analyse causale* de ce qui est pris en tant qu'être qu'elles réclament l'une et l'autre. Avec cela, toutefois, une tout autre question se présente, inéludable et urgente: notre interrogation fait usage du mot *substance:* que mettons-nous, dans cet usage, derrière cet mot? Abordons d'abord cette question-ci, nous rencontrerons l'autre chemin faisant.

1.3.2. Questions connexes

α. *Difficultés autour de la traduction du mot* ousia

Substance traduit le grec *ousia* entérinant par là cette situation de fait que «la «traduction» latine d'*ousia* par *substantia* a [réussi] à s'imposer historiquement, au point de n'être pratiquement plus jamais remise en cause, à travers le commentarisme médiéval, la scolastique tardive, et même l'exégèse moderne, voire contemporaine».[18] Cette traduction n'est pas satisfaisante. Mais elle semble la seule possible.

Insatisfaisante, elle l'est pour deux raisons. D'une part la transposition latine du passage grec de *on* à *ousia* ferait normalement passer de *ens* à *essentia,* et d'ailleurs ce passage se rencontre en effet, tant antérieurement à Boèce que dans les *Traités théologiques* de celui-ci – mais non chez le Boèce traducteur et commentateur d'Aristote ou de Porphyre (cf. *ibidem* , p. 37-56). Et d'autre part, comme le relève avec juste raison Pierre Aubenque: «...c'est à ce sens du mot *ousia* [ce qui ne peut être affirmé d'un sujet, mais dont toute autre chose est dite (*Mét.* Δ8, 1017b13)] que conviendrait à la rigueur la traduction traditionnelle de *substance* [...] *Philosophiquement* l'idée que suggère l'étymologie de sub-stance convient seulement à ce qu'Aristote déclare n'être qu'un des sens du mot *ousia,* celui où ce mot désigne, sur le plan ‹linguistique›, le sujet de l'attribution, et sur le plan physique, le substrat du changement, mais non à celui où *ousia* désigne ‹la forme et la configuration de chaque être› (Δ8, 1017b23)».[19] Or en effet, comme nous allons le retrouver à la suite d'Aristote, il n'est pas entièrement faux de dire que l'*ousia* est sujet, mais ce n'est, au moins, «pas suffisant» (*Mét.* Z3, 1029a9), et Rudolf Bœhm n'a pas eu tort de considérer que cette insuffisance a été sous-interprétée par la tradition et méritait qu'on lui consacrât un livre entier.[20]

Mais, par ailleurs, l'histoire du mot *essentia*/essence est telle qu'il semble que l'on ait tout à gagner à en limiter strictement l'usage: à la suite de Marie-Dominique Philippe[21] nous désignerons par là[22] ce qui, dans l'*ousia*

---

18 Jean-François COURTINE 1980 («Note complémentaire pour l'histoire du vocabulaire de l'être. Les traductions latines d'OUSIA et la compréhension romano-stoïcienne de l'être»), p. 33.

19 P. AUBENQUE 1962, éd. 1977 p. 136, n.2, cité partiellement par J.-F. COURTINE 1980, 33-4, n. 2.

20 Rudolf BOEHM 1965, tr. fr.: *La Métaphysique d'Aristote. Le Fondamental et l'Essential*, et 1963, «Le fondamental est-il l'essentiel? (Aristote, *Métaphysique* Z3)».

21 Cf. spécialement M.-D. PHILIPPE 1972-1973-1974.

22 Voir livre III: *Dieu est-il mathématicien?* – en préparation.

singulière, est en puissance à l'acte d'être; et nous en bannirons totalement l'usage dans la traduction d'Aristote. [23] D'une part en effet les traducteurs l'emploient, qu'on nous passe l'expression, «à toutes les sauces», à savoir pour traduire, selon les occasions, aussi bien *ousia* que *to ti esti, to Xoi eînai, to ti ên eînai, to, eîdos, logos, phusis, kath'auto.* [24] Et sans doute la plupart ont-ils l'excuse que ce mauvais procédé remonte à l'Antiquité elle-même, mais il n'en reste pas moins qu'il *interdit* de saisir, ce qui est pourtant philosophiquement vital, l'extraordinaire finesse du «travail de pensée» aristotélicien – aussi bien est-ce l'un des sous-produits espérés du présent travail que d'en convaincre au moins ses lecteurs. Et d'autre part, même si nous pouvons rejoindre Emmanuel Martineau, traducteur et préfacier de R. Bœhm, lorsqu'il estime que, du fait de ce que j'appellerai la «sous-interprétation» bimillénaire de la *Métaphysique*, «la voie est ouverte à cette querelle interminable des ‹philosophies de l'essence› et des ‹philosophies de l'existence› où les meilleurs historiens (nous pensons surtout à M. Gilson) ont pu se laisser entraîner à reconnaître la loi même de l'histoire de la philosophie», [25] nous avons déjà dit et devrions mieux mesurer encore dans la suite combien la question de savoir si Aristote était ou non essentialiste est l'une de celles, sinon celle, où apparaît le mieux cette sous-interpétation (dont nous pensons donc que sont victimes J. Maritain et Etienne Gilson lorsqu'ils font d'Aristote un essentialiste, [26] mais dont nous prétendrons sortir tout autrement que par les voies, heideggériennes, de R. Bœhm et de son préfacier).

En fait, R. Bœhm peut bien écrire, pour sa part:

---

23 Par où nous rejoindrons, tout en la radicalisant, une observation de David BALME 1987, p. 296-7 et 306.

24 Soit respectivement: «le ce que c'est», «ce que pour X [est] être», «le qu'était être» (voir *infra* p. 211), «l'être», «forme éidétique», «notion expressive» ou «expression notionnelle», «nature», «par soi». Cf. M. BALMÈS 1980 (Aristote, livres Z àI de la *Métaphysique*), p. III-V; 1982, p. 216 n. 7; 1993, «Pertinence métaphysique d'Antisthène»; ainsi que la référence à D. Balme faite à l'instant. G. ROMEYER-DHERBEY 1983 lui aussi traduit généralement *ousia* par essence, et c'est là sans doute l'une des raisons majeures qui, comme déjà relevé, lui font occulter la recherche des causes de ce qui est pris en tant qu'être «au profit de la question comment (pôs) sont les *essences* sensibles?» (p. 182, souligné par moi).

25 R. BOEHM 1965, tr. fr. p. 73.

26 Pour le premier, cf. J. MARITAIN 1968, «Réflexions sur la nature blessée et sur l'intuition de l'être», qui va jusqu'à écrire: «Aristote n'a pas passé le mur des essences» (p. 31), et pour le second, voir Etienne GILSON, 1948, spécialement les p. 53-62.

remarquons au passage qu'il est donc tout naturellement exclu, dans une étude comme celle que nous entreprenons, de prendre en considération la traduction du mot grec *ousia* par «substance», et ajoutons que tout travail historico-critique sur la philosophie grecque, dès l'instant où il utilise ingénument une telle traduction, se condamne à revêtir une allure pour le moins étrange [27]

c'est du côté de son choix que semble se trouver l'étrangeté la plus grande et même, nous le verrons, parfaitement dirimante.

En allemand il est vrai, comme le rappelle E. Martineau dans une note: «ce terme allemand [Wesen], avant de nommer l'essence au sens philosophique, désigne couramment les ‹êtres›, au sens où nous disons en français: les êtres que j'aime, un être vivant, le Grand Etre (Dieu), etc. en parlant d'étants animés (p. 169-70, n. 5)»,
d'où il est tout à fait possible de saisir ce que dit sa traduction:

> Il y a les «essences» (les «êtres»), et chaque «être» a son «essence». Nous appelons une «essence» un «être», par exemple un «être vivant», mais aussi l'«être suprême», un «être de raison», etc. D'autre part «essence» signifie ce que nous appelons l'être d'une chose, d'un animal, d'un homme ou de l'homme, de l'Etat, etc... Et c'est dans ces deux sens qu'Aristote nomme d'un côté les plantes et les vivants, le feu, la terre et l'eau, le ciel, les étoiles, la lune et le soleil des *ousiai* (1028b9-13), puis parle derechef de «l'essence du ciel» – *hè tou ouranoû ousia* (1028b27) (p. 169-70).

Mais, de là, il ne nous est pas possible de le suivre lorsqu'il demande, en conclusion de sa note: «de même donc que M. Bœhm demande d'étendre *Wesen* à toute *ousia*, nous demandons au lecteur français d'y étendre le terme *essence*», car jamais nous n'accepterons de désigner comme une «essence» la personne aimée, ni même (voire moins encore) notre chien Médor, alors que nous voudrons bien les classer, avec le philosophe, dans la catégorie de la substance. Et peut-être l'allemand n'a-t-il pas de gêne à les appeler des «*Wesen*», mais il en a néanmoins une à généraliser cette appellation à tout ce qui est susceptible d'entrer dans la catégorie de la substance, comme le remarque d'ailleurs explicitement R. Bœhm dans une note à laquelle celle de son traducteur n'est qu'un ajout: «il n'est d'ailleurs pas conforme à l'usage allemand de nommer *Wesen* (des ‹essences›, des ‹êtres›) des choses inanimées, de même qu'il est parfaitement impossible d'appeler ‹choses› en allemand des ‹êtres› (des ‹essences›) doués de vie et de spiritualité». Sans doute n'est-ce pas le cas de *Wesen*, ni de *être*, mais *essence*, même s'il faut encore une fois le regretter (mais l'antériorité de Platon et l'éclectisme de l'époque du passage au latin le rendaient sans doute inévitable), fait *d'abord* signe vers l'*intelligibilité*, quant à nous

---

27 R. BOEHM 1965, tr. fr. p. 114.

186

toujours saisie sous un mode universel, de l'«être» singulier, et non vers cet être-singulier comme singulier. Or c'est bien à celui-ci que, avec Aristote et contre Platon, nous accrochons notre interrogation vers ce qui est. R. Bœhm lui-même, d'ailleurs, dans une conférence prononcée en français avant la parution de son livre, annonçait que son propos était «de montrer que, selon Aristote, le concept de ‹sujet›, d'*hupokeimenon* demeure décidément un concept insuffisant pour saisir l'essentiel de l'être des choses, pour la ‹substance›, pour l'*ousia*» [28] et, se tenant à cette traduction dans la suite de son texte, il évitait le tour souvent très forcé et la plupart du temps pénible que prend l'usage de *essence* dans la traduction de son livre par E. Martineau. Et sans doute R. Bœhm commence-t-il par proposer «l'essentiel de l'être», mais peut-on vraiment user d'une telle expression? Admettons un bref instant que l'on puisse parler de l'essence de l' homme, du chêne, de l'eau: ce n'est pas de la même façon (sauf à s'enfermer, avec l'*épochè* phénoménologique, dans la signification) que l'on pourra parler de «l'essence de l'être», ni même de «l'essentiel de l'être». Aristote, lui, *demande: «qu'est-ce que l'être?»*, *«qu'est-ce que l'homme? le chêne? l'eau?»*, mais justement cela doit nous amener à nous interroger sur les divers usages possibles de ladite question, et l'usage du mot *essence* est ici non seulement nuisible mais même tout simplement inutile.

En fait, tant chez Aristote que chez Platon, il convient d'entendre le mot *ousia*, comme le mot *eîdos*, comme étant avant tout un *mot-question*. [29] L'*eîdos* est «ce que voit l'intelligence sachant ce que la chose est». Mais qu'est cela «que voit l'intelligence sachant ce que la chose est»? C'est là la question critique fondamentale, que le mot permet justement de poser. De même l'*ousia* est «ce qui est vraiment et en premier». Et qu'est-ce que cela «qui est vraiment et en premier»? Pour Platon, c'est l'*eîdos* justement (au delà duquel au demeurant, *epekeina tès ousias*, seul l'Un-Bien «est» ultime «premier»). Pour nous, au point où nous a conduits le travail de pensée accompli sur les pas d'Aristote, ce qui est vraiment et en premier, ce sont ces réalités que l'observation du dire descriptif de ce qui est nous fait classer à part parce que:

---

28 R. BOEHM 1963, p. 373.

29 Dans un contexte autre, mais non totalement étranger au nôtre, à savoir dans la préface de son *Introduction à une science du langage*, 1989, Jean-Claude MILNER en vient à écrire que «l'épistémologie du programme de recherches qui est adoptée ici entraîne [...] une conséquence: tout concept doit être pris comme le sténogramme des questions qu'il rend accessibles» – p. 17; la remarque est de portée très générale!

– d'une part, elles sont «ce qui n'[est] pas [dit] d'un sujet mais dont tout le reste [est dit]» (*Mét.* Z3, 1029a8-9)

– d'autre part et surtout elles existent, nous en avons déjà rencontré plusieurs fois l'importance et c'est ce que *Mét.* Z1 donne comme point de départ élaboré à toute la recherche postérieure, elles existent «par soi», séparées, de manière autonome.

β. *Convergence avec la question de Dieu*

Et de fait là justement, en ce qui est un point, L E point premier de convergence de l'interrogation critique et de la question de Dieu, peut et doit se nouer l'interrogation qui ouvrira l'analyse causale de ce qui est pris en tant qu'être. Là se trouve bien en effet, s'il faut en désigner un, *le point de départ de la métaphysique*: celui où, dans une élaboration préalable à toujours reprendre à nouveau, convergent les interrogations qui appellent celle-ci (cf. *Mét.* Z1, 1028b2-3), et celui à partir duquel elle peut et doit, toujours à nouveau, commencer les analyses qui lui permettront d'y répondre. Que là se rencontre, en effet, l'interrogation critique fondamentale, c'est ce que nous avons commencé de voir et qui a rendu nécessaire, afin de nouer cette interrogation avec la précision convenable, de nous arrêter sur le mot *ousia*.[30]

Et que là aussi se concentre la question de Dieu, c'est ce que les remarques faites à son sujet dans notre chapitre 1 nous permettent de voir maintenant: si la philosophie, disions-nous, parvient à remonter à Dieu, ce ne sera certainement pas à la manière intéressée des divers projets fondationnistes, mais bien plutôt dans la recherche de la cause ultime dont peuvent bien dépendre, dans la magnificence même de leur autonomie, tant les réalités que nous expérimentons exister que l'intelligence qui nous donne de le faire. Eh bien justement, cette autonomie se donne à nous à saisir, grâce à l'observation de notre dire de ce qui est, dans ces réalités que nous classons dans la catégorie de l'*ousia*, mais elle est beaucoup plus que

---

30 Arrêt, toutefois, qui est tout le contraire de celui dont croit pouvoir se contenter J. Brunschwig lorsque, dans un article intitulé: «La forme, prédicat de la matière?», il précise en note: «ici comme dans la suite de cet exposé, j'écris ‹substance› là où Aristote écrit *ousia*, par simple raison de commodité. Je ne considère pas ce mot comme une *traduction* du mot *ousia*, qui est probablement intraduisible. Le choix du mot ‹substance›, de préférence à d'autres possibles (‹essence›, ‹entité›, ‹réalité›, etc.) n'engage aucune interprétation particulière» (J. BRUNSCHWIG 1979, p. 132, n. 2). L'historien de la philosophie peut-il ainsi *réellement* s'abstraire de l'interrogation philosophique? Le philosophe, en tout cas et bien évidemment, non.

cette voie d'accès: elle est ce dont va chercher à rendre compte l'analyse causale de ce qui est, analyse que cette voie d'accès a déjà permis et va encore un peu plus permettre d'amorcer, mais pas plus que cela.

D'ores et déjà, en effet, nous pouvons avec *Mét.* Z1 articuler plus précisément la question: «qu'est-ce que l'être?» en la question: «qu'est-ce que l'*ousia*?» *en* observant que:

– puisque la question «qu'est-ce que...?» recherche communément, relativement à telle ou telle réalité que nous expérimentons exister, ce qui en elle est premier quant à l'intelligibilité – et cela à deux niveaux: celui qui par exemple fera répondre par la maman à l'enfant demandant ce qu'est cette chose, là, dans la gare: «une locomotive», et celui qui fera demander par l'enfant: «qu'est-ce que c'est, une locomotive?» –, la même question posée relativement à ce qui est en tant qu'être – et donc notamment, mais pas isolément, vers telle ou telle des réalités susdites – y recherche encore ce qui y est premier – notamment, mais sans doute pas seulement, et en tout cas à un autre niveau, quant à l'intelligibilité –

– puisque l'observation de ce que notre dire descriptif dit être nous le montre distinguer «ce qui ne peut être affirmé d'un sujet mais dont tout le reste est dit» et ce qui en est affirmé, c'est «*dans*» cela même, qui *est* bien premier puisque se donnant à nous non seulement comme *dit* premier mais comme *existant* par soi, «*dans*» ce que nous classons dans la catégorie de l'*ousia* par conséquent, que nous devons rechercher ce qui, dans ce qui est pris en tant qu'être, est premier, et cela, donc, en posant la question: «qu'est-ce que l'*ousia*?»

– puisque notre interrogation s'articule à partir du dire de *ce qui est*, elle devrait être susceptible d'assumer l'interrogation «logico-critique» sur la complexité rationnelle et son rapport à ce qui est, mais si elle doit en être effectivement susceptible ce sera parce que son point de départ dans le réel réside dans les caractères que possèdent ces réalités que nous classons dans la catégorie de l'*ousia* d'exister «par soi», séparées et autonomes, car c'est l'analyse seule appelée par ces caractères qui sera susceptible de mener à bout la remontée du triangle de Parménide jusqu'à la complexité réelle et jusqu'aux «premiers» à partir desquels elle s'organise

– puisque la question de Dieu est d'abord, pour le philosophe, recherche d'une trace permettant de remonter à un «Etre premier» parfaitement séparé, c'est dans l'analyse de ce qui, par delà leurs complexités et conditionnements, rend possible les séparation et autonomie, imparfaites mais réelles, des réalités que nous classons dans la catégorie de l'*ousia* que nous pouvons espérer repérer cette trace. Pour cette raison, et parce que l'on devrait pouvoir dire de cet Etre premier qu'il est, selon un mode d'être propre et à préciser, première *ousia*, on peut d'ores et déjà tenir, comme l'affirmera la première phrase de *Mét.* Λ que «la recherche théorétique [pertinente] concerne l'*ousia*» (1069a18). Lorsque d'ailleurs le texte déjà cité de *Mét.* Γ1 avance que: «puisque, d'ailleurs, nous cherchons les principes et les causes les plus élevés, il est manifeste que c'est de quelque [chose] comme une certaine nature que, prise par soi, ils sont nécessairement les principes et les causes (1003a26-28)», à quoi renvoie l'expression «une certaine nature»? Nous l'avons déjà relevé, à ce qui a en soi un principe immanent d'autonomie. Non seulement toutefois, ici, au seul niveau du devenir, mais, comme le porte le contexte et comme le souligne le «une certaine», au niveau de l'être. Tel est bien le point de départ, élaboré et à toujours renouveler, de l'interrogation proprement métaphysique

– puisque nous partons des réalités que, parmi celles que nous expéri-mentons être, nous classons dans la catégorie de l'*ousia*, la question se pose de savoir lesquelles sont effectivement des *ousiai*. Comme le relève jus-tement et avec d'autres R. Bœhm, la question «*tis hè ousia?*» introduite par Z1 peut se lire aussi de cette façon, [31] et c'est d'ailleurs la question que soulève Z2. Mais il s'agit alors d'écouter les diverses opinions à ce sujet, et la conclusion souligne (en 1028 b32) «qu'on ne pourra [...] décider en définitive lesquelles de ces choses sont effectivement des [*ousiai*] qu'après avoir répondu à la question de savoir – *tèn ousian ti estin* – ce que c'est qu'une [*ousia*]». [32] Et certes ce chapitre 2 est toujours à réactualiser. Il le serait notamment, aujourd'hui, par des questions venant tant de la physique de l'atome ou de la mécanique quantique, ou de la biologie, que des philosophies de la personne ou du corps. Mais cette réactualisation consistera toujours à rassembler des questions dont la réponse, ultérieure, dépend de celle à donner à la question: «qu'est-ce que l'*ousia*?», posée à partir de l'expérience commune et de son expression dans le dire ordinaire de ce qui est.

Relevons seulement, en ce lieu, un nœud aussi stratégique que celui qui nous a fait choisir, avec la philosophie analytique, de nouer notre interrogation à partir d'une observation du dire mais, contre elle, en vue d'une analyse causale de ce qui est. Nous l'avons dit, loin de nous enfermer

---

31 R. BOEHM 1965, tr. fr. p. 165 sq; voir aussi J. BRUNSCHWIG 1964, p. 193-4, et les précisions qu'il apporte en J. BRUNSCHWIG 1979, p. 83-4.

32 R. BOEHM 1963, p. 383.

dans l'opposition du sujet connaissant et de l'objet connu ou (et) la séparation de la chose et de l'objet, nous cherchons à discerner l'objet premier de l'intelligence, son *antikeimenon, dans* ce sujet réel, cet *hupokeimenon* qu'est, dans notre expérience, chaque chose singulière – c'est-à-dire, pouvons-nous préciser maintenant, chacune de ces réalités que nous classons dans la catégorie de la substance. Or, comme M. Heidegger l'a fait voir avec une ampleur inégalée, la philosophie moderne dépend tout entière d'un choix opéré à son origine dans l'interrogation vers le sujet:

> Descartes, aussi bien qu'Aristote, pose la question de l'*hupokeimenon*. Dans la mesure où Descartes cherche ce *subjectum* dans la voie prétracée de la Métaphysique, il trouve, pensant la vérité comme certitude, l'*ego cogito* comme ce qui est présent constamment. Ainsi, l'*ego sum* devient *subjectum*, c'est-à-dire que le sujet devient être-conscient-de-soi. La subjectité du sujet se détermine à partir de la certitude de cette conscience. [33]

Eh bien! L'homme est sans aucun doute la première des réalités que nous classons dans la catégorie de la substance, et l'interrogation métaphysique vers l'être et vers la substance, si elle est appelée par la question de Dieu, est aussi et en quelque sorte à égalité appelée par la question expressément formulée comme directrice par E. Kant: «qu'est-ce que l'homme?» [34] (en quelle sorte, à égalité? En ce que c'est pour l'homme que la question de Dieu est ultime). Et sans doute cette question est-elle beaucoup plus explicite dans un contexte chrétien, qui valorise plus que tout autre la personne, que dans la *Métaphysique*. Elle a cependant ses points d'ancrage suffisants chez Aristote, d'une part avec la place qu'il accorde à la «philosophie humaine» [35] et, en celle-ci, à la contemplation, la *theoria*, d'autre part avec la question posée au détour d'une page de l'introduction aux *Parties des animaux*:

> on pourrait se demander s'il appartient à la science de la nature de traiter de toute âme, ou bien seulement d'une sorte d'âme. Si c'est de toute âme, aucune partie de la philosophie ne restera en dehors de la science naturelle. En effet, l'intelligence est relative aux intelligibles; il s'ensuivrait donc que la science naturelle devrait s'étendre à tout, car il appartient à la même science d'étudier intelligence et intelligible [...] Il ressort donc de cela qu'il n'y a pas à traiter de toute âme; *toute âme n'est pas nature* (A1, 641a32...b11, trad. J.-M. Leblond).

---

33 M. HEIDEGGER 1950, tr. fr.: «Le mot de Nietzsche ‹Dieu est mort›», p. 288; voir aussi 1961, tr. fr.: *Nietzche* I et II, p. 344-363 et J.-L. MARION 1975, éd. 1993 p. 188-189.

34 E. KANT 1800, tr. fr.: *Logique*, p. 25.

35 Cf. Ethique à Nicomaque X10, 1181b15.

Car précisément, l'autonomie dans l'ordre de l'être, et non pas seulement du devenir, qui constitue le point de départ de l'interrogation métaphysique, cette autonomie est d'abord celle de l'homme, du «sujet connaissant» qu'il est à un degré unique. Mais si cette interrogation est par conséquent toute prête (et cela notamment grâce à l'intégration explicite du problème du cercle) à reprendre l'interrogation moderne sur ce sujet-là, elle choisit, contre la modernité, de passer d'abord par l'analyse causale de ce qui fait l'autonomie de ces autres sujets que sont les autres réalités que nous classons dans la catégorie de la substance. Car si l'autonomie (mais aussi la dépendance…) de l'homme est plus grande, elle est celle d'un être qui a lui aussi un corps et lui aussi une vie végétative et une vie sensitive, et dont l'autonomie est aussi à ces niveaux-là, et non seulement à celui de sa conscience. Et assurément cela devrait nous conduire en outre à repousser, plus nettement encore que ne le suggère R. Bœhm, [36] la lecture heideggérienne selon laquelle ce serait «dans la mesure où Descartes cherche ce *subjectum dans la voie prétracée par la Métaphysique*» que, apportant certes de son côté la conception de la vérité comme certitude, il aurait ouvert la voie moderne de la métaphysique de la subjecti(vi)té. Mais laissons pour un moment ce point en suspens.

γ. *Retour sur le mot* ousia: *un moindre mal*

Ces observations, maintenant, constituant autant d'indications sur ce dont nous partirons et sur ce vers quoi nous irons quand nous ferons usage du mot par lequel nous traduirons *ousia*, ce mot peut-il rester celui de la traduction/tradition latine: *substance*? Certes le biais du sujet, qui est le biais par lequel il nous fait accéder à ce qui est en question *n'est pas* le biais par lequel nous y fait accéder le mot *ousia*, biais qui consiste bien plutôt en la primauté de ce qui est vraiment et en premier. Mais le biais du sujet est quand même, pour Aristote, un biais décisif d'accès, et le mot *substance* n'implique pas nécessairement comme primauté une primauté du type de celle du sujet, ainsi lorsque François Rabelais nous invite à chercher la «substantifique moëlle». Et certes encore c'est à tort, comme y insiste à juste titre R. Bœhm, que la tradition scolastique a identifié primauté de l'*ousia* et primauté du «suppôt». Mais si le mot *substance* incline en effet à cette erreur, il n'y enchaîne pas nécessairement, et d'ailleurs, nous essayerons de le faire voir, la juste réaction de R. Bœhm est allée trop loin et l'a empêché de saisir ce qui, du moins pour nous qui l'écoutons à partir de l'énigme, apparaîtra comme la question et la réponse décisives portées par le mot

---

36 R. BOEHM 1963, p. 388-9, et 1965, tr. fr. p. 362-7.

ousia. Au total, donc, il semble possible de garder la traduction traditionnelle. [37] La seule voie restante serait la création d'un néologisme, tel le *étance* proposé par Paul Ricoeur. [38] Mais un néologisme présente le grave défaut de manquer de résonances. Or, même si celles du mot *substance* ne sont pas exactement celles du mot *ousia*, le biais d'accès qu'elles offrent à l'interrogation n'en est pas moins un biais nécessaire d'accès à l'interrogation qu'il ouvre. L'important, par conséquent, est de ne pas en rester à cet accès, ce qui pourrait bien avoir été la faiblesse de la tradition, mais de retrouver, dans le contexte d'aujourd'hui, la vigueur de l'interrogation qui, dans le contexte de son temps, animait Aristote. Si vraiment son interrogation était alors décisive, elle devrait l'être encore aujourd'hui, et réciproquement, le fait qu'elle s'avère telle aujourd'hui serait la confirmation décisive de l'interprétation que cela présupposerait de la sienne.

1.3.3. *Récapitulation et première incursion en* Mét. Z3

Ainsi donc, chercher à analyser ce qui est en tant qu'être c'est d'abord chercher à analyser, et sous cet angle, les réalités que nous classons dans la catégorie de la substance, disons «les substances», dont chacune existe par soi, séparée, dans une autonomie d'être et de devenir. Mais comment amorcer cette analyse? A partir de la complexité dans laquelle elles se donnent à nous, complexité que nous avons vue ci-dessus s'organiser selon deux dualités fondamentales:
– chaque substance tout d'abord, tel que l'exprime notre dire descriptif de ce qui est, se donne à nous:
• d'une part, comme un certain *ceci*, un *tode ti* désignable du doigt parce que localement séparé et, plus profondément que cela, autonome
• et, d'autre part, dans une certaine connaissance, fruit de l'expérience commune, de *ce qu'elle est*, de son *ti esti*
– et chacune ensuite, du moins à suivre la régression critique par laquelle nous sommes remontés aux éléments constitutifs présupposés par notre connaissance du devenir et de ce qui y est soumis –à savoir, au premier chef, ces substances mêmes –, chacune est composée à partir:
• d'une *forme physique* qui la rend, au regard de l'intelligence, déterminée, achevée et une, mais non sans que cette détermination première soit

---

37 Quitte aussi, cette traduction étant indiquée, à user de la simple translittération du mot grec, comme nous avons déjà commencé de le faire, tant pour *ousia* que pour quelques mots-clefs, y voyant l'avantage de leur donner, par l'usage que nous en faisons ainsi, un contexte que l'on peut espérer suggestif.

38 P. RICOEUR 1957, *Etre, essence et substance chez Platon et Aristote*.

débordée par une multiplicité d'autres, dont certaines au moins lui semblent liées par un lien de nécessité, mais d'une nécessité dont l'expérience commune ne manifeste ni le pourquoi ni le comment

• d'une *matière*, qui la rend intérieurement dépendante et solidaire des réalités extérieures, et finalement de l'extrêmement grand qu'est le tout de l'univers, de sorte en outre que demeure sous-jacent à ses déterminations observables un conditionnement qui, d'une extraordinaire complexité, échappe lui aussi pour sa plus grande part à l'expérience commune, et appelle des investigations toujours plus poussées vers l'extrêmement petit et, par reconstructions conséquentes, de l'extrêmement complexe.

Or ces deux dualités sont liées entre elles, et ce qui fait leur lien est ce par quoi elles conduisent à articuler ensemble l'interrogation qui cherche à analyser ce qui est en tant qu'être et l'interrogation critique sur le fondement de la signification. Ce que voit en effet l'intelligence connaissant *ce qu'est* telle substance: sa *forme eidétique*, est à son regard «le même» que ce qui en est, avec la matière et en tant que ladite substance est soumise au devenir, élément premier: sa *forme physique*; mais ce «même»:

a) du point de vue de l'interrogation sur le fondement de la signification, demande, pris qu'il est entre la multiplicité des déterminations secondes, accidentelles ou propres, et l'opacité du conditionnement sous-jacent, à être situé dans ce qui est

aa) du point de vue de l'interrogation vers ce qui est, se trouve en concurrence de primauté, mais aussi en collaboration, avec le même «numérique» de ce que nous exprimons en position de sujet; de fait:

b) il y a bien concurrence, car:

c) s'il a la primauté de l'intelligibilité, du moins pour nous, il l'a toujours, pour nous justement, selon un mode universel, alors que l'existence plénière est toujours singulière, et c'est ce que nous exprimons en position de sujet qui se trouve de ce côté-là

cc) si, pour reprendre les heureuses expressions d'un commentateur récent de la *Physique*, [39] la forme physique apparaît comme étant ce qui, dans le flux du devenir, *persiste*, et par là rend possible la saisie d'une forme eidétique hors du temps, il n'en demeure pas moins que cela ne se réalise que parce qu'elle est «reçue» dans un sujet qui est, lui, ce qui *subsiste*

bb) mais cette concurrence implique en même temps, puisque s'exerçant sous notre regard mais dans un être un, une collaboration. Et de fait si nous

---

39 Lambros COULOUBARITSIS 1980, *L'avènement de la science physique. Essai sur la physique d'Aristote*, p. 300. Nous donnerons cependant plus loin au terme *subsistance* une signification plus forte.

examinons cela que nous exprimons en position de sujet premier (de sujet *premier* parce que, de manière seconde, des déterminations secondes peuvent fort bien être sujets d'autres déterminations secondes: ainsi, pour la couleur, la surface – ou plutôt l'étendue, car le ciel aussi est bleu – ou, pour la relation de similitude entre le bleu du ciel et le bleu de la mer, ces couleurs mêmes) et qui est, donc, une réalité que nous classons dans la catégorie de la substance, la dernière étape de la remontée du triangle de Parménide effectuée par *Physique* A, à savoir le passage du couple *hupo-keimenon/eîdos* au couple *hulè/morphè* nous amène à reconnaître avec *Mét.* Z3 que: «sont dits de la sorte [substance]: d'une certaine façon la matière, mais [aussi],d'une autre façon, la *forme physique* et, d'une troisième, ce qui [est composé] à partir de ces [deux] (1029a, 2-3)».La matière, de fait, est sujet, c'est d'ailleurs par là que nous sommes arrivés à elle comme élément réel de ce qui est pris en tant que mû; et elle a bien «quelque chose de substantiel», puisque rien, dans notre expérience, n'existe sans matière. Mais la forme physique aussi est sujet, celle au moins et justement de la substance, car ce par quoi le dire descriptif exprime ce qu'il met en position de sujet premier – et à quoi donc se rattache au regard du philosophe tout dire scientifique – c'est le terme *signifiant ce qu'est* la réalité décrite, terme donc qui en exprime la forme première, tant eidétique que physique. Et comme ce qui est c'est le tout, c'est lui seul qui est pleinement sujet et substantiel; et si, d'ailleurs, le terme en position de sujet *signifie* la forme, c'est au tout qu'il *fait référence*.

Mais que seul le tout soit pleinement substantiel ce n'est pas là ce qui permet de répondre à la question «qu'est-ce que la substance?». Au contraire, cela la confirme et la précise. Comme l'indiquera expressément la récapitulation de la fin du chapitre, «il nous faut donc passer sous silence la substance [composée] à partir des deux, je veux dire celle [qui est composée] à partir de la matière et de la forme, car elle est postérieure et manifeste (1029a30-32)». Elle est donc ce dont il faut rendre compte de l'unité, – travail qui n'est évidemment susceptible d'être entrepris que si l'on se refuse au divorce analytique de «l'essence», ou du moins de la quiddité, d'avec l'objet de la référence – et c'est précisément par notre question, laquelle re-cherche un premier plus manifeste en soi mais non pour nous, que nous y travaillons. Tout ce que nous pouvons dire, au seuil de ce travail, c'est ce que relève la fin de l'introduction de notre chapitre: «si la *forme eidétique* est antérieure à la *matière*, et plus pleinement être (selon l'expression platonicienne rappelée en Z2, 1028b19) elle le sera aussi par rapport à ce qui [est composé] à partir des deux, pour la même raison (1029a5-7)».

De sorte que, on le voit, cherchant à analyser ce qui est en tant qu'être et à y saisir ce qui y est premier, et passée pour ce faire de la question «qu'est-ce que l'être?» à la question «qu'est-ce que la substance?», l'interrogation métaphysique s'articule maintenant à partir de cette concurrence/collaboration de «premiers», concurrence/collaboration qu'il lui faudra vraisemblablement dépasser, mais qui ne pourra l'être qu'après examen critique des titres de chacun des prétendants. Et, en conformité avec la nécessité pour l'interrogation philosophique d'assumer comme intérieure à elle-même l'interrogation critique, cette articulation assume en même temps:
– puisque l'*eîdos* est ce que voit l'intelligence sachant ce que la chose est, l'interrogation critique fondamentale, celle qui concerne le fondement de la signification soit, autrement dit, «la source où se manifesterait le contact originel de l'intelligence avec les choses»
– mais aussi, serons-nous conduits à expliciter, l'interrogation sur la source de la nécessité.

2. Premier essai de réponse
à la question: «qu'est-ce que la substance?»

2.1. Du côté du sujet (*Mét.* Z3)

Soit donc à commencer notre examen avec ce premier prétendant qu'est ce que nous exprimons en position de sujet, disons: le sujet. La substance est sujet, cela ne fait aucun doute, ce biais d'accès est véridique et nécessaire. Mais la question n'est pas là. Comme l'exprimait très excellemment R. Bœhm dans sa conférence de 1963, elle est celle-ci: «est-ce *en tant que sujet* que toute substance est [...] une substance?»; [40] elle n'est pas, comme croira devoir le formuler René Claix présentant le travail de R. Bœhm et tentant de retrouver face à lui la lecture traditionnelle du texte aristotélicien, elle n'est pas celle-ci: «quel est le principe qui fait du sujet une substance, à savoir un étant doué d'unité, de subsistance et d'intelligibilité?». [41] R. Claix en effet a bien raison de caractériser les substances comme des êtres (plutôt

---

40 R. BOEHM 1963, p. 382. J'ai supprimé l'incise «– essentiellement –», car non seulement elle est inutile mais, surtout, elle engage dans une impasse.
41 René CLAIX 1972, «Le statut ontologique du concept de ‹sujet› selon la métaphysique d'Aristote. L'aporie de *Métaphysique* VII (Z) 3», p. 348.

que des «étants», mot franco-heiddegérien qui occulte justement ce que R. Claix dit ici de juste) doués «d'unité, de subsistance et d'intelligibilité», et il a bien raison encore d'appuyer cette caractérisation par une citation de U. Dhondt:

> ce qui suscite l'étonnement initial de la recherche métaphysique, ce qui est au cœur de la problématique ontologique, c'est la subsistance et l'intelligibilité de tout être. Chercher comment tout être, de par le fait qu'il est, possède ces deux propriétés, trouver un principe qui rende compte à la fois de la subsistance et de l'intelligibilité du réel, telle est la tâche de l'ontologie [42]

mais il se trompait totalement, même s'il ne faisait alors que porter à l'extrême la lecture traditionnelle et même si, c'est vrai, la question du sujet reste présente jusqu'en *Mét.* Θ, lorsqu'il annonçait, dans l'introduction de son article, que «la pleine articulation du concept de sujet occupe le livre VII (Z) tout entier» (p. 337). Ce que R. Bœhm et ce texte de U. Dhondt auraient dû lui faire voir, c'est que l'interrogation du livre Z (et aussi H) porte tout entière sur la substance, et que celle sur le sujet n'est qu'un moment de son articulation, moment qu'il aurait dû formuler dans la question suivante: «quel est le principe qui fait de la substance, à savoir un être doué d'unité, de subsistance et d'intelligibilité, un sujet?» Il est vrai que R. Bœhm, lui, ne parvient pas jusqu'à une telle formulation, notamment, sans doute, parce que ce n'est pas en Z3, mais en Z17 seulement, qu'Aristote lui-même nous fait parvenir à une formulation de même pertinence. N'anticipons donc pas davantage et contentons-nous pour le moment de tenter d'apprécier s'il nous faut reprendre pour nous-mêmes la dénégation aristotélicienne autour de laquelle tourne l'ouvrage entier de R. Bœhm: «dès maintenant, donc, on a dit ce que peut bien être la substance selon une vision rudimentaire, à savoir: ce qui n'[est] pas [dit] d'un sujet mais dont tout le reste [est dit], mais il ne faut pas [la voir] seulement ainsi, *car ce ne serait pas suffisant* (1029a7-9)».

Comment voir cette insuffisance et quelle portée lui reconnaître?

Aristote apporte à l'appui de sa dénégation, l. 10-19, deux premières objections enchaînées puis, les ayant développées, énonce la raison première et positive qui les rend dirimantes et qui, en même temps, permet de relancer l'interrogation. Ces deux premières objections sont en bref les suivantes: «[...]ce ne serait pas suffisant; en effet: cela même [qu'on indique par là] n'est pas manifeste et, de plus, [c'est] la matière [qui] devient substance (1029a10)». La suite du texte développe d'abord la seconde, en opérant, à partir de sa description catégoriale et dans la remontée vers le sujet premier que suggère celle-ci, une déconstruction imaginative de la

---

42 U. DHONDT 1961, «Science suprême et ontologie chez Aristote», p. 29.

réalité que nous classons dans la catégorie de la substance. Selon une démarche en effet que retrouveront entre autres R. Descartes (cf. le morceau de cire et aussi *Principes* II 4) et John Locke (avec la distinction des qualités «premières» et «secondes»), on élimine successivement, dans l'ordre inverse de celui de nos constructions imaginatives, les déterminations autres que quantitatives puis, sujets des précédentes (dans le réel? dans la perception seulement? la question est disputée…), les déterminations quantitatives, et, au terme, «nous ne voyons rien rester en-dessous, si ce n'est ce qui est la [réalité] déterminée par elles, de sorte qu'il est nécessaire que la matière paraisse [être] la seule substance à ceux qui regardent ainsi [les choses] (1029a17-19)».

D'où, examinant le «premier» auquel on est ainsi arrivé, se développe l'objection énoncée la première: ce sujet ultime à quoi nous «attribuons» cela même à quoi, dans notre dire descriptif et donc virtuellement en tout dire, nous attribuons tout le reste, il est quelque chose «pour quoi l'être est autre que pour chacune des catégories» (l. 22-23) et vers quoi en définitive, du moins à en rester dans l'ordre des catégories, nous ne parvenons à orienter le regard de l'intelligence que de manière négative, vers du «non manifeste». Et certes, comme l'a analysé J. Brunschwig, [43] «attribuer» prend deux sens distincts lorsqu'Aristote écrit: «de fait, les autres [catégories] sont attribuées à la substance, tandis qu'elle-même [est attribuée] à la matière (1029a23-24)», mais le mouvement de l'un à l'autre est précisément celui de la remontée du triangle de Parménide, et c'est dans l'effort de cette remontée que, philosophant avec Aristote, il nous faut entendre la suite: «de sorte que le [sujet] ultime *par soi* n'est ni une certaine [chose], ni tant, ni rien d'autre, et ne sera certes pas ces négations-[mêmes], car celles-ci appartiendront *par accident* [à la réalité considérée] (1029a24-26)».

---

43 Cf. J. BRUNSCHWIG 1979, «La forme, prédicat de la matière?». La remarque joue également un rôle essentiel dans les lectures que font de *Mét.* Z Michaël LOUX 1991, *Primary Ousia. An Essay on Aristotle's* Metaphysics Z *and* H, chap. 4: «Two Kinds of Substance-Predication», et Annick JAULIN 1994, *Genre, genèse et génération de l'ousia prôtè chez Aristote*, p. 197-202: «La ‹double› prédication», mais même si les deux soulignent souvent de manière heureuse l'importance et la complexité de la contribution de la matière et du «comment» au «ce que c'est», aucun des deux n'aboutit comme nous le ferons à lire Z17 comme un «saut» à l'*ousia* comme cause selon la forme de ce qui est pris en tant qu'être, et cela faute notamment, à notre point de vue, d'avoir dégagé la remontée du triangle de Parménide comme cadre toujours reparcouru à nouveau par la progression d'Aristote.

Au regard de la philosophie de la nature, la nature-matière est *cause conjointe* (cf. *Phys.* A9, 192a13) avec la nature-forme physique, et à explorer, nous l'avons déjà relevé, *selon l'analogie* (cf. *Phys.* A7, 191a7-14); au regard de la philosophie première, dont nous allons voir qu'elle retient malgré tout comme *irréductible* la contribution de la matière au *ce que c'est*, elle apporte une *manière d'être*, qui ne peut pas être saisie dans la ligne du *ce que c'est* univoque qui est celle des catégories. Elle est donc bien un certain «premier», mais un premier d'une inépuisable opacité et non, par conséquent, ce premier que cherche à atteindre la question «qu'est-ce que la substance?», lequel doit au contraire être atteint comme assumant, en chacun des êtres uns, existant par soi, séparés et autonomes que nous expérimentons être, le conditionnement extraordinairement complexe que constitue en eux sa sous-jacence. Voilà en effet la raison première et positive qui rend nos deux objections dirimantes. Aristote la formule ainsi:

> pour ceux donc qui orientent leur regard théorétique à partir de ces [considérations], il s'ensuit que [c'est] la matière [qui est] substance, mais c'est impossible, et en effet il semble qu'appartiennent davantage à la substance
> – le [caractère d']être séparé
> – et le [caractère d'être] ce qui [est] un certain *ceci* (1029a26-28).

Oui donc et en bref, la substance est sujet, mais loin d'être l'*explicans* qui donnerait la réponse à la question «qu'est-ce que la substance?», c'est là le premier des *explicanda* qui l'appellent.

Et quelle est la portée de ce discernement? Rien de moins que celle de l'énigme puisque, nous l'avons déjà relevé, l'exploration vers la matière première ne peut s'engager, même si Aristote s'y est pour sa part refusé, que moyennant mesures et mathématisation. Et le refus d'Aristote n'est pas ici un obstacle, car c'est par différence que nous escomptons situer le mathématisable dans ce qui est, et nous sommes bien engagés avec lui dans l'approche de ce non mathématisable dont seule la saisie permettra cette mise en situation.

Ce qui ferait obstacle, en revanche, ce serait d'en rester à la lecture traditionnelle de son texte. Contre elle, nous l'avons dit, R. Bœhm a bien raison de souligner que l'interrogation directrice porte sur la substance, non sur le sujet, et d'interpréter le «de cette sorte, *toioûton*» de la ligne 1029a2 comme renvoyant, non pas, du moins en premier, au sujet, mais plutôt à l'*ousia* – c'est-à-dire, n'y revenons pas, à la «substance» plutôt qu'à l'«essence». Toutefois «ce qui est de la sorte [substance]» c'est bien ce dont on vient de parler immédiatement, à savoir la substance approchée comme sujet, et c'est bien cela que «sont dits d'une certaine façon la matière, mais aussi, d'une autre façon la forme physique et, d'une troisième, ce qui est composé à partir de ces deux». Faute de l'apercevoir, R. Bœhm évite sans doute l'erreur traditionnelle, mais manque néanmoins la question aristo-télicienne et, a fortiori, sa réponse, laquelle va bien au delà du simple ni... ni... auquel il les lit aboutir lorsqu'il conclut:

> c'est ainsi que dans ce chapitre Z3, Aristote démontre: le fondamental est bien le fondamental, mais il n'est pas l'essentiel. L'essentiel, lui, est bien l'essentiel, mais il n'est pas le fondamental; il n'est fondamental que par rapport à autre chose, relativement, mais ce n'est pas en tant qu'il est fondamental qu'il est l'essentiel qu'il est. [44]

Ce que par contre il importe de voir c'est que la «forme substantielle», en laquelle R. Claix, à la suite de Thomas d'Aquin, voit «l'issue à l'aporie considérée», [45] manque tout autant et l'interrogation et la réponse qui sont celles d'Aristote, lesquelles seules pourtant sont à la hauteur de ce à partir de quoi nous l'interrogeons, à savoir l'énigme. [46] De ce point de vue, R. Bœhm touche bien malgré tout à ce qui est ici en jeu lorsqu'il évoque la possibilité que «les considérations critiques d'Aristote auxquelles nous nous référons atteignent les thèses heideggeriennes elles-mêmes» et, pour s'en expliquer, concentre «l'opposition [de M. Heidegger] à la pensée méta-physique qui, pour lui, va de Platon jusqu'à Nietzsche», sur cette question de l'essentiel et du fondamental. [47]

*

Mais faisons d'abord un détour par ce «nouveau philosophe» qui, refusant les idées innées cartésiennes, a tenté – il est vrai et nous l'avons déjà noté, sans guère y réussir –, un retour à l'empirisme aristotélicien: j'ai nommé J. Locke. Le chapitre 23 du livre II de l'*Essai philosophique concernant l'entendement humain*, chapitre intitulé «De nos idées complexes des substances», commence ainsi:

> l'esprit étant fourni, comme je l'ai déjà remarqué, d'un grand nombre d'Idées simples [...] remarque outre cela, qu'un certain nombre de ces idées simples vont constamment ensemble, qui étant regardées comme appartenantes à une

---

44 R. BOEHM 1963, p. 388; voir aussi 1965, tr. fr. p. 357sq.
45 R. CLAIX 1972, p. 353.
46 Thomas d'Aquin ayant interprété les l. 1029a10-19 comme rapportant l'opinion de certains présocratiques, commente: «ce qui a trompé les anciens philosophes lorsqu'ils ont avancé cette raison [en faveur de l'identification de la substance à la matière], c'est leur ignorance de la forme substantielle» – Thomas d'AQUIN 1268-1272, éd. 1964 n° 1284, p. 322.
47 Voir R. BOEHM 1963, p. 389 et 1965, tr. fr. p. 348-67.

seule chose, sont désignées par un seul nom lorsqu'elles sont ainsi réunies dans un seul sujet

puis, ayant observé que:

quoique ce soit véritablement un amas de plusieurs idées jointes ensemble, dans la suite nous sommes portés par inadvertance à en parler comme d'une seule idée simple, et à ne les considérer comme n'étant effectivement qu'une seule idée; parce que [...] ne pouvant imaginer comment ces idées simples peuvent subsister par elles-mêmes, nous nous accoutumons à supposer quelque chose (quelque sujet commun, dira le § 4) qui les soutienne, où elles subsistent, et d'où elles résultent, à qui pour cet effet on a donné le nom de *Substance* [48]

il lance la flèche historiquement mortelle (cf. G. Berkeley, D. Hume, E. Kant...):

de sorte que qui voudra prendre la peine de se consulter soi-même sur la notion qu'il a de la *pure Substance en général*, trouvera qu'il n'en a absolument point d'autre que de je ne sais quel sujet qui lui est tout à fait inconnu [...] c'est ce *soutien* que nous désignons par le nom de *Substance*, quoiqu'au fond il soit certain que nous n'avons aucune idée claire et distincte de cette *chose* que nous supposons être le soutien de ces qualités ainsi combinées (§§ 2, p. 230 et 4, p. 232).

Ce dernier texte, pourtant, semble fort proche des objections que soulevait Aristote pour manifester que saisir la substance comme sujet ne serait pas suffisant. Comment se fait-il que, dans la suite, les deux démarches soient si divergentes? C'est que, bien sûr, le contexte d'interrogation n'est pas le même. J. Locke interroge dans un contexte mécaniste, qui n'est pas celui d'Aristote. Mais J. Locke n'oublie-t-il pas, demandera le lecteur du commentaire de Thomas d'Aquin (ou du *Discours de Métaphysique*, § XI, de G. Leibniz), la forme substantielle? Malgré son opposition aux idées innées de R. Descartes, la dépendance à celui-ci qui reste la sienne lorsqu'il écrit, à la première ligne du livre IV: «puisque l'Esprit n'a point d'autre objet de ses pensées et de ses raisonnements que ses propres idées, qui sont la seule chose qu'il contemple ou qu'il puisse contempler, il est évident que ce n'est que sur nos idées que roule toute notre Connaissance (§ 1, p. 427)», cette dépendance ne lui fait-elle pas déjà accomplir ce «divorce de l'essence d'avec l'objet de la référence» que, dans un autre contexte encore, W.V.O. Quine préconisera 263 ans plus tard? Non, J. Locke n'oublie pas la forme substantielle, mais il la rejette:

les qualités ordinaires qui se remarquent dans le *Fer* ou dans un *Diamant*, constituent la véritable idée complexe de ces deux Substances, qu'un Serrurier

---

48 J. LOCKE 1690, tr. fr (1755) p. 230.

ou un Joaillier connoît communément beaucoup mieux qu'un Philosophe, qui, malgré tout ce qu'il nous dit des *Formes substantielles,* n'a dans le fond aucune autre idée de ces Substances, que celle qui est formée par la collection des idées simples qu'on y observe (§ 3), p. 231).

Et, aussi bien et par exemple, J. Maritain, après avoir redit que: «la compréhension d'un concept est exprimée premièrement et avant tout par la *définition essentielle* de celui-ci (définition de l'homme par exemple comme animal raisonnable, ou du triangle comme polygone à trois côtés)», doit-il concéder que:

> il peut toutefois arriver (*c'est le cas ordinaire dans les sciences inductives*), que les notes constitutives elles-mêmes de l'essence présentée à l'esprit par un concept ne soient jamais connues de nous. La compréhension d'un concept est toujours l'ensemble de ces notes, et, secondairement, de celles qui en dérivent néces-sairement, mais ces notes constitutives de l'essence n'étant pas connues de nous, c'est par des signes extrinsèques que nous déterminons alors la compréhension de notre concept, nous contentant d'une *définition descriptive* à défaut d'une *définition essentielle.* [49]

Or qu'y a-t-il derrière ce rejet et derrière cette concession? Rien de moins que le problème de l'énigme. J. Locke, de fait, conclut son chapitre en distinguant entre essence réelle et essence nominale (§ 15, 334), distinction qui lui permet le discernement suivant:

> à l'égard des Essences réelles des Substances corporelles, pour ne parler que de celles-là, il y a deux opinions, si je ne me trompe. L'une est de ceux qui se servant du mot *essence* sans savoir ce que c'est, supposent un certain nombre de ces Essences, selon lesquelles toutes les choses naturelles sont formées, et auxquelles chacune d'elles participe exactement, par où elles viennent à être telle ou telle Espèce. L'autre opinion, qui est beaucoup plus raisonnable, est de ceux qui reconnaissent que toutes les choses naturelles ont une certaine constitution réelle, mais inconnue de nous, de leurs parties insensibles, d'où découlent ces qualités sensibles qui nous servent à distinguer ces choses l'une de l'autre [...] Les Essences étant ainsi distinguées en *nominales et réelles,* nous pouvons remarquer outre cela, que *dans les Espèces des Idées simples et des Modes, elles sont toujours les mêmes,* mais que dans les Substances elles sont toujours entièrement différentes. Ainsi, une Figure qui termine un espace par trois lignes, c'est l'essence d'un Triangle, tant *réelle* que *nominale* [...] Mais il en est tout autrement à l'égard de cette portion de matière qui compose l'anneau que j'ai au doigt, dans laquelle ces deux essences sont visiblement différentes. Car c'est de la constitution réelle de ces parties insensibles que dépendent toutes ces propriétés de couleur, de pesanteur, de fusibilité, de fixité, etc. qu'on y peut observer. Et cette constitution nous est inconnue [...] Cependant c'est sa

---

49 J. MARITAIN 1920, II, éd. 1966 p. 35, parenthèse soulignée par moi.

couleur, son poids, sa fusibilité et sa fixité, etc. qui la font être de l'Or, ou qui lui donnent droit à ce nom, qui est pour cet effet son *essence nominale* (§§ 17-18, p. 335-6).

Or, ce faisant, il annonce longtemps à l'avance, quant à l'avenir, et Antoine Lavoisier et la théorie atomique, impossibles sans mesures quantitatives et mathématisation, et, quant au passé, scelle définitivement l'échec de l'essentialisme: la chimie donnera bien une définition de l'or dont est fait l'anneau au doigt de J. Locke, et cette définition permettra bien de déduire sinon toutes du moins la plupart de ses propriétés communément observables, mais cette définition sera une reconstruction à l'intérieur de théories mathématisées, dont la puissance à nous faire approcher par elle la «structure inconnue» du dit or est cela même qui constitue l'énigme.

Or encore, si le rejet de l'essentialisme et, avec lui, de la forme substantielle comme réponse à la question «qu'est-ce que la substance?», semble bien nous interdire d'achever la remontée du triangle de Parménide en franchissant le fossé nominaliste et cartésien entre la pensée et l'être, l'énigme, elle, ne cesse de nous y inviter. Et l'empirisme d'ailleurs, s'il refusait aux «sciences inductives» les fondements que prétendaient leur donner les divers rationalismes, soulevait de son côté le problème du fondement de l'induction.

Sans doute, il faut d'abord le relever, a-t-il été longtemps en décalage par rapport à la science déjà fort mathématisée qui lui était contemporaine. Ainsi que le souligne avec raison R. Blanché, examinant dans un livre très précieux *L'induction scientifique et les lois naturelles,*

> Hume ne se réfère pas aux lois fonctionnelles, il ne pense qu'aux lois causales et même, si l'on en juge par ses exemples, à leurs formes les plus banales, qui demeurent au seuil de la connaissance scientifique: le pain qui m'a nourri hier continuera à me nourrir demain, la bille qui en choque une autre la mettra en mouvement, etc. [...] [Lui] qui reproche précisément à Bacon d'avoir ignoré les mathématiques, n'en tient pas davantage compte dans ses analyses. [50]

Et quant à J. S. Mill,

> d'une part il prétend bien, comme Bacon qu'il prolonge directement, donner une théorie de l'induction qui débouche sur une méthodologie de la recherche expérimentale. Mais, d'autre part, tout se passe comme si, venant après Galilée, Newton et Laplace, il n'avait pas saisi mieux que Bacon le rôle capital de la mathématique [...] Certes Mill ne pouvait ignorer l'existence de lois fonctionnelles. Mais il s'en débarrasse en les reléguant dans un chapitre fourre-tout final, *Des autres lois de la nature,* où elles voisinent, avec celles qui énoncent

---

50 R. BLANCHÉ 1975, p. 95 et 104.

simplement une existence, avec celles qui portent sur des ressemblances (p. 104-105).

En fait, c'est seulement avec l'empirisme logique que ce décalage sera, d'une certaine façon, comblé: c'est ce que souligne Pierre Jacob: pour R. Carnap,

> la distinction [entre vérités logiques: tautologiques, et synthétiques: descriptives d'un état de fait] offrait enfin la clef d'un solution au problème qui avait tourmenté les rationalistes et les empiristes classiques: comment une théorie de la connaissance peut-elle à la fois expliquer la connaissance du monde et la connaissance mathématique? [...] Le principe de l'empirisme explique, selon Carnap, à la fois les succès des sciences de la nature et les échecs de la métaphysique spéculative. La doctrine du caractère tautologique des vérités logiques et mathématiques explique pourquoi ces dernières ne doivent rien à l'expérience. [51]

Sur quoi l'on remarquera d'ailleurs que les échecs tant du logicisme que du «programme empiriste de réduction du langage théorique des sciences dans un langage des observations» ne font pas que donner à la philosophie analytique l'avantage – du moins le prend-t-elle ainsi – d'une allure scientifique popperienne de réfutabilité (cf. p. 18), ils laissent aussi l'espoir que «les échecs de la métaphysique spéculative» ne soient pas définitifs. Ce qui est vrai, par contre, c'est que ces échecs-ci ne sauraient être surmontés sans une «méditation» de ces échecs-là.

Mais l'important ici, pour le travail que nous avons effectivement engagé dans ce sens, c'est de relever ceci:
a) si l'empirisme n'a pu rejoindre le côté mathématique des sciences galiléennes qu'avec la logique elle-même «mathématique», c'est que celle-ci a bien, et elle seule, quelque chose d'irréductible à nous dire sur les mathématiques. De ce point de vue, on osera se demander si R. Blanché, malgré son effort considérable et très précieux pour faire connaître au public français la logique nouvelle et le travail épistémologique qui l'accompagnait, a poussé l'interrogation assez loin lorsqu'il bâtit entièrement *L'induction scientifique et les lois naturelles* sur la distinction entre trois copules:

$$\dots \text{ est } \dots \; / \; \text{si} \dots \text{alors} \dots \; / \; \dots = \dots$$

Le succès de la logique bâtie sur la seconde, succès qui a pu sembler justifier ses prétentions à absorber celle bâtie sur la première, ne réside-t-il

---

51 Pierre JACOB 1980, *L'empirisme logique*, p. 118-9.

pas dans sa capacité à absorber la troisième, [52] celle autour de laquelle tournent ces relations fonctionnelles en lesquelles s'ex-priment les lois que découvrent les sciences galiléennes? Et sans doute R. Blanché avait-il raison de se montrer réticent à cette absorption générale. Mais peut-être cette réticence, qui reprend celle de son maître L. Brunschvicg, était-elle comme chez celui-ci mal placée, méconnaissant l'irréductible profondeur des interrogations que la philosophie peut et doit nouer autour de la première?

aa) cela reconnu, nous pouvons maintenant progresser dans notre recherche du mathématisable par différence de la manière suivante:

b) certes, ni le mathématicien ni le savant faisant usage des mathéma-tiques n'ont besoin, dans la réflexion nécessaire au bon développement de leur savoir, de s'engager dans la remontée du triangle de Parménide, et ils ne le pourraient d'ailleurs pas: ce qui appelle le développement de leurs savoirs c'est le conditionnement matériel sous-jacent aux réalités que nous expérimentons exister sur un mode substantiel et, certes, ce que cherche à atteindre cette remontée ce sont les «premiers» qui, immanents à ces réalités, les font capables d'assumer ce conditionnement; mais, contraire-ment à ce que tendait à faire accroire l'essentialisme, et avec lui la doctrine qui voit dans la «forme substantielle» le principe qui ferait le sujet substance, les nécessités dégagées par le mathématicien ou le savant susdits ne se laissent en aucune façon déduire de la saisie de tels «premiers», mais n'apparaissent qu'au sein de (re)constructions hypo-thético-déductives; de ce point de vue, par suite, tant W. V. O. Quine que déjà J. Locke sont fondés à «divorcer l'essence de l'objet de la référence» – ce que d'ailleurs avait déjà fait, malgré son intention réaliste, R. Descartes

bb) mais l'énigme demande, elle, et elle rejoint en cela la philosophie, que nous entreprenions la remontée susdite; et si cette remontée implique le refus du divorce qui la bloque, ce refus n'implique pas pour autant un retour à l'essentialisme, mais seulement la reconnaissance de l'intime solidarité des interrogations critiques sur, d'une part, *le fondement de la signification* – et d'abord sur le fondement de la signification des termes par lesquels nous exprimons ce que sont les réalités que nous expérimentons exister sur un mode substantiel –, et sur, d'autre part *la source de la nécessité*. Si, en effet, répondre au problème du fondement de la signification, ce doit être situer dans ce qui est, dans la substance, ce *même* que voit en elle l'intelligence sachant *ce qu'elle est*, cette situation doit notamment, et en un sens avant tout, consister en la précision des liens de ce *ce que c'est* avec les

---

52 A noter que, traitant avec les instruments de la logique des prédicats la question plus particulière de savoir *What is a Law of Nature?*, D.-M. ARMSTRONG 1983 ne fait pas usage de cette distinction.

propriétés du tout composé que l'essentialisme avait tort de croire pouvoir en déduire, mais qui ne lui sont pas moins reliées avec nécessité – si du moins il est dans les choses quelque nécessité que ce soit, mais il en est bien, puisque nous les expérimentons exister «par soi», séparées, autonomes. Ici se retrouvent, aussi bien, deux moments où s'est nouée antérieurement notre interrogation:

– le fait, tout d'abord, que le *même* qui nous occupe noue ensemble les deux dualités, d'une part, du *ce que c'est* et de *ce qui est un certain ceci*, et, d'autre part, de la *forme physique* et de la *matière*

– et le fait, ensuite, que la forme physique aussi, et pas seulement la matière ou le tout composé, est sujet.

Mais ce qui devrait être clair désormais, et sans la vue de quoi on manquerait à nouveau la manière dont, précisément, s'est nouée l'interrogation, c'est que s'il y a à première vue un parallélisme entre les deux dualités, il y a aussi entre elles une différence décisive: ce qui est un certain ceci est bien à mettre en parallèle avec la matière, mais comme l'assumant, conjointement à la forme physique qui appartient elle aussi à ce que nous exprimons en position de sujet, dans non seulement un tout composé, mais bien, en un *être* un, existant par soi, séparé, autonome. Tel est le point de départ, encore une fois, de l'interrogation métaphysique, l'*explicandum* dont ne peut en aucune façon rendre compte le couple matière/forme: celui-ci se situe au niveau d'analyse qui est celui de la philosophie de la nature et il appelle, c'est justement le travail que nous venons de faire, le passage à l'analyse métaphysique, faute de quoi, et c'est ce qui s'est historiquement produit, il se transforme inexorablement en un couple matière/forme de type kantien, et la subjectité se transforme en quelque subjectivité, transcendentale peut-être, mais interdisant à coup sûr toute issue à l'énigme.

Eh bien! Engager l'interrogation vers le fondement de la signification en lien avec l'interrogation sur la source de la nécessité, c'est exactement ce que nous allons faire en reprenant dans un instant le sentier tracé par Aristote. En vue en effet de répondre à la question: «est-ce la forme eidétique qui est substance?», nous allons avec lui commencer par thématiser le *même* de la forme comme *to ti ên eînai* et, pour ce faire, nous partirons des attributions par soi du premier et du deuxième mode, à savoir précisément des deux modes d'attribuer de manière nécessaire. Et sans doute voyons-nous déjà, grâce aux siècles postérieurs, que la réponse à cette seconde branche de l'interrogation sur la substance ne pourra qu'être elle aussi négative. Mais nous pouvons aussi pressentir que la reprise à nouveau de cette interrogation ne pourra s'opérer dans toute sa force qu'après l'exploration de cette seconde branche, que les mêmes siècles postérieurs nous font en tout cas pressentir d'une importance considérable.

Avant de mettre nos pas dans ceux d'Aristote, toutefois, il nous faut revenir sur la suggestion de R. Bœhm selon laquelle «les considérations critiques d'Aristote [en Z3] atteignent les thèses heideggériennes elles-mêmes». Elles le feraient, selon lui, de la manière qui suit:

> l'opposition [de Heiddegger] à la pensée métaphysique qui, pour lui, va de Platon jusqu'à Nietzsche, peut en effet se résumer ainsi: l'essentiel de la métaphysique, ce que cette métaphysique tient pour l'essentiel, n'est pas le *Fondamental* – mais le fondement est un être qui a tous les traits de cet *adèlon* [non manifeste] dont nous parle Aristote. En ce sens, Aristote pourrait se déclarer d'accord avec Heidegger, sous la seule réserve qui toucherait l'emploi du mot être. Mais d'autre part, Heidegger voudrait manifestement maintenir en même temps que cet Etre fondamental dont il pose la différence par rapport à l'étant (la fameuse différence ontologique), est aussi l'*Essentiel:* c'est pour cette raison précisément et en ce sens, sans doute, qu'il appelle ce fondement l'«être». C'est contre cette dernière prétention qu'Aristote nous fournit un argument de poids.
>
> De plus, lorsque Heidegger s'efforce de montrer que cet *hupokeimenon*, cet *ultimum subjectum*, ce sujet dernier, qu'il appelle l'être «lui-même», est aussi l'essentiel de toute substance, il risque sans cesse de s'enliser dans une pensée dialectique. [53]

Eh bien! C'est là certainement un lieu crucial. mais comment l'approfondir? En nous engageant à la suite d'Aristote, et sous la pression de l'énigme, dans cette voie dont nous détournerait l'attente d'une pensée autre, à savoir celle qui nous demande d'«examiner, de cela même qui est [pris] en tant qu'être, les causes et les principes» (*Mét.* E4, 1028a3-4). Si cette voie en effet se révélait capable d'éclairer l'énigme, alors c'est la pensée entière pour laquelle «l'essence de la technique [...] n'est autre chose que la métaphysique en train de s'achever» [54] dont il faudrait, certes, reconnaître l'ampleur inégalée de l'interrogation, mais dont il faudrait, aussi, remettre en question les voies de cette interrogation.

---

53 R. BOEHM 1963, p. 389.
54 M. HEIDEGGER 1954a, tr. fr.: «Dépassement de la métaphysique», p. 115.

2.2. Du côté de la forme eidétique, I: remontée à la quiddité (*Mét.* Z4 et 6)

2.2.1. *L'interrogation se noue:*

α. *à partir de la thématisation du fondement des significations catégoriales comme* to ti ên eînai ...

Soit donc à nous demander: «est-ce la forme eidétique qui est substance?» et, ce faisant, à tenter de situer dans ce qui est ce «même» premier auquel se rapporte la connaissance que nous avons communément de *ce qu'est* telle ou telle réalité que nous classons dans la catégorie de la substance, comme aussi ces «mêmes» seconds par lesquels nous la décrivons et que nous avons constaté se classer en neuf autres *genres* ultimes, les «catégories». Et soit aussi et alors à examiner, par différence, le cas de ce «même» qu'est encore, tout à fait fondamental et donc en quelque façon «premier» lui aussi, le *nombre*: tout d'abord celui que les mathématiciens appellent «entier naturel», mais aussi, autant que le besoin pour notre recherche, ceux par lesquels ils le «*généralisent*».

Comment allons-nous procéder? Nous l'avons assez dit, et nous avons d'ailleurs commencé de le pratiquer, mais commencé seulement: en remontant le triangle de Parménide. Deux moments de cette remontée ont consisté en, d'une part, l'observation de ce que notre dire descriptif dit être et, d'autre part, la recherche de ce que présuppose la connaissance que nous avons communément du devenir et de ce qui y est soumis. Mais l'une et l'autre remontées ont gardé quelque chose d'inachevé ou, positivement dit, sont restées préparatoires. Elles nous ont certes respectivement conduits:
– au point de départ de l'analyse métaphysique: l'existence une, par soi, séparée, autonome des réalités que nous classons dans la catégorie de la substance, d'où nous sommes passés de la question: «qu'est-ce que l'être?» à la question: «qu'est-ce que la substance?»
– et, dans le passage de l'*eîdos* et de l'*hupokeimenon* à la *morphè* et à la *hulè*, à un premier ancrage dans ce qui est.

Mais celui-ci nous a amenés à passer de la question: «qu'est-ce que la substance?» à la question «est-ce la forme eidétique, ou bien le sujet, qui est substance?», et c'est celle-ci, donc, qu'il nous faut maintenant poursuivre en en explorant, après le second, le premier des deux membres de la disjonction. Et sous quel aspect du rapport de notre pensée à ce qui est va se dérouler, cette fois, notre remontée? Sous cet aspect selon lequel nous avons communément – faute de quoi nous interroger sur l'*eîdos* n'aurait aucun sens – une connaissance de *ce que sont* les réalités que nous expérimentons être: situer cette connaissance dans le mouvement d'une analyse de ce qui est, voilà ce que nous voulons tenter et cela, donc, en partant de l'expression que nous en donnons dans notre dire et en nouant à partir d'elle notre interrogation.

Quelle expression lui donnons-nous? L'expression par laquelle nous répondons à la question: «qu'est-ce que...?». Cette réponse cependant, nous l'avons déjà relevé, se fait d'emblée en deux temps: 1) «qu'est-ce que ceci?», «une locomotive», 2) «qu'est-ce qu'une locomotive?», «une machine ferroviaire de traction». Précisons encore. Pour nous qui avons pour question directrice de fond la question: «qu'est-ce que l'être?», il importe tout d'abord de souligner que nous posons la question: «qu'est-ce que...?» à partir d'un jugement d'existence, raison pour laquelle nous lui donnerons la forme plus technique: «qu'est *ce que pour... est être*?». Ce jugement d'existence, en outre, nous le posons en vue d'asseoir une interrogation qui entend assumer l'interrogation critique en général et donc, en particulier, l'interrogation sur le savoir de science et donc, derechef, sur la source de la nécessité; mais nous le posons dans l'expérience commune. D'où deux aspects de notre thématisation de la saisie de l'*eîdos*: d'une part nous allons faire appel à l'accord intersubjectif qui en signale l'objectivité et permet de la reconnaître, mais nous le ferons au niveau de la connaissance ordinaire et non, à la différence d'E. Kant ou de l'épistémologie, à celui de quelque savoir de science; et, d'autre part, nous le ferons en explicitant en quoi l'expression de cette connaissance implique de la nécessité, mais cela restera à son niveau, c'est-à-dire que,

– positivement, nous repérerons comment elle engage vers la recherche du nécessaire et donc du savoir de science,

– négativement, et là encore à la différence d'E. Kant, nous ne poserons pas a priori que le nécessaire est exclusivement et nécessairement dans l'a priori puisque, au contraire, nous visons à le saisir dans ces réalités singulières sur lesquelles portent notre jugement d'existence le plus fondamental et que nous classons dans la catégorie de la substance.

Comment donc, concrètement, allons-nous procéder? Eh bien, cher ami lecteur, très concrètement: en te mettant directement en cause. J'ai quelque excuse à le faire, puisque c'est ce que fait ici Aristote. Il ne le dit pas explicitement, mais il le fait bien malgré tout, il commence par ce jugement d'existence: non pas, comme tel autre, «je suis», mais:

– tu es.

Notre accord intersubjectif sur ce point est, me semble-t-il, tout ce qu'il y a de plus assuré. Mais il ne s'arrête pas là. Si je demande maintenant:

– mais qu'est-ce que pour toi est être?

nous pourrions être tentés de répondre: «un lettré», car il faut l'être, pour être parvenu à ce point de notre commun travail de pensée! Mais nous ne le ferons pas: «ce que pour toi [est] *être*, en effet, n'est pas ce que pour un lettré [est] *être*, car [ce n'est] pas *par toi* [que] tu es un lettré (4, 1029b14-15)».

Avec ce «par toi» apparaît la nécessité: tu es lettré, mais tu aurais pu ne pas le devenir. Tandis que «homme» – car c'est par l'attribution de ce nom universel que je nous crois d'accord de répondre –, que tu ne le sois pas impliquerait cette conséquence extraordinaire que «tu» n'existerais pas. Avant même de développer ce point, toutefois, donnons à ce premier acquis l'expression technique qu'il mérite, et dont nous avons besoin pour en tirer les fruits que nous fait attendre le nouement de l'interrogation qui nous y a conduits. Si remarquable que soit, en effet le cas concret que nous venons d'examiner, il ne faut pas perdre de vue que notre interrogation nous porte, avec une ampleur indépassable, vers ce qui est pris en tant qu'être. Ce qui est, en premier lieu, ce sont des «substances» telles que toi, et notre cas concret est donc bien susceptible d'en assurer une première base, mais si nous devons absolument garder le contact avec la réalité singulière, seule existante, nous devons aussi donner explicitement à ce que nous venons de saisir dans le singulier la portée universelle qui est la sienne, et d'ailleurs, pour cela, revenir sur le fait que notre réponse a impliqué l'usage de ce terme *universel* qu'est «homme». Ce que vise notre interrogation, toutefois, c'est précisément à situer dans ce qui est, dans l'être singulier que tu es, donc, ce à quoi se rapporte, avec l'attribution que nous t'en faisons, ledit universel. Voilà, donc, ce que notre thématisation de la saisie commune de l'*eîdos* des réalités que nous expérimentons être doit désigner techniquement, et dont elle doit expliciter l'accès technique que nous venons d'en tracer.

Ce «référent» – car c'en est un, même si sans doute, il va certainement falloir y revenir, il ne faut pas le confondre avec l'individu que le calcul des précidats voit en toi –, ce référent, depuis que nous avons posé le jugement d'existence:»tu es», et demandé: «qu'est ce que pour toi est être?» est resté le même, alors que beaucoup de choses, autour de nous et même en nous ont changé; et ce référent, c'est ce qu'implique l'attribution de ce terme universel qu'est «homme», est, entre toi, moi, et quelques autres également, «le même». Pour cette double raison, et parce que nous cherchons à le situer comme étant dans ce qui est quelque chose de ce qui est, nous le désignerons:
– en reprenant le plus littéralement possible l'expression par laquelle le désigne Aristote comme:

to	ti ên <[;]>	eînai
le	qu'était <[?]>	être

– soit encore de manière, ne disons pas moins barbare, mais moins rude, comme:

l'être qui,	d'un être, demeure *tel*	être [55]

essayant, par cette dernière expression, de rendre un peu moins «inouï» ce qui, malgré tout, l'était déjà en grec [56]... mais faisant aussi usage dans la suite, et dans le même esprit, de son «petit nom» d'origine latine: *quiddité*.

Et ce référent maintenant, comment, techniquement, y accédons-nous? Ici précisément se situe la remontée du triangle de Parménide: à partir du dire «par soi» dans lequel nous en exprimons la saisie: «l'être qui, d'un être, demeure *tel* être est ce que chaque [réalité singulière existante] est dite

---

55 En introduisant le *ti ên eînai*, demande G. ROMEYER-DHERBEY 1983, Aristote «ne nous invite-t-il pas à distinguer entre la chose et la chose même?» (p. 208). C'est bien, en effet, quelque chose comme cela qu'implique la question qui a suscité cette introduction, à savoir la question «est-ce l'*eîdos* qui est l'*ousia*» et c'est ce que nous verrons examiné par Z6. Mais cela ne justifiera nullement de reprendre la traduction proposée par J. BRUNSCHWIG 1967 «l'essentiel de l'essence», traduction que G. Romeyer-Dherbey qualifie d'abord d'heureuse (*ibidem*), mais qu'il commente ensuite en note ainsi: «elle implique l'adoption d'une interprétation, à savoir que l'imparfait de la formule grecque est une simple tournure de langue ne supportant pas ici d'intention significative particulière. Il nous semble au contraire [...] que cet imparfait recèle une intention philosophique» (n. 261, p. 225). Tel nous semble bien le cas en effet. L'explicitation de cette intention est-elle exacte, toutefois, selon laquelle «l'être-ce-que-c'était (traduction adoptée par G. Romeyer-Dherbey) dit quelque chose de plus que la simple essence: il dit la pleine réalisation, la réussite de cette essence qui, à travers les embûches de l'accidentel, parvient à se posséder dans sa fin» (p. 213-4)? Certes l'analyse causale de ce qui est en tant qu'être manifestera dans l'*acte d'être* la cause selon la fin de cet aspect de ce qui est qui s'exprimait dans le *ên* du *ti ên eînai*, mais il y a, entre le lieu où est introduite cette expression et celui où est découvert l'acte d'être, un immense labeur rendu nécessaire par la mise au jour de l'écart entre (unité d')être et (unité de) première intelligibilité et, cela, cette explicitation le laisse occulté. Même si, d'ailleurs, le thème de la «tension» permet d'apercevoir en quelque façon cet écart, il ne semble pas permettre de rejoindre dans toute sa technicité le travail de pensée développé par Aristote et, au demeurant, s'achève dans une considération de la chose «*en développement*» et non dans une analyse selon la causalité finale de ce qui est pris *en tant qu'être*.

56 M. HEIDEGGER 1927, §7, tr. fr.: *L'être et le temps*, p. 57.

[être] *par soi: esti to ti ên eînai ho legetai hekaston kath'auto* (1029b13-14)».[57] A propos de quoi il convient de faire deux observations au moins:

– une première observation, que ne fait pas Aristote, c'est que l'attribution «par soi», telle que nous avons vu les *Seconds Analytiques* la caractériser et les *Topiques* l'observer, a pour sujet non un nom propre mais un terme *universel* – de même, il a fallu attendre la fin du XIXe siècle pour en souligner l'importance à la face de la logique traditionnelle, la syllogistique ne prend pas en compte des propositions à sujet singulier du type «Socrate est un homme», mais seulement des propositions dont le sujet est un terme universel –. Ici toutefois c'est bien à un sujet singulier que se fait cette attribution. Pourquoi cela? Parce que si la mise en forme logique, elle, ne peut pas ne pas avoir pour effet, visant à examiner la complexité rationnelle *pour elle-même*, de nous maintenir de ce côté-ci du «pont» (c'est ce que fait le «divorce» d'avec «l'objet de la référence» imposé par W. V. O. Quine à l'essence), de ce pont réaliste qui franchit le fossé cartésien entre la pensée et l'être, voire, dans le cas du calcul des prédicats, de brûler ce pont, l'interrogation critique, de son côté, et a fortiori l'interrogation métaphysique dont elle est solidaire, ne peuvent pas ne pas franchir ce pont, ni ne pas demander à cette mise en forme des outils pour le faire avec la précision dont elles ont besoin. Voilà, aussi bien, ce que nous sommes en train de faire, et que seule la traduction en attributions peut nous aider à faire. Et en quoi précisément consiste cette aide? A distinguer, mais pour les nouer, non pour les séparer, les deux interrogations critiques sur le fondement de la signification et sur la source de la nécessité. En thématisant la vue de l'*eîdos* comme saisie de la quiddité, en effet, c'est bien l'objet premier de l'intelligence, le fondement de la signification, que nous espé-rons parvenir à situer dans ce qui est mais, cela, nous ne pouvons le faire sans prendre en compte l'attribution par soi, et donc une attribution qui exprime une certaine nécessité. Cette nécessité, aussi bien, nous l'avons déjà explicitée: si «tu» es, *tu ne peux pas ne pas* être «homme». Mais cette nécessité reste quelque peu mystérieuse, notamment parce que l'on ne voit pas très bien en quoi sa mise au jour peut nous éclairer sur le savoir de science, ni donc sur la source des nécessités qu'il cherche à atteindre. Il va

---

57 Bonitz et Jaeger corrigent le texte en raison de son indéniable parallélisme avec les l. 20 et 26, lisant alors: *esti to ti ên eînai hekastoi ho legetai kath'auto*, ce que je traduirais: la quiddité est, «pour chaque [réalité singulière existante] ce qui est dit *par soi* [d'elle]». Les deux leçons me paraissent à peu près équivalentes. La première me semble malgré tout présenter l'avantage de mieux souligner que la quiddité est quelque chose de ce qui est et que l'on cherche, précisément, à situer dans qui est, et c'est pourquoi je la préférerai en fin de compte, mais sans toujours renoncer à la seconde.

falloir pour cela nous souvenir que les *Topiques* observent, et les *Seconds Analytiques* caractérisent, un second mode d'attribution par soi, et telle va d'ailleurs être notre seconde observation, explicitement faite, elle, par Aristote. Mais relevons auparavant ceci: passant de l'attribution par soi (du premier mode, donc) telle qu'examinée dans l'*Organon* à l'attribution par soi telle qu'ici mise en jeu, nous faisons passer «homme» de la position de sujet à celle de prédicat. Le geste est décisif! Contrairement à ce qu'ont répété deux «bons» millénaires, la science aristotélicienne n'est pas science DE l'universel – cela, c'est l'essentialisme qui le dit—, mais science PAR l'universel. Voilà tout ce que nous pouvons tirer de la saisie, dans la quiddité, d'un premier nécessaire. C'est là, certes, un premier pas important: de l'importance, précisément, d'un premier pas, un pas qui oblige à aller plus loin.

– deuxième observation, donc:

> à vrai dire ce n'est pas là tout [ce qui est dit *par soi*], car
> ce qui [est] ainsi [dit] *par soi* ne l'est pas comme du blanc [est dit *par soi*] d'une surface,
> parce que ce que pour une surface [est] *être:*
> – n'est [évidemment] pas ce que pour du blanc [est] *être,*
> – mais, à coup sûr, ce n'est pas non plus ce qui résulte des deux: ce que pour une surface blanche [est] *être,* parce que cela même [y] ajoute [une détermination] autre (1029b16-19).

A dire vrai, cette seconde observation doit bien avoir quelque lien avec la question de la source de la nécessité, puisque ce qui distingue le premier et le seconde mode de l'attribution par soi, c'est qu'ils expriment deux modes distincts d'attribution nécessaire, mais on ne peut pas dire qu'Aristote souligne la chose car, après avoir, à partir de cette seconde observation, mieux précisé sa thématisation de la saisie de la forme eidétique comme saisie de la quiddité, c'est à partir de l'irréductible dualité apparue à cette occasion qu'il va s'interroger, selon les deux questions directrices suivantes:

– chap. 4 et 5: de quoi y a-t-il quiddité? Uniquement des réalités que nous classons dans la catégorie de la substance, ou aussi des déterminations secondes par lesquelles nous les décrivons et que nous classons dans les catégories autres? Ou du composé? Où, qui plus est, on s'interrogera d'abord sur le cas d'un homme vêtu de blanc, c'est-à-dire sur un cas qui relève d'une composition accidentelle, et non pas d'une composition par soi. Et sans doute le chap. 5 reviendra-t-il à celle-ci, mais pour conclure que cela ne fait pas de différence!

– chap. 6 à 11: «est-ce que sont «*le même,* ou *autre,* l'être qui, d'un être, demeure *tel* être et chaque [réalité singulière existante], c'est ce qu'il faut examiner, car c'est quelque chose qui, dans notre examen de la substance, fera avancer notre travail». Où ni la question, ni les longs développements consacrés à lui répondre, ne semblent à première vue engager la question de la source de la nécessité, ni même une attention spéciale au second par soi.

Tel est pourtant le cas, et non seulement cela, mais c'est aussi notre question, celle de l'énigme à résoudre par différence, qui est ici en jeu. Historiquement, la chose aurait pu se laisser davantage soupçonner par les commentateurs, dans un regard rétrospectif depuis la suite de *Mét. Z,* notamment du fait des références des chap. 12 (explicite) et 17 (implicite) aux *Seconds Analytiques.* Mais c'est l'inverse qui s'est produit: la sous-interprétation du travail accompli dans les chap. 4 à 11 a entraîné celle du travail accompli dans la suite. Pour nous au contraire il nous faut, afin de mieux saisir les enjeux du premier, et de nous mettre ainsi en situation de mieux le réaccomplir, anticiper sur le second.

β. ... vers l'interrogation vers la source de la nécessité

Qu'est-ce qui, tout d'abord, permet de faire ressortir cette présence de la question de la source de la nécessité?

Avant tout le nouveau départ que prendra explicitement *Mét. Z17,* confirmant par là que la réponse à notre question directrice actuelle: «est-ce la forme eidétique qui est substance?» est au total négative. Ce nouveau départ, en effet, affirme d'emblée ceci: «il nous faut dire *ce que,* et *quelle,* est la substance. Disons[-le] en [en] faisant à nouveau autre chose, [à savoir quelque chose] comme un principe» (1041a6-7) et il nous engage pour commencer dans la voie suivante: «puis donc que, [selon cette nouvelle approche], la substance est un certain principe et une certaine cause, c'est à partir de là qu'il nous faut progresser. Or, cherche-t-on *ce sous la vertu de quoi, to dia ti...*» (1041a9-10), c'est-à-dire dans la voie d'une réflexion sur la question en laquelle s'exprime, de la manière la plus générale, la recherche des causes: la question «*sous la vertu de quoi...?*» non seulement en elle-même d'ailleurs, mais, comme cela apparaît en cours de route, dans son lien à la question «qu'est-ce que...?». En outre, même si Aristote ici ne le dit pas explicitement – mais l'identité des exemples aurait dû suffire à le faire remarquer[58] – cette réflexion n'est que la reprise d'une autre, développée, beaucoup plus longuement, en *Sec. Anal.* B 1-12.

---

58 Mais, comme le relève P. AUBENQUE 1979, «La pensée du simple dans la *Métaphysique* (Z17 et Θ10)», p. 69, cette remarque n'a pas été exploitée comme elle le mériterait. Sur ce point voir, outre notre lecture de Z17 dans notre livre II, M. BALMÈS 1993.

Or, maintenant, pourquoi cette réflexion? Les raisons ne nous en apparaîtront dans toute leur force qu'après que nous aurons repris le long travail de *Mét.* Z4-16, mais l'explicitation que nous avons faite de l'interrogation critique devrait malgré tout nous permettre de déjà l'apercevoir. Du point de vue de l'interrogation métaphysique, pouvons-nous pressentir, la réponse à notre question directrice actuelle sera négative. Mais non du point de vue de l'interrogation critique qui l'accompagne, à savoir l'interrogation sur le fondement de la signification. Or, si la thématisation que nous en avons faite comme «quiddité» nous permettra d'en donner une première situation dans *ce qui est*, cette situation devrait nous faire voir non seulement en quoi la connaissance ordinaire est réaliste, mais aussi en quoi elle n'est pas encore, malgré cela et quoi qu'ait tendu à en croire l'essentialisme, scientifique. C'est-à-dire que, en particulier, elle nous conduira à passer de la question dont dépend l'explicitation de la signification: la question «qu'est-ce que...?», à celle qui introduit à la recherche des causes et du nécessaire: la question *«sous la vertu de quoi...?»* – et aussi, même si Aristote ne la soulève pas explicitement, à la question qui introduit à cet autre mode de recherche du nécessaire qui est celui de la science galiléenne: la question *comment*—. Et comment cela? Eh bien tout spécialement en reprenant, et cette fois explicitement, la question vers laquelle converge – dans un travail où joue à plein la distinction des deux premiers par soi – la réflexion susdite des *Seconds Analytiques* (cf. en particulier B6, 92a29-30):

> disons maintenant [un mot], une première [fois], de ce dont nous n'avons pas traité, dans les *Analytiques*, concernant la définition. La difficulté qui était soulevée en ceux-ci, en effet, est susceptible de faire avancer notre travail sur les [divers] dires concernant la substance. J'énonce ainsi cette difficulté: en vertu de quoi, en fin de compte, est *un* ce dont nous disons que l'expression notionnelle est une définition? (*Mét.* Z12, 1037b8-12)

question vers laquelle, aussi bien convergent également *Mét.* Z6-11, dont la récapitulation finale conduit à la formuler, comme déjà indiqué, ainsi (au milieu de plusieurs autres): «et en vertu de quoi la définition est une? Car il est manifeste que la réalité est une, mais en quoi la réalité est-elle une, ayant des parties? (11, 1037a18-20)», et question qui, nous avons déjà commencé de l'apercevoir et ce n'est d'ailleurs là que mise en œuvre de la remontée du triangle de Parménide, distingue complexité rationnelle et complexité réelle, dans une interrogation qui distingue et lie unité d'intelligibilité et unité substantielle.

Et que retenir, pour le moment, de ce nouement plus tard plus explicite des interrogations? Avant tout ceci: *chercher la source de la nécessité, cela va être chercher la source de l'unité.* De cela, d'une certaine façon, l'essentialisme était déjà le tenant, de par la place qu'il a été conduit à donner au principe d'identité. Celui-ci toutefois, même si l'appel qui y est fait vise à donner un ancrage dans le réel que ne peut donner l'appel au seul principe de [non]-contradiction, ne sort pas pour autant, en fait, de l'intelligibilité acquise, ni donc de ce platonisme larvé que constitue l'essentialisme. Celui-ci réfuté, qu'advient-il? Ceci, que la source de la nécessité reste bien à chercher du côté de la source de l'unité, et même de ce qui donne *unité d'intelligibilité*, non toutefois au seul niveau de la première intelligibilité, telle qu'exprimée dans l'attribution par soi du premier mode exprimant *ce qu'est* la chose, mais en assumant les nécessités exprimées dans les attributions par soi du second mode (dont E. Kant a su reconnaître, face à G. Leibniz, l'irréductibilité), et donc en recherchant, au travers de et au delà de ce qui fait l'unité de la définition, ce qui assure l'unité de la réalité prise en tant qu'*être* (alors qu'E. Kant se tournera, quant à lui, vers l'aperception transcendentale du MOI = MOI) [59]. Ce qui obligera à passer à une interrogation *causale*, irréductible à une interrogation restant dans l'ordre de la signification (comme c'est le cas avec l'orientation vers le transcendental)? C'est ce que montrera en effet la réflexion initiale engagée en *Mét.* Z17, mais c'est aussi ce que va déjà préparer la réponse au problème du fondement de la signification que va nous donner *Mét.* Z6.

Qu'il en soit ainsi, d'ailleurs, nous pouvons rétrospectivement nous rendre compte qu'Aristote lui aussi nous l'indiquait de manière anticipée. Que notre interrogation doive aller du côté de la forme eidétique, en effet, c'était là la conséquence la plus immédiate des conclusions de *Mét.* Z3, d'où le chap. 4 annonce immédiatement s'engager dans l'examen du *ti ên eînai*. Avant toutefois de s'engager effectivement dans cet examen, il en développe une nouvelle justification, celle-là anticipatrice: «[notre] travail en effet avancera, à passer à ce qui est le plus connaissable, car l'acquisition du savoir se produit ainsi pour tous: à travers ce qui est moins connaissable par nature vers ce qui est plus connaissable» (1029b3-5).

Notre travail, qu'est-ce à dire? Tâcher de répondre, en vue de répondre aux questions sur les causes de ce qui est pris et tant qu'être et à la question: «qu'est-ce que l'être?», à la question: «est-ce que l'*ousia* c'est l'*eîdos*?». Et le moins connaissable par nature? Ce sont ces corps qui nous entourent et qui ont certes l'opacité de la matière, mais qui n'en sont pas moins les seules substances que nous expérimentons exister, de sorte que les dernières lignes du chap. 3 soulignaient que: «certaines des [réalités] sensibles sont reconnues être des substances, de sorte que c'est en elles qu'il faut d'abord chercher» (1029a33-34).

---

59 Cf. E. KANT 1781-1787, tr. fr. p. 107-21.

Et qu'est-ce qui, dans ce moins connaissable par nature, nous est d'abord connu? Par delà la sensation mais dès la connaissance ordinaire: leur forme/quiddité. Et vers quel plus connaissable par nature le travail où va nous engager leur examen va-t-il nous conduire? C'est ce que tentent de nous faire apercevoir les lignes qui suivent:

> et c'est cela [notre présent] travail:
> de même que, dans les œuvres de l'agir [politique il est] de faire, à partir des biens [particuliers] à chacun, les biens entièrement [tels qui seront] des biens pour chacun,
> de même [ici, il est de faire] connaissable pour nous-mêmes, à partir de ce qui est plus connaissable pour nous, ce qui est connaissable selon la nature (1029b5-8).

Or, comment l'agir politique opère-t-il la transmutation de la dispersion des biens particuliers en l'unité du bien qui, seul pleinement tel, en fait des biens pour chacun? Pas seulement, mais fondamentalement, en élaborant une législation qui impose des conditions nécessaires à l'acquisition et à la jouissance de ces biens particuliers. Quelle est alors la *source des nécessités* auxquelles ils sont ainsi soumis? L'exigence du bien commun, *source de l'unité* en laquelle ils sont ainsi rendus capables de collaborer. Et, assurément, cette transmutation ne s'opère-t-elle pas sans un certain «saut». De même en ira-t-il lorsqu'il s'agira pour nous d'aller dans ce qui est, étant passés par la quiddité en travaillant à l'y situer, au delà de la quiddité.

Mais ce n'est pas tout. Si vraiment la situation dans *ce qui est* du fondement de la signification n'est pas vaine, ce n'est pas seulement le savoir *philosophique* de science, mais aussi les savoirs *mathématique* ou «*galiléen*» dont elle devrait nous permettre de *commencer* au moins à situer ce qui, dans ce qui est, les appelle. Or, et c'est là le second point de notre anticipation, c'est avec la prise en compte ici, c'est-à-dire alors que nous sommes encore en train d'élaborer la thématisation de la saisie commune de la forme eidétique comme saisie de la quiddité, c'est avec la prise en compte de la difficulté que soulève pour cette thématisation le cas de la surface blanche qu'apparaît ce à partir de quoi nous pourrons et devrons nous engager dans ce discernement. Relevons-en seulement, pour le moment, deux indices. Dans la surface blanche, d'une part, le blanc est une qualité, comme telle indivisible, mais qui ne peut exister sans une surface (ou du moins, comme déjà observé, sans une étendue), laquelle est du genre de la quantité, et divisible. Lorsque le chap. 5, d'autre part, va reprendre la question de savoir de quoi il y a quiddité dans le cas d'un composé non plus accidentel, comme l'homme-vêtu-de-blanc du chap. 4, mais impliquant un lien de nécessité entre *ce qu'est* par soi le dit composé et la *propriété* qui lui est attribuée – selon une attribution par soi du second mode –, il va en particulier reprendre un exemple très cher à Aristote: celui du nez camus. Or celui-ci aussi engage la quantité et le mathématisable, car la difficulté qu'il soulève vient de ce que si le concave peut exister en quelque façon séparé – à savoir dans la pensée du mathématicien –, le camus, lui, ne le peut pas. Et que nous suggèrent ces deux indices? Que, décidément, il nous faudra examiner de plus près quels liens ont entre eux les deux faits à partir desquels s'est nouée notre interrogation sur «le contact originel de la pensée avec les choses» et sur ce à quoi, en celles-ci, ce contact la met en rapport:

– le fait, tout d'abord, que le *même* qui nous occupe noue ensemble les deux dualités:

• d'une part, du *ce que c'est* et de *ce qui est un certain ceci,* desquels le second seul assume dans une existence une la complexité de ce qui s'attribue à lui, soit selon chacun des deux modes de perséité, soit même de manière accidentelle

• et, d'autre part, de la *forme physique* et de la *matière*, laquelle dualité apparaît dans nos deux exemples, et de manière différente en chacun d'eux, engager un lien de nécessité engageant lui-même un aspect quantitatif

– le fait, ensuite, que la forme physique aussi, et pas seulement la matière ou le tout composé, est sujet, et sujet présentant un aspect quantitatif.

Cet examen, aussi bien, est précisément ce qu'entreprendront les chap. 7 à 11, et encore 12 à 16, avec plutôt pour résultat, d'ailleurs, un nœud de questions (dont la plus centrale sera celle sur l'unité de la définition), mais c'est ce nœud de questions qui conduira:

– tout d'abord, au chap. 17, au nouveau départ susdit et à une première analyse causale de ce qui est pris en tant qu'être

– puis, préparée et amorcée par le livre H (qui s'achève par un chapitre entièrement consacré à répondre à la question de l'unité de la définition) et développée dans le livre Θ, à une seconde et ultime analyse, là encore causale et, là encore, de ce qui est pris en tant qu'être. Travail qui nous fera passer du plus connaissable pour nous, de ce qui se laisse saisir au niveau de connaissance qui est celui de la connaissance quidditative, au plus connaissable en soi, source de ce qu'il y a de nécessaire dans le réel et que cherche à atteindre le savoir de science. Et travail qui devrait nous permettre de passer conjointement, et par différence, du mathématisable immédiat au mathématisable profond, et nous permettre par là d'intégrer l'énigme dans ce mouvement plus vaste d'interrogation qui, depuis les Grecs, nous fait rechercher la sagesse par voie de science.

Mais il ne faut pas abuser des anticipations. Commençons par le commencement et revenons-en à l'examen du «contact originel de la pensée avec les choses» ou, plus exactement, de ce à quoi, en celles-ci, ce contact la met en rapport.

2.2.2. *Première situation dans ce qui est de l'objet premier de l'intelligence et première mise en évidence de l'écart entre (unité d')être et (unité de) première intelligibilité*

α. *De quoi y a-t-il quiddité?*

Ce premier «même» objectif que nous cherchons à situer dans ce qui est, donc, sa quiddité, est, pour chaque réalité singulière existante, ce qu'elle est dite être *par soi*... mais l'observation de notre dire attributif conduit à distinguer *deux* modes d'attribution par soi. En quoi cela est-il gênant? D'une part, bien évidemment, en ce que nous ne pourrons éviter de nous interroger sur cette dualité, mais aussi, d'autre part, en ce que le second mode présente en lui-même une irréductible dualité. Or chercher un fondement – car ce que nous cherchons, c'est le fondement dans ce qui est des significations mises en jeu dans la connaissance ordinaire –, c'est chercher quelque chose de *premier* et d'*un*, et l'un et l'autre traits semblent devoir échapper, du fait de nos deux dualités, à la quiddité. La première, en fait, est liée à la question de la source de la nécessité: peut-on déduire, comme il peut le sembler à lire les traités de mathématiques antérieurs à la seconde axiomatisation, et comme l'a professé l'essentialisme, peut-on déduire ce qui s'attribue selon le second mode de l'expression définition-nelle, attribuée selon le premier mode de *ce qu'est* la chose? Nous y viendrons, comme annoncé à l'instant, plus tard. Mais cette première dualité soulève encore une autre difficulté, que précise la seconde et qui affecte notre recherche actuelle: sommes-nous parvenus à saisir ce même objectif que nous voulons situer dans ce qui est? Dans ton cas, et du moins à première vue, oui. Mais dans le cas de la surface blanche qu'est la tunique dont je te vois vêtu, non, car non seulement, comme déjà dit, «ce que *pour une surface* [est] être n'est pas ce *pour du blanc* [est] être», mais encore «ce n'est pas non plus ce qui résulte des deux: ce que *pour une surface blanche* [est] *être*, parce que cela même [lui] ajoute» (1029b18-19). Et il ne serait pas bien difficile, d'ailleurs, de revenir sur ton cas, puisque, de même que la surface n'est pas nécessairement blanche mais est nécessairement colorée ou transparente – et que la couleur n'existe que sur une surface ou au profond d'une étendue –, de même il ne manque pas de traits dans la réalisation desquels existe divers cas possibles, mais dont l'un du moins, t'appartient nécessairement, ainsi la couleur de ta peau – ni de traits qui n'existent que dans des êtres humains, ainsi ta capacité à philosopher.

Afin donc de ne pas nous mettre d'emblée dans l'impossibilité de saisir quelque chose d'un nous apporterons les deux précisions suivantes:
– au niveau, d'abord, de ce à partir de quoi nous accédons à la quiddité, à savoir l'*expression:* pour chaque réalité singulière, *l'expression de sa quiddité* en exprime la notion sans avoir à en exprimer que, comme c'est au contraire le cas de la détermination propre, ce que ladite notion signifie et permet de désigner existe dans ladite réalité dont, par suite, il faudrait aussi exprimer ce qu'elle est – puisque nous ne demandons pas seulement: «qu'est-ce que...?», question pour laquelle la réponse peut en rester au niveau des significations isolables par une abstraction formelle, mais: «qu'est-ce que pour... est *être*?», question qui nous rapporte à la réalité sur laquelle nous pouvons porter un jugement d'existence sans faire abstraction de celui-ci, et à laquelle nous voulons pouvoir faire référence pour elle-même (cf. 1029b19-20) –
– et, de là, au niveau de la *thématisation:* si une détermination n'existe que dans une réalité dont la détermination qui la fait *ce qu'elle est* est autre, elle ne pourra être thématisée comme un certain «même» objectif, comme quiddité, que l'on peut prendre comme référent, qu'en faisant abstraction de ce qu'est ce sans quoi pourtant elle ne peut exister; partant en effet d'un jugement d'existence relatif à une surface blanche, nous pourrions tenter d'isoler *blanc* comme référent «dépendant» en disant par exemple avec Aristote (cf. 1029b21-22):
• si ce que *pour une surface-blanche* – sur quoi porte notre jugement d'existence – est *être* est ce que *pour une surface* est *être-polie* – par où nous ferions abstraction de *ce qu'est* ce sur quoi porte le jugement d'existence –
• alors ce que *pour du blanc* est *être* et ce que *pour du poli* est *être* seront un seul et même être
par où nous isolerions bien encore un certain «même» objectif, mais sans éviter de ne pouvoir y faire référence comme existant que comme existant dans un être autre.

On remarquera au passage que la tentative d'exprimer la quiddité de *blanc* en parlant de *poli* fait passer d'une couleur à une texture, donc d'un trait qualitatif à un trait qui se prête à une caractérisation mathématique. Mais l'exploration de cette remarque nous conduirait dans la direction où nous conduira l'examen du *camus* et du *concave*, et nous la remettons donc à ce moment-là. Pour le moment présent, nous en sommes encore à tenter de remonter le triangle de Parménide vers ces «mêmes» objectifs que notre dire exprime fonder les significations catégoriales, et si nous venons de nous donner les moyens de circonscrire la difficulté que nous avons rencontrée en chemin, nous ne l'avons pas encore résolue. Comment, avec ces moyens, la formuler? De la manière suivante: dans la double interrogation qui nous conduit à demander: «est-ce la forme eidétique qui est substance?» et, par suite, à tenter de situer cette forme, quidditative ou (et) physique, dans ce qui est, ces moyens semblent aptes à nous la faire saisir techniquement dans le cas, précisément, des réalités que nous classons dans la catégorie de la substance; mais dans le cas des déterminations secondes, la mise en œuvre de ces moyens rencontre un obstacle, obstacle tel que, à l'encontre de ce que disent implicitement les descriptions de ce que nous expérimentons être, le doute ne peut pas ne pas surgir sur le point de savoir si ces déterminations sont ou ne sont pas de certains «êtres». A vrai dire, on le voit, cette difficulté n'est pas autre chose qu'un pas en avant dans notre double interrogation. En bref, elle se laisse formuler ainsi: «de quoi y a-t-il quiddité?».

Et comment, alors, l'aborder? Eh bien en éprouvant sur ledit obstacle les moyens susdits. Soit donc cet être à la fois double et un (toi par exemple) qu'est un homme vêtu de blanc, individu *composé* que nous pouvons désigner et auquel nous pouvons faire référence sous le nom *simple* de «pierrot» (pardon au lycéen que tu es peut-être). Nous nous demanderons: le pierrot a-t-il une quiddité? En termes d'Aristote: «[est-ce que], à un homme [vêtu de] blanc par exemple, [appartient une quiddité par quoi] il demeure *tel* être: un homme-[de-]blanc [-vêtu]? Soit donc pour celui-ci le nom de *pierrot* (*himation*, littéralement: vêtement): qu'est-ce que pour un pierrot [est] *être?*» (1029b27-28). Réponse:

> mais, assurément, cela n'est aucune de ces choses qui sont dites par soi! Ou bien [n'est-il pas vrai que] ce qui [est dit] non par soi est dit [tel] de deux façons, à savoir:
> – l'une, de ce que [l'on entend définir] à partir d'une addition
> – l'autre, [de ce qu'on ne le fait] pas? (1029b28-31)

Et de fait, que l'on prenne les choses par un bout ou par l'autre, le *definiens* ne peut être avec exactitude attribué *par soi* au *definiendum*: ni dans le cas où choisissant de définir ce que pour du blanc est *être* on exprime la notion d'homme-de-blanc-vêtu, car ce *definiens* ajoute quelque chose au *definiendum*; ni dans le cas où, choisissant de définir ce que pour un pierrot est *être*, on exprime la notion de blanc, car alors c'est le *definiendum* qui ajoute quelque chose au *definiens*. Et donc, pour dire les choses au niveau qui nous intéresse et auquel la considération de la définition vise à nous faire accéder: la réalité *homme-de-blanc-vêtu* est bien quelque chose de blanc mais n'a pas pour quiddité celle du blanc; et la simplicité du nom de *pierrot* cache une dualité qui l'empêche de signifier *ce que précisément est* la réalité qu'il désigne, et donc d'être utilisé pour faire référence à la quiddité de cette réalité. Le problème est que, ayant entrepris de situer la forme eidétique dans ce qui est, et organisant pour cela sa saisie comme remontée du triangle de Parménide depuis une définition jusqu'à une quiddité, nous n'arrivons pas à éliminer la dualité de ce qui «est dit autre selon un autre, *allo kat'allou legètai*» (1030a4), dualité qui, à première vue, marque l'échec de notre entreprise.

Ou, du moins, il semble n'y avoir qu'un seul cas où ce problème ne se présente pas: celui des réalités que nous classons dans la catégorie de la substance et dont l'unité est l'unité d'être de ce qui est un certain ceci. Est-ce à dire que l'unité d'une forme eidétique, qui devrait permette d'y faire référence et d'entreprendre de la situer dans ce qui est, ne pourrait être que celle de ce qui est un certain *ceci*, d'une substance?

Non. Ce n'est pas seulement dans ce cas, assurément privilégié, que nous parvenons à définir, et il nous faut par conséquent garder la définition comme instrument d'approche. Simplement, posant qu'«il n'existe de quiddité que de ce dont l'expression de la notion est une définition» (1030a6-7), il nous faut examiner de plus près dans quelles conditions notre remontée peut alors effectivement aboutir. Or, dans le contexte de notre examen du pierrot, nous pouvons préciser ceci:

il existe une définition:
– non pas dans tout cas où un nom signifie la même chose qu'une expression
– car alors toutes les expressions seraient des délimitations notionnelles: il existera en effet un nom pour n'importe quelle expression, de sorte que [le texte entier de] l'*Iliade* serait une définition [du poème désigné par ce titre],
– mais [seulement] si [ce nom est celui] de quelque premier (1030a7-10).

Quelle sorte de «premier»? Eh bien cette sorte de *definiendum* dont l'expression ne rencontre pas la dualité sur laquelle nous avons buté tout à l'heure. Lorsqu'une telle dualité se rencontre, il peut bien y avoir une expression de ce que désigne un nom, expression analogue à une définition en ce qu'elle comportera une partie s'attribuant à une extension plus large que le *designatum* de ce nom et une partie restreignant cette extension à ce *designatum*. Il se rencontre même, dans le cas des réalités artificielles, une unité plus forte, et là encore on en donnera quelque chose comme une définition; mais là encore celle-ci fera apparaître, si du moins on ne fait pas abstraction du jugement d'existence, une dualité irréductible, car si la forme imposée à la matière lui donne bien une certaine unité, cette unité reste celle d'une propriété (pour une table, offrir une surface plane apte à certains usages; pour la parole, porter une signification, etc.), qui utilise certaines des propriétés de la dite matière, mais qui, il nous faudra y revenir lorsque nous prendrons l'abord par le second par soi, ne lui donne pas une *intelligibilité première*, et moins encore un *être, uns*.

Mais, derechef, une telle unité se rencontre-t-elle en dehors des réalités que nous classons dans la catégorie de la substance? En tous points la même, non. Mais néanmoins réelle, si. Pour tout *definiendum*, en effet, dont l'expression de la notion ne comporte pas seulement une partie plus générale, s'attribuant selon une extension plus grande, mais bien, proprement, un *genre*, l'attribution de celui-ci exprime, en tout cas, une *intelligibilité première une*. Tel est le cas avant tout, parce qu'elles se présentent comme indivisibles, des *qualités*. Et sans doute celles-ci n'*existent*-elles que dans des réalités autres – ultimement dans des substances – mais leur unité d'intelligibilité, et donc d'une façon ou d'une autre d'être, n'en reste pas moins quelque chose d'irréductible. Et sans doute encore ce qui fait cette unité fait-il question, d'autant que, à retenir comme critère de définissabilité propre le fait d'entrer dans un genre, nous retrouvons les dix catégories. Mais justement, il ne faut pas oublier que notre recherche de ce qui se laisse proprement définir vise à préciser ce dont nous pouvons proprement dire qu'il y a quiddité, mais que nous ne cherchons à préciser cela qu'en vue de situer la forme eidétique dans ce qui est et de progresser dans notre interrogation vers l'*ousia*. Eh bien! En venir à nous interroger sur ce qui fait l'unité de la qualité, ou de toute autre catégorie, voilà qui marque une étape décisive, puisque «aussi bien doit-on regarder la façon dont on doit *dire* [ce qu'est] chaque [réalité existante], mais certes pas davantage que *la façon dont il en va* [pour elle]» (1030a27-28) et que, même, c'est en vue de ceci que nous faisons cela.

Au point où nous en sommes, donc, quels progrès avons-nous réalisés?

Eh bien, tout d'abord, nous pouvons d'ores et déjà confirmer ce que nous avions déjà pressenti: à la question de savoir si c'est la forme eidétique qui est substance, il faut répondre par la négative. D'un simple point de vue d'extension, en effet, il apparaît que, à remonter de ce qui se laisse définir à ce à quoi se rapporte cette définition, les réalités qui se laissent classer dans la catégorie de la substance constituent un cas privilégié: une quiddité s'y laisse aisément saisir, mais non un cas exclusif. De même que le *est* appartient, virtuellement affirmé dans le jugement d'existence implicite à notre description, à toutes les déterminations exprimées par celle-ci, mais à l'une en premier et aux autres de manières consécutives et diverses, de même le *ce que c'est* appartient à la réalité classée dans la catégorie de la substance absolument, et d'une certaine façon seulement aux autres (cf. 1030a21-23). Puis donc que, dans l'extension de «ce qui a une quiddité», se trouve *de certains êtres distincts* autres que ceux qui se classent dans la catégorie de la substance – et même si, à la différence de ceux-ci, il ne leur est pas loisible d'exister «par soi» – nous ne pouvons pas dire que c'est la quiddité, ni a fortiori la forme eidétique, qui est substance (a fortiori car notre thématisation ajoute, à ce qu'exprime le mot *eîdos*: à savoir le *ce que c'est* en tant que vu par l'intelligence, la situation *dans ce-qui-est*).

Mais il faut aller plus loin, cette raison en implique une autre, de beaucoup plus grande portée: elle montre qu'il ne faut pas confondre *unité d'être* et *unité de première intelligibilité.* Si l'on te désigne à moi et que l'on me demande: «qu'est-ce que pour ceci est *être*?», la réponse dont nous sommes tombés d'accord qu'elle s'impose à nous, «c'est *être un homme*», manifeste que nous saisissons tous en toi une unité de première intelligibilité, unité qui appartient précisément à cette forme eidétique/quiddité que nous cherchons à situer en toi, en tant que tu *es.* Mais le fait est qu'il y a en toi bien d'autres déterminations, dont on ne peut nier qu'elles soient de certains êtres ayant une quiddité distincte, et ce fait manifeste que ton unité d'être est à un autre niveau, niveau qui est celui où se situe la question «qu'est-ce que la substance?» puisque, autre aspect du même fait, seule l'unité d'être de la réalité que nous classons dans la catégorie de la substance assume cette multiplicité d'êtres distincts n'existant pas, eux, «par soi». Et ici, comme le conclura un chap. 5 au travail en cela apparemment décevant, peu importe qu'il s'agisse de déterminations propres, relevant de l'attribution par soi du second mode, ou accidentelles (le travail accompli dans ce chapitre se révèlera en fait extrêmement précieux, mais ce sera, précisément, lorsque nous en viendrons à l'examen de ce à quoi renvoie, dans ce qui est, l'attribution par soi du second mode: pour le moment, nous sommes dans l'examen de ce à quoi renvoie l'attribution par soi du premier mode, et cet examen est loin d'être achevé).

Qu'il faille distinguer unité d'être et unité de première intelligibilité, aussi bien, cela n'est plus une indication seulement négative, mais une confirmation et une précision de la tâche que nous avons entreprise, et cela tant pour ce qui est de la question directrice: «qu'est-ce que la substance?», que pour la question conjointe: situer la, ou plutôt les formes eidétiques/ quiddités dans ce qui est… et tout cela en vue d'avancer dans la réponse à l'énigme.

Prenons les choses du côté des déterminations secondes c'est-à-dire d'abord, avons-nous dit, du côté de la qualité:

de la qualité aussi on demandera *ce qu'elle est*, de sorte que
la qualité aussi [est au nombre] des *ce que c'est*,
mais non absolument, mais
de même que, à propos du non-être, certains disent, selon la façon de dire qui est celle d'une réflexion logico-critique, que le non-être «est», non absolument mais comme «non-être»,
de même la qualité [est] aussi [un *ce que c'est*, mais non absolument] (1030a23-27).

Observons pour commencer que l'on peut certes poser la question: «qu'est-ce que la qualité?» mais que, s'agissant d'un genre *ultime*, on ne pourra justement pas y répondre en la mettant dans un genre, ce qui d'ailleurs ne ferait que reporter le problème. Cette question, bien que seconde par rapport à la question: «qu'est-ce que la substance?», relève en fait, si l'on ose dire, du même genre qu'elle. Comme elle, aussi bien, elle implique de situer dans ce qui est les formes eidétiques/quiddités, d'autant que l'observation ne vaut pas seulement pour la qualité, mais bien pour chacune des catégories et notamment, pour nous d'un intérêt particulier, pour la quantité. [60] Mais prenons plutôt le temps, dont le livre Δ de la *Physique* recherche longuement, justement, *ce que c'est* (cf. *Phys.* Δ10, 210a31) et relevons simplement, de cette recherche, les lignes suivantes:

> la question est embarrassante de savoir si, sans l'âme, le temps existerait ou non; car, s'il ne peut y avoir rien qui nombre, il n'y aura rien de nombrable, par suite pas de nombre; car est nombre ou le nombré ou le nombrable. Mais si rien ne peut par nature compter que l'âme, et dans l'âme, l'intelligence, il ne peut y avoir de temps sans l'âme (14, 223a21-26).

Chercher à situer dans ce qui est ce que notre dire descriptif dit être, et dont nous tenons maintenant qu'il s'agit à chaque fois d'un être objectivement distinct, c'est là un travail qui n'est pas une pure formalité, puisqu'il peut aboutir à cette conclusion que le dit être objectivement distinct n'existe formellement que dans l'âme! Et, diront certains, si Aristote l'accorde pour le temps, peut-être faudra-t-il aller jusqu'à l'accorder pour les qualités sensibles aussi? Lui-même d'ailleurs va plus loin que cela encore, puisqu'il prend pour cas-limite le cas non du temps mais du non-être. Notre progrès, donc, a peut-être consisté à nous donner les moyens d'entreprendre ledit travail, celui-ci n'en reste pas moins devant nous.

Et quel est, ce sera notre seconde observation, le fil directeur qui nous permettra de mettre en œuvre ces moyens? Une question dont on peut voir rétrospectivement qu'elle nous a guidés dès le début: la question de l'unité. Cette question n'est pas notre question directrice, qui est bien plutôt celle-ci: «qu'est-ce que l'être?». Mais, depuis que nous avons marqué en *l'unité d'être* des réalités que nous classons dans la catégorie de la substance un des traits constitutifs du point de départ de la métaphysique, elle n'a pas cessé d'accompagner notre interrogation. Non exclusivement, puisque nous avons relevé trois autres traits constitutifs de ce point de départ: le fait que ces réalités existent «séparées», «par soi» et, à des degrés divers, «auto-nomes» – par où l'interrogation métaphysique se développe en

---

60 Concernant la relation, la qualité et la quantité, voir M.-D. PHILIPPE 1973, chap. IV, V et VI.

solidarité avec des interrogations d'ordres physique ou, avec la question de la source de la nécessité, critique. Mais réellement et de manière propre. D'où cela vient-il? De ce que, comme en argumente la justification développée par *Mét.* Γ2 en faveur des déclarations programmatiques de son chap. 1, on pourrait aller jusqu'à dire que, «du [fait de] s'accompagner l'un l'autre de la même façon que principe et cause» (1003b23b-24a), «l'*être* et l'*un* [sont] «le même» et une nature une» (l. 22b-23a). Et certes il faut préciser qu'ils s'accompagnent ainsi mutuellement «mais sans être manifestés par une unique raison» (l. 24b-25a). Bien plus, sauf à retomber dans le platonisme et à rejoindre les néoplatoniciens et, surtout, à oublier les trois autres traits constitutifs susdits, il faut souligner que, des deux compagnons, l'*être* est le premier. Mais enfin leur compagnonnage est bien réel, et sa prise en considération est indispensable à la progression de l'interrogation. Le fait se laisse-t-il encore préciser? Oui. La chose apparaîtra nettement en *Mét.* I, mais on peut d'ores et déjà l'apercevoir: d'une part l'*un* est une propriété de ce qui est mais, d'autre part, il est une exigence – osons dire l'exigence *transcendentale* – de l'intelligence. Pour nous, dont le travail consiste, pour le moment du moins, en une remontée du triangle de Parménide, le fait est capital. C'est lui qui donne leur portée décisive aux derniers développements de *Mét.* Z4 et cela concernant, précisément, la situation dans ce qui est de la quiddité, tant de la substance que des déterminations secondes, et donc aussi notre progression vers une réponse à l'énigme.

Récapitulant en effet les développements qu'achevait la remarque selon laquelle «l'on doit bien regarder la façon dont on doit *dire* [ce qu'est] chaque [réalité existante], mais certes pas davantage que *la façon dont il en va* [pour elle]», notre texte ne se contente pas d'énoncer la conclusion:

> d'où aussi, maintenant, puisque ce que l'on exprime *dans le dire* est clair, *l'être qui, d'un être, demeure **tel** être* appartiendra, de manière semblable,
> en premier et absolument à la substance,
> ensuite [seulement] aux autres catégories,
> tout de même que le *ce que c'est,*
> [celles-ci] ne demeurant pas *tel* être absolument, mais demeurant quelque être *tel,* ou être *de tant* (1030a28-32)

mais il explicite en outre la requête qui, de manière sous-jacente, accompagnait et guidait la démarche qui y a conduit: la requête de l'*un*.

Prenons d'abord le moment de cette explicitation qu'il donne en second, et qui concerne les déterminations secondes:

> mais de combien de manières voudra-t-on en parler, cela ne fait aucune différence, ceci est clair, que la définition et l'être qui, d'un être, demeure *tel* être, il [en] existe, absolument et en premier, des substances, mais non de façon

qu'il n'en existe pas vraiment, de manière semblable, des autres [catégories], mais seulement [de façon qu'elles n'existent] pas de manière première.
Il n'est pas nécessaire en effet, si nous posons cela, que soit une définition [tout] ce qui signifierait la même chose qu'une expression donnée, mais [seulement ce qui signifie la même chose] qu'une certaine expression, à savoir celle qui serait [l'expression] de quelque [réalité] *une*, [une]
non pas comme l'*Iliade* ou toutes celles [qui sont unes] par liaison,
mais d'autant de façons qu'est dit l'*un*
– or «l'*un*» se dit comme «ce qui est», et «ce qui est» signifie d'une part un certain *ceci*, d'autre part une certaine qualité ou quantité – (1030b3-12).

Ce qui nous a conduits à reconnaître dans chacune des déterminations catégoriales secondes un *être objectivement distinct*, c'est l'*unité d'intelligibilité* impliquée par le fait qu'elles entrent, chacune, dans un *genre ultime un*. Mais d'où provient cette unité? Elle peut provenir de l'unité qui est propriété, dans ce qui est, de la détermination singulière. Tel semble être le cas, en tant qu'elle a quelque chose d'ultimement indivisible, de toute qualité. Mais elle peut aussi provenir de «l'exigence transcendentale» de l'intelligence. Tel semble être le cas du temps, puisque l'antérieur et le postérieur ne peuvent exister simultanément. Et qu'en est-il de la quantité, qui nous touche plus particulièrement et qu'Aristote invoque, précisément, à propos du temps? L'*un* de la qualité n'est pas l'*un* de la quantité, *ni donc n'est le même, pour l'un et l'autre*, «*le contact originel de la pensée avec les choses*», et notre remontée du triangle de Parménide ne pourra se dispenser, si vraiment elle doit nous faire avancer vers une réponse à l'énigme, d'examiner de près cette double, ou plutôt triple différence.

En même temps, toutefois, ni qualité ni quantité n'existent par soi, et les situer dans ce qui est sera les situer dans ce qui est *par soi*, dans l'unité *d'être* de ce tout à l'intelligibilité complexe qu'est, seule à exister par soi, la réalité que nous classons dans la catégorie de la substance. Cette unité est-elle du même ordre que celle de ce qui nous a fait reconnaître de certains «êtres» dans les déterminations secondes? Non, car elle n'est *pas seulement* une unité d'intelligibilité, et l'unité de la signification du terme «être», au demeurant, ne saurait être celle d'un genre (cf. *Mét.* B3, 998b22-27).

D'ores et déjà, certes, notre travail nous permet de reconnaître et préciser une manière au moins dont le terme ou le concept d'«être» possède une signification une. Si nous continuions à bloquer avec Platon *eîdos* et *ousia*, intelligibilité et être (et donc complexité rationnelle et complexité réelle), nous devrions dire les déterminations quidditatives secondes être des «êtres»:
– «soit de manière homonyme» (1030a32), au risque de l'éclatement de la pensée, ou du moins de son état irrémédiablement aporétique…

– «soit en ajoutant et retranchant, à la façon dont [lui] aussi le non-connu [peut être dit] connu» (1030a33-34) (ou à la façon, évoquée plus haut, dont le non-être lui-même peut être dit un certain être), avec alors un enfermement dialectique dans la pensée, à la façon du *Sophiste*.

Ayant rompu ce blocage, nous pouvons et devons dire que:

à la vérité, ce qui est juste c'est de n'en parler [comme des «êtres»] ni de manière homonyme ni de l'autre manière susdite,
mais comme [on utilise] le [terme] «médical», en ce que [celui-ci est dit]:
relativement à la même et unique [réalité],
sans [signifier ni désigner] la même et unique [détermination],
ni pour autant [être pris] de manière homonyme;
on ne dit en effet «médical» un corps, une opération, un instrument,
ni de manière homonyme
ni selon une [signification] unique
mais relativement à une [réalité] unique (1030a34-b3).

Mais nous n'avons fait par là que mieux préciser le travail qui nous reste à accomplir. Si, désignant comme de certains «êtres» les déterminations par lesquelles nous décrivons les réalités que nous expérimentons communément être, nous pouvons et devons reconnaître à «être» une certaine unité de signification, cette unité est autre que l'unité des êtres que sont, existant par soi, ces réalités. Et sans doute s'y rattache-t-elle puisque la signification de «être», différente pour chacune d'elles, est cependant ordonnée vers un *un* premier. Mais, puisque l'unité d'être est plus que l'unité d'intelligibilité, cet un premier est à saisir dans ce qui est, par une *analyse* de ce qui est, analyse que semble bien demander la question «qu'est-ce que l'*ousia*?» et que la remontée du triangle de Parménide accompagnera peut-être, mais par rapport à laquelle elle n'est d'abord que préparatoire.

β. La quiddité est-elle «le même», ou autre, que la réalité singulière?

Et comment progresser dans cette préparation? En essayant de pousser plus avant la tentative de situer dans ce qui est la quiddité des diverses déterminations susdites et tout d'abord, bien entendu, celle qui, exprimée appartenir à la réalité que nous classons dans la catégorie de la substance, l'est selon une attribution par soi du premier mode. Comment cela? En nous engageant avec *Mét.* Z6 dans la recherche suivante: «est-ce que sont *le même*, ou *autre*, l'être qui, d'un être demeure *tel* être et chaque [réalité singulière existante], c'est ce qu'il faut examiner, car c'est quelque chose qui, dans notre examen de la substance, fera avancer notre travail» (1031a15-17).

En effet, premier point,
– non seulement «chaque [réalité singulière existante] semble ne pas être autre [chose] que sa propre substance» (l. 17b-18a): de manière commune, rien dans notre expérience ne nous invite à penser que la réalité singulière sur laquelle nous portons un jugement d'existence soit *autre chose* que ce à quoi nous nous rapportons en elle en tant qu'elle se laisse classer dans la catégorie de la substance
– mais, même, «l'être qui, d'un être, demeure *tel* être est dit être la substance de chaque [réalité singulière existante]» (l. 18b): telle serait du moins la traduction, dans les termes que nous avons élaborés, de la thèse platonicienne selon laquelle l'*ousia* c'est l'*eîdos*.

Mais, second point, il est pour nous maintenant définitivement acquis qu'il ne faut pas identifier unité d'être et unité de première intelligibilité et que par conséquent il y a un *écart* entre l'être de la réalité singulière existante et ce que la première intelligibilité que nous en acquérons nous donne d'en saisir. Cet écart, d'ailleurs, il est un fait qui nous interdirait de l'oublier: l'impossibilité de passer des simples *endoxa*, des simples opinions acquises auxquelles conduit au mieux la connaissance ordinaire, à un quelconque savoir de science saisissant quelque nécessaire, sans au minimum un sérieux travail de pensée, voire sans expérimentations. De là vient, aussi bien, que tant l'ambition ultime de la philosophie première: parvenir à une sagesse spéculative par voie de science, que la demande qui lui est faite en conséquence de situer en sagesse les autres savoirs de science – et donc en particulier de résoudre l'énigme –, nous ont conduits à nous demander si l'*ousia* c'est l'*eîdos* et, en conséquence, à chercher à situer la (les) quiddité(s) dans ce qui est – d'abord la quiddité des réalités que nous classons dans la catégorie de la substance, disons la quiddité première, puis celles des déterminations secondes par lesquelles nous décrivons aussi lesdites réalités.

Or ce second point implique que la quiddité première, à la considération de laquelle sa primauté même conduit à nous limiter pour commencer, ne soit, d'une façon ou d'une autre, qu'une «*partie*» de l'être de la réalité qu'elle détermine, de ce «*tout*», complexe mais à l'être un, qu'est celle-ci. De quelle façon? Eh bien! C'est justement pour commencer à le préciser, et par là à commencer à situer dans ce qui est ladite quiddité, qu'il nous faut prendre en considération le premier point. Certes ce ne sera là qu'une première étape, car ce premier point reste dans la considération de l'attribution par soi du premier mode, alors que justement c'est notamment la prise en considération de l'attribution par soi du second mode (et avec elle, ont semblé nous le confirmer les exemples de la surface blanche et du camus, celle de la composition de ce que nous expérimentons être en forme et matière) qui nous a conduits à bien distinguer unité d'être et unité de première intelligibilité. Mais précisément, nous ne pourrons passer de manière fructueuse à cette seconde considération, et avec elle à la question de la science et de la source de la nécessité, sans passer d'abord par la première et, avec elle, à la question du réalisme de la connaissance ordinaire. [61]

---

61 Bien entendu, l'existence de l'écart ne pouvait échapper à personne. Mais la question est de bien le situer, et cette question est conjointement celle de situer l'objet premier de l'intelligence et ce à quoi vont se rapporter les divers savoirs de science. P. AUBENQUE 1962, par exemple, écrit d'abord ceci: «si nous en restons à la littéralité du *ti ên eînai*, qui n'est pas quelque chose, mais ce que la chose est, c'est-à-dire était, nous devons convenir que dans le cas de l'être sensible, il faut distinguer entre son être, qui est un être composé, et ce qu'il est, c'est-à-dire était. L'être sensible n'est pas ce qu'il est» (éd. 1977, p. 473). Mais Aristote examinera expressément et longuement l'*eîdos/morphè/to ti ên eînai* comme une «partie» de ce qui est, et *opposer* le *ce que c'est* de la chose et son être composé c'est manquer (avec Thomas d'Aquin faisant de la matière et de la forme les principes les plus fondamentaux de la chose) la nécessité de rechercher les causes de son être *un* et *séparé*. De même, G. G. GRANGER 1976 marque bien l'importance du fait que «le lien d'attribution comporte trois degrés de couplage» (p. 227), mais lui non plus ne rejoint pas à partir de là la nécessité de cette recherche et gardera en conséquence la vision d'un Aristote essentialiste. P. Aubenque, d'autre part, ajoute en note: «la tradition résoudra, ou croira résoudre, cette aporie par la distinction de l'essence et de l'existence, du *quod est* et du *quo est* (Boèce). Nous nous interdisons cette terminologie, pour demeurer au niveau plus originel, plus aporétique, auquel se situe la problématique aristotélicienne» (*op. cit., ibidem*). Il est certain que le développement que donnera à cette distinction de Boèce la thèse thomasienne de la distinction réelle entre l'essence et l'existence (voir à de sujet Aimé FOREST 1931, *La structure métaphysique du concret selon Thomas d'Aquin*) constituera pour la tradition qui cherchera à philosopher dans la suite de Thomas d'Aquin, un, voire l'obstacle majeur à la redécouverte de l'analyse causale développée dans la *Métaphysique*. Non que cette thèse soit fausse, mais son lieu de vérité est la vision de sagesse sur la créature qu'appelle la remontée à l'Etre premier comme *Ipsum esse subsistens*. Et certes encore ce lieu de vérité est bien philosophique, mais si la théologie chrétienne développée par Thomas d'Aquin pouvait la reprendre telle quelle sans dommages, du moins immédiats, sa reprise comme analyse métaphysique de ce qui est ne pouvait qu'occulter ce qui dans notre expérience rend nécessaire une telle analyse et les voies qui doivent être les siennes. Aussi bien l'un des fruits escomptés du présent travail est de contribuer à convaincre que la reprise pour aujourd'hui des intentions de Thomas d'Aquin passe par les discernements ici opérés par M.-D. Philippe, et notamment que si Thomas d'Aquin doit être disculpé de l'accusation d'être tombé dans l'onto-théo-logie (cf. l'excellent numéro Thomas d'Aquin *et l'ontothéologie*, de la *Revue*

La question de la science sera d'ailleurs d'ores et déjà présente puisque, de manières différentes, tant le platonisme que l'essentialisme pensent trouver dès ce niveau l'élément fondamental de la réponse qu'ils lui donnent. Dans l'entreprise qui est la leur, en effet, de fonder le savoir de science, le platonisme et l'essentialisme en arrivent à poser que sa forme ou, selon la thématisation que nous en avons faite dans ce qui est, l'être qui de son être demeure *tel* être, sa quiddité, est pour chaque réalité singulière existante sa substance-«essence» en ce qu'elle est pour elle ce *même* qui, *justement comme même,* lui est source de ce qui y est nécessaire, et cela de telle façon que le jugement d'existence, tel que nous le posons dans l'unité vitale de nos sens et de notre intelligence, n'a plus aucun rôle principiel à jouer dans l'acquisition du savoir de science:
– dans un cas, la sensation corporelle n'est que l'occasion pour notre âme immatérielle de se remémorer, pour chacune des apparences qu'elle lui fait rencontrer dans le devenir, la matière et la multiplicité, l'Idée unique, immatérielle et éternelle en laquelle seule, dans ses relations avec les autres Idées et, au delà, dans leur commune dépendance au Bien-Un, se trouve du nécessaire
– dans l'autre, l'existence matérielle et temporelle des réalités offertes dans la multiplicité à notre sensation n'ajoute rien que d'accidentel à l'intelligence là encore une, immatérielle et non temporelle que nous en acquérons, et c'est dans leur quiddité-essence que, moyennant le principe d'identité, se trouve la source du nécessaire que nos divers savoirs de science cherchent à nous y faire atteindre.

Eh bien! qu'aucun savoir de science ne soit accessible qui ne se rapporte à de certains mêmes objectifs, nous en sommes d'accord. Bien plus, nous tenons qu'un tel même se laisse saisir dès la connaissance ordinaire, et notre interrogation sur ce qui est vraiment et en premier, sur l'*ousia*, nous amène à tenter de situer dans ce qui est, et pour le cas des réalités que nous classons dans la catégorie de la substance, ce certain même. Mais il est à cette tentative une autre raison, à savoir que, à la différence du platonisme et de l'essentialisme, et sur la base d'une observation de la manière dont se développent les divers savoirs de science, nous tenons que cette objectivité de la connaissance ordinaire n'est pas encore celle de ces divers savoirs, et

---

thomiste, 1995, n° 1), la sortie tout à fait décisive du piège de celle-ci ne peut s'effectuer sans une reprise, à sa suite mais éventuellement plus profondément que lui, de la lecture d'Aristote (voir à ce sujet, M. BALMÈS 2002, *Pour accéder à l'acte d'être avec Thomas d'Aquin et Aristote, réenraciner le* De ente et essentia, *prolonger la* Métaphysique). L'exploration de l'écart ente (unité d')être et (unité de) première intelligibilité est un, peut-être le lieu majeur où doit s'effectuer cet approfondissement, et c'est en elle donc qu'il faut maintenant nous engager.

que situer ceux-ci en sagesse, et notamment répondre à l'énigme, implique de situer ces objectivités.

Puis donc qu'il semble y avoir là dans le platonisme et l'essentialisme quelque chose de juste à sauver et quelque chose d'erroné à dépasser, et puisqu'ils semblent constituer une tentation à laquelle il n'est pas nécessaire de succomber mais qu'il n'est pas possible d'éviter – puisque, pour dire les choses autrement, ils posent une vraie question –, il semble bien que l'étape actuelle de notre travail: tenter de situer la quiddité dans ce qui est, puisse et doive aussi se présenter comme tentative d'effectuer ce discernement. Plus précisément, nous procéderons avec nos moyens, ceux de la remontée du triangle de Parménide, mais nous irons aussi loin que possible dans leur sens, et nous verrons bien si cela nous conduit à un point où il nous faudra les lâcher.

Partant du dire, par conséquent, nous pouvons estimer avoir un premier point d'accord (pour tout ce qui suit, cf. les l. 1031a19-28): chaque réalité singulière existante, par exemple un homme vêtu de blanc, est *autre chose* que ce à quoi réfère la question demandant: «qu'est-ce que pour cette réalité est *être*?», car cela n'est pas *la chose même* qu'elle est dans son existence singulière.

Certes, à raisonner avec les sophistes, nous pourrions dire ceci: si ce à quoi nous réfère la question 1: «qu'est-ce que *pour cet homme de blanc vêtu* est être?» est bien, comme il semble, *la chose-même* qu'est cet homme de blanc vêtu, alors il faut tout simplement conclure que ce à quoi réfère la question 2: «qu'est-ce que *pour cet homme* est être?» est entièrement le même que ce à quoi réfère la question 1. En effet, dira-t-on avec les sophistes dans la ligne de l'hypothèse posée dans l'antécédent:
– *la chose même* à quoi nous nous référons reste la même et unique chose, que nous nous y référions en disant: «cet homme» ou en disant: «cet homme vêtu de blanc»
– de sorte que c'est aussi à une même et unique chose que se réfèrent les deux questions susdites.

Mais il n'est pas possible, contrairement à ce que voudrait nous faire accroire ce raisonnement, d'identifier totalement *la chose même*, dont l'existence singulière comporte tels et tels accidents, avec sa *quiddité*, laquelle la fait «*la même chose*» que telle autre… chose, la même parce que *de même intelligibilité spécifique* mais autre parce que *numériquement autre* et donc nécessairement autre selon quelque accident – ne serait-ce que de situation relative. Et de fait l'unité entre ce à quoi nous nous référons en posant la question 1 et ce à quoi nous nous référons en posant la question 2 devrait être, c'est ce que vise leur forme commune, une *unité d'intelligibilité*

– or celle-ci, comme l'a fait ressortir la discussion du chap. 4, fait bien défaut –, tandis qu'il y a une indéniable unité entre ce à quoi nous nous référons en disant: «cet homme» et ce à quoi nous nous référons en disant: «cet homme de blanc vêtu».

Quelle unité toutefois? Ici apparaît une première divergence. Pour nous en effet cette unité est une *unité d'être:* ce qui existe, même si nous cherchons ce qu'est en lui son *ousia*, «ce qui est vraiment et en premier», c'est cette réalité singulière existante, cet *hekaston* qu'est cet homme-ci de blanc vêtu. Pour le platonisme, le véritable *hekaston*, celui précisément que nous venons d'isoler, c'est ce à quoi réfère la question 2, qu'il voudra bien désigner avec nous comme ce qui, d'un être, demeure *tel* être, mais à condition d'y reconnaître l'Idée séparée, seule «pleinement être». Pour nous, au contraire, le platonisme rejoint ici les sophistes. Ceux-ci pourraient proposer, afin d'échapper à la distinction entre unité d'être et unité d'intelligibilité, et à la référence conséquente à une quiddité, de ne plus se référer à une réalité singulière existante que par des termes signifiant des déterminations qui lui seraient accidentelles (dans le texte d'Aristote, *de blanc vêtu* et *lettré*). Mais ce serait là fuir ce que précisément, en philosophes, nous recherchons, à savoir du nécessaire, et cela *dans ce qui est*. Simplement, de notre point de vue, *ce qui est* est sensible, et la position de Platon revient à ne plus rien lui attribuer que de manière accidentelle, à la façon des sophistes. Et si, pour l'essentialisme, la quiddité-essence est immanente à la réalité sensible, l'existence de celle-ci n'ajoute rien que d'accidentel à son intelligibilité essentielle.

C'est donc à ce qui est dit *par soi* de chaque réalité singulière existante qu'il nous faut passer. Eh bien! Là de nouveau nous allons avoir d'une certaine façon accord, mais finalement désaccord avec platonisme et essentialisme. Accord, en ce que pour nous comme pour eux il faut tenir la thèse que, touchant ce qui en est exprimé comme lui appartenant par soi, il est nécessaire que la réalité singulière existante et sa quiddité soient «le même». Mais désaccord, en ce que la «réalité singulière existante» en question n'est pas, pour eux et pour nous, la même, et en ce que notre affirmation n'est vraie qu'avec une précision qu'ils ne font pas. Comment et pourquoi cet accord et ce désaccord, c'est ce qu'il est extrêmement important de bien voir, puisque s'y nouent de manière unique interrogation métaphysique et interrogation critique.

Pour eux tout d'abord, c'est dans la thèse susdite que, dans le souci qui est le leur de fonder le savoir de science, ces deux interrogations en viennent à s'identifier. Qu'en est-il en effet, «si par exemple existent certaines substances [à coté] desquelles n'existent pas d'autres substances ni d'autres natures [qui soient] premières [par rapport à elles], comme sont, au dire de certains, les Idées?» (1031a29-31), ou si nature et essence sont ce qu'y voit l'essentialisme? Eh bien il faut tenir qu'elles sont les seules réalités singulières auxquelles la science puisse faire référence, et que leur quiddité est impérativement *la chose même* qu'elles sont. Le nier serait aller directement contre ce qui fait poser la substantialité des seules Idées (ou le caractère quasi-accidentel de l'existence par rapport à l'essence): le souci de rendre possible un savoir de science en identifiant l'être véritable de la chose (ou la source de ce qui y est nécessaire) à son intelligibilité.

Quant aux Idées en effet, et comme d'ailleurs le *Parménide* en avait déjà soulevé l'objection (133a-134e), ne pas l'admettre aboutirait à une double dissociation:

– *quant à l'être*, tout d'abord, il y aura des substances de deux niveaux: si ces réalités singulières seules vraiment existantes que sont le Bien en soi, l'Animal en soi, l'Etre en soi sont autre chose que ce que pour le Bien, l'Animal, l'Etre, est *être*, alors existeront, à côté des substances-natures-Idées que l'on voulait uniques, des substances non seulement autres mais encore antérieures et plus pleinement substances, puisque leur quiddité est donc, dans cette position, leur véritable substance (cf. 1031a31-b3)

– *quant à la pensée et à l'être*, ensuite, ils resteront sans communication possible: si les substances des deux niveaux sont séparées les unes des autres, alors il n'existera pas, contrairement au but recherché, de savoir des unes (celles du niveau 1) et les autres (celles du niveau 2) ne seront pas des êtres, étant entendu que la séparation, ici, consiste en ce que n'appartiennent:

• ni, au Bien en soi (niveau 1), ce que pour du bien est *être* (niveau 2)
• ni, à ce que pour du bien est *être* (niveau 2), d'être bon (niveau 1) (cf. 1031b3-6).

Et de fait, insiste Aristote:
– quant à la pensée et à l'être:
• la thèse fondamentale est qu'il ne saurait y avoir savoir de science de chaque réalité existante – c'est-à-dire d'une Idée, seule à demeurer au delà du devenir et seule à être substance – que lorsque nous en connaissons l'être qui, de son être, demeure tel être, et la thèse vaut aussi bien pour cet au delà des substances qu'est le Bien que pour les substances-Idées qui en dépendent
• et il en résulte que si ce à quoi nous nous référons lorsque nous demandons «qu'est ce que pour du bien est être?» n'est pas un bien mais est au delà, alors ce à quoi nous nous référons lorsque nous demandons:

«qu'est-ce que, pour ce qui est, ou pour ce qui est un, est être?» ne sera pas un être, ni quelque chose d'un mais sera au delà
– quant à l'être, semblablement,
• la thèse implique que ce sont toutes quiddités ou aucune qui sont ces choses-mêmes que sont les substances-Idées
• et il en résulte que si ce à quoi nous nous référons en demandant: «qu'est ce que pour ce qui est, est être?» n'est pas un être mais est au delà, rien
– c'est-à-dire ici aucune Idée – ne pourra se voir attribuer ce par quoi on l'aura pourtant initialement désigné et, notamment, ce ne sera pas seulement la quiddité du Bien en soi qui ne sera pas bonne – parce que, comme déjà remarqué tout à l'heure, de niveau 2 –, mais c'est la chose-même du niveau 1, le Bien en soi, qui ne sera pas bonne! (cf. 1031b6-11).

Et quant à la quiddité-essence, comment aurait-elle un «être qui, de son être, demeure *tel* être» autre qu'elle-même? L'entendant par conséquent aussi bien des Idées que de la quiddité-essence, nous pouvons conclure: «il est donc nécessaire que soient un le Bien et [ce que] pour du bien [est] *être*, le Beau et [ce que] pour du beau [est] *être*, et [que de manière générale, soient unes avec ce dont elles sont dites] toutes les [déterminations] qui [en] sont dites non selon un [être] autre, mais par soi en en premier» (1031b11-14). Et pour nous? Eh bien nous pouvons et devons énoncer la même thèse, mais en l'entendant... de la réalité singulière sensible: «et de fait, s'il leur appartient [d'être dites par soi et en premier], cela est suffisant, même au cas où elles ne sont pas des Idées – [simplement, ce serait] peut-être encore plus [suffisant] au cas où [elles seraient] des Idées» (1031b14-15) –, encore plus suffisant, car alors disparaîtraient, du moins à première vue, les difficiles problèmes d'unité de ce qui est, d'unité de sa quiddité, et d'unité entre les deux. Mais justement! Toutes nos questions se rassemblent dans ces problèmes: loin de nous y dérober, il nous faut prendre avantage de ce que nous venons d'acquérir pour nous y affronter. Qu'avons-nous donc acquis exactement et comment se présentent alors ces problèmes? C'est ce qu'il nous faut maintenant expliciter et cela en explicitant d'abord en quoi nous nous séparons ici des platonisme et essentialisme. Aussi bien est-ce ce que fait immédiatement Aristote, au moins par rapport au premier, et cela de deux façons: en ajoutant, mais sans du tout la souligner, une précision décisive, et en développant une observation également décisive, le plus décisif étant, c'est ce qu'il nous faudra expliciter, dans leur conjonction.

Quant à l'observation, tout d'abord, elle est la suivante:

en même temps, il est manifeste que si vraiment les Idées sont telles que certains le disent, le sujet ne sera pas substance; il serait [alors] nécessaire, en effet, que, d'une part, elles soient des substances
mais que, d'autre part, elles ne soient pas dans un sujet, car alors elles seraient, [elles aussi], par participation (1031b15-18).

Elle est bien décisive, et la chose apparaîtra nettement si l'on remarque que se répondent ici, jusque dans le texte d'Aristote, deux insuffisances. «Est-ce le sujet qui est substance?»: le chap. 3 ne répondait pas que l'affirmer serait faux, mais que ce ne serait *pas suffisant*. Ici il est suffisant, pour affirmer la mêmeté du *ti ên eînai* à l'*hekaston*, de ne prendre en considération que ce qui se dit «par soi et en premier» de celui-ci, et cela serait *encore plus suffisant* si l'*hekaston* en question était celui d'une Idée. Mais alors on perd le lien, apparu tout à fait essentiel, entre substance et sujet:
– le sujet premier est substance, car c'est par là précisément que nous est signalée la réalité qui se classe dans la catégorie de la substance, et si ce n'est pas lui qui fait que cette réalité existe par soi, la découverte de ce qui *en elle* le fait, et qui pourrait bien être du côté de ce que nous recherchons lorsque nous nous demandons: «qu'est-ce que la substance?», pourrait bien aussi nous faire découvrir ce qui en elle en assume la fonction, et comment
– si au contraire il faut entendre notre affirmation comme valant d'Idées platoniciennes, le sujet ne sera pas substance car celles-ci doivent, d'une part, être des substances mais, d'autre part, ne pas exister dans un sujet, sous peine, ce que leur séparation vise précisément à empêcher, de devoir à leur tour exister par participation seulement.

Non seulement donc la version platonicienne de notre thèse ne serait en fin de compte pas suffisante mais elle serait, elle, fausse. Et sans doute y a-t-il en elle quelque chose de juste, malgré tout: c'est ce qui devrait apparaître lorsque nous ferons le point sur ce que nous venons d'acquérir. Mais, auparavant, il nous reste à jeter un regard du côté de l'essentialisme, puis à relever la précision à laquelle Aristote subordonne l'affirmation de sa thèse et à en expliciter la portée pour la suite.

Quant à l'essentialisme, donc, son acceptation nous permettrait sans doute de dire que l'«essence» de la réalité singulière sur laquelle porte notre jugement d'existence est «la même» que celle-ci, qu'elle existe «en celle-ci», mais cette «essence» est bien incapable, elle aussi, d'y assumer la fonction de sujet. Il s'agit en effet d'assumer cette fonction dans la réalité elle-même: et en son devenir et en son existence à la fois une et multiple, car c'est par son existence que le sujet intervient dans l'analyse du devenir, par son existence également qu'il intervient (dès lors que, cherchant à remonter le triangle de Parménide et à franchir le fossé cartésien, l'on récuse la dissociation kantienne entre jugements synthétiques a priori et a posteriori) dans l'analyse du second mode d'attribution par soi. Or, puisque l'essence est censée concentrer en elle toute l'intelligibilité nécessaire de la réalité en laquelle elle existe, le lien qu'elle entretient avec l'existence concrète, sensible, de celle-ci ne peut être qu'accidentel, de sorte que l'on peut bien renoncer à lui attribuer l'existence accordée par Platon aux Idées, son être reste de l'ordre de l'intelligibilité de l'être.

Voilà d'ailleurs qui nous conduit, ensuite, à relever la précision apportée subrepticement (du moins pour qui aurait oublié le point de départ de 4, 1029b13-20) *in fine* par Aristote. En 1031a28, en effet, il commençait: «Mais d'autre part, touchant ce qui [en] est dit *par soi*, n'est-il pas nécessaire…». En 1031b11sq, il conclut:

> il est donc nécessaire que [...] [de manière générale, soient unes avec ce dont elles sont dites] toutes les [déterminations] qui [en] sont dites
> – *non selon un être autre*
> —— mais *par soi* ET EN PREMIER.

La question initiale de la problématique ouverte par l'introduction du *ti ên eînai* était: «de quoi y a-t-il quiddité?». Elle ne doit pas être oubliée, non plus que les résultats du travail entrepris pour y répondre, et notamment celui-ci: l'unité d'être est plus que l'unité d'intelligibilité. Dans ce qui est «dit par soi» de la réalité singulière existante, il y a ce qui en est dit *en premier*, et il y a ce qui en est dit *en second*, et qui implique une irréductible dualité. Et ce qui en est dit en premier présente l'unité de sa première intelligibilité, à laquelle certes se rattache ce qui, multiple, est de l'ordre de son intelligibilité elle aussi nécessaire, certes, mais seconde; mais ce rattachement et la nécessité qui le marque ne sont plus dans la seule intelligibilité, ils ne dépendent plus de la seule unité de première intelligibilité de ladite réalité singulière mais, plus radicalement, de ce qui est à la source de l'unité de son *être*. Et d'autre part, et comme nous l'avions déjà entr'aperçu, cet écart entre être et intelligibilité première, unité d'être et unité de première intelligibilité, cet écart se présente bien selon une autre ligne que celle de la distinction des deux premiers par soi: avec le caractère substantiel de ce que nous exprimons en position de sujet, c'est aussi par la composition de la réalité singulière en matière et forme qu'il apparaît se manifester. Voilà donc bien les *deux* lignes d'attaque selon lesquelles devra se poursuivre, en vue de situer la quiddité dans ce qui est, notre remontée du triangle de Parménide. Mais, avant cela, nous pouvons et devons expliciter davantage la portée de cette «mêmeté» à laquelle nous venons d'arriver et, aussi, progresser dans notre approche, par différence, du mathématisable.

Quant à cette «mêmeté», tout d'abord, achevons d'écouter ce que nous en dit notre présent chapitre:

> à partir de ces raisons, donc, [il apparaît que sont] *une seule et même* [*chose*] chaque [réalité singulière, prise] en soi [et] non par accident, et sa quiddité,
> et aussi, sans aucun doute, parce que, pour chaque [réalité singulière, la] connaître de science c'est [a fortiori] connaître de science sa quiddité,
> de sorte que c'est aussi selon l'ekthèse [singulière qu'il apparaît] nécessaire que [ces] deux soient quelque chose d'un (1031b 18-22).

Disons que si la tentation platonicienne/essentialiste est inévitable et doit donc être exorcisée, l'affirmation de mêmeté à laquelle nous sommes parvenus s'appuie d'abord sur le sentiment spontané du sens commun concernant le réalisme de la connaissance ordinaire, sentiment spontané que la thématisation de la quiddité permet de formuler en disant que «pour chaque [réalité singulière, la] connaître de science, c'est [a fortiori] connaître de science sa quiddité». Mais justement, cette formulation présuppose cette thématisation, et donc tant l'enchaînement des interrogations «qu'est-ce que l'être?», «qu'est-ce que la substance?», «est-ce le sujet, ou la forme eidétique qui est substance?», que l'affrontement de la tentation platonicienne/essentialiste. Simplement, si la thématisation de la saisie de l'*eîdos* comme saisie de la quiddité implique une certaine «ekthèse», une certaine séparation si l'on veut, séparation qui implique le passage par ce certain *un au delà des multiples singuliers* qu'est l'universel, cette séparation reste notre fait à nous, elle n'empêche pas que la nécessité de la mêmeté et donc de l'unité entre quiddité et réalité singulière soit une nécessité jouant en celle-ci, elle n'est pas la séparation platonicienne. Et il en va de même, puisque nous leur avons reconnu un certain être objectif et une certaine quiddité, des déterminations catégoriales secondes, même si doit intervenir de notre part, les concernant, une séparation qui élimine la dualité irréductible qu'implique leur existence singulière (cf. 1031b22-28) – et même si par conséquent, soulignons le malgré tout mais pour y revenir un peu plus loin seulement, cette séparation est d'une autre portée que celle de la quiddité première et, en outre, pourrait être autre d'une catégorie à l'autre.

Mais nous pouvons et devons mieux expliciter encore, et cela en nous situant successivement à chacun des sommets du triangle de Parménide. Poursuivant encore, en effet, Aristote commence par avancer un nouvel argument: «une absurdité apparaîtrait encore si, pour chaque [réalité singulière], l'on posait un nom des quiddités [successives] car, à côté de cette [quiddité]-ci, il y en aura encore une autre, pour la quiddité *cheval*, par exemple, une autre quiddité» (1031b 28-30).

Disons que ne pas reconnaître sa quiddité comme «la même» que la réalité singulière existante engagera, comme nous l'avons vu, dans des dissociations et donc, pouvons-nous ajouter, dans un processus de référence, désignation et nomination, à l'infini. La chose toutefois vaut autant par rapport à l'Idée que par rapport au singulier sensible, et c'est pourquoi l'on peut redonner la parole au platonicien: «mais quoi! [dira-t-on], qu'est-ce qui empêche que, ici aussi, quelques [réalités] soient directement leur quiddité, si toutefois la substance est l'être qui, d'un être, demeure tel être?» (l. 31-32).

A partir de l'argument donné à l'instant, en effet, on ne voit pas pourquoi l'on refuserait d'admettre l'existence de réalités dont la quiddité serait tout à la fois «la chose même» – et non pas seulement «la même chose» – et donc, comme déjà avancé au début, la substance. A cela Aristote répond en deux temps, dont voici le premier: «mais à la vérité, non seulement [chaque réalité singulière et sa quiddité] sont une, mais encore la notion qui les exprime est la même, comme il est manifeste à partir de ce qu'on a dit antérieurement» (1031b32-1032a1).

Comme nous l'avions déjà relevé en rapprochant l'interrogation du *Cratyle* des premières lignes du traité *De l'interprétation*, l'interrogation platonicienne met directement en rapport les mots et les choses; Aristote, lui, remonte le triangle de Parménide et passe par la pensée. D'où ce qu'il nous dit ici: ce qui est vrai c'est, ni plus ni moins, que non seulement, *in re*, la *quiddité* de chaque réalité singulière existante est *une* avec elle, mais que, *in mente*, la *notion expressive de chacune des deux* est *la même*. Et sans doute notre recherche est-elle premièrement métaphysique, de sorte que la question directrice de notre chapitre se situait là où se situent l'*hekaston* et le *ti ên eînai*, donc là où s'achève la remontée du triangle de Parménide. Mais tout ce que nous avons pu dire s'appuyait sur ce fait premier que *nous avons une certaine connaissance* de *ce que sont* les réalités que nous expérimentons être (et d'abord de celles que nous classons dans la catégorie de la substance, et d'abord de l'homme). Eh bien! *L'acquis positif* de notre travail se trouve là, dans un éclairage *en retour* sur cette connaissance. Il est d'ordre *critique* donc et non, comme l'entendent platonisme et essentialisme, d'ordre proprement métaphysique. Précisément, à regarder ce qui est *en tant qu'être*, il apparaît que la mêmeté, l'unité que nous avons affirmée n'est pas encore l'unité de *ce qui est*, car sont en outre assumés, dans l'unité de *ce qui est un certain ceci*: et ce que notre dire exprime en position de sujet (et donc la composition en forme et matière) et les multiples déterminations secondes qui l'affectent – et cela qu'elles l'affectent de manière accidentelle ou à la manière de propriétés existant par soi dans une réalité qui est *ce qu'est* ce certain *ceci*; mais il s'agit de l'unité, avec ce qui est un certain *ceci, de son eîdos*, de ce que notre intelligence le voit être. Qu'est-ce à dire? Ceci, que nous est par là donnée, et à son niveau le plus fondamental, la réponse fondamentale au problème de la signification. La réponse fondamentale, parce qu'elle concerne le *ce que c'est* premier, à l'objectivité de la saisie duquel pourront et devront être rapportées, dans la recherche de la sagesse qu'est la philosophie, toutes objectivités autres – et notamment, pour nous, celles dont la différence d'avec elle engendre l'énigme. A son niveau fondamental, parce que ni dans le dire ni dans la pensée mais dans ce qui est. Mais, justement à cause du caractère doublement fondamental de cette réponse, il faut ici l'expliciter.

Cette explicitation consiste tout d'abord, si nous en prenons les éléments en remontant le temps, à relever qu'il s'agit là d'une réponse à un problème critique: l'interrogation critique, nous l'avons souligné, n'a été thématisée pour elle-même qu'à partir d'E. Kant, et la désignation de ce problème-ci comme problème «de la signification» est encore postérieure. Elle a aussi consisté, plus loin déjà dans le passé, à s'interroger sur le «concept» et sur l'«intentionnalité» – termes pour lesquels on ne trouverait pas, dans le grec d'Aristote, de rétrotraduction exacte. A reprendre alors la réponse de Thomas d'Aquin audit problème, celle-ci peut se formuler, comme déjà noté, dans l'affirmation que le concept est, en nous, la similitude intentionnelle de la quiddité.

Cette formulation trouve bien ses racines chez Aristote:
– quant à la similitude, elle est explicitement affirmée au début du traité *De l'interprétation*: «ce dont celles-ci [les passions de l'âme, les mêmes pour tous] sont les similitudes, c'est des réalités qui, a fortiori, sont les mêmes» (1, 16a7-8)
– quant à l'intentionnalité, elle est prégnante à l'expression «passions de l'âme» et, sinon dénommée, du moins examinée au long du traité *De l'âme*, auquel Aristote renvoie ici explicitement
– et si le mot «concept» aborde la chose par un autre côté que l'expression «passion de l'âme», à savoir par le côté de l'efficience vitale qui «conçoit» une similitude, et non par le côté où cette similitude est spécifiée par une réalité extérieure, les deux sont bien présents dans l'analyse aristotélicienne.

Mais le lieu où se trouve fondée l'affirmation ainsi explicitée n'est ni le traité *De l'interprétation* ni celui *De l'âme*. Comme le relève Thomas d'Aquin commentant l'affirmation subite et à première vue gratuite de celui-ci selon laquelle «puisque sont *autre chose* ce qui est grand et ce que pour du grand [est] *être* […] on connaît distinctement ce que pour la chair [est] *être* et la chair soit par un autre [pouvoir de l'âme] soit par [le même pouvoir mais] ayant autrement [rapport à l'un et à l'autre]» (Γ4, 429b10-13), c'est dans notre chapitre de *Mét.* Z6 que se trouve ce lieu. [62] Disons que si l'interrogation critique porte sur le rapport de la pensée à ce qui est, son développement portera davantage l'attention soit du côté de ce qui est, en lien alors avec l'interrogation métaphysique, soit du côté de la pensée, alors en lien avec la philosophie du vivant, et qu'elle sera donc soit critique «objective» soit critique «intentionnelle». Ce second abord est indispensable et il ne se réduit pas à la philosophie du vivant. En relève notamment la difficile question de l'évidence, dont il a fallu attendre E. Husserl pour qu'elle soit abordée de front. [63] Mais nous l'avons déjà montré, et nous commençons tout juste à en recueillir les fruits, la stratégie de l'engagement pour le réalisme ne peut que le subordonner au premier. Tel était déjà aussi bien le choix d'Aristote lorsque, dans un passage déjà cité du traité *De l'âme*, il faisait dépendre la considération des facultés de l'âme, puis celle de leurs opérations, de celle de leurs objets. Ce choix ne supprime pas la considération de la pensée: ce dont nous sommes partis, c'est du fait que nous avons une certaine connaissance de *ce que sont* les réalités que nous expérimentons être et, pour le saisir avec précision, de son expression dans un dire de ce qui est. Mais il subordonne son examen, et celui de son rapport à ce qui est, à une saisie appropriée de ce à quoi elle se rapporte. C'est là que nous sommes rendus: *en retour* du choix de remonter le triangle de Parménide, nous pouvons et devons dire que l'affirmation de la «critique objective» selon laquelle la quiddité est «*la même*», ou «*la même chose*» que la réalité singulière existante, mais non «la chose même» qu'elle est, [64] *fonde* l'affirmation de la «critique intentionnelle» selon laquelle le

---

62 Thomas d'Aquin 1269-1272a, *In Aristotelis librum* De Anima *commentarium*, éd. 1959 n° 705, p. 168.

63 Cf. Fernando GIL 1993, *Traité de l'évidence*. Voir cependant aussi, concernant Thomas d'Aquin, Luca TUNINETTI 1996, «Per se notum». *Die logische Beschaffenheit des Selbstverständlichen im Denken des Thomas von Aquin*.

64 G. ROMEYER-DHERBEY 1983, pour sa part, conclut comme suit le chapitre intitulé «chose et chose même»: «La chose, du moins en tant que réalité numériquement singulière, n'a pas sa vérité en elle mais derrière elle; elle l'a en elle si le «elle» désigne ce qui d'elle est essence. Nous rejoignons ici notre analyse du *ti ên eînai*: la chose est dans la vérité quand elle est ce qu'elle était, quand elle s'égale dans sa réalisation propre à l'être pleinement réalisé qui fut son archétype antérieur immanent lequel, le monde étant éternel, n'implique pas un archétype initial absolu. De chose elle est alors chose même, cette mêmeté étant celle non pas exactement de l'essence, mais de la répétition de l'essence, en un point où la chose est d'autant plus elle-même qu'elle incarne le mieux l'essence, l'essence n'étant à son tour jamais plus elle-même que brillant dans son plus beau spécimen. Cette tension entre chose et chose même est alors

concept est la *similitude intentionnelle* de la quiddité... ou plutôt de la chose, dont la quiddité est justement ce que nous parvenons à en assimiler.

Mais justement, et c'est là où l'essentialisme scolastique n'a pas su pousser assez loin l'explicitation de l'interrogation critique aristotélicienne sans laquelle pourtant la nécessité du long travail que vont accomplir les chap. 7 à 16 restera inaperçue, et d'où alors toute la suite sera sous-interprétée, ce lieu-même où se dégage en quoi consiste, quant au problème de la signification, le réalisme de la connaissance ordinaire, est aussi celui où se confirme définitivement sa limite. En ce lieu, certes, le philosophe s'est assuré critiquement d'un premier ancrage dans le réel: le réalisme de la connaissance ordinaire nous permet d'y saisir ce qui y est premièrement nécessaire. Mais cela laisse entier, tout en le précisant il est vrai, le problème du passage à un savoir de science: certes ce nécessaire second dont ledit savoir doit faire voir la nécessité se rattache audit nécessaire premier, mais celui-ci n'en est pas la source, et ce n'est pas dans le principe d'identité que s'exprime la dépendance à celle-ci. Cette source, comment y parviendrons-nous? En nous engageant dans une *analyse* de ce qui est, qui sera en même temps une *remontée* à ce qui assure, à la réalité que nous classons dans la catégorie de la substance et par delà la multiplicité en elle de ces nécessaires, unité d'être, existence par soi, séparation et autonomie.

De cette démarche ni le platonisme ni même l'essentialisme ne peuvent voir la possibilité et moins encore la nécessité, car ils ont l'un et l'autre perdu ceci, qu'Aristote avance en un second temps comme ultime raison de la «mêmeté» de la quiddité à la réalité existante singulière, et qui engage effectivement, et toujours avec pour guide la question de l'unité, dans cette démarche: «de fait, ce n'est pas par accident que sont un ce que, pour [ce qui est] un, [est] *être* et ce qui est un» (1032a1-2). De cette nécessaire unité avec ce qui est de ce qui y est premier nécessaire, voilà ce dont il nous faut trouver la source, dans ce qui est, mais plus profondément que ce premier nécessaire. Pour en avoir, chacun à sa manière, détruit la recherche-même,

---

la dernière des tensions que nous avons reconnues dans les choses, qui demeurent ainsi sous tension tout au long de leur développement. L'identité du vrai se réalise dans le mouvement qui conduit de la puissance à l'acte; c'est pourquoi, bien qu'Aristote ne le dise pas expressément, le temps se trouve être le ressort caché de cette vérité des choses. Mais Pindare l'avait dit pour lui, qui posait ‹seul faisant éclater la vérité vraie, le temps›» (p. 217). Peut-être voudra-t-on bien reconnaître qu'il n'y a pas, entre ce texte et notre propre lecture d'Aristote, d'opposition irréductible, mais plutôt et tout au plus, en celle-ci, une explicitation plus poussée du détail du travail de pensée aristotélicien et donc aussi de ses résultats?

le platonisme et l'essentialisme nous engagent tous deux à l'infini, dans lequel par conséquent il dissolvent la consistance du fini: «de plus [en effet], si sont autres [ce que pour ce qui est un est *être* et ce qui est un], ils le seront à l'infini, car il existera la quiddité de ce qui est un d'un côté, ce qui est un d'un autre côté, de sorte qu'on aura encore le même raisonnement au sujet de chacun d'eux» (l. 2-4). Platon lui-même reconnaît la difficulté, sans y répondre autrement que par la fuite en avant des neuf hypothèses du *Parménide*, et l'insuffisance du principe «de contradiction» à rendre compte de la constitution des monades oblige G. Leibniz à invoquer le principe de raison suffisante, lequel amène avec lui l'infinité des connexions que seul l'entendement divin peut embrasser et parmi lesquelles, sur le fond de l'infinité des mondes possibles constitutive de cet entendement, seule sa volonté a pu choisir.

2.2.3. *Nécessité d'examiner plus avant la diversité des jeux de même et d'autre impliqués dans la saisie des diverses déterminations catégoriales*

Mais la métaphysique leibnizienne est le témoin d'une autre conséquence de l'essentialisme, d'ailleurs en germe dans la résignation du *Timée* à n'accorder à la cosmologie qu'un caractère mythique: la transformation en énigme de la question du rapport de la science galiléenne à ce qui est. Or ici, si la philosophie doit pour son compte creuser plus loin que la quiddité, et ne pas arrêter l'interrogation critique à ce qui vient d'être acquis quant au problème de la signification, elle le devra certainement aussi pour tenter de rejoindre, par différence, le mathématisable profond. Pour ce faire, nous l'avons déjà observé, une interrogation sur l'unité s'est révélée devoir être une ligne constante de notre tentative de remontée du triangle de Parménide et d'analyse de ce qui est. En particulier, nous avons commencé de l'apercevoir, c'est l'écart entre l'unité de première intelligibilité et l'unité d'être qui devrait nous conduire au saut, au delà de la quiddité, vers une analyse causale. Mais ce saut, qui nous fera rechercher d'un seul mouvement la source de l'unité et la source de la nécessité, s'appuiera sur les progrès auxquels la prise en compte de l'attribution par soi du second mode aura conduit notre interrogation. Or cette attribution exprime nécessairement un jugement, tandis que celle du premier mode le peut certes aussi (ainsi dans la mineure du syllogisme en *Barbara* concluant de la mortalité des animaux et de l'animalité de l'homme, à la mortalité de celui-ci), mais elle est susceptible, plus fondamentalement, d'exprimer une définition, de sorte que si celle du second mode engage nécessairement dans les interrogations critiques sur la *vérité* et sur la *source de la nécessité*, elle engage d'abord, elle, dans l'interrogation sur la *signification*. Et sans doute ces interrogations sont-elles solidaires, mais précisément il nous faut, afin de mieux préparer celles-là, poursuivre d'abord celle-ci plus avant.

Comment cela? En rebondissant dès maintenant sur la pierre d'attente rencontrée à la fin de Z4: si chacune des déterminations catégoriales secondes entre, pour nous, dans un genre ultime un et doit de ce fait être reconnue avoir, en soi, un être un objectivement distinct, c'est de manière tout à fait propre que chacune, nous avions commencé de l'apercevoir, possède chacun de ces deux caractères. Or, si tant la philosophie que les sciences galiléennes nous font connaître du réel quelque chose qui dépasse ce que nous en donne la connaissance ordinaire – au niveau de laquelle se place la description catégoriale – l'une et l'autre y trouvent leur point de départ, et l'entreprise qui est la nôtre, de tenter de situer par différence le mathématisable dans ce qui est, ne pourra y réussir quant au mathématisable profond sans s'y essayer d'abord au niveau du «contact originel de l'intelligence avec les choses», c'est-à-dire notamment à celui des déterminations catégoriales secondes et, plus précisément, à celui de, bien évidemment, la quantité, mais aussi, faisant couple avec elle, de la qualité. La connaissance ordinaire, en effet, parvient certes d'emblée à une saisie quidditative de *ce que sont* les substances qui nous entourent, mais cette connaissance nous les fait connaître comme des *touts*, dont l'être un assume la diversité qu'explicitent les catégories secondes, et chacune de celles-ci présentent, en contraste avec cette complexe unité, la simplicité des éléments qui, au niveau du «contact originel de l'intelligence avec les choses» qui est précisément celui de la connaissance ordinaire, la composent. Thomas d'Aquin offre d'ailleurs ici une mise en ordre des catégories que ce serait une erreur radicale de comprendre comme une esquisse de déduction,[65] mais à laquelle il semble en revanche difficile de nier une valeur de mise en place des interrogations. Sous la forme d'un tableau, cette mise en ordre se présente ainsi[66]:

---

65 Ainsi que le propose, par exemple, Stanislas BRETON 1962, «La déduction thomiste des catégories». Aussi bien E. Kant a-t-il parfaitement tort de reprocher aux catégories aristotéliciennes leur caractère «rhapsodique»: ce qui fait leur force, c'est précisément d'expliciter les traits selon lesquels l'expérience, l'empirie communes nous permettent, de fait, de décrire les réalités qui nous y sont données.

66 Cf. Thomas d'AQUIN 1268-1272, *In duodecim libros* Metaphysicorum *Aristotelis expositio*, éd. 1964 n°891-2, p. 238-9.

une catégorie peut:

se prendre selon ce qui: — être ce qu'est le sujet ———— la substance

est extérieur au sujet, — inhère au sujet:

non absolument — par soi et absolument comme suivant à:

la matière ——— la quantité

la forme ——— la qualité

la relation

en sorte qu'elle soit:

complètement hors du sujet: — en quelque façon dans le sujet, i.-e. à la façon:

du principe ———————— l'action

du terme ———————— la passion

en le mesurant selon: — sans le mesurer ———————— l'avoir

le lieu et en considérant l'ordre des parties: — le temps ———————— le temps

non ———————— le lieu

oui ———————————— la position

et elle fait bien ressortir la plus grande proximité à la substance, sinon de la relation, qui présuppose toujours un fondement autre, du moins de la qualité et de la quantité, et donc la primauté de l'interrogation qui les concerne. Remarquons d'ailleurs que non seulement elles se prennent, à la différence des catégories suivantes, «selon ce qui inhère au sujet», mais que cela tient en particulier au fait qu'elles appartiennent à l'être achevé, par delà le devenir donc, alors que les autres (à l'exception de l'avoir), soit sont immédiatement liées au devenir: ainsi l'action, la passion et le temps, soit, tel est le cas du lieu et de la position, sont ce selon quoi la substance peut connaître un devenir au long duquel elle reste la même, comme aussi ses qualités et quantités. Remarquons aussi en revanche que, à regarder ce tableau du point de vue de la «mathématisation» du mouvement par quoi a commencé la science galiléenne, la primauté échoit, conjointement à la quantité, au lieu – ou plutôt à l'espace – et au temps, lesquels trois amènent avec eux mesures et lois fonctionnelles, et donc relations, mais qui ne sont plus, elles, au niveau catégorial, mais à ce niveau plus profond qui est celui de l'énigme. [67] Le même tableau, enfin, fait aussi ressortir l'opposition des raisons respectives de la plus grande proximité de la qualité et de la quantité, à savoir leurs liens à la forme pour l'une et à la matière pour l'autre: cela confirme l'importance de la question de la source de l'unité de l'être des réalités que nous classons dans la catégorie de la substance et

---

67 Concernant le mouvement local, Lambros Couloubaritsis en vient à écrire, au terme *L'avènement de la science physique. Essai sur la* Physique *d'Aristote*, ce qui suit: «on retiendra surtout ici que ce *point* [la primauté du mouvement local] par lequel s'achève le cheminement de la *Physique*, et qui clôture pour ainsi dire l'objet de la physique dans les limites où l'a conduit l'ontologisation du réel sensible et en devenir, fait signe vers un double horizon: l'horizon où ses fondements logico-ontologiques ne pouvaient que conduire – à savoir l'horizon de la métaphysique –, et l'horizon de la physique moderne» (L. COULOUBARITSIS 1980, p. 317) et de là, à poser en conclusion le dilemme suivant: «dans ces conditions, on pourrait se demander, au terme de notre lecture de la *première science* physique de l'histoire de la pensée, si tout projet qui chercherait à tenter aujourd'hui une réconciliation possible entre physique et métaphysique ne devrait pas se résigner à l'une des branches de l'alternative suivante: ou bien entreprendre la désontologisation de la métaphysique, ou bien, au contraire, l'ontologisation de la physique contemporaine» (p. 326). Mais peut-être une reprise pour aujourd'hui de la démarche d'Aristote est-elle en mesure de trouver chez celui-ci les principes permettant de sortir de ce dilemme – éventuellement en libérant le tout de l'univers de ce lien physique qu'il a dans la *Physique* au premier Mouvant (cf. p. 318-20) et dont, prolongée comme elle peut sans doute l'être dans une doctrine de la création, la *Métaphysique* n'impose pas le maintien?

explicite, dans la liaison des couples matière/forme et quantité/qualité, l'un des angles majeurs sous lesquels il faudra l'aborder.

Et comment approcher, à ce niveau cette différence entre qualité et quantité? Dans la considération à leur sujet de, précisément, l'*un*. C'est ce que suggérait la fin de Z4, et c'est ce que confirme l'observation que nous avons faite lorsque nous avons engagé l'interrogation sur la signification, observation selon laquelle les «mêmes» dont les «passions de l'âme» exprimées par les mots «pieux» et «douze» sont les similitudes n'ont pas les mêmes unités et réalités, comme ne sont pas non plus les mêmes les rapports de ces passions et similitudes aux dits «mêmes»: la saisie de la *qualité*, engage un jeu d'un et de multiple autre que celui qu'engage la saisie du *nombre*. Dès le niveau de la connaissance ordinaire, donc, la formation et la structuration de la signification ont ici leur différence, et si le mathématisable profond est encore au-delà, tout comme la quiddité n'est encore que le plus connaissable pour nous, c'est dès maintenant que, justement pour nous donner les moyens d'aller vers cet au delà, nous devons tâcher de cerner cette différence. D'où il nous faut, pour ce faire, retrouver pour notre compte les chemins suivis par Aristote dans le livre qu'il a consacré à l'*un* et au multiple, à savoir le livre I de la *Métaphysique*. De même en effet que la situation dans ce qui est de ce à quoi se rapporte la question «qu'est-ce que…?» n'exige rien de moins que l'interrogation de la philosophie première vers ce qui est pris en tant qu'être, de même la différenciation des jeux d'*un* et de multiple qu'engagent saisie de la qualité et saisie du *nombre* – et aussi, verrons-nous, saisie de la *grandeur* et saisie, quant aux sub-stances, de l'*autre selon l'espèce* – n'exige rien de moins que l'interrogation de la même philosophie première vers l'*un* et le multiple.

Chapitre V

Divers jeux originels d'*un* et de multiple

1. Premier aperçu

En vue donc de préparer notre tentative de situer le mathématisable profond dans ce qui est par une première approche touchant le mathématisable immédiat, nous voici engagés dans l'interrogation plus générale de la philosophie première sur «l'un» et «le multiple». Comment donc en sommes-nous arrivés là, vers quoi interrogeons-nous ainsi, et comment, par suite, allons-nous engager l'interrogation?

Nous en sommes arrivés là parce que, dans notre interrogation vers ce qui est pris en tant qu'être, la question de l'unité a été un guide constant, et parce que les rapports de notre pensée à ce que notre dire descriptif dit être, et en particulier aux quantités et qualités, engagent des jeux, des structurations, d'un et de multiple manifestement autres, d'une altérité qui ne peut pas ne pas impliquer des différences décisives quant aux significations correspondantes, et donc à tout le développement ultérieur de la rationalité.

Ce vers quoi nous interrogeons ainsi, par conséquent, c'est bien au cours de notre remontée du triangle de Parménide que nous le rencontrons, non toutefois comme ce vers quoi nous interrogeons ultimement dans cette remontée, mais plutôt comme ce par quoi elle nous conduit ultimement à passer pour l'atteindre. Interroger vers ce qui est pris en tant qu'être, c'est interroger vers «le réel», sous un «en tant que» dont la particularité est d'être «transversal» à tous «en tant que» particuliers d'interrogation. Comme va le souligner Aristote, interroger vers «l'un» et «le multiple» ce n'est pas interroger vers ce réel comme tel: le *designatum* auquel fait référence l'expression «l'*un*» n'est pas une chose, malgré que sa prise en considération nous conduise à user d'une expression qui a tous les carac-tères grammaticaux d'un substantif (dont nous soulignerons la particu-larité en écrivant: «l'*un*»), et la même observation vaut pour «le multiple», aggravée par cette autre que l'emploi du singulier peut paraître ici contradictoire – mais l'usage du pluriel, qui sera celui d'Aristote employant non seulement *to plêthos* mais aussi et même d'abord *ta polla* (cf. 3, 1054a20-22), n'abolit pas la première observation. Pour notre part, nous ne renon-cerons pas à l'expression classique «l'*un* et le multiple», mais nous ferons aussi à l'occasion usage de l'expression «l'*un* et les multiples», et traduirons en tout cas toujours *to plêthos* par «le multiple» et *ta polla* par «les multiples», cette dernière expression étant éventuellement précisée, comme on le verra le moment venu. Mais le réel, ce qui est, se présente à nous comme un et multiple, notre pensée aussi se développe selon une rationalité engageant de l'*un* et du multiple, et si l'interrogation vers ce qui est et l'interrogation critique ont dû se nouer ensemble – celle-ci intérieure à celle-là et subordonnée à elle – dans la remontée du triangle de Parménide, c'est précisément parce que ces deux complexités sont à la fois à distinguer et à unir.

Tout cela aussi bien devrait se dégager de manière précise si nous engageons notre interrogation à l'intérieur de cette remontée, or c'est bien là, semble-t-il, ce que fait *Mét.* I. Au cours de ses trois premiers chapitres, en effet et tout d'abord, ce livre s'interroge sur l'*un*, et sur l'interrogation le concernant, selon les trois étapes suivantes:

– examinant d'abord quatre modes dont *se dit* l'*un*, quatre modes en quelque façon premiers et de cette façon récapitulatifs (1052a17: *sugkephalaioumenoi*)

– il en explicite alors *une première intelligibilité*, «ce que pour l'*un* [est] être et quelle [en est] la raison expressive» (1052b3: *ti esti to heni eînai kai tis autoû logos*): l'*indivis* (jusqu'en 1052b1), puis *une autre*, plus profonde: la *mesure* (suite et fin du chap. 1)

– et aborde enfin (au chap. 2) la question: «qu'est-ce que l'*un*?» en se demandant comment elle se relie à la question: «qu'est-ce que l'être?»:

> il nous faut chercher comment il en va selon la substance et la nature, de la façon dont nous en avons traité dans les *Apories* (cf. *Mét.* B4, 1004a4-b25):
> – qu'est-ce que l'*un*?
> – et *comment* faut-il concevoir ce qui le concerne?
> Est-ce que l'*un* [pris en] lui-même existe comme une certaine substance à la façon dont le disent les Pythagoriciens en premier lieu, Platon en second lieu?
> Ou, bien plutôt, quelque nature [en] est-elle sujet,
> et doit-il être explicité d'une manière en quelque façon plus connaissable et plutôt à la façon de ceux qui [traitent] de la nature?
> L'un de ceux-ci en effet dit que l'*un* est une certaine amitié, un autre l'air, un autre encore l'infini (2, 1053b9-16).

Et, ensuite, le livre se développe comme un examen des diverses façons dont s'opposent, mais aussi composent, l'*un* et le multiple, plus précisément *to hen* et *ta polla*, l'*un* et les multiples donc, (cf. chap. 3), diverses façons liées respectivement à la substance, à la qualité et à la quantité, car

> conformément à la liste [...] établie dans la *Division des contraires*, sont:
> – de l'*un:* le «le même», [le] semblable et [l']égal,
> – du multiple: l'autre, [le] dissemblable et [l']inégal (3, 1054a29-32).

Or c'est bien encore dans la remontée du triangle de Parménide que doit se comprendre cet examen. Les chap. 1 et 2, en effet, nous y aurons introduits en nous situant à la jonction de l'être et de la pensée, et cela va nous autoriser à l'expliciter comme étant conjointement l'examen des diverses façons dont se structurent les saisies distinctes des dites qualités (chap. 4), quantités – tant continues (chap. 5) que discrètes (chap. 6) – et substances (chap. 7-10), par où d'ailleurs nous nous situerons, comme cela était déjà le cas en Z4-6, dans une perspective de critique «objective», non de philosophie du vivant ou de critique «intentionnelle». Mais ces deux lignes d'interrogation, même si elles restent maintenues en attente en vertu de l'engagement pour le réalisme, n'en seront pas moins déjà opérantes, jouant un rôle décisif dans l'organisation de l'interrogation.

Pourquoi en effet la considération de l'*un* et des multiples accompagnant la qualité et la quantité en vient-elle à précéder celle de l'*autre selon l'espèce*, avec laquelle seule l'on retrouve la substance? Nous l'avons déjà aperçu ci-dessus, mais deux lieux le font apercevoir ici plus avant, deux lieux dont l'explicitation se relie bien aux interrogations relevant de la philosophie du vivant et de la critique intentionnelle. Au chap. 1, tout d'abord, où est invoqué le fait que «partout, en effet, [l'intelligence] cherche la mesure [comme] quelque chose d'un et d'indivis et, cela, c'est le simple, soit pour le qualitatif soit pour le quantitatif» (1052b33-35), et ensuite au tournant du livre que constitue le début du chap. 3: ayant été amené à suggérer que l'*un* et le multiple s'opposent comme des contraires, Aristote y observe, reprenant au demeurant un résultat acquis au chap. 1, que «l'*un*, d'ailleurs, est dit et manifesté à partir du contraire, l'indivisible à partir du divisible», et il ajoute qu'il en est ainsi «en vertu du fait que le multiple et le divisible sont davantage sensibles que l'indivisible, de sorte que, selon la raison, le multiple, en vertu de la sensation, est antérieur à l'indivisible» (1054a26-29).

Au fond, Aristote en conviendrait avec D. Hume et E. Kant, la sensation apparaît rétrospectivement au regard réflexif nous livrer par elle-même une sorte de chaos, d'où nous traduirons la première ligne du chap. 3: «l'un et les multiples [en chaos] s'opposent de nombreuses façons», et il conviendrait par suite avec eux que ce ne peut être sans tout un travail à nous-mêmes caché que nous parvenons aux saisies distinctes qui sont celles de la connaissance ordinaire, telles qu'exprimées, en particulier, dans notre dire descriptif. Mais Aristote n'est pas comme eux dans la dépendance de R. Descartes, et loin de nous enfermer dans la conscience ou dans l'a priori, il chercherait face à eux à préciser comment notre intelligence, qui doit pour cela se faire raison, parvient à saisir distinctement ces traits par lesquels nous décrivons ce qui est, et il engagerait cette recherche comme examen de la manière dont, à la jonction où l'intelligence prend son bien dans la sensation et se fait raison, ces saisies distinctes engagent différemment même et autre, un et multiple. Nous l'avions en effet relevé au début de notre chapitre 3, les «mêmes» auxquels se rapportent l'affirmation que les Apôtres sont *pieux* et celle qu'ils sont *douze* ne sont pas les mêmes. Or qu'était-ce à dire? Que si la distinction et saisie distincte s'en font pour l'un et l'autre par comparaisons, rapprochements et différenciations, donc dans des jeux de même et d'autre, d'*un* et de multiple, ces jeux se déroulent dans des ensembles de structures différentes, et ont pour résultats ces structurations rationnelles différentes de signification que met au jour l'observation des dires qui les expriment. Et, pour nous qui cherchons à franchir le fossé cartésien pour aller au delà même des saisies distinctes qui s'opèrent à ce niveau du «contact originel de l'intelligence avec les choses», la précision des différences qui les affectent ne peut être qu'évidemment décisive, car si le développement ultérieur de la vie de l'intelligence ne saurait en rester à la rationalité cachée de ce premier moment, il ne peut cependant pas ne pas en rester décisivement dépendant. Or tel est bien le travail, du moins une partie du travail, qu'accomplit Aristote en *Mét.* I. Simplement, comme toujours, il l'accomplit, lui, de la manière la plus objective possible, c'est-à-dire ici en parlant de l'*un* et des multiples, et de leurs oppositions, *comme tels*, alors que nous, si nous voulons en expliciter la portée quant à l'interrogation qui est la nôtre, il nous faut le situer explicitement dans le mouvement de remontée du triangle de Parménide, et expliciter ce qu'il nous enseigne sur les saisies distinctes qui sont les nôtres, «au contact originel de l'intelligence avec le choses», des qualités, quantités, altérités spécifiques des substances.

Explicitons encore. L'affirmation selon laquelle «selon la raison, le multiple, en vertu de la sensation, est antérieur à l'indivisible» doit être mise en contraste avec une autre, qui ne se trouve pas chez Aristote mais qui, reprise à Avicenne par Thomas d'Aquin et jouant chez celui-ci le rôle d'un véritable *leitmotiv*, sonne bien comme provenant d'une inspiration aristotélicienne authentique: *«primo cadit in intellectu ens».* [1] Certes l'intelligence, au lieu que les sens sont déterminés par le sensible, et de ce fait par eux-mêmes sans erreur possible, va-t-elle d'un trait jusqu'à l'être un de ce

---

1 Cf. par exemple Thomas d' AQUIN 1256-1259, *de Veritate* q1 a1, éd. 1964 p. 2b, ou encore 1266-1272, I q5 a2, éd. 1961 p. 34a, et voir S. ADAMCZYK 1933, *De objecto formali intellectus nostri secundum doctrinæ S. Thomæ Aquinatis.* Sur le sens exact de cette proposition chez Thomas d'Aquin, sens différent de celui qu'elle a chez Avicenne à qui il l'emprunte, voir M.-D. PHILIPPE 1974b, «Analyse de l'être chez Thomas d'Aquin», spécialement p. 17-18, et 1975b, fasc. III: *Le problème de l'ens et de l'esse. Avicenne et Thomas d'Aquin.*

que par eux elle rencontre, mais précisément, cela implique qu'elle ne trouve repos et achèvement que dans des actes de jugement (sujets, eux, à erreur). Or si ceux-ci ne donnent ce repos et cet achèvement que dans une adhésion à l'être un de ce qui est,[2] et donc dans une unité qui leur est propre, cette unité assume une complexité rationnelle qui se développera, au delà du jugement, dans le raisonnement, mais qui se situe, plus radicalement et en deçà du jugement, dans la signification. Celle-ci n'est d'ailleurs pas susceptible d'erreur, mais simplement de saisie ou non-saisie (cf. *Mét.* Θ10, 1051b23-25), et cela marque bien sa continuité avec la sensation. Mais cette continuité ne va pas sans un saut, et même plusieurs. Dès le niveau de la connaissance ordinaire, en effet, ce qui est se donne à nous de plusieurs façons objectivement distinctes, dont la plus achevée est celle de la substance, mais qui justement comme telle assume les autres, et notamment celles de la qualité et de la quantité, qui lui sont donc, du point de vue du conditionnement sensible/rationnel, antérieures. Et chaque savoir de science, ensuite, implique ses propres sauts. Or si l'interrogation philosophique en trouve de premiers déjà accomplis par la connaissance ordinaire au moment où elle s'engage et se découvre en besoin de l'interrogation critique, c'est précisément sur ces sauts, c'est-à-dire sur le problème de la signification, que nous l'avons vue dans la nécessité de faire porter, pour commencer, ladite interrogation. Et si vraiment la connaissance scientifique, et donc les significations qu'elle met en jeu, s'enracinent dans la connaissance ordinaire et les significations qu'elle acquiert spontanément, la mise au jour de différences originelles concernant celles-ci ne peut pas ne pas éclairer sur celles-là. Au point de nous ouvrir la voie dans notre tentative de réponse à l'énigme? C'est bien là l'enjeu de notre lecture de *Mét.* I, qui se fera par suite en deux temps:
– l'actuel, qui s'arrêtera aux conclusions du chap. 6, en se limitant donc aux structures d'*un* et de multiple engagées dans la saisie distincte des qualités et quantités
– un second, que nous remettrons à plus tard, à savoir à un moment où nous serons déjà profondément entrés dans l'analyse causale que nous ne faisons encore que préparer.

Si en effet les chap. 7-10 tournent eux aussi autour d'une saisie distincte qui s'effectue dès le «contact originel de l'intelligence avec les choses», à savoir autour de la saisie distincte de l'altérité spécifique des réalités que

---

2   Même la négation, si elle comporte cet aspect de retrait qui a si fort séduit la philosophie depuis R. Descartes, comporte un tel aspect, car la division qu'elle pose est justement ce qui permet de maintenir une adhésion que la composition posée par l'affirmation contradictoire rendrait impossible.

nous classons dans la catégorie de la substance, celle-ci est à ce niveau la plus achevée de toutes, et ce qu'elle engage se verra mieux alors, car il ne s'y agit de rien de moins que du saut aux causes. Or ce saut ne sera pas caché, comme l'est le saut à la quiddité, mais conscient, et cela notamment parce qu'il s'appuiera sur le dévoilement de celui-ci, et de son insuffisance à nous faire atteindre ce dont dépendent l'unité d'être, et de pleine intelligibilité, des réalités que nous classons dans la catégorie de la substance. Notons simplement, dès maintenant, ceci: ce que nous donnera entre autres cette analyse causale, ce seront des points d'ancrage dans le réel au delà du point d'ancrage quidditatif et en particulier, par suite, de quoi échapper de manière définitive à cet enfermement dans la signification qui est le lot de l'essentialisme comme de la philosophie post-cartésienne, tout spécialement celui qui s'exprime dans l'affirmation fameuse selon laquelle *omnis determinatio negatio*. Si en effet *Mét.* I4 va nous confirmer que le simple ancrage quidditatif appelle déjà à échapper à l'enfermement auquel contraindrait cette affirmation, c'est parce que les chap. 3-6 se révèleront capables d'en discerner la part de vérité: l'explicitation de la saisie distincte de diverses déterminations distinctes est aussi explicitation de diverses structures, entre *un* et multiple, sinon toujours de négations, du moins d'oppositions, et ces structures ancrent, de manières très inégales selon les déterminations, dans ce qui est.

C'est ce qu'annoncent les premières lignes, que nous avions sautées, du chap. 3. Annonçant tout d'abord que, comme le manifestera la suite, «l'un et *les* multiples (*to hen kai ta polla*) s'opposent de plusieurs façons», il poursuit, reprenant un acquis du chap. 1:

> [façons] dont l'une [est celle selon laquelle] l'*un* et *le* multiple (*to hen kai to plêthos*) [s'opposent] comme indivisible et divisible, car ce qui [est] divisible ou divisé [est dit] un certain multiple, tandis que ce qui [est] indivisible ou non divisé [est dit] un

et il précise cette opposition par la première considération suivante:

> puisque, alors, les oppositions sont au nombre de quatre et qu'ils ne sont dits, l'un et l'autre:
> ni selon la privation,
> ni comme une contradiction,
> ni comme les [opposés] qui se disent [tels parce que] relativement à quelque corrélatif,
> [il semblerait qu']ils soient des contraires (1054a 20-23)

où les oppositions les plus faibles sont celles que nous verrons engagées par les deux pôles de l'intelligibilité première de l'*un:* l'opposition de relation, qu'engage l'*un*-mesure et qui n'implique pas de négation, et l'opposition de contrariété, qu'engage l'*un*-indivis et que l'analyse conduira à relier aux oppositions plus fortes de privation et de contradiction, desquelles cette dernière seule est susceptible de jouer au niveau du seul jugement: *est/non est*, et, par suite, de dépasser l'ordre de la signification.

2. Lecture de *Métaphysique* I 1-6

2.1. De l'*un*

2.1.1. *L'*un-*indivis, intelligibilité commune*
*aux autres modes fondamentaux dont se dit l'*un

N'anticipons pas davantage et, tâchant d'entrer du mieux possible, du moins pour les besoins de notre cause, dans la démarche du livre, commençons par reprendre avec lui les grandes façons dont *se dit l'un*. Il les présente comme se ramenant à quatre, qu'il récapitule *in fine* comme suit:

ainsi donc l'*un* se dit de tant de façons: le continu par nature et le tout, le singulier et l'universel,
et tous ceux-ci sont un *un* du fait qu'est indivis,
des uns, le mouvement
et, des autres, la pensée ou la notion expressive (1052a34-b1).

Où d'une part, on le voit, les deux premières façons se prennent du côté de ce que nous expérimentons être, et donc aussi du mouvement dans lequel tout ce que nous expérimentons être existe, et les deux suivantes du côté de la pensée qui s'en forme en nous, et donc du mode rationnel selon lequel elle se développe. Et où d'autre part l'on parvient à expliciter, par delà la diversité de ces quatre, une première caractérisation de l'*un*.

Examinons d'abord cette dernière: exprime-t-elle proprement *ce qu'est* l'*un*? Aristote ne semble pas le penser, puisqu'il enchaîne:

d'autre part il faut faire attention qu'il ne faut pas comprendre que se diraient de la même façon:
– *quels* [modes l']*un* est dit [prendre]
– *ce qu'est* ce que pour l'*un* [est] *être* et quelle *raison expressive* est la sienne (l. 1-3)

et précise comme suit le pourquoi des deux membres de cette division:

d'une part en effet l'*un* se dit selon autant de [modes] et chaque [chose] sera une à laquelle appartiendra l'un de ces modes
et d'autre part ce que pour l'*un* [est] *être* sera:

– d'un côté, ce que pour l'un de ces [modes est] être
– d'un autre côté, [ce que] pour autre [chose est *être*], [autre chose] qui est aussi plus proche du nom, alors qu'ils sont, eux, [plus proches] de la puissance (l. 3-7)

pour conclure, à la fin du chapitre:

ainsi donc et d'une part, que ce que pour l'*un* [est] *être* est avant tout, pour celui qui définit selon le nom, une certaine mesure,
et de manière tout à fait principielle [mesure] du quantitatif
ensuite du qualitatif,
voilà qui est clair;
sera d'autre part de cette sorte,
d'un côté, ce qui sera indivisible selon le quantitatif
de l'autre, ce [qui le sera] selon le qualitatif,
d'où vient que l'*un* est indivis, [et cela]
soit absolument
soit en tant qu'un (1053a4-8).

Oui l'indivision caractérise bien l'*un*, mais elle le caractérise par l'absence de division, donc en usant en quelque façon d'une double négation. Or celle-ci exprime bien quelque chose, mais dans la confrontation de cela qui est un, et qui n'est pas l'*un* lui-même, et d'une opération esquissée mais retenue de notre intelligence – d'où ces quatre modes sont «plus proches de la puissance», un peu comme l'infini qui n'existe qu'en puissance – par où l'*un* est saisi, mais non exprimé en «ce que pour lui est être», en sa «raison expressive» la plus profonde. Faudra-t-il plutôt pour ce faire tenter, paradoxalement, de la définir «selon le nom», et dire alors qu'il est «une certaine mesure»? C'est en effet ce qu'accomplira la seconde partie du chapitre (1052b1-1053a3), mais revenons d'abord à sa première partie.

L'anticipation que nous venons de proposer laisse pressentir que nous aurons à aller au delà de la caractérisation par laquelle elle s'achève. Pouvons-nous, à son niveau propre, en voir déjà une ou des raisons? Oui. Sous les quatre modes en lesquels elle rassemble les diverses façons dont se dit l'*un*, il y a d'une part tout le réel que nous expérimentons être, non seulement sous deux modes d'unité en quelque façon premiers sous lesquels il se donne à notre expérience, mais aussi avec l'extraordinaire complexité qui leur est sous-jacente, avec donc le jeu des causes qui s'y exercent et avec le conditionnement matériel selon lequel elles s'y exercent; et il y a d'autre part toute la pensée, non seulement sous les deux modes d'unité en quelque façons premiers autour desquels s'organise l'acquisition qu'elle fait de diverses connaissances, tant ordinaire que de science, dudit réel, mais aussi et là encore avec toute la complexité, tout le condition-nement rationnel selon lesquels elle est contrainte de s'exercer pour y parvenir. Et sans doute n'est-ce pas à l'interrogation sur l'*un* de développer les réponses à l'interrogation critique ou aux interrogations vers le réel , mais celle-là comme celles-ci – celles du moins que l'intention philosophique oblige à s'engager pour le réalisme, et en tant qu'elles ont à faire celle-là intérieure à elle-même –, ont besoin d'elle pour se mettre en mesure de développer ces réponses. Et il y a bien là une raison nécessitante de ne pas en rester à la caractérisation par l'indivision.

Prenant tout d'abord en effet les choses dans l'ordre où les prend la remontée du triangle de Parménide, c'est-à-dire, au point où nous en sommes, du côté de la pensée, nous dirons que sont uns les référents de notre dire

dont l'expression notionnelle sera une. Or:
sont de cette sorte [ceux] dont la pensée [est] une;
sont de cette sorte, [à leur tour, ceux] dont [la pensée] est indivise;
est indivise, enfin, [la pensée] de ce qui est indivis selon la forme eidétique ou selon le nombre:
– selon le nombre, [c'est] la [réalité] singulière [qui est] indivise,
– selon la forme eidétique, [c'est] ce qui [l'est] pour la connaissance et pour la science (1052a29-33).

Ces deux modes sont bien en quelque façon premiers: d'une part nous acquérons dès la connaissance ordinaire une première intelligibilité, une, de ce que sont les réalités qui nous entourent et, d'autre part, nos jugements nous rapportent bien à elles comme ayant une unité d'être qui, assumant une extrême complexité, est au delà de l'unité de cette première intelligibilité. Cet écart, aussi bien, appelle les multiples interrogations par où s'engagent les divers savoirs de science, et il y a donc bien en lui, virtuellement, toute la complexité rationnelle selon laquelle se développe notre pensée. Non seulement celle-ci, d'ailleurs, mais aussi la complexité du réel même, et c'est pourquoi c'est avec son exploration que nous reprendrons, avec *Mét.* Z, H et Θ, l'analyse de ce qui est pris en tant qu'être. Et notre texte renvoie bien à celle-ci, qui note *in fine*: «de sorte que serait l'*un* premier la cause, pour les substances de ce qu'elles sont unes» (1052a 33-34). Mais cette exploration, animée notamment par la question de la source de la nécessité, s'engagera dans la voie d'interrogation ouverte par l'attribution par soi du second mode, alors que l'énigme nous conduit à pousser d'abord plus avant celle ouverte par l'attribution par soi du premier mode. Et la nécessité s'en laisse ici mieux apercevoir. Si en effet la connaissance de l'*indivis selon la forme eidétique* se rattache, *via* le *ti ên eînai*, à l'*unité d'être*, l'écart de ces deux se manifeste notamment par le fait que la seconde peut être caractérisée comme l'*indivis selon le nombre*: plusieurs êtres singuliers ont «la même» forme eidétique, et cette pluralité appelle un autre type de connaissance: la mesure par le nombre. Or celui-ci peut lui aussi être «le même» entre deux groupes, mais son rattachement à ce à quoi il se rapporte dans le réel est tout autre que celui de l'*eîdos* ou du concept au *ti ên eînai*. Et comment préciser cette différence? Par la différenciation des structurations d'*un* au delà de l'indivision, car si l'unité de ce qui est *numériquement un* peut se caractériser par l'indivision de ce qui a *un être un*, tel n'est pas le cas de l'unité d'un nombre.

Ce qui est numériquement un d'autre part, c'est-à-dire en premier lieu ces réalités que nous classons dans la catégorie de la substance, nous conduit du côté du réel. A notre expérience, c'est-à-dire à notre intelligence alliée à la sensation par le moyen de l'imagination, il se présente comme un certain *ceci* désignable du doigt, un corps localisant/localisé, un certain *tout* qui à la fois possède une étendue intérieure, laquelle est cachée à notre premier regard, et est englobé comme nous dans une étendue extérieure, laquelle se présente elle aussi comme un certain *tout*, mais qui nous dépasse de toutes parts. D'où deux modes fondamentaux dont, du côté du réel, se dit l'*un*, mais dont l'explicitation, le fait est tout à fait remarquable, exige une certaine séparation dudit réel. Si en effet la récapitulation finale de notre texte les désigne comme «le continu par nature» et «le tout», il y avait initialement introduit comme suit:

en effet [est dit un] le continu:
– soit [le continu pris] absolument
– soit, surtout, le [continu pris dans les réalités où il existe] par nature et non par contact et liaison (1052a 19-20).

Si, dans une remontée du triangle de Parménide, l'unité selon la forme eidétique conduit à l'unité d'être caractérisable comme l'unité selon le nombre, et donc à ce mathématisant premier qu'est l'entier naturel, la poursuite de cette même remontée conduit de celui-ci à ce mathématisable fondamental qu'est le continu «pris absolument» et, alors seulement, à ces mathématisables immédiats que sont le «continu par nature» et le (les) «tout(s)». Alors seulement mais, comme le souligne le «surtout», réellement: il ne s'agit pas de chercher, du chaos initial de la sensation, une organisation de type humien, kantien ou husserlien, mais il s'agit, du point de vue de l'interrogation critique, de discerner de quelles manière irréductibles se noue «le contact originel de l'intelligence avec les choses» et, pour ce faire, d'examiner l'*un* et le multiple dans le mouvement de l'interrogation vers ce qui est pris en tant qu'être et, tout d'abord, de mettre au jour les modes fondamentaux selon lesquels «se dit» l'*un*. Et ce que montre cette mise au jour, c'est que ce n'est pas seulement la forme eidétique, mais aussi le mathématisable et le mathématisant qui sont présents dès ce contact originel. Et c'est aussi en quoi ils demandent d'aller plus loin car, d'une part, l'unité d'être est plus que l'unité de première intelligibilité et, d'autre part, cet écart se traduit notamment en ceci que l'un des «phénomènes» tout à fait fondamentaux sous lesquels se présentent à nous les réalités que nous expérimentons être: la continuité, engage doublement du caché: du côté de ce qui est intérieur aux touts que sont ces réalités, et du côté du tout à l'intérieur duquel nous comme elles nous mouvons et sommes. C'est ce que notre texte indique: se portant d'abord et une première fois vers le tout de l'univers (...tel que pensait pouvoir s'en approcher Aristote, mais si l'approche différerait aujourd'hui, la question demeure, et cela nous suffit ici): «et de ces [*uns* que sont les continus par nature et non par contact et liaison] est davantage *un*, et [continu] premier, celui [de la réalité] dont le mouvement est plus indivis et plus simple» (1052a 20-21), il passe ensuite aux touts qu'il abrite, dont nous faisons partie et qui seuls sont comme tels donnés à notre expérience:

> de plus [est dit un *un*] de cette sorte, et davantage [même], ce qui est un tout et a une certaine forme physique et eidétique, surtout s'il est un certain [*un*] de cette sorte par nature et non par violence (comme toutes les choses qui sont [unes] par de la colle, un clou ou un lien), mais a en lui-même [ce qui est] pour lui la cause du [fait d']être continu (l. 22-25)

pour expliciter enfin un principe de discernement qui leur est commun:

> [une réalité est dite un *un*] de cette sorte du fait que le mouvement [en] est un et indivis selon le lieu et le temps, de sorte qu'il est clair que, si une certaine [réalité] a par nature un principe de mouvement, [et si ce principe est] le [principe] premier du [mouvement] premier – je veux dire, par exemple, la révolution du mouvement céleste –, cette [réalité est la] première grandeur une (l. 25-28).

La «cause du fait d'être continu» est-elle, pour les corps qui nous entourent et dont nous faisons partie, leur seule nature ou, pour les vivants, leur seule âme, l'un et l'autre pris comme causes propres de mouvement ou d'opérations, ou bien faut-il remonter jusqu'à cet *un* premier qui «serait [...] la cause, pour les substances, de ce qu'elles sont unes» (cf. l. 33-34 déjà citées)? C'est une question à laquelle nous ne pourrons répondre qu'une fois profondément engagés dans l'analyse causale de ce qui est, mais elle confirme à la fois et avec force: que c'est bien dans une telle analyse qu'il faudra nous engager, et qu'il nous faut au préalable discerner plus avant les modes fondamentaux du «contact originel de l'intelligence avec les choses». Mais il est temps désormais, et pour ce faire, de tenter de saisir l'intelligibilité de l'*un* plus profondément que par la seule indivision.

2.1.2. L'un-*mesure*

Que cela soit nécessaire, aussi bien, la raison la plus profonde en est plus générale que pour le seul cas de l'un. S'il se dégageait en effet, des quatre modes susdits, que ce que pour l'un est être peut se caractériser par l'indivision, Aristote nous en annonçait une autre caractérisation possible, caractérisation qui ne sera plus seulement négative, parce qu'explicitant cette intelligibilité du côté de la puissance, mais qui, se prenant plutôt du côté du nom, l'explicitera positivement. Or voici la raison qui conduit à aller de ce côté:

> [il en va là] comme [il en irait] aussi concernant l'élément et la cause si l'on devait dire [ce qui les concerne]:
> – tant en discernant ce qui touche aux réalités
> – qu'en fournissant une délimitation [notionnelle] du nom.
> En effet:
> le feu est d'une certaine façon un élément, et peut-être est aussi par soi [élément] l'infini ou quelque autre chose de cette sorte,
> d'une autre façon il ne l'est pas, car ce que pour le feu [est *être* n'est] pas la même chose que [ce que] pour un élément [est] *être* mais:
> le feu [est] élément comme [étant] une certaine réalité et nature,
> tandis que le nom [«élément»] signifie ce pour quoi il se produit ceci que quelque [réalité] existe à partir de lui en tant qu'il [en] est premier composant immanent.
> [Et il en va] aussi ainsi touchant la cause, l'*un*, et tous les [noms et *designata*] de cette sorte (1052b7-15).

Obtenue en effet à partir de la considération de quatre modes récapitulatifs dont se dit l'*un*, la caractérisation de celui-ci par l'indivision l'était grâce à une certaine abstraction. Abstraction de quoi? Abstraction à partir de plusieurs cas, reconnus comme non exhaustifs mais en quelque façon réca-pitulatifs, vers une intelligibilité… une. Avant même cette opération, donc, son résultat était en quelque façon, osons le mot: a priori, déjà présent. Comment? Comme exigence, osons le mot: comme exigence *transcendentale* de l'intelligence. Assurément qu'existent certains *designata* tels que des causes, des éléments, de l'*un*, cela nous vient à la pensée dans la rencontre avec le réel: «de» l'expérience donc, comme tout ce qui y vient, et en quelque sorte par abstraction. Mais le fait est qu'à chaque fois il s'agit non proprement de ce qui est, mais de quelque chose *de* ce qui est, et de quelque chose de ce qui est au delà de quoi, d'une façon ou d'une autre, l'intelligence ne peut plus aller. Eh bien! ce fait manifeste qu'il a été alors à chaque fois répondu, par delà le chaos dans lequel se présente rétro-spectivement à nous ce que nous donne l'expérience, à une exigence de ladite intelligence. Toujours elle cherche quelque *un*, toujours elle cherche quelque *premier*. Et le fait est qu'elle y parvient, d'une part et spontanément dès la connaissance ordinaire, mais aussi, d'autre part et de manière réfléchie, en divers savoirs de science. Mais elle y parvient en s'exerçant selon une complexité rationnelle qui, si elle se rattache à la complexité du réel, s'organise autrement, de sorte que l'engagement pour le réalisme qu'appellent les diverses fins que nous avons vu être celles de la philosophie passe par le discernement des jeux fondamentaux d'*un* et de multiple, de même et d'autre, qu'engage le «contact originel de l'intelligence avec les choses». Et, pour ce faire, il nous faut caractériser ce en quoi s'achèvent ces jeux, à savoir l'*un*, non seulement par abstraction, mais aussi, et en quelque façon plus originairement, comme ce qui répond à l'exigence initiale, transcendentale, de l'intelligence, soit donc du côté du nom plutôt que du côté du réel. (Et la cause et l'élément? Eux aussi appelleront, au delà des anticipations déjà rencontrées, une considération propre, mais le moment n'en est pas encore venu).

> D'où encore ce que pour l'*un* [est] être [est]:
> – ce que pour l'indivis [est] *être* [...]
> – mais, surtout, ce que pour la *mesure première* de chaque genre [est] être (1052b15...18).

C'est un fait, les significations mises en jeu dans l'exercice de notre pensée et de notre dire se laissent rassembler en de certains genres, notamment ces genres univoques que sont les catégories, et de l'existence desquels nous avons conclu à l'existence objective de quiddités autres que celle des substances. Seulement notamment? Oui, car si le genre catégorial de la quantité peut sembler être aussi le genre «épistémique» des mathématiques, les «genres» des philosophies de la nature, de l'agir ou du faire (cf. *Mét*. E1, 1025b18-28) ne sont manifestement pas, eux, des genres catégoriaux. Mais c'est là une considération qu'il nous faut remettre à plus tard, nous en sommes pour le moment au niveau de la connaissance ordinaire et des catégories dans lesquelles entrent les traits par lesquels elle est capable de décrire ce qui nous est donné dans l'expérience commune. Que sont ces genres ultimes? Autant d'ensembles de significations qui, unifiés par un *un* premier, une mesure première, répondent par là à l'exigence transcendentale de l'intelligence affrontant le chaos physico-sensible.

Une mesure première, qu'est-ce à dire, plus précisément? La chose vaut «de manière tout à fait principielle, du quantitatif, car [c'est] de là [que la notion en] a été étendue touchant les autres genres» (l. 18-19). Pourquoi cela? Parce que

> la mesure est en effet ce par quoi le quantitatif est connu:
> le quantitatif, en tant que quantitatif, est connu soit par l'*un* soit par le nombre

mais le nombre [est] tout entier [connu] par l'*un*,
de sorte que:
le quantitatif est tout entier connu, en tant que quantitatif, par l'*un* et le premier
par lequel sont connus [les données] quantitatives, c'est l'*un* même,
d'où vient que l'*un* est principe du nombre en tant que nombre (l. 19-24).

Dans tous autres genres, et jusqu'aux grandeurs physiques, voire jusqu'à la dimension spatiale, il n'y a pas de connaissance possible sans saisie de quelque chose d'un, mais ce quelque chose d'un n'est pas purement et simplement de l'un. Dans la quantité discrète au contraire il n'y a rien d'autre que de l'un et de la multiplicité, et c'est pourquoi ce «quantitatif est tout entier connu, en tant que quantitatif, par l'*un*». Et sans doute l'*un* de l'unité numérique est-il tel en vertu de causes sous-jacentes, de l'ordre du devenir et de l'être, mais l'*un* du nombre, lui, vient tout entier de l'exigence transcendantale de l'intelligence, et c'est pourquoi c'est «de manière tout à fait principielle du quantitatif» que cette exigence se laisse saisir. Mais en fait, notre anticipation nous l'avait déjà laissé entendre, c'est «partout [que l'intelligence] cherche la mesure [comme] quelque chose d'un et d'indivis» (1052b33-34). Cela vaut, bien entendu, dans tout l'ordre du quantitatif, déjà extrêmement divers: Aristote a ainsi relevé, pour les corps physiques, les trois grandeurs qui constituent leurs dimensions et les deux grandeurs qui caractérisent leurs mouvements: le poids et la vitesse (l. 24-33). Mais cela vaut, donc, bien au delà, car cet un et indivis que partout cherche l'intelligence c'est «le simple, soit pour le qualitatif soit pour le quantitatif» (l. 34-35), simple qui l'est soit absolument, dans le cas de la quantité discrète (1052b35-1053a2), soit par rapport à nous, c'est-à-dire à notre sensation: qu'il s'agisse de quantités de liquide, de volumes, de poids, de longueur, toujours les hommes ont spontanément pris pour unité de mesure des grandeurs telles que, pour la sensation, «il ne semble pas y avoir à retrancher ou ajouter» (1052b35-36). Mais simple qui se rencontre encore bien au delà, par exemple dans les mouvements, dans les sons musicaux ou dans les sons de la langue: «en astronomie [...] on admet que le mouvement uniforme et le plus rapide est le [mouvement] du ciel, relativement auquel on apprécie les autres, en musique [c'est] le demi-ton, parce que c'est le plus court, dans le son vocal [c'est] l'élément [phonétique, le phonème]» (1050a 10-13); exemples qui appellent deux observations de portée générale: d'une part: «toutes ces [mesures sont] ainsi quelque chose d'un, non que l'*un* [qu'elles constituent à chaque fois se donne] comme quelque chose de commun, mais [il l'est à chaque fois] de la façon [propre] que l'on a dite» (l. 13-14); et d'autre part:

la mesure d'ailleurs n'est pas toujours une selon le nombre mais est parfois
multiple, par exemple:

les demi-tons, ceux [qui se prennent] non selon l'oreille mais dans des considérations rationnelles, [sont au nombre de] deux
les sons, [les phonèmes, sont] multiples, selon lesquels nous mesurons [la voix], la diagonale et le côté [du carré] sont mesurés par deux [mesures] (l. 14-18)

deux observations qui, bien qu'Aristote ne le dise pas ici explicitement, se synthétisent en un mot: la mesure joue de manière *analogique*, et cela doublement:
– d'une part, d'un «genre» autre à un «genre» autre, la mesure est autre, mais joue de l'un à l'autre d'une manière qui est analogiquement la même, c'est-à-dire en étant à chaque fois l'*un* à partir duquel peut être connu ce qui entre dans le genre considéré
– d'autre part cette mesure peut être, dans un genre un, plurielle (pluridimensionnelle...), et joue alors là encore, entre ses diverses composantes, de manière analogique.

Et c'est même dans ce dernier cas, aussi bien, que se rencontre l'analogie tout à fait première, celle qui permet d'unir des grandeurs pourtant incommensurables: soient deux carrés de côtés 1 et 2, pour aucun d'eux sa diagonale n'est commensurable à son côté, et pourtant le rapport des diagonales est «le même» que celui des côtés – c'est-à-dire ici lui est *égal* –, et il est donc comme lui «rationnel». Du point de vue de l'énigme, la chose appelle deux remarques d'une portée considérable. D'une part ce mathématisable fondamental et immédiat qu'est la grandeur spatiale se manifeste tout de suite comme exigeant un mode analogique de connaissance, disons de formation de ses significations. Et si d'autre part cette analogie est tout à fait première, ce c'est certes pas que tant le connu que le savoir y soient le réel ou la connaissance les plus hauts en perfection, mais au contraire parce que s'y rencontre un certain premier *du point de vue du conditionnement*, et cela *tant du côté de notre connaissance que du côté du réel sensible/physique:* d'une part, pour l'intelligence humaine qui, prenant son bien dans le chaos sensible, cherche toujours d'abord l'*un*, «la mesure première» se prend, «de manière tout à fait principielle, du quantitatif»; et ce par quoi, d'autre part, le conditionnement matériel du réel physique offre prise, malgré qu'il reste en deçà de notre expérience, à nos investigations, ce sont les grandeurs mesurables en lesquelles il trouve un achèvement, non ultime certes, mais néanmoins réel. Mais ce n'est que par différence que nous pouvons approcher philosophiquement du mathématisable,[3] et nous ne pourrons donc pousser plus avant ces deux remarques

---

3 En conséquence de quoi, en particulier, il ne nous semblera pas qu'il soit possible de s'appuyer directement sur les avancées récentes dans la géomé-

qu'après avoir mené à bien un long travail et avoir, pour commencer, précisé de manière différenciée selon quels jeux d'*un* et de multiple se laissent saisir distinctement ce qui est autre que la quantité, à savoir ce qui n'est pas «tout entier connu par l'*un*» mais a l'unité d'une forme eidétique, soit ultime, parce que de ce certain ceci subsistant qu'est une substance, soit, à prendre plus originellement les choses depuis la sensation, qualitative. Auparavant encore toutefois, et pour ce faire, il nous reste à prendre une plus juste mesure de ce qui concerne la mesure.

Si l'*un* est mesure de la manière la plus pure du quantitatif discret, toute saisie rationnellement distincte est un aboutissement réussi de la recherche constante de l'*un* par l'intelligence rationnelle, et c'est donc de tout ce dont nous avons une saisie rationnellement distincte que, analogiquement, il est tel. Mais s'il y a des saisies distinctes c'est qu'il y a eu aussi des divisions, et réciproquement, et c'est dans l'analyse de ce jeu complexe, au niveau du moins de la connaissance ordinaire qu'exprime notre dire descriptif, que nous devons aller.

D'ores et déjà, et appelant justement cette analyse, nous pouvons avancer les acquis suivants, lesquels récapitulent ce qu'il y a à dire sur l'intelligibilité première de l'*un* et explicitent d'où se prennent et comment s'articulent les deux approches que nous en avons dégagées:

> ainsi donc l'*un* est MESURE de toutes [choses] PARCE QUE nous acquérons la connaissance des [connaissables distincts] à partir desquels est [constituée] la substance en divisant soit selon le quantitatif soit selon la forme eidétique
> et [c'est] DE CE FAIT que l'*un* est INDIVIS, PARCE QUE le premier de chacun [de ces connaissables distincts est] indivis (1053a18-21)

et constituent de ce fait ce à partir de quoi il nous faudra engager l'analyse:

> [1] mais tout n'est pas indivis de la même manière, par exemple le pied et l'unité [arithmétique] (l. 21-22)
> [2] et la mesure est toujours du même genre [que le mesuré]: des grandeurs en effet [la mesure] est une grandeur […] des unités une unité (l. 24-27).

Avant toutefois de nous engager dans la dernière étape préparatoire à cette analyse, nous ne pouvons éluder, en conséquence du primat que nous venons de reconnaître à l'*un*-mesure, une certaine inquiétude. Sans doute ce primat a-t-il été dégagé, et va-t-il engager notre analyse, au niveau de la connaissance ordinaire, telle qu'exprimée dans notre dire descriptif de ce qui est. Mais si là déjà l'*un* est d'abord mesure, si donc là déjà *nous* mesu-

---

trisation de réel, si stimulantes qu'elles soient, et notamment chez R. Thom, pour fonder un néo-aristotélisme. Voir notre livre II).

rons le réel, cela ne sera-t-il pas a fortiori le cas de *tout* savoir de science, y compris philosophique, et ne faudra-t-il pas donner raison, contre notre engagement pour le réalisme, non seulement à Protagoras, mais aussi à quelque forme d'idéalisme, et d'idéalisme «transcendental»? Nous l'avions d'ailleurs déjà remarqué, l'engagement pour le réalisme implique nécessairement un certain anthropocentrisme, et ce ne sont pas les considérations de notre chapitre sur l'ajustement à notre sensation des unités de mesures qui démentiront sa présence chez Aristote. Mais voici comment il présente la question et y répond:

> et nous disons que la science est mesure des réalités et, pour la même [raison], la sensation: parce que par elles nous acquérons quelque connaissance, quoiqu'elles soient mesurées plutôt qu'elles ne mesurent.
> Mais ce qui se produit [là] pour nous [se produit] comme si, [quelque réalité] autre nous mesurant, nous connaissions combien grands nous sommes du fait que la coudée nous a été appliquée tant de fois (l. 31-35)

à quoi il ajoute que lorsque «Protagoras dit que l'homme est mesure de toutes [choses]», il ne dit en fait rien d'autre que cela et que «c'est donc en ne disant rien d'extraordinaire que [lui et ceux qui le suivent] paraissent dire quelque chose [d'extraordinaire]» (l. a35-b3).

Reconnaissons-le cependant, il y a bien, derrière cette question, quelque chose d'extraordinaire. Sans doute ne peut-on nier que les sciences galiléennes ont en fin de compte un caractère réaliste, mais en fin de compte seulement (et d'ailleurs d'un compte qui ne semble justement pas devoir être jamais fini), et dans des conditions si extraordinaires que c'est là, précisément, ce qui constitue l'énigme. Disons donc que, d'une science à l'autre, disons de la philosophie première à la physique mathématique, les proportions ne sont pas les mêmes selon lesquelles elles sont «mesurées plutôt qu'elles ne mesurent», et que si nous essayons de discerner avec Aristote comment jouent ses proportions «au contact originel de l'intelligence avec les choses», c'est notamment en vue de permettre à cette science-là de situer cette science-ci et donc, en particulier, d'opérer entre elles aussi ce discernement. Notre inquiétude, aussi bien, doit être écoutée plus avant.

2.1.3. La question «qu'est-ce que l'un?»

Que l'intelligibilité première de l'*un* consiste en l'*indivis*, et cela parce que, plus profondément, son intelligibilité consiste en la *mesure*, cela va nous conduire, nous l'apercevons déjà, à discerner selon quelles structurations d'*un* et de multiples nous parvenons à la saisie distincte de qualités, de quantités – continues ou discrètes – et finalement de substances spécifiquement autres. Mais la recherche de *ce qu'est l'un* ne doit-elle pas aller plus profond? Plus précisément, posons-nous deux questions. Si vraiment ce qu'il y a de plus profond à dire de *l'un* c'est qu'il est *mesure*, et donc exigence transcendentale de l'intelligence, et puisque d'ailleurs la question directrice «qu'est-ce que l'être?» a toujours jusqu'ici progressé en se faisant en même temps interrogation sur l'unité, ne faut-il pas en fin de compte donner en quelque façon raison à l'une de ces nombreuses philosophies qui, que ce soit à la manière de Protagoras, du néoplatonisme ou des philosophies du transcendental, font de l'interrogation vers *l'un* une interrogation plus radicale que l'interrogation vers l'être? Pour ce qui est de cette dernière, aussi bien, nous avons vu qu'elle devait pousser la question «qu'est-ce que...?» plus loin que vers la première intelligibilité de ce qui est: n'en va-t-il pas de même pour la première?

Eh bien! A la seconde de ces deux questions, le chap. 2 va nous conduire à répondre par l'affirmative mais, à la première, par la négative.

Qu'il en aille ainsi pour la seconde, en effet, résultera immédiatement d'une première conclusion: «il est manifeste qu'il faut chercher aussi en général: ‹qu'est-ce que *l'un*?›, de la même façon que l'on a cherché: ‹qu'est-ce que l'être?›» (1053b27-28). Et sans doute ne pourrons-nous saisir dans toute sa force la justification qui en est donnée immédiatement à la suite: «étant donné qu'il n'est pas suffisant [de répondre] que ce [qu'il est, pris en] lui-même, [est] sa nature» (l. 28), qu'après avoir lu en *Mét.* Z17 que «[chercher] sous vertu de quoi le même est le même, c'est ne rien chercher» (1041a14-15) et que «c'est en analysant de manière articulée qu'il faut chercher» (1041b2-3), et après avoir alors effectué le saut vers l'*ousia*-cause.

Et sans doute encore la première réponse donnée aux questions que nous avons vu engager le chapitre reçoit-elle toute sa force du travail accompli en *Mét.* Z13-16, travail auquel elle renvoie explicitement:

> au vrai, si aucun des universaux ne peut être substance, ainsi que nous l'avons dit dans les lieux où nous nous sommes exprimés au sujet de la substance et de l'être,
> et [si] ce [qu'il est, pris en] lui-même,
> – n'est pas en possibilité d'être une substance, à la façon de quelque [chose qui
> – existerait], un, à part des multiples, car il est commun à tout,
> – mais plutôt [est] seulement un prédicat,
> il est manifeste que *l'un* non plus [ne peut être substance] de cette façon (1053b 16-20)

mais elle a déjà sa force par elle-même, et plus encore les deux considérations qui suivent, tant la première:

> de fait, l'*être* et l'*un* s'attribuent, de tous les [prédicats], le plus universellement, de sorte que:

– ni les genres ne sont de certaines natures et substances séparées
– ni il n'est loisible que l'*un* soit un genre,
[et cela] en vertu des mêmes causes en vertu desquelles précisément l'*être*, lui
non plus, n'est pas la substance (l. 20-24)

que, surtout, la seconde, qui s'appuie sur l'acquis du chap. 2 et introduit
directement à notre conclusion:

de plus, il est nécessaire qu'il en aille de manière semblable pour tous [les
genres uns d'être que sont les catégories]: l'*un* et l'*être* se disent [l'un et l'autre]
d'autant de façons, de sorte que,
puisqu'en vérité [c'est] quelque [détermination] et quelque nature [qui] est,
dans les déterminations quantitatives, l'*un*, et qu'[il en va aussi] de manière
semblable dans les [déterminations] qualitatives,
il est manifeste qu'il faut chercher aussi en général: «qu'est-ce que l'*un*?» de la
même façon qu'on a cherché: «qu'est-ce que l'être?» (l. 24-28).

Mais qu'est-ce à dire, «de la même façon»? Eh bien, ayant effectué pour
l'*un* le passage qui, pour l'être, a fait passer de la question: «qu'est-ce que
l'être?» à la question: «qu'est-ce que la substance?», «[il faut chercher], dans
la substance, une substance [qui], une, [sera] l'un-même» (1054a12-13).

Pourquoi cela? Parce que, tout d'abord, la reprise des acquis du chap. 1
amène à tenir qu'en tout genre catégorial *ce qui est un* est une certaine
nature, selon laquelle il mesure, comme l'*un* mesure les nombres, les
espèces qui lui appartiennent, mais en aucun d'entre eux *ce qu'est* l'*un*
comme tel, le mode universel du genre (l'être et relation de raison, dira
Thomas d'Aquin) n'est leur substance ou nature (cf. 1053b28-1054a8, qui
prend pour exemples de ce qui est un les couleurs et les sons articulés); et
parce que, alors et en particulier «il est nécessaire qu'il en aille de manière
semblable pour les substances, car il en va de manière semblable pour
toutes [les catégories]» (1054a 8-9). D'où la récapitulation et conclusion:
«ainsi donc, que l'*un* soit, en tout genre, une certaine nature, et que d'aucun
[d'entre eux] ce [qu'est] l'*un* [pris en] lui-même [ne soit] la nature, voilà qui
est clair, mais, de même que dans les couleurs il faut chercher une couleur
[qui sera] l'*un*-même» (l. 9-13). Cet *un* «dans la substance» sera-t-il cet «*un*
premier» qui, selon la suggestion du chap. 2, «serait la cause, pour les
substances, de ce qu'elles sont unes» (1052a33-34)? C'est ce que seule la
conduite à la bonne fin du travail entrepris en *Mét.* Z, c'est-à-dire la
réponse effective à la question: «qu'est-ce que la substance?», pourra
éventuellement nous faire voir, mais nous avons déjà ici une excellente
raison de le penser: certes la complexité rationnelle n'est pas la complexité
du réel, et cela se traduit notamment et originellement en ce que si «l'*un*
est, en tout genre, une certaine nature [...] en aucun [d'entre eux] ce
[qu'est] l'*un* [pris en] lui-même [n'est] la nature» – ainsi en va-t-il avant

tout du nombre, mais ainsi en va-t-il aussi de chacun des genres catégoriaux; mais si le réalisme est possible, et pas seulement le réalisme de la
connaissance quidditative, mais bien le réalisme philosophique, il faut bien
que la saisie *dans le réel* de ce premier qui y est source de nécessité soit
saisie d'un *un* premier, *un* premier qui soit tel *et dans le réel et pour notre
connaissance rationnelle* – et si se laisse effectivement saisir un tel *un*
premier, alors il doit être possible de situer dans ce qui est, par delà le
mathéma-tisable immédiat, le mathématisable profond et, par là, de
répondre à l'énigme. En attendant, et justement pour nous préparer avec
l'acribie nécessaire à cette saisie et à cette réponse, il nous faut tenter de
discerner les diverses structurations d'*un* et de multiples selon lesquels se
forment, «au contact originel de l'intelligence avec les choses» nos
premières saisies distinctes de ce qui est.

Une dernière observation toutefois avant de nous y engager, et pour
bien en marquer d'entrée de jeu la portée réaliste et non, par exemple,
transcendentale: que l'*un* pris en lui-même ne soit aucune nature, et que la
complexité soit autre dans le réel et dans la raison, cela vaut au niveau des
conditionnements de ceux-ci, mais quant à ce par quoi se franchit fondamentalement le fossé cartésien entre la pensée et l'être, c'est-à-dire quant à
la signification,

> l'*un* et l'être signifient en quelque façon la même [chose] (1054a 13a),

en quelque façon, c'est-à-dire à la réserve près que l'on vient de dire et qui
se prend de la complexité des conditionnements sous-jacents, et «cela est
manifeste» depuis chacun des trois sommets du triangle de Parménide:

– depuis celui de l'«être»:

> du [fait] que [l'*un*] suit de manière égale aux [diverses] catégories et n'est dans
> aucune en particulier; [il n'est] par exemple ni dans la [catégorie du] *ce que c'est*
> ni dans celle [du] qualitatif, mais il en va pour lui de manière semblable à la
> manière [dont il en va] pour l'être (l. 13b-16a)

– depuis celui du «dire»:

> du [fait] que le [prédicat] *homme-un* ne dit rien d'autre et de plus que le
> [prédicat] *homme*, de même que le [prédicat] *être* [ne dit pas] non plus [quelque
> chose d'autre, qui viendrait] en plus du *ce que c'est,* ou du quantitatif, ou du
> qualitatif (l. 16b-18a)

– et depuis celui du «penser»:

> et [du fait que] «ce que [pour quelque chose d']un [est] être» [ne dit rien d'autre
> et de plus] que «ce que pour chaque [réalité singulière est] *être*» (l. 18b-19a)

et cela nonobstant le fait que, en raison de la réserve susdite, il faille distinguer une intelligibilité première propre de l'*un*: celle, double, qu'a fait ressortir le chap. 1, car cette intelligibilité n'*ajoute* rien à celle qui est propre à chaque détermination entrant dans un genre catégorial, mais seulement l'*accompagne*, diversement d'ailleurs, et c'est justement ce qu'il nous faut maintenant discerner.

2.2. Trois structurations fondamentales de l'*un* et des multiples

Que, d'ailleurs, les oppositions fondamentales d'*un* et de multiples – soit, encore, les structures selon lesquelles l'intelligence rationnelle saisit distinctement ces déterminations secondes que sont qualités, grandeurs et nombre – se déploient entre les deux pôles d'intelligibilité de l'*un* comme *indivis* et de l'*un* comme *mesure*, c'est ce qui se confirmera au terme du discernement qui les concerne. Si en effet, comme déjà vu, le chap. 3 s'ouvre par l'annonce selon laquelle: «l'*un* et les multiples s'opposent de nombreuses façons, dont l'une est celle selon laquelle l'*un* est le multiple [s'opposent] comme indivisible et divisible» (3, 1054a20-22), le chap. 5 sera conduit à observer que:

> puisque [s'oppose], à un [contraire] *un*, un unique contraire, on pourrait rencontrer des difficultés [à déterminer]
> – comment s'opposent L'*un* et LES multiples
> – et [comment] l'égal [s'oppose] au grand et au petit (1055b30-32)

et le chap. 6 posera sur ce point les conclusions suivantes:

> le multiple, enfin, n'est contraire
> – ni au *peu* [...]
> – ni en tout à l'*un*, mais, ainsi que nous l'avons dit:
> • l'un [des points de vue possibles le manifeste comme contraire à l'*un*] parce qu'[il le prend comme] divisible, tandis qu'[il prend l'*un* comme] indivisible,
> • l'autre [point de vue le manifeste] comme un relatif, à la façon dont le savoir [est relatif] au connaissable, [à savoir] si [on le regarde] en tant que nombre [dont], alors, l'*un* est mesure (6, 1057a12-17).

La portée de ces conclusions, toutefois, ne peut apparaître indépendamment du chemin qui y conduit: quel est-il? Comme déjà antérieurement et comme encore dans la suite il est une remontée du triangle de Parménide:
– examinant d'abord comment se disent le *le même* et le *semblable* et, face à eux, l'*autre* et le *dissemblable*, à savoir donc l'*un* et le multiple des substances

– mais aussi par là même en quelque façon, puisqu'elle leur sont ordonnées, des autres catégories – et des qualités (3, 1054a32-b18)

– nous serons en mesure de discerner que si, dans la raison, *même* et *autre* peuvent être pris comme purement et simplement opposés, il s'y rencontrent aussi comme entrant en composition: en général, dans les *différents* et, en particulier, dans les *contraires* – et ce discernement nous donnera en outre un éclairage rétrospectif décisif sur la constitution de cet être de raison et un/multiple fondamental qu'est le *genre* et, en particulier, sur la constitution de ce que l'observation des jeux de même et d'autre engagés dans notre dire descriptif de ce qui est nous avait fait découvrir comme intelligibles premiers irréductibles, à savoir les genres (univoques) ultimes que sont les catégories (suite et fin du chap. 3)

– et cela nous permettra de discerner selon quelles structurations rationnelles, et avec quels ancrages dans ce qui est, se font les saisies distinctes du qualitatif, du quantitatif continu et du quantitatif discret.

2.2.1. *Comment se disent* même *et* autre semblable *et* dissemblable

Quant aux façons dont se disent *le même* et *semblable*, tout d'abord, nous relèverons avec Aristote les distinctions suivantes, auxquelles font face exactement autant de distinctions de l'*autre* et du *dissemblable* (explicitées, pour le premier, 1054b 13-18):

1) quant au *le même*, il se dit et s'entend, notre interrogation s'est déjà moulée dans ces distinctions:
– soit «existentiellement», et alors:
• soit matériellement seulement, et donc éventuellement par accident, comme le même *selon le nombre* – ainsi dans le cas du pierrot de *Mét.* Z4, en qui sont numériquement le même l'homme et sa vêture de blanc
• soit matériellement et formellement, parce que *par soi*, ainsi de l'individu, lequel est un *et selon le nombre et selon la notion expressive*
– soit rationnellement seulement, cas où *le même* se dit et s'entend comme disant *unité selon la notion expressive*, et qui trouve un cas éminent dans les êtres mathématiques, pour lesquels «l'égalité [est du même coup cette] unité[-là]» (1054b3)

2) quant au *semblable*, il se dit et s'entend selon des *degrés* qui prolongent le *le même*; deux réalités seront en effet dites semblables:
– soit de par la considération d'*une* détermination qui leur est commune, ce qui se réalise à des degrés divers selon que:

270

• substantiellement les mêmes selon la forme eidétique, elles ne sont cependant pas absolument les mêmes, présentant entre elles au moins une différence qualitative – la chose pouvant d'ailleurs s'entendre analogiquement, ainsi dans le cas de deux figures mathématiques inégales mais «semblables» –

• qualitativement les mêmes selon une forme eidétique seconde susceptible de plus et de moins, elles ne présentent pas entre elles, ou au contraire pré-sentent, du plus et du moins

– soit de par la considération de *plusieurs* déterminations qui sont de l'une à l'autre, en plus grand nombre que les déterminations autres, les mêmes, et cela soit selon leur nature soit selon les apparences (cf. l. 1054b3-18).

2.2.2. Même *et* autre *s'opposent, mais aussi composent*

Des manières dont se disent même et autre, semblable et dissemblable, maintenant, il nous faut tenter de remonter à leur ancrage dans ce qui est. Telle est du moins l'exigence qui résulte de l'engagement pour le réalisme à quoi nous a conduit l'énigme. Assurément cette exigence tomberait-elle si, à la suite des choix cartésiens, nous acceptions de rester enfermés dans la conscience et dans la signification. Ainsi de D. Hume lorsqu'il écrit que:

> la relation de contrariété peut à première vue être regardée comme une exception à la règle qu'*aucune relation d'aucune espèce ne peut exister sans quelque degré de ressemblance*. Mais considérons qu'il n'y a pas d'autre couple d'idées contraires en soi que celui des idées d'existence et de non existence, qui sont manifestement semblables, car elles impliquent toutes deux l'idée d'objet: toutefois la seconde exclut l'objet de tous les temps et de tous les lieux, où, admet-on, il n'existe pas. [4]

Mais non! Le jugement n'est pas réductible à une appréhension, il nous rapporte à l'être de ce qui est, et non pas seulement à quelque idée objective, et l'opposition entre être et non-être, l'opposition de contradiction, n'est pas une opposition à l'intérieur d'une quelconque ressemblance, et ce n'est qu'en passant indûment de la pensée à l'être que l'on attribuera une unité à ce qui n'est pas. Ce qui est vrai, par contre, c'est que les contraires, même s'ils s'opposent, impliquent bien en même temps une similitude. Et pas seulement les contraires, mais aussi tout ce qui entre dans un même genre, et dont les relations mutuelles ne sont pas nécessairement de contrariété: ainsi de grandeurs de même nature, et ainsi des divers nombres (entiers «naturels», les seuls que nous prenions pour le moment en compte) entre eux. Aussi bien, comme le relève la dernière phrase de

---

4 D. HUME 1739, *Traité de la nature humaine*, I, 1, 5; tr. fr. p. 80.

notre chapitre, nous avons déjà «discerné en d'autres [lieux] quels sont les mêmes ou autres selon le genre» (1055a2), à savoir en discernant les diverses catégories. Mais il s'agit maintenant d'aller plus loin que le dire de ce qui est, il s'agit de tenter de discerner les diverses manières dont les trois premières d'entre elles au moins nous ancrent dans ce qui est et tout d'abord, et notamment à cette fin, de discerner quelles structures précises de même et d'autre, quelles oppositions donc, mais aussi quelles compositions elles mettent en jeu. Car si l'opposition de contradiction n'admet aucune composition, tel n'est pas le cas des autres, et les manières diverses dont elles le font impliquent en même temps des rapports divers à ce qui est et s'ancrent, plus radicalement, en des caractères divers de ce qui est.

La pure et simple altérité, il est vrai, ne dit pas encore nécessairement composition de même et d'autre. Son opposition au *le même* n'est déjà plus celle de la contradiction, car ce qui s'oppose contradictoirement à l'affirmation de celui-ci c'est l'assertion du *non-le-même*, dont la vérité s'étend à ce qui n'est pas, et n'a donc pas d'unité, tandis que celle de l'altérité ne peut être vraie que de référents existants «car [cela seul est dit] soit un soit non-un, [et donc en particulier *le même* ou *autre*, qui est] par nature existant et un» (1054b11-21). Mais elle en reste très proche car, comme elle, elle n'admet pas d'intermédiaire. Tel ne sera pas le cas, par exemple, de l'opposition de l'inégal à l'égal: «tout est égal ou non-égal, tandis que tout n'est pas égal ou inégal, mais si toutefois [cela se vérifie], c'est seulement dans ce qui est susceptible de recevoir l'égal» (4, 1055b9-11). Ici, au contraire, l'examen des façons dont ils se disent manifeste que «*tout* est dit, relativement à *tout*, [ou] *autre* ou le *même*» (1054b18-19). Cela ne vaut toutefois que de la pure et simple altérité (et ne reste en quelque façon le dernier mot, par delà l'altérité catégoriale, que si l'un des deux êtres pris en considération est *Le tout autre*? Il semble bien en effet; mais l'existence de celui-ci, et notre éventuel accès à lui, ne sont pas l'affaire du moment):

> *différence* et *altérité*, d'autre part, [sont] autre chose; en effet:
> – [pour] le [référent] *autre* et celui dont [il est] autre, il ne [leur] est pas nécessaire d'être autres *selon un certain* [mode de saisie], car tout ce qui se trouve être existant est soit autre soit le même,
> – tandis que le [référent] *différent* est différent *d'un certain* [référent] *selon un certain* [mode de saisie],
> de sorte qu'il est nécessaire qu'existe un certain [mode de saisie, qui reste] le même, selon lequel ils diffèrent (1054b23-27).

Entre deux différents, il y a certes altérité, et donc opposition, mais aussi mêmeté, et donc composition, et les significations qui expriment ce qu'est chacun sont, entre elles, à la fois même et autre: pris en eux-mêmes, même et autre, un et multiples s'opposent, mais dans les significations unes qui se forment en notre intelligence au contact de ce qui est, ils composent aussi. *Et c'est là que,* «au contact originel de l'intelligence avec les choses», *la raison gagne sa première victoire sur le multiple.* Quels sont en effet ces «modes de saisie», laissés génériquement innommés par Aristote, qui permettent de ne pas en rester à la pure et simple altérité? Il les présente comme suit:

> ce [mode de saisie qui reste] le même, [c'est] soit le genre, soit l'espèce. En effet, tout ce qui [est] différent diffère ou selon le genre ou selon l'espèce:
> – selon le genre, les [référents] dont la matière n'est pas commune et [dont il n'y a] pas génération des uns dans les autres, comme [ces référents] dont la figure de prédication est autre,
> – selon l'espèce, les [référents] dont le genre est le même.
> Est dit *genre* ce par quoi les [référents] différents sont dits, en substance, les mêmes (1054b27-31).

Oui la sensation se laisse décrire rétrospectivement comme un chaos d'impressions – et, dans ce chaos rétrospectif, d'impressions «d'abord» qualitatives –, mais force est de reconnaître que, antérieurement à tout souci critique susceptible d'engager dans ce regard rétrospectif, l'intelligence rationnelle est toujours déjà parvenue à réunir ces multiples dans certains mêmes: les *genres*, genres dont l'explicitation a déjà été faite par nous à partir de l'observation des «figures de la prédication». Or cette explicitation s'est bien faite à partir de l'observation de ce que, pour chacun des traits dont usent nos descriptions, nous le disons être «en substance» ou «par soi»; et elle s'est bien affermie dans la remarque selon laquelle il y a conjonction du dire descriptif de ce qui est et du dire descriptif du devenir, ce qui implique d'ailleurs que les variations de même et d'autre d'où surgissent les catégories ne sont pas seulement ni même d'abord eidétiques mais bien réelles. De «réalités» fort diverses cependant, et c'est là justement ce que nous sommes en train d'essayer de discerner.

Comment cela? Nous l'avons dit: en essayant de remonter, à travers la diversité des structures de même et d'autre jusqu'à celle des ancrages dans ce qui est. Avant de nous y engager, cependant, et pour mieux le faire, arrêtons-nous un instant sur cette première victoire de l'intelligence rationnelle, sur le premier de ces un/multiple que sont tous universaux: le genre, et observons que si chacun nous rapporte à des êtres objectivement distincts se rapportant chacun de manière propre à ces uns premiers qui entrent dans la catégorie de la substance, ils le réalisent dans des conjonctions propres non seulement d'*un* et de multiple mais aussi, analogiquement, de quantitatif et de qualitatif – d'où d'ailleurs une confirmation de la primauté, après la catégorie de la substance, de ces deux catégories. Tout genre est «mesure», nous l'avons vu, et tout genre possède analogiquement, de ce fait, ce que possède par excellence le genre de la quantité. Mais tout genre est tel parce qu'il est, pour un ensemble de différents, un même premier; or, un tel même, c'est la similitude qualitative qui le réalise par excellence, d'où notre examen des structures d'*un* et de multiple va commencer par celle de la contrariété, où apparaît de la manière la plus forte, pour commencer, la conjonction de qualitatif et de quantitatif analogiquement observable en tout genre.

En effet, nous l'avons déjà relevé et nous aurons à y revenir, tous les différents ne sont pas contraires, mais:

les contraires [sont des] différents et la contrariété est une certaine différence [...] tous [les contraires] en effet apparaissent différents et les mêmes, étant: non seulement autres,
mais encore
autres [en tant que] le genre [de chacun est autre, ainsi entre actions et passions],
ou [autres] dans la même ligne d'attribution catégoriale, de sorte [alors] qu'ils sont:
– dans le même genre
– et les mêmes selon le genre (1054b31-1055a2)

où les deux dernières caractéristiques relèvent bien, pour la première, du mode rationnel et de l'extension et, pour la seconde, de l'intelligibilité et de la compréhension, soit respectivement de ce qu'il y a d'analogiquement quantitatif et de ce qu'il y a de qualitatif dans tout genre.

En même temps, et une fois encore, ce «même» premier qu'est tout genre l'est autrement d'une catégorie à l'autre, comme le sont aussi ces «autres» qui, en chacun font différer les différents: voilà ce qu'il nous faut tenter de discerner, jusqu'à enfin discerner comment il y a, à chaque fois, un autre ancrage dans le réel.

2.2.3. *Trois structurations fondamentales de l'*un *et des multiples*

α. *dans la saisie distincte du qualitatif: lecture de* Métaphysique *I4*

Soit donc maintenant à préciser selon quelle structuration d'*un* et de multiple se fait pour nous la saisie distincte du qualitatif, et selon quel ancrage dans le réel.

Allons tout de suite à celui-ci, auquel d'ailleurs le chap. 4 arrive dès après quelques lignes seulement:

mais assurément ce qui est *maximum*, dans chaque genre, est parfait, car:
– [ce qui est] *maximum*, [c'est] ce dont il n'existe pas de dépassement,
– et [ce qui est] parfait, [c'est] ce au delà de quoi il n'est pas possible de concevoir quelque [ajout].

Or la différence parfaite est bien dans l'ayance d'une fin: tout de même que les autres [réalités achevées, c'est] du fait d'être dans l'ayance d'une fin [qu']elle est dite parfaite,
et rien [ne s'ajoute] au delà de la fin, car [celle-ci est] ultime en tout [être], et enveloppe (*eschaton gar en panti kai periechei*) d'où vient que:
– rien ne [s'ajoute] au delà de la fin
– et le parfait ne manque de rien.
Que donc la contrariété soit une différence parfaite, à partir de ce qui précède, est manifeste (1055a10-17).

Comme il apparaît clairement à l'énoncé de sa conclusion, ce raisonnement porte avant tout sur cette structure particulière d'*un* et de multiple qu'est, dans la raison, l'opposition de contrariété. Mais le *metaxu*, l'intermédiaire par lequel il nous fait passer pour y arriver, est une affirmation qui nous rapporte à quelque chose de ce qui est, et non pas à n'importe quoi dans ce qui est, mais quelque chose qui, d'une façon ou d'une autre, y est «ultime», «fin» qui «enveloppe». Ce quelque chose n'est ici pas expressément nommé mais se laisse, sous les traits par lesquels il y est fait référence, aisément reconnaître: il s'agit de ce que *Mét.* Θ, tout en soulignant que le mode le plus immédiatement manifeste en est le mouvement, nous invite à reconnaître comme donné en des modes relevant de l'analyse de ce qui est pris en tant qu'être, à savoir l'*acte*. Que, d'ailleurs, l'interrogation le concernant relève de la philosophie première, cela se laisse voir, tout comme pour l'*ousia*, dès la philosophie de la nature (mais sans que, toutefois, Aristote l'y souligne expressément). Lorsque, en effet, *Phys.* A a discerné l'intelligibilité première de tout devenir donné à notre expérience et pris par soi (et non par le biais galiléen de paramètres mesurables) comme se prenant de ces contraires que sont ses *terminus a quo* et *ad quem*, il l'a fait selon un saut analogique qui «suspend» en quelque sorte le devenir à quelque chose de ce qui est. «Comme s'ils y étaient nécessités par la vérité elle-même», relève en effet *Phys.* A5, tous les auteurs antérieurs ont vu en quelque façon dans les contraires des principes du devenir, mais ils ont pris «les uns, le chaud et le froid, les autres l'humide et le sec, d'autres encore le pair et l'impair, alors que certains posent la haine et l'amitié comme causes du devenir» (188b29-30 et 33-35),

de sorte qu'[il leur est donné, en avançant] ces [opinions, de] dire en quelque façon [des choses] mutuellement les mêmes et [mutuellement] autres:
– autres, comme il semble encore à la plupart,
– mais les mêmes en tant que [l'on y saisit] l'analogue, car ils prennent [leurs contraires] dans la même série; des contraires, en effet,
• les uns enveloppent (*ta men gar periechei*)
• les autres sont enveloppés (*ta de periechetai*) (188b36-189a2).

Or quel est cet «analogue» qui, de multiples façons, «enveloppe»? C'est ce qui à chaque fois achève un devenir parce qu'à chaque fois ce sera un achèvement – telles sont à première vue, mais non elles seules, les qualités – de ce qui est. D'où d'ailleurs Aristote, un peu comme il avait forgé, pour mieux s'approcher de l'*ousia*, une expression nouvelle: *to ti ên eînai*, en forge aussi une pour mieux s'approcher de l'acte: *entelecheia*. Voici comment elle apparaît en *Mét.* Θ3:

> le nom d'acte (*energeia*), pour autant qu'[il a été] mis en relation avec l'acte «dans l'ayance de la fin» (*pros tèn entelecheian*), a été étendu au delà [de son sens originel]: alors qu'il provient surtout des mouvements, [il se dit] aussi au sujet des autres [aspects du réel]. En effet:
> il semble que l'*acte-exercé* (*energeia*) ce soit principalement le mouvement,
> d'où vient encore que l'on n'assigne pas [le fait d']être en mouvement aux [objets de référence] qui n'existent pas, alors qu'[on leur assigne] certaines autres catégories: les [objets de référence] qui n'existent pas [seront dits] être, par exemple, «intelligibles», ou «désirables», mais non «en mouvement».
> [Eh bien!] Cela [se produit ainsi] parce que:
> – [si on les dit être en mouvement] ils seront, tout en n'existant pas en acte exercé (*ouk onta energeia*), en acte exercé
> – car [ce qu'il faut discerner c'est que], des [objets de référence] qui «n'existent pas», certains existent en puissance, mais [s']ils «n'existent pas» [c'est] parce qu'ils n'existent pas *en acte-final* (*ouk entelecheiai estin*) (1047a30-b2).

Mais nous avons tout juste commencé l'analyse de ce qui est, pris en tant qu'être, selon la causalité formelle, nous ne sommes pour le moment pas du tout en mesure de l'engager selon la causalité finale. Simplement, nous pouvons déjà apercevoir que cela sera en effet nécessaire, et reconnaître que, dans la mesure où nous parvenons à saisir *dans ce qui est* ce qui, d'une façon ou d'une autre, y est de l'ordre «des fins qui enveloppent», cela ne peut pas ne pas y être, *pour notre pensée*, autant de points d'ancrages irréductibles. Telles semblent bien être les qualités, et d'abord sensibles, et cela ne peut pas ne pas se répercuter en une irréductibilité de la structure d'*un* et de multiple selon laquelle, en son mode nécessairement rationnel, ladite pensée les saisit. Or voilà bien, par contre, ce qu'il nous faut examiner dès maintenant, à titre de préparation lointaine à ladite analyse causale, et aussi pour avancer dans notre tentative de préciser, par différence, le rapport de notre pensée à ce mathématisable immédiat que sont les quantités communément expérimentées par nous.

Eh bien! Saisir distinctement des qualités, c'est saisir des différences, lesquelles, d'une part, apparaissent sur fond de semblable et de dissemblable et, avec ceux-ci, avec *du plus et du moins*, et lesquelles, d'autre part, ressortent sur ce fond de variabilité comme des termes ultimes. Ici apparaît, introduite par les premières lignes de notre chapitre, la structure de la *contrariété*: «puisqu'il est loisible aux [objets de référence] qui diffèrent de différer plus ou moins les uns des autres, il existe une certaine différence [qui est] aussi [la différence] *maxima*, et [c'est] elle [que] j'appelle contra-riété» (1055a3-5). Cette appellation n'est pas arbitraire. Nous sommes ici à un nœud primordial de la liaison entre complexité rationnelle et complexi-té réelle, et c'est dans son exploration que doit s'éprouver la justesse de cette appellation: telle est la tâche que s'assigne la première moitié de notre chapitre, qui l'inaugure par la considération suivante:

> que [la contrariété] soit la différence *maxima* est manifeste à partir de l'induction [à partir des deux cas ici pertinents]:
> – les [objets de référence] qui diffèrent selon le genre, d'une part, n'ont pas de voie les uns vers les autres mais sont trop éloignés et sans rapprochement possible
> – pour ceux qui diffèrent selon l'espèce, d'autre part, les générations sont à partir des contraires, en ce que [tels s'en caractérisent les termes] ultimes,
> or la distance des [termes] ultimes est *maxima*,
> de sorte que [l'est] aussi celle des contraires (1055a5-10).

Nous l'avions déjà relevé depuis longtemps, les variations eidétiques s'enracinent dans des variations réelles. Mais cet enracinement, nous l'avons déjà appris d'Aristote mais c'est à la suite de ce dernier texte qu'il le montre, ne doit pas être saisi seulement dans le devenir, mais bien jusqu'à l'être-même, et si la contrariété apparaît, dans la raison et dans le devenir, comme une différence *maxima*, c'est ultimement parce qu'elle s'ancre à l'achèvement et à la perfection, dans l'ordre de l'être, de l'acte, et doit donc être reconnue comme étant une différence *parfaite*.

Et sans doute faut-il relever que, comme le devenir et l'être, «les contraires se disent de plusieurs façons», d'où suit que «le mode de perfection [de leur différence]» – à savoir donc de l'actualité en laquelle elle s'achève –, les «accompagnera de la même manière que leur appartiendra aussi ce que pour des contraires [est] être» (1055a17-19) – à savoir donc selon la diversité de l'intelligibilité première dont ils relèvent (intelligibilité première soit catégoriale, et donc générique, soit, comme nous aurons à le voir plus tard avec *Mét*. I7, supra-générique, ainsi notamment de l'animé et de l'inanimé, ou du corruptible et de l'incorruptible); déjà dans ce monde de la diversité qu'est le monde des qualités, mais analogiquement aussi dans ceux des autres catégories, et au delà même, la contrariété engage toujours analogie.

Mais cette multiple diversité n'est pas un pur chaos: «ces [choses] étant [bien telles], il est clair qu'il n'est pas loisible qu'existent plusieurs contraires pour un seul» (1055a 19-20), ce dont on peut avancer au moins deux raisons:

– l'une immédiate et toute simple: «de manière générale, si la contrariété est une différence, la différence [l'est] pour deux [objets de référence], et donc aussi la [différence] parfaite» (l. 22-23)

– l'autre qui ancre la structure rationnelle dans le réel: «car il ne saurait exister ni quelque chose de plus ultime que le [terme] ultime ni plus de deux [termes] ultimes d'une distance unique» (l. 20-23)

où il apparaît qu'il y a un lien entre ligne commune d'intelligibilité, ligne au long de laquelle se déploie la «distance unique», et actualité. Ce lien, il reviendra sans aucun doute à l'analyse causale propre à la philosophie première de l'approfondir, puisqu'il joue entre causalité formelle et causalité finale, et cela non seulement dans le devenir, mais jusque dans l'être achevé. Mais notre remontée du triangle de Parménide ne s'est pas encore suffisamment déployée pour que nous nous engagions dans cette analyse. Relevons simplement ici avec Pierre Pellegrin que, si «il n'est pas loisible qu'existent plusieurs contraires pour un seul [...] un terme peut avoir plusieurs *directions* dans lesquelles on peut lui trouver un contraire, ce qui est très différent que de dire qu'il peut avoir plusieurs contraires dans la même direction».[5] Ainsi, exemple d'Aristote (cf. *Cat.* 11, 14a1-2):

le manque [...] est le contraire de l'excès [...], et la juste mesure [...] est le contraire des deux. Aristote indique donc que les contraires peuvent exister selon plusieurs points de vue: «pour un mal il y a comme contraire tantôt un bien tantôt un mal» [...]: les deux contrariétés manque-excès et manque-juste mesure n'ont donc pas exactement le même statut, car les deux premiers termes sont contraires à l'intérieur du mal – qui est alors pris comme le *génos* dans lequel ils déploient leur différence –, alors que les deux suivants sont contraires comme un mal et un bien (p. 89).

Ou, exemple que n'auraient pas donné les Anciens, les couleurs ne se déploient pas sur une «unique distance» entre le blanc et le noir, car elles se distribuent selon trois composantes, mais le blanc et le noir restent bien des contraires entre lesquels il y a simplement, dans un espace à trois dimensions et offrant chacun une variation continue de couleurs, une infinité de parcours possibles.

Si bien il est vrai que, si le monde des qualités n'est décidément pas un pur chaos, il ne semble pas non plus que notre monde puisse s'organiser, et cela ni dans notre raison ni dans ce qui est, du seul point de vue qualitatif. Mais le pourrait-il du seul point de vue quantitatif? Pour la raison, peut-

---

5 Pierre PELLEGRIN 1973, *La classification des animaux chez Aristote. Statut de la biologie et unité de l'aristotélisme*, p. 92.

être: du moins en forme-t-elle inévitablement le rêve. [6] Mais dans le réel, certainement pas. Il faut aller au delà et du qualitatif et du quantitatif (et des autres catégories), mais, des deux, c'est le premier seul qui nous ancre de manière tout à fait irréductible dans le réel: il y a un lien très profond entre différence et causalité... mais il est trop tôt pour nous pour vraiment le saisir. Du moins pouvons-nous, pour le moment, rattacher à l'acte et à la fin la diversité des caractérisations que rend possibles la diversité des points de vue d'où peuvent s'approcher les contraires. Prenant en effet les choses du côté de l'acte, nous dirons tout d'abord que:

> la différence parfaite diffère bien le plus car, aussi bien des [objets de référence] qui diffèrent par le genre que de ceux [qui diffèrent] par l'espèce, il n'en existe pas que l'on conçoive plus éloignés; on a montré en effet que, relativement à [ceux-là] qui sont hors du genre, il n'existe pas de différence, et qu'en revanche c'est entre ceux-ci, [qui diffèrent par l'espèce dans le même genre, que se rencontre] la différence maxima (1055a24-27)

et cela nous permettra de reconnaître comme saisissant bien des contraires les caractérisations qui retiennent, des points de vue:
– de l'observation logique: le fait de différer le plus dans *le même genre*
– du devenir: le fait de différer le plus dans *le même sujet* susceptible de les recevoir (car les contraires ont *une même matière*)
– de l'interrogation critique: le fait de différer le plus au regard de *la même puissance de connaître* (car c'est par la saisie du genre que notre intelligence parvient en premier lieu à surmonter la multiplicité sensible),
car dans ces diverses approches la différence parfaite est bien la différence *maxima* par quoi nous avions caractérisé initialement la contrariété (cf. 1055a27-33).

Cela étant, comment se caractérise la structure rationnelle selon laquelle se réalise la saisie distincte des qualités? En contraste avec ce que nous allons voir caractériser les structures relatives aux quantités continue et discrète, par un lien, que celle-ci n'ont pas, à l'opposition de contradiction, et cela du fait de cet ancrage irréductible dans ce qui est que donne à notre connaissance la saisie de cet acte qu'est, de diverses façons, toute qualité.

Tout d'abord, à ce qu'observe notre texte,

---

6 Rêve dont la tentative de réalisation ne saurait guère tourner, d'ailleurs, qu'au cauchemar. Si le quantitatif est du côté du conditionnement et non du parfait, de l'achèvement, le règne de la quantité, et par exemple l'établissement de l'égalité au rang de fin, ne peut conduire qu'au désespoir. Même si l'on ne doit pas se sentir obligé de le suivre dans la voie qui a été la sienne, on lira avec grand intérêt, dans ce domaine, René GUÉNON 1945, *Le règne de la quantité et les signes des temps*.

la contrariété première est possession et privation [...]
les autres contraires se diront d'après ceux-là:
– les uns du fait de [les] avoir
– les autres du fait de [les] produire ou d'être capables de [les] produire,
– d'autres encore du fait d'être des prises et des rejets de ces contraires ou d'autres (1055a33 et 35-38)

(ainsi le feu et l'eau ont-ils les qualités contraires d'être sec ou humide, et chaud ou froid; le remède et le poison celles de produire la santé ou son contraire; l'immunisé et celui qui ne l'est pas celles de rejeter l'agent contaminant, ou de se laisser infecter par lui).

Or l'opposition de privation est autre que celle de la contrariété, et comporte des degrés, d'où la précision apportée par la l. 34 à l'observation de la l. 33: «non toute privation, car la privation se dit de plusieurs façons, mais celle qui sera parfaite», et d'où, surtout, une mise en place préalable des trois autres oppositions relativement à l'opposition de contradiction; en particulier et tout d'abord de l'opposition de contrariété:

si de fait s'opposent la contradiction, la privation, la contrariété et les relatifs,
si parmi eux la contradiction est première,
et si de la contradiction il n'existe aucun intermédiaire, alors que des contraires il est loisible qu'il en existe,
il est manifeste, d'autre part, que la contradiction et les contraires ne sont pas la même chose (1055a38-b3)

puis, en contraste, de l'opposition de privation, laquelle, «d'autre part, est *une certaine* contradiction» (l. 3-4). Selon que, en effet, une chose se trouve dans l'un de ces deux cas:

– soit le [cas d'être] dans l'impossibilité absolue de posséder,
– soit [le cas de] ne pas posséder ce que naturellement elle posséderait,
elle est privée
– soit absolument
– soit déterminément en quelque manière (et cela-même de plusieurs manières encore, discernées [en *Mét.* Δ22] (1055b 4-6)

et l'on en arrive donc bien à la conclusion annoncée:

de sorte que la privation est, [relativement à la possession], une certaine contradiction:
– soit une impuissance définitive
– soit [une impuissance] attachée à ce qui [serait] susceptible de recevoir (l. 7-8)

tout en rendant par là raison d'une différence caractéristique entre les deux sortes de privation:

d'où vient que

il n'existe pas d'intermédiaire de la contradiction,
tandis qu'il en existe d'une certaine privation,
car tout est *égal* ou *non-égal*, [sans intermédiaire possible]
tandis que tout n'est pas *égal* ou *inégal*, mais si toutefois cela [se vérifie], c'est
seulement dans ce qui est susceptible de recevoir l'égal (l. 8-11).

Où, il faut le relever, cette «certaine» contradiction que peut-être la privation joue non pas seulement entre une possibilité et une impossibilité, mais
entre une capacité et une impuissance, et ne renvoie donc pas seulement à
l'intelligibilité mais bien à quelque chose du réel. Le traitement humien de
la relation entre contrariété et contradiction peut d'ailleurs contribuer à
nous le faire voir: dire qu' «il n'y a pas d'autre couple d'idées contraires en
soi que celui des idées d'existence et de non-existence, qui sont manifestement semblables car elles impliquent toutes deux l'idée d'objet» c'est
ramener la contradiction et la privation forte, celle qui est «une certaine
contradiction», à la privation faible, celle qui implique «détermination»
mais cela n'est possible qu'en conséquence du mouvement cartésien de
repli sur l'idée. Le mouvement aristotélicien est inverse: allant de la contrariété, *via* la privation, à la contradiction, il remonte le triangle de Parménide
jusqu'à un ancrage irréductible dans ce qui est. Et en quoi consiste cet
ancrage? En ce à quoi se rapportent impuissance et puissance: l'acte
qualitatif en tout cas, dont nous parvenons certes à former une similitude
quidditative, mais qui en tant que «fin qui enveloppe» est séparé *in re*,
enveloppant la chose en sa singularité et au delà de toute assimilation.
Lorsque, de même, l'on tient que *«omnis determinatio negatio»*, c'est que,
enfermé à la suite de R. Descartes dans la signification, l'on ramène la
complexité du réel à celle de sa saisie rationnelle: la contrariété selon
laquelle se saisit la différence qualitative ne peut s'exprimer sans négation,
mais, dans le réel, c'est d'un être en puissance que surgit la différence en
acte.

D'où, puisque ce que nous expérimentons être et parvenir à de certains
achèvements le fait toujours dans le devenir, c'est relativement à celui-ci, et
dans les saisies distinctes que comportent la connaissance que nous en
prenons, que se constitue la structure rationnelle des oppositions. Ainsi en
particulier du lien entre contrariété et privation, au sujet duquel l'observation faite plus haut (1055a 33-38) trouve ici son fondement:

si donc, pour la matière, les générations [se produisent] à partir des contraires
[si] en outre elle se produit
soit à partir de la forme eidétique et de la possession de la forme
soit à partir d'une certaine privation de la forme, eidétique et physique,
il est manifeste que la contrariété, toute [contrariété], doit être une privation [...]

car «les [termes] ultimes à partir desquels [procèdent] les changements», [c'est précisément] cela, «les contraires» (1055b 11-14 et 16-17)

étant entendu que la réciproque ne vaut pas: «la privation en revanche [ne sera pas], pas toute privation [en tout cas], une contrariété: la cause [en est] que c'est de plusieurs façons qu'il est loisible, à ce qui est privé, d'être privé» (l. 14-16). Mais si ce lien trouve ici son cas fondamental, il vaut, analogiquement, bien au delà, et c'est ce que font voir deux autres considérations. D'une part, en effet: «cela est d'ailleurs clair, aussi, en vertu de l'induction, car toute contrariété a [en elle] une privation de l'un ou l'autre des contraires, mais non de manière semblable pour tous les cas» (l. 17-19). Ainsi peut-on le constater dans le cas de l'*un* de ces catégories distinctes que sont la quantité et la qualité, ou dans le cas, pour celle-ci, de sa bonté: «l'inégalité [est privation] de l'égalité, la dissimilitude de la similitude, la mauvaise disposition de la vertu» (l. 19-20), et doit-on reconnaître que la diversité des contrariétés suit à la diversité des privations:

[un contraire] diffère[de l'autre], comme on l'a dit:
– l'un, s'il est, seulement, privé,
– l'autre, s'il [l']est pour un temps, ou en quelque chose (par exemple dans la jeunesse, ou dans sa partie principale) ou en tout (l. 20-22)

à quoi suit encore l'existence ou non d'intermédiaires:

d'où vient que, [pour les contraires]:
– des uns il existe un intermédiaire, et il existe un homme qui n'est ni bon ni mauvais,
– des autres il n'en existe pas, mais il est nécessaire [qu'un nombre] soit ou pair ou impair (l. 23-25)

étant précisé que, «de plus, les uns ont leur sujet déterminé, les autres non» (l. 25-26): certains sujets ont une détermination qui appelle une perfection dont ils peuvent être privés mais que nécessairement ils ont ou n'ont pas: un homme civilisé est nécessairement ou bon ou mauvais citoyen; certains autres ne l'ont pas: un barbare n'est ni bon ni mauvais citoyen et présente donc en quelque façon un cas intermédiaire.

Et d'autre part, ultime considération, si désormais

il est clair que toujours l'un ou l'autre des contraires se dit selon la privation,
il suffit par ailleurs [que le vérifient] aussi [ces opposés qui sont] les premiers et les genres des contraires, à savoir l'*un* et les multiples, car les autres se ramènent à ceux-là (l. 27-29)

par où est condensé tout l'examen de l'opposition *qualitative* de l'*un* et du multiple, mais par où aussi est appelé l'examen des autres modes selon lesquels il s'opposent et composent.

L'*un* et les multiples, de fait s'opposent et composent d'autres façons encore, autres façons qui se rattachent, elles, à la catégorie de la quantité. Même
si en effet la différence est d'abord qualitative et peut parfois sembler
exclusivement telle aux yeux d'Aristote, elle se rencontre en tous autres
genres, et tout d'abord dans la quantité: de deux quantités aussi l'on dira
éventuellement qu'elles sont différentes, et pour elles aussi cela implique
qu'elles ne soient pas entièrement autres, comme peuvent l'être deux
«dimensions», au sens de «l'équation aux dimensions», mais bien, en tant
que dans une ligne *homogène* de variabilité et d'intelligibilité, *les mêmes*. Et il
y a bien là d'ailleurs, et premièrement pour les grandeurs continues, une
analogie avec le monde des qualités, puisque nous l'avons vu constitué de
multiples «distances», chacune déployable entre deux pôles saisis dans un
même genre. Mais analogie seulement car ces deux pôles sont ceux d'un acte
qui achève et de sa privation, pôles contraires entre lesquels il y a une
différence *maxima* et éventuellement du plus et du moins, tandis que la
quantité ne donne pas par elle-même un achèvement, ni donc ne varie
entre différents contraires, ni non plus en degrés réalisant plus ou moins
cet achèvement, mais elle est susceptible de division et d'addition, les
différentes valeurs qu'elle peut prendre, tant limites qu'intermédiaires,
n'impliquant pas par elles-mêmes plus ou moins de perfection.

Une chose est sûre, au demeurant, et concerne directement notre tentative d'atteindre le mathématisable en sa différence: la saisie distincte, par
l'égal, de la quantité – et d'abord de la quantité continue – nous met dans
un rapport au réel radicalement différent de celui où nous met la saisie
distincte, par le jeu des similitudes, de la qualité, et cette différence se
fonde dans le réel lui-même, dans les traits différents qu'ont en lui qualité
et quantité. Comment alors, en contraste avec ce que nous avons vu constituer dans le réel l'ancrage irréductible de nos saisies qualitatives, caractériser de la manière la plus générale cette différence? Thomas d'Aquin nous
l'a déjà fait apercevoir: la qualité est du côté de la forme, la quantité du côté
de la matière; disons mieux: elles sont, la première, du côté de l'achèvement et de l'acte, la seconde, du côté du conditionnement sous-jacent.

Sans doute, il est vrai, ceux-ci font-ils tous deux jouer, et nous donnent-
ils à saisir, et qualités et grandeurs. Mais si multiples et variées que soient
les qualités sous-jacentes aux êtres donnés à notre expérience, c'est nous
qui sommes les plus qualitatifs de ces êtres, ces qualités cachées – occultes,
si l'on veut – restent secondes relativement à celles que nous expérimentons immédiatement, et si toutes sont ou s'ordonnent à de certains actes en
lesquels se réalisent autant d'achèvements, c'est en ces dernières que cela
se réalise ultimement. Et si certaines grandeurs nous sont elles aussi immé-

diatement accessibles et prennent, dans les achèvements des êtres qu'elles affectent, des valeurs relativement déterminées, ces grandeurs sont avant tout celles qui sont liées au mouvement de ces êtres physiquement achevés que sont les corps solides – d'où la primauté de la mécanique; ceux d'entre eux, en outre, qui connaissent les achèvements les plus élevés sont les vivants, plus précisément les animaux, et si l'exercice de leur vie rencontre en ces grandeurs un ultime conditionnement, celui dans lequel ils se meuvent et vivent «en liberté», elles restent bien, précisément, de l'ordre du conditionnement. De la saisie commune de ces grandeurs à leur saisie scientifique, d'ailleurs, il y a un saut, une rupture d'immédiateté, dont, pour ce qui est des grandeurs spatiales, les mathématiques antiques sont incontestablement une première réalisation, mais qui, pour la vitesse, a fortiori l'accélération, et le poids, ou plutôt la masse, n'a été accomplie que bien plus récemment. Et une fois cette rupture accomplie, combien plus de grandeurs ont dû être définies, par lesquelles seules nous est accessible le conditionnement sous-jacent aux corps immédiatement livrés à notre expérience!

Et sans doute encore les qualités sensibles ont-elles leur obscurité aux «yeux» de l'intelligence rationnelle, de sorte que ce sont des grandeurs physiques, avec tout ce qu'elles impliquent de médiations instrumentale et théorique, qui en permettent une caractérisation «scientifique». Mais cela ne fait d'abord que mettre en relief l'irréductibilité de leur saisie sensible et, au delà, de l'acte indivisible qu'elles constituent dans le réel. Ce que mesurent les grandeurs intensives, aussi bien, ne se prête pas à addition ou division, mais seulement à gradation (la température) et éventuellement composition/décomposition (les couleurs), et si l'échelle s'en étend de part et d'autre de ce qui nous est sensible, cela ne montre pas qu'il ne s'agisse pas là de qualités, mais seulement que l'achèvement que constitue une qualité physique met son sujet en relation avec d'autres réalités physiques, lesquelles sont parfois, mais pas toujours des êtres d'une actualité plus riche, et par là capables de faire leur cet achèvement – depuis la constitution, occulte, de leur corps jusqu'à «l'acte commun du sentant et du senti» [7] qu'est la connaissance d'un sensible. Et certainement cela montre aussi que notre connaissance du réel, et notamment les significations qu'elle met en jeu, n'en sont pas restées, et ne pouvaient en rester, au niveau descriptif qui est celui où nous sommes placés jusqu'à présent avec les catégories. Mais l'engagement pour le réalisme auquel nous a conduit l'énigme nous invite à bien marquer, en vue de saisir en sa différence le mathématisable profond, la différence du mathématisable immédiat. Eh

---

7 Cf. *De l'âme*, Γ2, 425b25-26

bien! C'est là ce que nous avons commencé de faire. Pour progresser, en effet, en direction du mathématisable profond et au delà du mathématisable immédiat, il faut aussi, et même d'abord, progresser au delà de ce qui, dans l'expérience commune, apparaît non mathématisable: à ce niveau les qualités sensibles se montrent bien telles, elles sont quelque chose au delà de quoi, d'une certaine façon, on ne peut pas aller, principes donc, mais principes dont l'intelligence rationnelle, sauf à s'engager dans les voies suicidaires d'un empirisme sceptique ou d'une suffisance rationaliste, ne peut se satisfaire, et dont, aussi bien, les savoirs usant des mathématiques nous montrent qu'une extraordinaire complexité leur est sous-jacente, tant dans les réalités senties que dans les vivants qui les sentent. Mais les divers sauts à du non-immédiat par lesquels passent ces savoirs sont-ils les seuls «scientifiques»? Voilà ce à quoi l'engagement pour le réalisme auquel conduit l'énigme ne saurait se résigner. La philosophie elle aussi est appelée, et notamment par l'énigme, à sauter à de certains non-immédiats, à de certains principes au delà desquels, encore, on ne peut aller, mais qui sont tels pour l'intelligence seule, et dont le saut qui les fera atteindre présuppose lui aussi un travail conscient de sa part, un travail toutefois qui, à la différence de celui que demande l'usage des mathématiques, ne s'accompagnera pas de cette séparation d'où naît l'énigme. Or c'est dès maintenant, dès le niveau où, «au contact originel de l'intelligence avec les choses», se forment en elle de premières significations, que nous pouvons et devons discerner ce à partir de quoi se développeront, ensuite, ces deux grandes modes de formation des significations.

Car, le moment est venu de l'observer, il ne peut effectivement y avoir là que deux structurations fondamentalement différentes de la signification. Certes, encore une fois, le monde des qualités s'étend bien en deçà de ce qui nous est sensible. Mais les plus élevées des qualités, les qualités spirituelles mêmes, même si elles ne nous sont jamais connues distinctement – comme d'ailleurs les qualités sensibles – sans l'intelligence, sont toujours aussi en même temps expérimentées à travers des sensations. L'analyse philosophique peut ensuite remonter, au delà de ces données d'expérience, à des causes propres, jamais elle ne perd, ou du moins n'est obligée de perdre, l'ancrage dans le réel que donne l'expérience de l'acte. Et sans doute cet ancrage fait-il défaut pour ce qui est des qualités occultes, mais les qualités que notre situation dans l'univers nous permet de dire supérieures ne sont pas seulement vitalement suffisantes, elles le sont aussi philosophiquement. Or il en va, quant au monde des grandeurs, tout autrement. Parmi elles, en effet, seules les grandeurs spatiales et certaines grandeurs mécaniques, semble-t-il bien, se laissent connaître, dès le niveau de l'expérience commune, comme dimensions distinctes. Aucune d'elles en outre, pas même la longueur ne se laisse connaître distinctement de manière immédiate. Toutes en effet exigent quelque opération de mesure, ce qui exige pour toutes une double médiation, théorique et instrumentale et, pour toutes à l'exception de la longueur, une réduction à celle-ci. Elle-même d'ailleurs ne se laisse pas connaître distinctement sans les nombres (et tend même aujourd'hui à être très largement «digitalisée»), et il s'en faut de beaucoup qu'y suffisent les entiers ou même les rationnels.

Mais si la structuration de la signification ne peut donc être à partir de là que fort différente, il n'en est que plus impératif de discerner ce qui, dès ce niveau, celui du «contact originel de l'intelligence avec les choses», les distingue. C'est ce que vont nous aider à voir les chap. 5 et 6 de *Mét.* I qui, enchaînant sur la mise au jour de l'opposition qualitative de l'*un* et des multiples comme contraires, soulèvent les deux difficultés suivantes, déjà citées:

> puisque [s'oppose], à un [contraire] *un*, un unique contraire, on pourrait rencontrer des difficultés à [déterminer]:
> – comment s'opposent l'*un* et les multiples
> – et [comment] l'égal [s'oppose] au grand et au petit (5, 1055b30-32)

lesquelles vont nous permettre d'approcher la saisie distincte, pour la seconde et avec le chap. 5, de la quantité continue et, pour la première et avec le chap. 6, de la quantité discrète.

a. la grandeur: lecture de Métaphysique I5

Ainsi donc, selon quelle structuration de même et d'autre peut se réaliser, au niveau de l'expérience commune, la saisie distincte d'une longueur? Réponse, ou commencement de réponse: comme pour les qualités, selon une structuration qui en permet la comparaison. Mais commencement de réponse seulement, car la comparaison sera autre ici et là: pour les qualités la connaissance distincte s'en dégage dans un jeu de variations en similitudes et dissimilitudes, qu'un bon maniement de la question «qu'est-ce que...?» permettra de préciser en genres et différences, jusqu'à des différences *maxima*; mais ici il n'y a pas de différence *maxima* à laquelle s'arrêter: ce à quoi l'on peut s'arrêter et en quoi l'on aura atteint une connaissance distincte c'est, entre deux longueurs (plus généralement deux grandeurs) dont l'une servira de mesure, et moyennant des opérations d'addition ou (et) division, l'*égalité*. Or quel est le jeu de variations qu'achève cet arrêt? Le jeu de l'inégal soit, plus précisément, du plus petit et du plus grand. Et quelle est l'interrogation appelée par ce jeu de variations? Non plus la question «qu'est-ce que...?», mais une question disjonctive: «est-ce que ceci est, par rapport à cela, plus grand ou plus petit... ou égal?».. Telle est la question par l'examen de laquelle Aristote entreprend de répondre à la deuxième des difficultés introduites ci-dessus: ouvrant d'entrée de jeu la recherche de cette réponse par l'antécédent d'une conditionnelle: «si en effet nous énonçons toujours la [question disjonctive] «est-ce que... [ou]...?» dans une opposition...» (1055b32), il ouvre immédiatement une longue parenthèse pour l'établir, puis reprend: «...si par conséquent la recherche du «est-ce que... [ou]...?» tombe toujours dans les opposés et si l'on dit «est-ce que [ceci est, par rapport à cela], plus grand ou plus petit... ou égal?», quelle est l'opposition de ces [deux premiers] à l'égal?» (1056a3-6). Ce dont la saisie distincte appelle une question disjonctive appelle nécessairement aussi, en effet, l'une des oppositions que nous avons vu jouer dans le cas de la qualité, et donc aussi un genre un:

[nous demandons] par exemple,
[en nous, plaçant dans une opposition de contrariété]: «est-ce que [c'est] blanc ou noir?»,
et, [dans une opposition de contradiction]: «est-ce que [c'est] blanc, ou non-blanc?»
tandis que nous n'énonçons pas [la question]: «est-ce que [c'est] un homme, ou du blanc» (1053b32-34).

Et sans doute n'est-ce pas nécessairement deux déterminations d'un même genre qu'une telle question disjoint: «si [la question ne naît] pas [ainsi, elle naît] à partir d'une supposition, et en recherchant, par exemple: «est-ce que [c'est] Cléon, ou Socrate, [qui] est venu?», mais il n'est [alors] nécessaire [de] la [placer] dans aucun genre» (l. 34-36), car ce qu'elle présuppose distinctes, ce ne sont alors plus des déterminations autres, ou plus précisément différentes, selon la forme eidétique, mais des sujets, autres selon le nombre. Mais on n'en reste pas moins, dans ce passage du qualitatif au quantitatif, dans une structure d'*un* et de multiples, qui tombe elle aussi dans l'ensemble des quatre oppositions susdites, plus précisément l'une des trois premières:

mais cette [question] aussi est venue de là,
car [c'est pour] les seuls opposés [qu']il n'est pas loisible d'exister ensemble,
– [incompossibilité qui est bien] ici aussi celle en [raison de] laquelle il a fallu [entrer] dans la [question de savoir] lequel des deux est venu,
car s'il était loisible [qu'ils soient venus] ensemble, l'interrogation serait risible,
et si d'ailleurs [cela était loisible], on tomberait encore ainsi dans une opposition dans l'*un* et les multiples,
[demandant] par exemple: «est-ce que les deux sont venus, ou [seulement] l'un des deux?» (1055b36-1056a3).

Et quelle est donc, des trois oppositions qui impliquent incompossibilité et appellent donc, dans leur expression, une négation, quelle est celle qui entre ici en jeu – ici, c'est-à-dire dans la saisie distincte, par l'égalité, du quantitatif, plus particulièrement du quantitatif continu?

Ce n'est pas la contrariété, et les raisons que l'on peut en donner sont à bien noter, puisqu'elles font ressortir autant de traits par lesquels se distinguent le qualitatif et le quantitatif, tant dans la saisie que nous pouvons en avoir que, par suite et plus radicalement, en eux-mêmes. Aristote en donne trois:
– deux qui font contraste avec le fait, établi au chap. 4, qu'«il n'est pas loisible qu'existent plusieurs contraires pour un seul»; concernant en effet l'égal dans son opposition au plus grand et au plus petit, il est clair que, tout d'abord,

> il n'est contraire
> ni à l'un des deux seulement – en quoi en effet [le serait-il] plutôt au plus grand qu'au plus petit? –
> ni au deux (1056a 6-7)

et que, «de plus, l'égal est contraire à l'inégal, de sorte qu'il sera [contraire] à plus qu'un seul», et cela même si l'on admettait que «l'inégal signifie en même temps la même chose pour les deux», le plus grand et le plus petit; dans ce cas en effet,

> [l'égal] sera opposé aux deux – et la difficulté vient à l'appui de ceux qui disent que l'inégal est une dyade –
> mais alors il se produit qu'un seul soit contraire à deux, ce qui précisément est impossible (l. 7-11)

– une troisième qui souligne le contraste concernant ce qui est intermédiaire:

> de plus, l'égal apparaît intermédiaire entre le grand et le petit,
> alors qu'aucune contrariété ni n'apparaît ni n'est, à partir de sa définition, en possibilité d'être un intermédiaire, car
> elle ne saurait, étant quelque intermédiaire, être parfaite,
> mais c'est d'elle-même, plutôt, qu'existe un certain intermédiaire (l. 11-15).

Cette troisième raison, en outre, met sur la voie de la réponse à la difficulté. Les deux premières en effet vaudraient encore contre les simples oppositions de contradiction ou de privation (cf. l. 15-18), mais avoir dégagé l'égal comme intermédiaire permet de voir que la structure d'*un* et de multiples qui en permet la saisie se caractérise par deux négations, deux négations non pas contradictoires, «car tout n'est pas égal qui n'est pas plus grand ou plus petit, mais [seulement les réalités] dans lesquelles ces deux derniers [se rencontrent] naturellement» (l. 20-22), mais privatives (l. 17-18). Ainsi, la difficulté initialement soulevée appelle-t-elle à répondre que

par conséquent, l'égal est
ce qui n'est ni grand ni petit,
tout en ayant dans sa nature d'être grand ou petit,
et il s'oppose aux deux comme une négation privative,
d'où aussi il est un intermédiaire (l. 22-24).

Mais si la structure rationnelle d'*un* et de multiples ainsi dégagée trouve ici sa réalisation fondamentale, elle se rencontre, dans les jeux de la raison, bien au delà, car tel est le cas, du point de vue que nous avons appelé «transcendental», de l'interrogation qui la fait surgir: l'interrogation disjonctive.

Quant à la manière, tout d'abord et encore, dont elle nous rapporte à l'égal, Aristote remarque, tout de suite après avoir conclu qu'» il est donc pour les deux, [le plus grand et le plus petit], négation privative»:

d'où vient aussi que la [question] «est-ce que... [ou]...?» se dit relativement à l'un *et* l'autre et non relativement à l'un *ou* l'autre;
[on demande], par exemple,
non pas: «est-ce que [ceci est, par rapport à cela], plus grand, ou égal?»,
ou: «est-ce que [ceci est, par rapport à cela], plus petit, ou égal,»
mais toujours [ce sont les] trois [qui sont visés] (l. 18-20)

mais il n'en reste pas là et, après la récapitulation déjà citée des acquis concernant l'égal, il reprend et prolonge la remarque. Disons, pour exprimer d'emblée la portée de ce prolongement dans le prolongement de notre explicitation, qu'il fait ressortir que la structure rationnelle que fait surgir l'interrogation disjonctive, et que met en jeu la saisie distincte de tout intermédiaire, ne consiste pas seulement en deux négations conjointes, mais présuppose toujours que soit sous-jacent quelque aspect du réel qui maintient son jeu dans une certaine unité de signification et que, par conséquent, elle se maintient elle-même en deçà de la contradiction.

La nécessité de cet aspect un qui, dans le cas de l'égal, est celui de la grandeur, notre texte nous la fait toucher dans une gradation qui, allant jusqu'à envisager le cas extrême où la double négation privative permettrait de reconnaître un intermédiaire entre n'importe quoi et n'importe quoi, passe d'abord par les deux cas intermédiaires de ce qui n'est ni bon ni mauvais et de ce qui n'est ni blanc ni noir. Ces deux cas ont en commun que le ou les éventuels intermédiaires n'en sont pas nommés. Mais, objectera-t-on, l'intermédiaire entre le blanc et le noir n'est-il pas le gris? Mais nous avons reconnu une infinité de parcours continus possibles entre le blanc et le noir. Reste que ces intermédiaires ont une unité générique, que n'ont pas ceux entre le bon et le mauvais, car ceux-ci se prennent en plusieurs sens, de genres autres, et n'ont donc d'unité de signification qu'analogique. Reste cependant qu'à leur tour ils présentent bien une telle unité, ce qui n'est pas le cas entre n'importe quoi et n'importe quoi sauf si, comme D. Hume prolongeant R. Descartes, l'on se contente de la communauté des objets de pensée pris comme tels.

*

Attardons nous d'ailleurs sur ce point: même si y intervient aussi le caractère empiriste de l'idéalisme humien, celui-ci n'est-il pas ce qui rend d'abord possible l'affirmation selon laquelle «n'importe quoi peut produire n'importe quoi»?[8] Aristote, lui, avait expressément écrit ceci:

> il faut d'abord admettre que
> de tous les êtres, pas un n'a pour disposition naturelle ni de faire subir ni de pâtir ce que l'on voudra, [à, ou] de ce que l'on voudra
> et que n'importe quoi n'advient pas à partir de n'importe quoi, à moins qu'on ne l'entende par accident (*Phys.* A5, 188a31-34).

Et à quelle occasion énonce-t-il ce principe, que nous pourrions appeler «de non-gratuité»? Alors qu'il s'agit pour lui d'établir que «selon la raison aussi, *epi toû logou*» (l. 31), c'est «à juste raison, *eulogos*» que les anciens ont fait «en quelque façon contraires les principes» de tout ce qui est soumis au devenir (cf. l. 26-27). Et sans doute avons-nous déjà rencontré lesdits principes contraires, et relevé qu'ils sont précisément de l'ordre de l'intelligibilité première, donc de la signification. Mais le principe de non-gratuité, lui, semble bien de plus grande portée, et concerner la causalité. C'est bien ainsi d'ailleurs que l'entend le *Traité de la nature humaine*, même s'il s'agit pour lui de nier non pas tant l'existence de causalités physiques que la possibilité pour nous de les atteindre. Simplement, reconnaître que les principes de première intelligibilité de tous devenirs sont des contraires présentant une intelligibilité commune, c'est remonter à une condition *sine qua non* présupposée par la connaissance que l'expérience commune nous donne d'acquérir de certains d'entre eux, et une voie possible pour remonter à cette condition *sine qua non* est de se rendre compte que sa négation interdirait de renoncer à quelque causalité physique que ce soit, et donc à toute nécessité *in re*.

Mais ce n'est pas seulement l'idéalisme empiriste qu'il faut ici convoquer, c'est aussi, semble-t-il bien, l'idéalisme absolu. La double négation hégélienne, en effet, ne serait-elle pas, plus précisément, une double négation *privative*? L'*Aufhebung*, par exemple et primordialement celle qui entend nous faire dépasser l'opposition de l'être et du néant dans un saut vers le devenir, l'*Aufhebung* ne serait-elle pas plutôt enfermement dans la

---

8   D. HUME 1739, *Traité de la nature humaine*, I, III, 15; tr. fr., p. 260.

signification, saisie en celle-ci seule d'un intermédiaire, et subversion de la transcendance du réel, c'est-à-dire d'abord de l'acte séparant des qualités, par leur relativisation au conditionnement dans lequel elles se donnent à nous? Bernard Bourgeois a-t-il bien raison d'invoquer le Stagirite à l'appui de G. W. F. Hegel en avançant que pour lui «*comme* pour Aristote, l'acte excède et commande bien la puissance»?[9] Certes il est vrai que pour Aristote, «l'acte [...] excède, en son surgissement, le cheminement qui amène à son seuil, cheminement ainsi simplement conditionnant – tout en étant nécessaire en tant que conditionnant –, non pas vraiment déterminant» (*ibidem*), et cela vaut même de «l'acte [...] de la philosophie», mais il n'y a pas pour lui un «acte *absolu* de la philosophie» (souligné par moi) et cela interdit d'identifier complexité réelle et complexité rationnelle, donc aussi d'accepter «la décision en faveur de la spéculation» – décision faute de laquelle il est bien vrai que l'on ne pourra accepter ce que «la première partie de l'*Encyclopédie des sciences philosophiques*, la "Science de la logique", établit dans son contenu ou objet ultime», à savoir «l'originalité absolue de l'identité du sujet et de l'objet, de la pensée et de la réalité, c'est-à-dire de ce que l'on appelle la vérité» (p. 7).

*

Une chose est sûre en tout cas, et concerne directement notre tentative d'atteindre le mathématisable en sa différence: la saisie distincte, par l'égal, de la quantité continue, ne nous donne pas cet ancrage dans le réel que nous donne la saisie distincte du qualitatif, et sans la préservation duquel nous ne pouvons espérer résoudre l'énigme. La question «qu'est-ce que...?», en effet, maintient cet ancrage, la question «est-ce que... ou ...?» ne le fait pas. Et sans doute la question «qu'est-ce que...?» rencontre-t-elle l'écart entre la première intelligibilité et l'être, écart qui par un côté est justement ce que permet d'explorer la définition des grandeurs à travers lesquelles se laisse saisir le conditionnement sous-jacent à ce que nous livre notre expérience, mais l'énigme qui en résulte renforce ici, encore une fois, l'exigence réaliste inhérente à l'intention philosophique. Par un autre côté, par conséquent, il nous va falloir tenter d'ex-hausser la question «qu'est-ce que...?» jusqu'à franchir l'écart entre intelligibilité première et être. Mais, si du moins elle veut gagner dans ce saut le plus possible de ce qui peut et doit l'être, et si au demeurant elle doit répondre à l'exigence de situer en sagesse les autres savoirs, il est de l'intérêt de la philosophie elle-même de

---

9   Bernard BOURGEOIS 1994, introduction à la traduction et au commentaire de Georg Wilhelm Friedriech HEGEL, *Concept préliminaire de l'encyclopédie des sciences philosophiques en abrégé*, p. 30, souligné par moi.

prendre du mieux possible appel sur ce qui, «au contact originel de l'intelligence avec les choses», suscite ensuite l'énigme de par son développement. Or un dernier pas nous reste ici à accomplir car, dès les origines mais plus encore au long du développement des mathématique, c'est par la quantité discrète que nous sommes obligés de passer pour tenter de saisir la quantité continue – et cela qu'il s'agisse de la mesure de quelque grandeur physique ou que, en mathématiques, l'on enserre une grandeur irrationnelle comme une «coupure» entre deux séries de nombres rationnels – or sa saisie distincte engage une structuration d'un et de multiples encore différente, et d'une différence qui, des nombres, ne peut pas ne pas se répercuter sur les savoirs qui en usent.

b. le nombre: lecture de Métaphysique I6

Les différences qualitatives, par la saisie distincte desquelles la pensée s'ancre dans le réel à autant d'actes distincts, les différences de grandeur, que la pensée connaît distinctement par quelque acte de mesure, voilà ce dont les saisies distinctes commencent, au regard de la réflexion initialement remontée jusqu'au chaos sensible, l'organisation rationnelle de celui-ci. Sans reste? Non, pas sans reste, car les «mêmes» qualités se rencontrent en *plusieurs individus*, et la mesure de la grandeur implique que la grandeur unité soit appliquée, ou (et) divisée, *plusieurs fois* (même si d'ailleurs ce ne peut pas toujours être sans reste). Si, à l'*un* que recherche l'intelligence, les *multiples en chaos* s'opposent d'abord, au regard de la réflexion retrouvant progressivement ce qui lui était toujours déjà donné dans le fait de la connaissance ordinaire, comme *multiplicité qualitative,* puis comme *multiplicité de dimensions,* ils ont encore avec lui une opposition résiduelle, qui d'ailleurs engage dans deux lignes de recherche: ils s'y opposent comme *multiplicité pure des plusieurs en nombre»* – plusieurs» qui sont, chacun, un selon le nombre, de sorte que nous touchons simultanément ici aux points de départ et de la mathématique la plus originelle: l'arithmétique, et de la métaphysique, car ce sont les réalités que nous classons dans la catégorie de la substance qui sont pleinement «unes selon le nombre», assumant chacune dans un être un et séparé la multiplicité des traits qui émergent du chaos sensible initial. Ce dernier point, déjà aperçu auparavant, sera à reprendre plus tard: ce qu'il nous faut pour le moment relever c'est que cette troisième opposition prégnante à l'opposition de l'*un* et des multiples en chaos est bien d'une nouvelle sorte. Si en effet les différents «mêmes» qui y sont objets de saisie distincte impliquent eux aussi composition de même et d'autre, cette saisie n'engage ni une opposition de contrariété ni une double opposition privative, mais seulement de relation, ce que *Mét.* I6 s'attache à faire voir par différence à partir de la première des deux difficultés annoncées au début du chap. 5. La seconde conduisait à porter l'attention sur l'*égal*, et donc la quantité continue, par différence d'avec le *semblable* du qualitatif, «[ici], de manière semblable, l'on pourrait soulever encore une difficulté concernant l'*un* et les [multiples pris comme] *plusieurs*, car si les [multiples pris comme] *plusieurs* s'opposent absolument à l'*un*, il survient certaines impossibilités» (1056b3-5). Les impossibilités en question se concentrent en fait en celle-ci que l'*un* va devenir *plusieurs*, et cela à partir de la considération du *peu* et du *beaucoup*. A considérer en effet, tout d'abord, l'opposition du *plusieurs* et du *peu*,

> l'*un* sera *un peu* [de quelque chose] ou *peu* [de choses]; de fait:
> – les [multiples pris comme] *plusieurs* s'opposent aussi à ceux [qui sont] *peu*;
> – de plus ceux [qui sont] *deux* [sont déjà] *plusieurs*, si du moins le *deux fois* [est déjà] un *plusieurs fois*, or [c'est bien ce que] l'on dit en direction de ceux [qui sont] *deux*;
> – de sorte que l'*un* est du *peu*: relativement à quoi en effet ceux [qui sont] deux seront-ils plusieurs, sinon relativement à l'*un* et au *peu*? De fait, rien n'est moindre (l. 5-9).

Or, à considérer, ensuite, l'opposition du *peu* et du *beaucoup*, identique dira-t-on à celle du *peu* et du *plusieurs*, il semblerait bien que l'on en arrive à la conclusion susdite. A rapprocher en effet ici la quantité discrète de la quantité continue, l'on en viendra à tenir les deux points suivants:

> – de même que, dans la longueur, [se rencontrent] le long et le court, de même [se rencontrent] dans le multiple [discret] le beaucoup et le peu
> – et ce qui est beaucoup est aussi plusieurs et ce qui est plusieurs est aussi beaucoup – sinon, la conséquence [sera que], dans une [grandeur] continue déterminée, ils différent en quelque façon (l. 10-13)

et les conclusions s'enchaîneront alors bien vers celle que l'on a dite, car «le *peu* sera en quelque façon du *multiple*, de sorte que l'*un* sera du *multiple*, si du moins il est aussi du *peu* – or cela est nécessaire, si les [multiples qui sont] *deux* sont *plusieurs*» (l. 13-14). Où, on le remarquera au passage, Aristote emploie tout d'un coup l. 10, puis deux fois l. 13, non plus *polla*, mais *plêthos*: bien que le terme «nombre, *arithmos*» n'apparaisse que l. 19, il ne s'agit déjà plus de la multiplicité générale DES multiples en chaos mais, à distinguer de celle du continu, elle expressément introduite, de celle, particulière, que l'on a d'abord désignée comme DES *multiples pris comme plusieurs*, mais qu'il faut maintenant reconnaître comme celle DU *multiple-nombreux* (nombrable, nombré). C'est bien ce que fait la suite de notre texte, laquelle opère d'abord le discernement qui permettra de résoudre la difficulté, puis examine l'opposition de l'*un* et de ce qu'elle nomme d'abord *les multiples* [...] *dans les nombres, ta polla [ta] en arithmoîs* (1056b32-33), puis, à la fin, *le multiple* [...] *en tant que nombre, to plêthos* [...] *hêi arithmos* (1057a12-16).

Quant au discernement à faire, donc, il se présente comme suit:

> mais peut-être les [multiples pris comme] *plusieurs* se disent-ils
> – en une première façon, comme [on dit] aussi le *beaucoup* (1056b14-15) [...]
> – d'une seconde, comme le *nombre* (l. 19)

c'est-à-dire sous la forme d'une distinction qui n'est pas une disjonction exclusive mais une distinction de points de vue. Sans doute en effet le *beaucoup* est-il l'une des façons dont peuvent se prendre les multiples pris comme plusieurs

> mais, en cette façon, [un cas] est différent:
> de l'eau, par exemple, [l'on dit qu'il y en a] beaucoup,
> [l'on ne dit] pas toutefois [qu'il y en a] plusieurs,
> mais [il faut ici mettre à part] toutes les [réalités] divisibles: [c'est] en elles que l'on parle [ainsi de beaucoup et non de plusieurs] (1056b 15-17).

Et sans doute encore le *beaucoup* et le *peu* appellent-ils malgré tout, entre ce que l'on désigne par des «termes de masse» et ce qui se présente sous forme d'individus, une caractérisation commune:

> [cette] certaine première façon, [donc, est celle dont on s'exprime] s'il est [donné] du multiple ayant un excès – soit absolument soit relativement à quelque [autre] –
> et le peu [sera], tout autant, du multiple ayant un manque (l. 17-19)

mais on ne peut pour autant identifier l'opposition du *peu* et du *beaucoup* – dont on pourrait dire qu'elle concerne le *multiple d'abondance*, sans distinction du discret ou du continu – à l'opposition de l'*un* et du *plusieurs*, propre au seul discret, et l'on trouve d'ailleurs là une précieuse introduction à ce qu'ont de propre ce composé d'*un* et de multiple qu'est tout nombre et l'opposition d'*un* et de multiple qu'assume sa saisie distincte. Si en effet les *multiples pris comme plusieurs* peuvent et doivent être pris comme un cas des *multiples d'abondance*, ils peuvent et doivent aussi être pris comme ce multiple *autre* qu'est le nombre,

> lequel aussi s'oppose à l'*un*, [et lui] *seul*,
> car la façon dont nous disons «un ou plusieurs» est celle dont l'on dirait «[*un*] un et *quelques* uns» ou «*du* blanc et *des* blancs»,
> [soit], encore, [la façon dont on exprime] *les* mesurés relativement à *la* mesure
> – et, [avec les mesurés], *le* mesurable –, (l. 19-22)

à savoir, donc, en opposant *relativement*, dans l'unité de ce selon quoi l'on mesure (la blancheur, le nombre), *ce qui mesure*, qui comme tel est un (éventuellement, comme remarqué au chap. 2, selon plusieurs dimensions), et *ce qui est mesuré*, qui comme tel est généralement plusieurs

> et [c'est] encore de cette façon que l'on dit «*plusieurs fois*».
> Chaque nombre en effet est *plusieurs*,
> parce qu'il est *des uns*
> et parce que chacun est *mesurable par l'un*,
> et [il l'est] comme l'opposé, [l'unique opposé], à l'*un*,
> et non [comme l'opposé] au peu (l. 22-25).

D'où, tout d'abord, une correction de la conception du *deux* qui avait conduit à la difficulté:

> d'une part donc [c'est] de cette façon que les [multiples au nombre de] *deux* sont aussi *plusieurs*: ils le sont
> – non pas comme du multiple ayant, soit relativement à quelque [autre], soit absolument, un excès
> – mais [comme] premier [multiple à être plusieurs];
> et [les] *peu* [qui le sont] absolument, d'autre part, [ce sont] les [multiples au nombre de] deux, car c'est [là] le premier multiple ayant un manque (l. 25-28).

Mais d'où, aussi et surtout, la mise au jour de la structuration d'*un* et de multiple propre au discret: «l'*un* et les *multiples* [pris comme plusieurs], les [multiples] *dans les nombres*, par conséquent, s'opposent comme la mesure au mesurable» (l. 31-32).

«Comme la mesure au mesurable», cependant, qu'est-ce à dire? On l'a déjà indiqué en passant (l. 21-22) et on le reprend ici: «or ceux-ci [s'opposent] comme les relatifs» (l. 33-34), mais il faut maintenant préciser la chose.

Première précision:

> [comme] tous ceux des relatifs, [du moins], qui ne le sont pas par soi: il a été discerné par nous en d'autres [lieux] (cf. *Mét.* Δ15, 1021a26-30) que les relatifs se disent de deux façons:
> – les uns comme [se disent] des contraires, [i.e. de manière réciproque]
> – les autres comme le savoir relativement au connaissable, [i.e. en telle façon que l'un des deux termes n'est dit relatif que] du [fait que] quelque chose d'autre est dit relativement à lui (1056b33-1057a1).

Mais cette précision en appelle plusieurs autres, les unes autour de l'unité des nombres en ce qu'elle a de propre, l'autre sur la différence entre la relation de l'*un* au nombre et celle du savoir au connaissable.

Que la structuration d'*un* et de multiple qui accompagne la quantité discrète soit spécifique, tout d'abord, c'est ce que permet de mieux voir la question de savoir si l'unité de l'unité numérique est celle d'un nombre. A cette question, le discernement effectué à l'instant d'avec l'opposition du *peu* et du *beaucoup* permet déjà de répondre par la négative: «que par ailleurs l'*un* soit moindre que quelque chose, que *les* multiples qui sont] *deux*, par exemple, rien ne l'empêche, car s'il est *moindre* il n'est pas pour autant *peu*» (1057a 1-2). Mais il vaut la peine ici d'expliciter davantage: ce qu'il faut bien voir, c'est que «[ce n'est pas] tout ce qui se trouve être un [qui] est nombre – si par exemple c'est quelque chose d'indivis –» (l. 6-7); et deux raisons nous le font voir, l'une qui explicite la structure de cet *un*-multiple qu'est le nombre: «le multiple est comme un genre du nombre, car un nombre est du multiple mesuré par l'*un*» (l. 2-4), l'autre qui est la réaffirmation de ce qu'a par suite en propre, *en lui*, l'opposition de l'*un* et du multiple: «et l'*un* et le nombre s'opposent en quelque façon, non comme un contraire [à un contraire], mais, ainsi qu'on la dit, [comme le font] certains relatifs: en tant que [celui-là est] mesure et celui-ci mesuré, [c'est] par cette [opposition] qu'ils s'opposent (l. 4-6)». Le nombre en effet, et lui seul, est un PUR *un-multiple*. Certes les genres autres que celui de la quantité discrète sont eux aussi de certains *un-multiple*, mais en tous, y compris les grandeurs et jusqu'à la longueur, l'*un* est, pour reprendre l'expression de I2, 1053b10, «une certaine nature»; ici c'est le multiple, la pure multiplicité, qui est «*comme* un genre du nombre». Et certes encore nous ne parlons de nombres, en dehors des mathématiques, que comme nombres *de ceci* ou de *cela*, ces ceci ou cela devant avoir en commun «une certaine nature». Mais précisément ce sont eux, les *nombrés*, qui doivent la partager, non pas le nombre *nombrant* qui spécifie leur multiplicité. Celui-ci toutefois, s'il fait abstraction du fait que les nombrés soient de *telle ou telle* espèce, implique qu'ils soient bien d'*une même* espèce, quelle qu'elle soit. En cela précisément le multiple est pour lui *comme* un genre, en ce que tout genre est un certain même fondamental et que la multiplicité nombrable est ici LE même commun à des multiples par ailleurs infiniment divers. Mais il ne lui est pas *proprement* un genre, car cette multiplicité n'a *par elle-même* aucune intelligibilité une, mais n'est susceptible de devenir multiplicité nombrée qu'à la condition préalable que telle ou telle unité d'intelligibilité, tel ou tel *un*, indivis mais non numérique, fasse discerner dans le chaos initial des *unités* nombrables, en sorte que les nombres nombrants eux-mêmes, s'ils ont chacun leur unité spécifique et permettent de mesurer la multiplicité prise quasi comme telle, restent mesurés par cette «mesure première» (1, 1053a23) qui est l'*un*-indivis.

Mais, objectera-t-on, l'*un*-indivis rend possible les divers nombres, il les mesure, et il est ainsi ce à quoi ils se rapportent selon une relation non-réciproque mais, justement pour cette raison, il ne les spécifie pas! Eh bien non en effet. L'*un*-indivis achevé est celui de la substance, l'*un*-indivis fondamental est celui de la qualité, dans un cas comme dans l'autre il est en fin de compte celui d'un certain acte spécifique, ancrage *in re* du concept spécifique que nous en acquérons. Rien de tel pour ces «espèces» que sont chacun des nombres – chacun des nombres nombrants d'ailleurs, non des nombres nombrés, en sorte que chacune de ces espèces est en même temps une sorte d'individu, avec son nom propre, ce qui certainement n'a pas peu contribué aux fascinations de toutes sortes, mathématiques ou non, qu'ils ont toujours exercé. Chaque nombre, chacune de ces espèces dont chacun est l'unique représentant est ce qu'il est, rien de plus. Et sans doute apprenons-nous à mieux les connaître par les relations qu'ils entretiennent entre eux. Mais justement nous l'apprenons *exclusivement* par là. Et ces relations, aussi bien, c'est nous qui devons les faire apparaître, alors que, observons-nous plus haut, les variations eidétiques de la phénoménologie sont toujours précédées pour nous des variations du réel même. Avec les nombres, donc, apparaissent bien, dès la connaissance ordinaire et caractérisables par différence d'avec la saisie distincte du qualitatif, non seulement un rapport nouveau de l'intelligence avec les choses, mais aussi un *connaissable nouveau*.

Quant à ce rapport nouveau, tout d'abord, le fait que par les nombres nous mesurions le réel a cette conséquence déjà aperçue au chap. 1 que, dans le savoir qu'ils nous permettent ainsi d'acquérir, «il semblerait [...] que le savoir soit mesure et le connaissable ce qui est mesuré» (1057a9-10). Eh bien! le fait que cette mesure que donne le nombre soit une mesure seconde, qui reste relative à la mesure première de l'*un*-indivis, le fait permet de confirmer et préciser la conclusion alors déjà avancée. Sans doute peut-on dire que, si l'*un*-indivis est mesure, il l'est relativement au nombre, et que «le savoir [est] dit, de manière semblable, relativement au connaissable». Mais

> ce n'est pas de manière semblable qu'il s'y rapporte
> [...]
> [ce qui] se produit [c'est que]:
> tout savoir est connaissable
> tandis que tout ce qui est connaissable n'est pas savoir parce que, d'une certaine façon, le savoir est mesuré par ce qui est connaissable (1057a 6-7 et 10-12).

Puisque la connaissance que le nombre nombrant nous donne de la chose nombrée n'est possible que du fait de l'*un*-indivis sans la saisie duquel ladite chose ne serait pas même nombrable, c'est bien dans cette chose qu'elle trouve, ultimement, sa mesure.

En même temps, toutefois et ensuite, il n'en est ainsi *que* ultimement, car cette connaissance n'est acquise que *par l'intermédiaire* du nombre: avec celui-ci apparaît bien, «au contact originel de l'intelligence avec les choses», un connaissable nouveau. Explicitant en critique intentionnelle le réalisme de la connaissance quidditative déjà établi par Aristote, selon notre explicitation, en critique objective, la scolastique faisait à juste raison ressortir que le concept est, sauf démarche réflexive, non pas un *quod* mais un *quo*, non pas *ce que* nous connaissons mais *ce par quoi* nous connaissons. [10] Eh bien la chose ne vaut pas du nombre, qui est certes susceptible d'être *ce par quoi* nous connaissons, mais non sans être d'abord *ce que* nous connaissons, et d'une connaissance qui, tout de suite, appelle à être développée pour elle-même, indépendamment de tout ancrage dans le réel tel que celui que donne l'acte qualitatif ou substantiel.

Ici précisément aussi bien, c'est-à-dire avec cette nouveauté, naît l'énigme: ici naît la mathématique, dont la nouveauté toujours renouvelée permet bien de dire qu'elle est «un produit de la pensée humaine et indépendante de toute expérience», et dont cependant il n'est pas possible de ne pas s'étonner qu'ensuite elle «s'adapte d'une si admirable manière aux objets de la réalité». L'approche, selon les voies aristotéliciennes explicitées comme remontée du triangle de Parménide, de ces mathématisables immédiats que sont, dans l'expérience commune, certaines grandeurs et ce qui s'y laisse nombrer, cette approche nous en a-t-elle donné la clef?

---

10 Cf. JEAN de SAINT-THOMAS 1637, *Cursus philosophicus thomisticus*, vol. II, p. 244a: «conceptus non est cognitum ut *quod*, sed ut *quo*, nisi quando reflexitur», et voir par exemple J. MARITAIN 1932, éd. 1963 p. 231-5 et 769-819.

Chapitre VI

Vers l'analyse causale

1. Des significations catégoriales aux significations scientifiques

Redisons-le, nous essayons de remonter, en philosophes, à ce qui, dans ce qui est, est mathématisable. Notre tentative d'«atteindre la source où se manifesterait le contact originel de l'intelligence avec les choses» nous a-t-elle donné la clef pour y parvenir?

La dernière clef, certainement pas, car si nous sommes bien parvenus à une certaine caractérisation, par différence, du mathématisable immédiat, l'énigme n'apparaît dans toute sa force, dont on ne voit d'ailleurs pas que son développement puisse un jour s'achever, qu'avec le développement, précisément, des mathématiques, et l'invention ou découverte conjointe de mathématisables d'un accès de plus en plus médiatisé. Non seulement, en outre, nous ne nous sommes approchés que du mathématisable immédiat, mais nous l'avons fait dans la seule ligne de la signification, alors que c'est en des jugements que le savoir trouve de certains achèvements et, pour le savoir de science, en des jugements faisant atteindre du nécessaire.

En même temps, il est vrai, tout jugement met en œuvre des significations et tout savoir de science met en œuvre, dans les jugements en lesquels il s'exprime, un ensemble de significations. Or celles-ci, dans un savoir de science donné, d'une part présentent entre elles une certaine unité – une certaine «homogénéité», devrons-nous dire si, à la suite de *Sec. Anal.* A28, 87a38, nous exprimons la chose en disant qu'«une science une est celle [qui est science] d'un genre un» – et, d'autre part, se relient toutes à telle ou telle des significations qui se rencontrent dès la connaissance ordinaire et, en particulier, à telle ou telle des significations catégoriales dont usent les descriptions dont elle est capable. Si donc celles-ci présentent des différences rationnelles repérables au niveau du dire, différences impliquant des rapports autres de l'intelligence à ce qui est et renvoyant à des différences dans cela même qu'elles expriment de ce qui est, cela ne peut pas ne pas avoir de répercussions sur les significations scientifiquement élaborées qui s'y rattachent. Et si, par conséquent, la remontée aux mathématisables immédiats ne nous livre pas encore la clef de l'énigme, elle est certainement, si cette clef existe, un passage obligé pour y accéder.

Comment, alors, progresser? Ce que nous venons de dire nous l'indique clairement: en essayant de passer de ce qui différencie les significations «au contact originel de l'intelligence avec les choses» à ce qui les différencie au long du développement des divers savoirs de science. Si en effet l'écart entre significations catégoriales et significations philosophiques devait renvoyer, dans la remontée du triangle de Parménide, à cet ancrage au delà de la quiddité que serait dans ce qui est ses causes propres, la différence que nous aurions réussi à établir entre significations mathématiques et philosophiques devrait constituer ce à partir de quoi nous pourrions remonter, parallèlement, du mathématisable immédiat au mathématisable profond.

Eh bien! Donnons tout de suite cette différence, et d'abord le trait commun qu'elle affecte: d'une part il n'y a pas savoir de science possible sans développement, en ce savoir, de significations ayant entre elles une unité non pas univoque mais *analogique* – en ne restreignant pas ce terme, comme c'est le cas chez Aristote,[1] au seul cas de ce que la scolastique devait appeler plus tard l'analogie de proportion, telle que nous l'avons déjà rencontrée à propos des grandeurs incommensurables: bien que A et B soient d'un autre ordre que C et D, A est à B ce que C est à D et il y a donc entre les significations correspondantes, par delà leur altérité, un quelque chose de commun, mais en l'étendant, comme le fit ladite scolastique et restant bien entendue sauve la nécessité de préciser à chaque fois une caractérisation positive, à tous les cas où des termes présentent des significations d'unité ni univoque ni équivoque. Et d'autre part cette unité analogique des significations est tout autre, de par leurs liens aux significations univoques que sont les significations catégoriales, entre, d'un côté, les mathématiques et sciences qui en usent et, de l'autre côté, la philosophie.

Examinons cela, en commençant par les mathématiques.

---

1   Voir à ce sujet M.-D. PHILIPPE 1969, «Analogon and Analogia in the Philosophy of Aristotle». A noter également que, dans la conférence qu'il a donnée le 23 mai 1997 au Centre Léon Robin sous le titre «Les trois formes d'amitié dans *Ethique à Nicomaque* VIII 1-4», Enrico BERTI étudie la naissance de cette extension du terme, et discute sa légitimité aristotélicienne, chez Aspasius.

1.1. Analogie, et immanence de l'unité, des significations mathématiques

Y a-t-il vraiment demandera-t-on, une telle différence entre savoir mathé-matique et savoir philosophique? Le mathématicien ne mesure-t-il pas la vérité de ses jugements, comme aussi le philosophe à de certains êtres, des êtres mathématiques? Et ces êtres ne présentent-ils pas eux aussi, comme le souligne N. Malebranche, leur opacité, c'est-à-dire un écart entre leur être et leur intelligibilité première? Sans doute, mais même si certains d'entre eux ont au départ un certain ancrage dans le réel, ainsi la figure du triangle, ils ne deviennent proprement des êtres mathématiques qu'à travers un processus d'axiomatisation, de par des définitions décisoires, certes révisa-bles et effectivement révisées au cours de l'histoire, non toutefois pour des raisons d'adéquation à l'expérience, mais pour des raisons de beauté ou de puissance des théories. «C'est en faisant que les mathématiciens connais-sent», cette observation d'Aristote a une portée tout à fait générale, car elle vaut à la racine même du mathématique.

Arrêtons-nous un instant sur ce point. Cette observation d'Aristote est énoncée par lui en *conclusion* d'un développement qui commence ainsi: «les figures géométriques aussi sont découvertes selon un acte, car c'est en divisant qu'on les découvre. Si elles étaient [données] déjà divisées, elles seraient claires, mais en fait elle ne sont présentes qu'en puissance» (*Mét.* Θ9, 1051a21-24). Pourquoi «aussi»? Quelle est cette autre réalité, sinon substantielle du moins, objet possible de considération, qui «ne se découvre que selon un acte», et dont il était question dans les lignes précédentes? C'est le mal. Nous y reviendrons. Examinons d'abord la raison avancée: «car c'est en divisant qu'on les découvre». Aristote l'illustre par deux exemples de démonstration: «pour quelle [raison] le triangle [vaut-il] deux droits? Parce que les angles formés autour d'un seul point sont égaux à deux angles droits. Si donc on avait tiré la [ligne] parallèle au côté [du triangle], [la conclusion] serait immédiatement manifeste à qui regarderait la figure»:

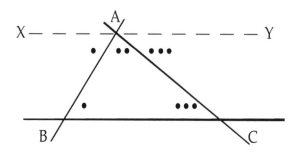

$$((\overset{\bullet}{X}AB = \overset{\bullet}{A}BC) \wedge (\overset{\bullet\bullet\bullet}{Y}AC = \overset{\bullet\bullet\bullet}{B}CA)) \Rightarrow \overset{\bullet}{A}BC + \overset{\bullet\bullet\bullet}{B}CA + \overset{\bullet\bullet}{C}AB = XAY = \pi$$

«Pour quelle raison [l'angle inscrit] dans le demi-cercle est-il univer-sellement droit? Parce que si sont égaux ces trois: la base [en ses] deux [moitiés] et la [ligne] droite menée à partir de son milieu, [la conclusion est] manifeste à qui regarde, du fait qu'il connaît cette [première conclusion énoncée à l'instant]» (l. 24-29):

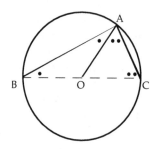

$((AO = OB) \Rightarrow (ABO = BAO))$	$(BAC = ABO + ACO)$
$\wedge$	$\wedge$
$((AO = OC) \Rightarrow (ACO = CAO))$	$(BAC + ABO + ACO = \pi)$
$\Downarrow$	$\Downarrow$
$(BAC = ABO + ACO)$	$(BAC = \pi/2)$

Exemples dont il explicite la leçon en trois temps:

– une leçon immédiate, qui induit la généralité d'un fait: «de sorte qu'il est clair que les [figures] qui existent en puissance sont découvertes en étant amenées à l'acte» (1051a 29-30)

– la remontée à la cause de ce fait: «la cause en est que l'acte [est, ici], une pensée, de sorte que la puissance [apparaît] à partir d'un acte» (l. 30-31)

– et grâce à cette remontée, la reformulation du fait dont elle permet de rendre compte: «et pour cette raison, c'est en faisant que [les mathématiciens] connaissent, car l'acte qui se prend selon le nombre, [celui de l'être mathématique explicite, est] postérieur, selon le devenir, [à l'acte de division qui le produit]» (l. 31-33).

Les données initiales étant actuellement présentes à la pensée, deux actes nouveaux sont présupposés à l'évidence de la conclusion: l'acte de cet être mathématique nouveau qu'est la figure enrichie de nouvelles lignes, et sur lequel s'arrête le jugement; l'acte de division qui l'a produit. Là est l'analogie avec le mal, qui lui aussi présuppose un premier être en acte, et comme tel bon, mais aussi par quelque côté en puissance, et le passage de cette puissance à un acte qui est, lui, mauvais, parce que produit d'un acte désordonné: de même que le mal n'apparaît qu'en second et du fait de l'indétermination du conditionnement, de par un acte qui a une bonté propre mais désordonnée, de même les figures géométriques pertinentes ne sont apparues que de par un acte de division et n'existent antérieurement que dans l'indétermination de la quantité continue.

Quelle portée cependant faut-il reconnaître à cette observation que «c'est en faisant que les mathématiciens connaissent»? Faut-il la limiter à la seule géométrie, ou aux seules démonstrations? Il ne le semble pas. Quant à la géométrie des *Eléments* d'Euclide déjà, mais plus généralement dès lors qu'il y a axiomatisation, c'est quant à la signification qu'il faut manifestement en reconnaître la justesse. Et déjà aussi pour l'arithmétique non encore axiomatisée. Car non seulement les nombres ne nous sont pas connaissables sans opérations qui sont autant de certains faires, mais même la première saisie distincte des premiers d'entre eux nous les a révélés relatifs à la mesure par un *un*-indivis qui, avant d'être celui de l'unité arithmétique, est toujours celui d'«une certaine nature» (éventuellement, pour faire plaisir à E. Kant et L. Brouwer, des actes de pensée), de sorte qu'ils présupposent, premièrement, la saisie de celle-ci et, deuxièmement, l'acte de division qu'elle permet dans ce qui ne peut être, auparavant, que multiples en chaos. Que, ensuite, l'on puisse en caractériser le faire par voie cardinale ou par voie ordinale, il ne revient pas au philosophe d'assigner la primauté à l'une ou l'autre voie, encore moins de s'engager ès qualités dans l'axiomatisation de l'arithmétique, car il s'agit là du faire mathématique, qui a ses exigences propres, des exigences de beauté et d'efficacité, et un développement circulaire, développement dont on ne voit pas qu'il soit possible de préjuger des nouveautés qu'il fera surgir, tant dans ses résultats les plus élaborés que, en retour, dans la position de ses «premiers». Lui revient par contre, et tout spécialement à partir du moment où l'énigme lui est soumise, de dégager en quoi ce caractère de faire qui est celui de la connaissance mathématique se traduit par un développement de la signification, depuis les significations déjà prégnantes de la connaissance ordinaire, différent de ce qu'il est en philosophie. Car si la philosophie est-elle aussi un certain *travail* de l'intelligence, l'engagement pour le réalisme qui est spontanément le sien, et que l'énigme lui confirme devoir prendre, est un engagement à mener ce travail non comme une *reconstruction,* mais comme une *analyse* de ce qui est, et marquer la différence du développement des significations devrait du même coup manifester, si cela est possible, par où peut et doit s'engager une telle analyse et par où il sera alors possible de saisir en sa différence non seulement le mathématisable immédiat, mais aussi le mathématisable profond.

Eh bien! Si les nombres sont un connaissable nouveau, que les multiples faires dont ils fournissent la matière font *découvrir* extraordinairement plus riche que les premiers usages pour lesquels ils ont été *inventés,* il n'en est pas ainsi pour eux seulement, mais de tout être mathématique. Là réside l'*écart* qui appelle la recherche mathématique et fait naître la science mathématique. Et certes la nouveauté se manifeste avec éclat dans les propositions, les théorèmes, qui expriment ces découvertes. Mais elle réside d'abord et avant tout dans les inventions qui les précèdent. Or ces inventions sont de l'ordre, elles, de la signification. Comment naissent-elles, en effet? Fondamentalement, comme toutes les mathématiques et nonobstant la fécondité qu'ont aussi les exigences de rigueur, de beauté ou d'efficacité, des problèmes. De ces problèmes, certains peuvent rester posés durant des siècles ou millénaires (ainsi le «théorème» de Fermat ou la quadrature du cercle) et par conséquent se formuler en termes élémentaires, tandis que beaucoup ne peuvent l'être que dans les termes de théories plus élaborées, certains en tout cas restent insolubles jusqu'à l'invention d'êtres mathématiques nouveaux. Et comment ceux-ci se différencient-ils? De manière très générale, par des *généralisations* impliquant, par rapport aux inventions antérieures, une *abstraction,*[2] laquelle d'une part se révèle féconde,[3] mais aussi, d'autre part, va donner prise à la *formalisation.*

---

2 Que, pour la distinguer de l'abstraction du genre à partir des espèces, l'on pourrait préférer appeler, avec Jean-Louis GARDIES 1999, «La thématisation en mathématiques», une «thématisation».

3 Pour un exposé de (haute) vulgarisation bâti pour faire ressortir cet aspect des choses, lire D. E. LITTLEWOOD 1964, *Le passe-partout mathématique ou La généralisation par l'abstraction* (sous-titre de l'original anglais: *A Simple Account of*

Le cas des nombres est ici aussi exemplaire que fondamental, puisque non seulement l'histoire des mathématiques est ponctuée par leurs généralisations successives à partir des opérations auxquelles ils peuvent être soumis (et dont les plus immédiates au regard du philosophe, pour qui le premier nombre est 2, sont l'introduction du 1 et du 0), mais encore elle a pu sembler trouver un point d'orgue, comme résultat du travail du XIXe siècle, dans leur réduction aux entiers et, avec celle-ci, dans l'arithmétisation des mathématiques entières, pour en fait déboucher sur la transcription de principe de celles-ci, y compris des entiers, dans l'écriture de la théorie des ensembles. Que ce cas soit exemplaire et fondamental, c'est ce que fait bien ressortir, en particulier, l'étude déjà citée de J. Ladrière, «La forme et le sens». Reprenons-en quelques passages: «en un sens, les objets les plus élémentaires dont s'est occupée la pensée mathématique, considérée dans son développement historique, ont déjà le caractère de forme».[4] On peut en effet et par exemple formaliser l'abstraction qu'Aristote caractérise comme faisant passer au «nombre nombrant» à la façon de G. Frege et B. Russell, et «on peut ainsi considérer le nombre comme la forme caractéristique d'une multitude, considérée selon le point de vue de la cardinalité». Rappelant alors les points suivants:

> c'est la séparation totale que la pensée réussit à effectuer entre les situations concrètes où une forme s'exemplifie et cette forme elle-même qui constitue la démarche décisive en et par laquelle elle commence à donner accès au domaine des objectivités mathématiques.
> Mais une fois ce domaine ouvert [...] il devient possible de réaliser sur ces objets des opérations à la faveur desquelles commencent à se manifester leurs propriétés [...] Et l'exploration de ces propriétés fait progressivement apparaître des possibilités de généralisation [...] Ainsi les extensions successives de la notion de nombre, imposées par la structure même des équations, c'est-à-dire en définitive des relations entre nombres, font apparaître de nouveaux objets. Et ce processus d'extension a du reste été lui-même objectivé, sous une forme généralisée, dans le cadre de la théorie des extensions de corps

J. Ladrière peut commenter:

> c'est par la thématisation des opérations portant sur une classe déterminée d'objets que s'ouvre la voie des généralisations. Or le propre de la généralisation, c'est de constituer un nouvel objet qui se détache des objets antérieurement

---

Complex Algebraïc Theories). Peut-on pour autant parler d'une «méthode d'abstraction» (premier chapitre du livre)? L'invention mathématique s'accompagnera d'une abstraction qui se révélera féconde, mais aucune méthode n'y donne à l'avance accès.

4 J. LADRIÈRE 1989, «La forme et le sens», p. 478a.

connus par un mouvement analogue à celui par lequel, à l'origine, les premiers objets s'étaient détachés de leurs supports concrets. Le nouvel objet a ainsi lui-même le caractère de forme qui avait pu être reconnu aux objets initiaux. Mais il le possède à un titre plus éminent puisque le support dont il se détache n'est plus fait d'objets concrets mais idéaux, qui sont déjà des formes. On se trouve en présence d'une forme de formes. Mais par le fait même le nouvel objet fait voir, en ses propriétés caractéristiques, comment précisément l'objet antérieur était forme. Il en exhibe, dans son propre comportement, le caractère formel. La généralisation thématisante comporte ainsi un aspect réflexif (p. 478b-479a).

Et, à vrai dire, ce n'est là que le tout début d'un long itinéraire au long duquel nous voyons apparaître, dans une remarquable mise en perspective: la théorie des ensembles; les structures, qui, dans le cadre général de la théorie des ensembles, permettent «de situer les théories particulières» et donnent «à l'heure actuelle la représentation la plus adéquate de l'idée de forme, telle que cette idée fonctionne dans le cadre de la pensée mathématique» (p. 479a); les «catégories», qui permettent de faire apparaître plus nettement le caractère formel de la notion de structure; les «topos», dont l'introduction permet de voir «que toute catégorie qui peut être considérée comme une généralisation de la catégorie des ensembles (qui est un topos) contient une représentation de sa propre logique, mais que celle-ci est, en général, la logique intuitionniste» (p. 482a); les notions de théorie, système formel, interprétation et modèle, lesquelles conduisent à la «question fondamentale» que nous avons déjà eu l'occasion de relever: «comment des objets idéaux, qui sont de nature formelle, peuvent-ils être source d'intelligibilité?» (p. 488a). Mais nous ne pouvons que confirmer et préciser notre diagnostic: si remarquable et philosophiquement éclairante que soit la mise en perspective accomplie par cet essai de J. Ladrière, la manière dont il y élabore cette question ne le conduit pas jusqu'à la levée, qui pourtant devrait être philosophiquement de principe, de l'interdit qui, mathématiquement de principe, engendre l'énigme.

En même temps toutefois, pour nous qui tentons cette levée, cette mise en perspective est extrêmement précieuse, car elle nous permet de confirmer et préciser la démarche qui va devoir être la nôtre. Elle nous confirme, en premier lieu, que cette levée devra être une échappée à l'enfermement dans la signification. Ce qu'elle nous montre en effet, c'est que si la *séparation* de l'être mathématique produit des «êtres» sur lesquels continuent de porter des jugements, la *formalisation* parvient, non sans limitations internes, certes, qui laissent le champ libre à une invention mathématique toujours suscitée à nouveau et seule réellement novatrice, mais parvient néanmoins à résorber dans son immanence la transcendance qu'il y a à première vue – et que, dans le jugement de perception et dans le jugement philosophique, du moins réaliste, il y a effectivement – de l'être auquel se mesure le jugement à ce jugement. De fait:

> un système formel étant donné, il n'y a pas, en général, correspondance complète entre la notion de dérivabilité (dans le système) et la notion de vérité (par rapport aux modèles admissibles). Il y a cependant, en vertu des définitions mêmes, une sorte de dualité entre système et modèle: le système fait voir quelles sont les propositions que l'on peut formuler validement à propos des modèles, et les modèles font voir quelles sont les structures dont se vérifient les théorèmes du système (axiomes et propositions qui s'en déduisent). A cette dualité de points de vue correspond une double représentation du sens. D'une part, les axiomes du système fixent le sens des termes primitifs en indiquant quelles sont les relations qu'ils entretiennent les uns avec les autres [...] Les modèles, d'autre part, donnent une représentation du sens des termes primitifs (et des propositions dans lesquelles ils figurent) en montrant des structures dont les éléments constitutifs jouent précisément les uns par rapport aux autres le rôle assigné aux termes primitifs par les axiomes du système (et vérifient les relations exprimées par les propositions du système) (p. 489b).

Ces choses étant telles, on comprend que J. Ladrière ait été conduit à préciser la «question fondamentale» qu'il a soulevée de la manière déjà rapportée antérieurement: «une situation, un processus sont intelligibles dans la mesure où il se prête à être compris. Et comprendre, c'est saisir un sens. La question est donc celle du rapport de la forme et du sens» (p. 488a). Mais l'on devrait aussi voir que ce que l'énigme nous demande, dans son réalisme, c'est, en vue de tenter de remonter, dans ce qui est, au mathématisable profond, de remonter tout d'abord à ce qui, dès le mathématisable immédiat, différencie la signification mathématique pour que, ensuite, elle se développe ainsi.

Même si, en effet et en second lieu, les «premiers» les plus fondamentaux ne sont plus, dans des *Eléments* tels que ceux de N. Bourbaki, les entiers commençant à 2, cela ne les empêche pas de rester, pour nous qui nous efforçons de répondre au savant soulevant l'énigme, les mathématisants premiers. Pour nous en effet il s'agit de partir de l'expérience commune, et si la géométrie appelle d'emblée l'axiomatisation, l'on peut se demander s'il ne faut pas plutôt voir l'axiomatisation de l'arithmétique comme une épreuve des voies générales de l'axiomatisation. [5] La mise en perspective présentée par J. Ladrière, en tout cas, semble bien aller dans ce sens. Non seulement à son point de départ, qui cite en premier les nombres et souligne le caractère réflexif non seulement de la formalisation

---

5 Serait-ce là l'intérêt philosophique de la «logique interne» recherchée par Yvon GAUTHIER 1991? Que ce soit ou non le cas, c'est bien sûr d'abord de pertinence mathématique qu'elle doit faire preuve.

mais, déjà, des premières généralisations. Mais surtout à son terme, qui nous conduit notamment à ceci:

> les objets mathématiques sont indépendants des langages (formalisés ou non) qui servent à les décrire comme des théories qui les utilisent comme medium d'intelligibilité. S'ils ont un sens, c'est d'une manière tout à fait spécifique, que la notion de structure permet de mettre en évidence de façon particulièrement appropriée (p. 491a).

La page qui suit et conclut serait à citer dans son intégralité, qui montre de quelle manière l'on retrouve dans ces structures ce que nous observions déjà à propos des nombres (entiers commençants à 2), à savoir d'une part que chacun, chacune de ces espèces dont chacun est l'unique représentant, est ce qu'il est et rien de plus et, d'autre part, que c'est par les relations qu'ils entretiennent entre eux que nous apprenons à les connaître. De la structure, de son côté, J. Ladrière souligne: d'une part, qu'elle a un sens «plutôt à la manière d'un objet esthétique qui montre son sens en se montrant lui-même», mais sans être «liée à la matérialité de son mode de présentation», car «elle est l'abstraction de tous ces modes de présentation possibles»; et, d'autre part, que l'«on ne pourrait dire cependant que son sens lui est totalement immanent», «car s'il y a la composante d'auto-monstration, il y a aussi la composante relationnelle». Et relevons alors la caractérisation que ce second aspect conduit à donner du développement de la signification mathématique:

> il est possible de donner d'une structure une définition précise et complète. Mais sa définition n'épuise pas son sens. Tant du côté de ses exemplifications que du côté de ses généralisations, le champ reste ouvert pour des spécifications toujours nouvelles. De ce point de vue, une structure d'une espèce donnée n'est jamais qu'un palier de stabilisation sur un trajet de détermination qui va du concret à l'abstrait, en éclairant de mieux en mieux le concret par dégagement des structures qui y sont impliquées et en faisant comprendre de mieux en mieux le sens de ces structures elles-mêmes par rattachement à des structures plus générales [...] La structure peut être dite forme pure, mais ce n'est tout de même qu'en un sens relatif, puisqu'une structure peut toujours être considérée, en principe, comme ouverte à des généralisations ultérieures, et donc, à ce titre, comme encore relativement concrète [...] Le ressort de la pensée mathématique, c'est la montée vers la forme pure (p. 491a et b).

Eh bien! Là se trouve la confirmation et la clef de la pertinence de la question que L. Brunschvicg s'accordait avec H. Bergson à reconnaître pour décisive, «la question des rapports entre la notion numérique et la notion générique».

D'une part en effet il faut maintenir que les nombres (entiers commençant à 2) constituent un genre, un des deux sous-genres de la catégorie de la quantité et même, par un côté, *le* genre exemplairement tel, puisqu'ils sont chacun mesurés par l'*un*-indivis, mais il faut tout de suite ajouter que cet *un*-indivis, à la différence de celui des autres genres catégoriaux, abstrait de toute «nature», ce qui laisse ouverte, et pour les nombres seuls, la possibilité de *généralisations* qui, elles, *n'entrent pas dans un genre univoque*, mais produisent des «êtres» de significations *analogues*. Et si, comme nous l'avons déjà relevé et comme le marque le premier usage philosophique du mot, tel est en premier lieu le cas, suscité par les problèmes de mesure de l'autre sous-genre de la catégorie de la quantité, des «nombres» irrationnels, tel est en fait très généralement le cas, ce devrait être considéré comme un des principaux titres de gloire de la mathématique moderne que de le faire voir, de toutes les généralisations mathématiques.

Et, d'autre part, si le caractère analogique de l'unité du «genre» où entrent les significations mathématiques lui est commun, comme nous allons le voir ci-après, avec les différents «genres» où entrent les significations des diverses parties de la philosophie, il est cependant tout autre pour lui et pour eux.

Quant à lui, tout d'abord et en effet, d'où lui vient ce caractère, resté à peu près inaperçu des anciens (pas totalement cependant, nous le verrons un peu plus loin)? De ce que, à reprendre les termes de M.-L. Guérard des Lauriers,

> l'«être mathématique» comporte deux fondements, qui s'enchaînent organiquement. Premièrement la quantité dont il est abstrait, deuxièmement l'activité de l'esprit qui reconstruit cette quantité elle-même abstraite. Aristote, et les scolastiques, ont ignoré le second fondement, les modernes prétendent écarter le premier. La véritable difficulté tient à ce qu'il faut les coordonner, conformément à l'exigence de la vérité. [6]

Logicisme et formalisme ont échoué, l'être mathématique n'est de lui-même, c'est-à-dire dans la pensée vivante, «jamais totalement fermé», mais garde un caractère «ouvert» (aux sens déjà présentés ci-dessus). Mais ce caractère ouvert n'est pas celui du qualitatif, lequel implique assimilation d'un acte qui a en lui son unité, mais celui d'une mesure à un mesuré, ce qui implique un certain «faire». Et si ce faire est parvenu à élaborer une transcription de principe du discours mathématique dans une écriture

---

6 M. GUÉRARD des LAURIERS 1972, p. 116-7, n. 62. Dans le même sens, on lit dans Maurice MEIGNE 1959, *La consistance des théories formelles et le fondement des mathématiques*, p. 7: «De fait il faut tenir compte à la fois du rôle indéniable de l'expérience et de celui de la pensée créatrice» – voir également 1964, *Recherches sur une Logique de la Pensée créatrice en Mathématiques*.

univoque, la mesure qu'elle procure de la validité de ce discours reste relative, puisque la théorie des ensembles doit être elle-même axiomatisée, et l'unité qu'elle permet de manifester appartenir, à travers les structures, à la mathématique, n'est pas univoque mais analogique:

> le principe de l'unité, ce ne sont d'ailleurs pas les structures elles-mêmes. Mais celles-ci constituent pour ainsi dire la matière de celui-là; et cela de deux manières différentes: soit que ces structures soutiennent entre elles un rapport d'analogie, soit que chacune d'elles se retrouve en des entités mathématiques différentes qui sont par le fait même semblables entre elles. *L'unité est dans la similitude et dans l'analogie*; elle est donc en vertu des structures, mais elle n'est pas dans les structures elles-mêmes (p. 120-1).

Si ce faire, d'ailleurs, est un faire dans l'ordre de la signification, il s'accomplit, M.-L. Guérard des Lauriers apporte là une précision décisive, dans un jugement:

> on peut donc dire, équivalemment, que l'unité est réalisée dans un «acte-idée»: dans une *idée*, laquelle consiste précisément à rapprocher les unes des autres les entités, le «medium» de leur unité; dans un *acte*, car seul un jugement permet de saisir, en l'affirmant, l'unité qui existe selon un aspect déterminé entre deux choses différentes: entre deux entités quant à la structure, entre deux structures quant à l'analogie (*ibidem*; sur l'«acte-idée» voir, *ibidem*, les p. 18-19, 42-52, 116, 124, 156, 173-4).

Toujours dans ses termes, par conséquent, nous pouvons dire avec lui que l'apport des modernes n'exclut pas, mais précise la conception de l'unité des mathématiques qui était celle des anciens:

> [voici] la doctrine d'Aristote: les entités mathématiques sont «un» parce qu'elles ont toutes le même fondement au point de vue métaphysique [i.e. le genre catégorial de la quantité] et parce qu'elles en procèdent de la même manière au point de vue épistémologique [i.e. «l'activité de l'esprit qui reconstruit cette quantité elle-même abstraite»]. Voici maintenant la précision qu'apporte la mathématique moderne. Cette *même* unité, définie comme il vient d'être dit, et ainsi *fondée* objectivement *dans* la réalité peut – et même *doit* – également être caractérisée au point de vue propre de la mathématique; à ce point de vue, elle *consiste* en la similitude et en l'analogie qui ont formellement pour contenu les «structures» des entités mathématiques. Ainsi, l'unité de *la* mathématique, d'une part est «*fondée dans*», d'autre part «*consiste en*»; l'un précise l'autre, et même le requiert: cela est possible, parce que l'unité est envisagée à deux points de vue différents (*ibidem*).

Pour notre part, toutefois, nous avons préféré parler, plutôt que d'un «*fondement* au point de vue de la métaphysique», d'une *situation* du mathématisable dans ce qui est. Une première raison en est que parler de fondement risque d'impliquer et a effectivement impliqué l'idée, que nous avons rencontré chez les modernes mais que nous allons aussi rencontrer avant eux, selon laquelle la métaphysique aurait à fournir ses «premiers» à la mathématique. M.-L. Guérard des Lauriers, pour sa part, écrit par exemple que «présenter [...] la ‹mathématique moderne› comme auto-suffisante, c'est-à-dire comme fondant par elle seule ses propres principes, c'est refuser *en fait* la discipline à laquelle il revient *en réalité* de fonder ces principes» (p. 35). Mais il souligne par ailleurs l'insuffisante prise en compte par la «philosophie traditionnelle» de «l'acte de l'esprit, sans lequel ne pourrait exister ‹l'unité d'une pluralité›, en quoi consiste le nombre» et de «ce qu'on appelle aujourd'hui [avec raison, même si c'est] d'une manière inconsidérément généralisée, la ‹créativité›», et il relève que, par contre, «les mathématiciens n'ont pas attendu Bourbaki pour faire une ‹mathématique vivante›, et donc pour restituer, *in actu*, à la créativité la place qui lui revient en droit» (p. 18-19; voir aussi p. 42, 102, 116, 118). Peut-être donc aurait-il pu aller jusqu'à accepter que métaphysique et critique n'ont pas tant à fonder les mathématiques qu'à situer le mathématisable?

Mais une deuxième raison nous a conduits à voir les choses ainsi, à savoir que c'est cette même prétention à fonder philosophiquement mathé-matiques et science galiléo-newtonienne qui a abouti à la destruction de la métaphysique et à l'apparente insolubilité de l'énigme. Or, là, M.-L. Guérard des Lauriers semble n'avoir pas même vu la question. Sans doute en pose-t-il une fort proche: «le ‹problème des fondements› concerne [...] le rapport que les entités mathématiques soutiennent avec la réalité ‹pré-mathématique›. Or ce rapport est d'une autre nature que le développement formel de la mathématique» (p. 83); mais il se contente manifestement, pour y répondre, de la remontée à ce mathématisable immédiat qu'est la quantité immédiatement donnée à notre expérience. [7] Même si, au demeurant, *La mathématique, les mathématiques, la mathématique moderne*

---

7   Il est vrai que l'on peut lire, p. 123-124, la note suivante (n° 65): «M. Louis Couffignal [Louis COUFFIGNAL 1968, «L'utilisation des mathématiques»] a examiné la «mathématique moderne» en se plaçant à un point de vue différent du nôtre. Il considère les mathématiques comme un instrument au service de la physique. Nous avons cherché à discerner quel est, pour la mathématique, le fondement métaphysique». Certes la métaphysique est-elle seule en mesure de «fonder» ou, mieux, de *situer* en sagesse les mathématiques en situant le mathé-matisable dans ce qui est. Mais le peut-elle indépendamment de la philosophie de la nature et en ignorant l'énigme? Et n'est-ce pas là une question que la suite de la note eût pu amener à soulever, elle qui poursuit: «Or nos conclusions sont identiques à celles de M. Couffignal, notamment en ce qui concerne l'apport positif contenu dans la «mathématique moderne», et le rôle parasite qu'a joué le formalisme. Cette convergence nous paraît être un signe de vérité»?

semble ne pas contenir d'énoncés relevant explicitement de l'essentialisme tel que nous l'avons caractérisé, il n'en contient non plus aucun impliquant son rejet. Or seul ce rejet, explicite, peut conduire l'engagement pour le réalisme à rechercher dans ce qui est un ancrage plus radical que la quiddité-essence et, par le fait même, un mathématisable plus profond que la seule quantité immédiatement donnée à notre expérience. D'ailleurs et malgré tout, un énoncé au moins de notre auteur est gros de l'essentialisme tel que nous l'avons rejeté avec Aristote. Il écrit en effet ceci: «‹l'un› est, au point de vue intelligible, la première manifestation de l'essence; et il se trouve, analogiquement, dans l'être et dans ses modes» (p. 115).

Or ce à quoi nous ont conviés *Mét.* Z4 et 6, ce n'est pas à prendre en considération l'unité d'être *dans le prolongement* de l'unité de la première intelligibilité, l'intelligibilité quidditative, donc «au point de vue de l'intelligible», mais *en contraste* avec celle-ci, parce qu'assumant la pluralité des déterminations secondes et demandant par suite de remonter, *dans ce qui est*, à ce qui semble devoir y constituer, plus radicalement que la quiddité-essence, la source tant de son unité que ce qui y est nécessaire. Et cette observation nous conduit à deux autres, tout aussi stratégiques. D'une part l'énoncé cité à l'instant n'est pas gros du seul essentialisme mais aussi d'une métaphysique des transcendentaux et donc du concept d'être, qui semble bien être celle qui est sous-jacente à *La mathématique...* Ainsi par exemple peut-on y lire que «c'est seulement lorsque l'‹acte-idée› est ‹l'être en tant qu'être› que l'unité dont cet ‹acte-idée› est le fondement, et s'étend universellement, et aussi est parfaite qualitativement» (p. 51); il y est en outre fait appel à la convertibilité de «l'‹un› métaphysique» avec l'être (p. 40, 111, 116) et, s'agissant de rendre compte du fait que: «si l'univocité [telle que celle de la notion d'ensemble] […] est de soi stérile […] l'analogie et la similitude sont fécondes, l'expérience le prouve, et en particulier l'expérience Bourbaki», la première des deux raisons avancées est la suivante: «radicalement, la similitude et l'analogie sont précisément les structures qui conviennent à l'être comme tel, en sorte qu'elles en approprient la communicabilité à chacun des modes dans lesquels elles se retrouvent». [8]

---

8 P. 123-124. La deuxième raison est celle-ci: «formellement, elles peuvent intégrer une structure d'ordre: l'unité d'un ordre consistant en ce que les éléments qui le constituent soutiennent des relations *semblables ou analogues entre elles* avec le principe de cet ordre». Admettons. Mais quel sera le principe de cet ordre, en l'occurrence? Ne serait-ce pas, plutôt qu'un principe métaphysique, la «forme pure» dont J. Ladrière nous montrait que la montée vers elle constitue «le ressort de la pensée mathématique»?

Or, d'une part, nous allons voir très bientôt que l'engagement pour le réalisme auquel nous convie l'énigme ne peut se satisfaire d'une métaphysique des transcendentaux et du concept d'être, laquelle d'ailleurs nous apparaîtra non pas aristotélicienne mais, disons, avicennienne-suarezienne. Et, d'autre part, ce n'est pas *dans le prolongement* de l'analogie des significations philosophiques que nous sommes d'ores et déjà entraînés à caractériser l'analogie de la signification mathématique, mais, à nouveau, *en contraste* avec elle. Mais cela nous amène à notre deuxième observation.

D'autre part, en effet, sur quoi va reposer la mise en contraste de ces analogies? Sur la mise en contraste des significations *univoques* sur la base desquelles elles se développent. Or cette mise en contraste, c'est-à-dire celle, comme déjà aperçu, de la relation d'appartenance et des prédicables, est totalement absente de *La mathématique...* Certes il y est bien souligné que la conception des entités mathématiques comme «fermées» repose sur une mise entre parenthèse du point de vue de la compréhension au profit du seul point de vue de l'extension (cf. p. 84), et que si cette mise entre parenthèses a sa légitimité mathématique l'interrogation philosophique doit nécessairement prendre en compte, elle, le point de vue de la compréhension et, avec lui, le caractère «ouvert» des dites entités. Disons même que la distinction «ouvert/fermé» permet à *La mathématique...* de développer une confrontation très serrée dans le détail et très profonde dans la portée avec le «bourbakisme». Mais redisons aussi que, comme dans la «petite logique» de J. Maritain, l'importance de la différenciation de la compréhension dans les divers prédicables y est totalement perdue de vue.

Et sans doute ne faut-il pas nous en étonner. Si en effet l'analyse de ce qui est et la remontée du triangle de Parménide que cherche à être conjointement notre démarche nous est apparue comme devant nous conduire non seulement, comme déjà fait, à la (aux) quiddité(s) immanente(s) à ce qui est mais aussi, au delà, à des «premiers» toujours immanents à ce qui est mais plus radicaux, c'est bien, déjà, à partir de la différenciation des prédicables, et le rôle de catalyseur de l'interrogation qui est ainsi le leur n'a pas encore fini de s'exercer. Cette remontée, de fait, a trouvé son point de départ dans la première articulation de l'interrogation métaphysique opérée en *Mét.* Z1 sur la base de l'interprétation du dire descriptif comme dire de ce qui est opérée dans les premiers chapitres du traité des *Catégories*; or cette interprétation prend appui sur l'attribution générique. *Mét.* Z4, ensuite, a poussé plus avant l'articulation de la même interrogation: cela s'est fait à partir des distinctions entre les attributions par accident et par soi et, pour celles-ci, entre celles du premier et du second mode. Là est apparu, dans sa plus grande généralité semble-t-il, l'écart de la rencontre duquel naît toute interrogation scientifique: l'écart entre l'intelligibilité première et l'être, l'unité de l'intelligibilité première et l'unité d'être. Et sans doute venons-nous de voir que, si un tel écart ne se rencontre pas seulement dans ce que nous donne à connaître l'expérience commune mais aussi dans ces connaissables nouveaux que nous fait inventer la rencontre du quantitatif, ce ne sont pas les prédicables qui fournissent au mathématicien l'instrument dont il a besoin pour remonter aux «premiers» qui seront les siens. Mais puisque l'énigme naît précisément de la sépa-ration d'avec ce qui est qui s'accomplit dans ce processus, l'engagement pour le réalisme auquel elle nous convie nous confirme du même coup d'avoir à articuler plus avant notre interrogation à partir de la diffé-renciation des attributions telle qu'elle apparaît dans notre dire ordinaire de ce qui est: celle des prédicables. Ce même écart, d'ailleurs, qu'a fait apparaître la distinction des deux modes d'attribution par soi, nous l'avons déjà aperçu se laisser approcher sous un autre biais, auquel Aristote reconnaît déjà une importance décisive, mais à la considération duquel le développement des sciences galiléennes et, avec elles, de l'énigme, va nous conduire à accorder une attention beaucoup plus grande encore: ces mêmes réalités que nous classons dans la catégorie de la substance sont toutes soumises au devenir et, comme telles, se laissent analyser comme com-posées de matière et de forme et, comme cela se laisse apercevoir sur l'exemple sur lequel nous allons plus loin écouter Aristote, celui du camus et du concave, il y a là à la foi en elles, et quelque chose par quoi elles se prêtent à la mathématisation et l'appelle, et quelque chose qui y échappe.

Et ce n'est pas tout. Si la distinction des attributions par soi du premier et du second mode est déjà un lieu décisif du nouement de l'interrogation vers ce qui est, la complexité rationnelle du rapport de notre intelligence à ce qui est dans la connaissance ordinaire que nous donne d'en acquérir l'expérience commune comporte une autre division, non moins décisive: l'explicitation de la connaissance que nous acquérons spontanément de la quiddité des réalités que cette expérience nous donne à connaître se fait dans une attribution par soi du premier mode qui peut être soit seulement générique, mais alors inachevée, soit achevée, mais comportant alors en outre soit une différence spécifique soit, à défaut et le plus souvent, un propre. Or non seulement cela seul suffit à poser les deux questions de ce qui fait l'unité de la définition (comme le relève le traité *De l'interprétation*, 5, 17a13-15) et de ce à quoi renvoie, dans ce qui est, ce qui y est exprimé comme différence, mais nous les verrons jouer effectivement un rôle décisif dans la suite de l'interrogation: d'abord en *Mét.* Z12, à la confluence des interrogations de *Mét.* Z4-11 vers la source de l'unité de ce qui est par delà l'écart susdit et de l'interrogation des *Sec. Anal.* vers la source de cette nécessité que cherche à atteindre le savoir de science; puis au long de *Mét.* H, dans le nouement des interrogations accumulées au long de *Mét.* Z, à partir du premier résultat obtenu en Z17 – à savoir la réponse à la question «qu'est-ce que la substance?» – et vers la nouvelle ligne de recherche développée en *Mét.* Θ – à savoir celle qui achève de répondre à la question «qu'est-ce que l'être?» en soulevant la question «qu'est-ce que l'acte?» et en y répondant. Que ces deux questions doivent jouer un rôle décisif dans la suite de notre analyse de ce qui est, nous avons d'ailleurs d'ores et déjà une raison de le pressentir: examinant les rapports d'*un* et de multiple qu'engage notre connaissance quidditative de ce qui est, nous avons déjà aperçu les répercussions considérables des différences que présentent, dans ces rapports, les saisies du qualitatif et du quantitatif, mais la saisie quidditative de ce que sont les réalités que nous classons dans la catégorie de la substance, et avant tout l'homme, assume tout cela, de sorte que, conduisant convenablement l'interrogation vers ce qui est à partir de la saisie quidditative de ce qu'est l'homme, il devrait être possible d'en développer l'analyse avec assez d'acuité pour situer en sagesse tout savoir de science et, en particulier, y situer le mathématisable en sa différence. Et si tel est ou doit être le rôle de la prise en considération des prédicables dans l'articulation de l'analyse de ce qui est comme étant simultanément remontée du triangle de Parménide, il ne faut pas nous étonner que l'enfermement dans la signification, qui est le lot, avant même R. Descartes et l'idéalisme, tant de l'essentialisme que de la métaphysique du concept d'être, en ait fait perdre de vue, comme nous venons de le voir chez M.-L. Guérard des Lauriers et comme nous l'avions déjà relevé chez J. Maritain, l'importance stratégique.

Mais s'il ne faut donc pas nous en étonner, il nous faut aussi, l'énigme nous le demande instamment, résolument en sortir et, pour cela, commencer au moins de nous approcher du mode analogique propre aux significations philosophiques, tel qu'il résulte nécessairement de l'écart entre première intelligibilité et être.

1.2. Analogie, et transcendance des principes de leur unité, des significations philosophiques

1.2.1. *L'apport méconnu de* Métaphysique E1

Que toute interrogation scientifique, philosophique ou autre, naisse d'un écart, c'est là un fait que l'interrogation vers ce qui est en tant qu'être et l'interrogation critique conjointe nous permettent d'approcher, semble-t-il, dans sa plus grande généralité: dans ce que nous donne à connaître l'expérience commune, et aussi dans ces connaissables nouveaux que nous fait inventer la rencontre active en elle du quantitatif, il y a un écart entre l'intelligibilité première (les significations acquises) et l'être (à quoi se rapportent les jugements), entre l'unité de première intelligibilité et l'unité d'être. Les explorations de cet écart sont libres, mais elles ne s'assurent pas comme scientifiques sans réflexion critique ni sans, au service de celle-ci, observation et analyse du dire dans lequel elles s'expriment, réflexion, observation et analyse portant en particulier sur le travail sur la signification dans lequel engagent ces explorations et, par là, sur ce qui en constitue l'objectivité propre. Or si, dans cette réflexion, calcul des prédicats et théorie des ensembles se sont avérés mathématiquement pertinents et philosophiquement significatifs, permettant en particulier de saisir l'unité analogique et rationnellement immanente des significations mathématiques, il semble que ce soit par la logique de l'attribution et la diversité des prédicables que, du fait de son engagement pour le réalisme, doive passer la philosophie: par eux en effet semble bien s'ouvrir un chemin susceptible de répondre à l'espoir programmatique de remonter philosophiquement à un (ou des) «premier(s)» qui serai(en)t, dans les réalités que nous expérimentons être, la source tant de leur unité que des nécessités que cherchent à y rejoindre les divers savoirs de science, le contraste avec la remontée propre au mathématicien donnant en outre l'espoir d'être alors en mesure de situer le mathématisable dans ce qui est et, par suite, de répondre à l'énigme. Mais, au terme de notre tentative d'«atteindre la source où se manifesterait le contact originel de l'intelligence avec les choses», et comme ultime anticipation et préparation d'une remontée critique qui sera en même temps analyse causale, il nous faut tout d'abord essayer d'apercevoir comment analogiquement, c'est-à-dire d'abord en contraste, avec ce que nous avons aperçu pour les mathématiques, le travail sur la signification dont s'accompagne l'interrogation philosophique engage lui aussi nécessairement des significations dont l'unité n'est pas univoque mais analogique, mais de telle manière que, là est le contraste, le ou les principe(s) de cette unité est ou sont à chercher, irréductiblement transcendant(s) à tout acquis rationnel, dans un ou des «premier(s)» *in re*: dans une ou des *cause(s)*.

La chose, au demeurant, est explicitement faite par Aristote, et au seuil de l'analyse ouverte par *Mét. Z*, à savoir en *Mét. E1*. Que la science recherchée de *Mét. A* ou la science annoncée de *Mét. Γ* doive être ou soit une science *par ses causes* de ce qui est pris en tant qu'être, c'est ce que ces textes nous ont déjà fait anticiper et qui est ici repris. Mais avec plusieurs précisions, qui tournent toutes autour de celle consistant à parler techniquement, là où *Mét. Γ* parlait encore métaphoriquement de «parties» découpées dans ce qui est par les divers savoirs de science (cf. 1, 1003a22 et 24; 2, 1004a3; 3, 1005a29), de «genres» de l'être (cf. déjà, cependant, Γ3, 1005a34):

> de manière générale, tout savoir de science, qu'il relève [pleinement] de la pensée discursive [ainsi les mathématiques], ou qu'il participe [seulement] de la pensée discursive [ainsi la médecine], concerne les causes et des principes, soit plus précis soit plus généraux;
> mais tous ces savoirs
> se limitant à [ce qui est] un certain être et [se délimite comme] un certain GENRE,
> s'affairent autour de cela même,
> mais ne [s'engagent dans aucun examen] concernant *ce qui est* [pris] tant absolument qu'en tant qu'être, ni n'élaborent quelque détermination notionnelle que ce soit du *ce que c'est* [de l'être de ce qui est] (*Mét. E1*, 1025b5-10).

Or, que sont ces «genres»? Disons en première approche qu'ils sont chacun ce en quoi se regroupent, comme ayant entre elles une certaine unité, les significations propres à un savoir de science donné, et demandons-nous tout de suite quel est le principe de cette unité. La réponse apparaît très clairement, pour ce qui est du moins des diverses parties de la philosophie, un peu plus loin:

> puisque, d'autre part, la science physique elle aussi se trouve exister concernant un certain genre de l'être – elle existe en effet concernant cette sorte de substance en laquelle le principe du mouvement et du repos [se trouve] en elle-même –
> il est manifeste qu'elle n'est [science] ni de l'agir ni du faire, car:
> – le principe des réalisations du faire [réside] en celui qui fait, [étant en lui] soit son intelligence, soit l'art, soit quelque puissance
> – [le principe] des réalisations de l'agir [réside] en celui qui agit, [étant en lui] le choix délibéré, car ce que réalise l'agir et ce que réalise le choix délibéré, c'est la même [chose] (1025b18-24).

Le *devenir* (dans lequel Aristote inclut, au moins pour une partie, le devenir *vital*), l'*agir moral* et le *faire* (dans la jonction desquels se développe l'agir *politique*), autant d'aspects du réel concernant lesquels se développent autant de parties distinctes de la philosophie, et dont les termes qui les expriment ont une indéniable unité, unité en laquelle se regroupent les significations propres à ces diverses parties. Or l'unité de ces «genres» est-elle, comme celle des genres catégoriaux, univoque et de l'ordre purement et simplement, de la signification? Non, elles sont toutes, manifestement, transcatégoriales (cf. d'ailleurs *Phys.* A7, 190a31-b1 et E1, 225b5-9, et *Eth. Nic.* A4, 1096a23-29), et le principe de leur unité réside à chaque fois en une *cause propre* dont dépend *in re* tout ce dont traite la partie compétente de la philosophie.

Voici donc semble-t-il l'un des, voire *le* principal apport anticipateur de *Mét.* E1: de même que la philosophie de la nature, la philosophie morale et la philosophie poïétique se développent en mettant en œuvre des significations propres dont l'unité transcatégoriale – disons analogique –, celle des termes «devenir», «agir», «faire», a son principe dans les causes propres gouvernant dans le réel les aspects correspondants de celui-ci, de même la philosophie première se développera en mettant en œuvre des significations propres dont l'unité, celle du terme «être», sera analogique et trouvera son principe dans les causes propres de ce qui est pris «en tant que» être.

Cette lecture, pourtant, semble avoir été à peu près universellement méconnue[9] et c'est là un fait qui nous invite à l'éprouver assez longuement, dans la confrontation à diverses lectures autres, grâce à quoi, aussi bien, elle devrait gagner en vigueur et précision, peut-être de manière décisive pour les enjeux qui sont les nôtres.

1.2.2. *Confrontations et approfondissement*

α. *L'aporie de Pierre Aubenque*

Aristote, demandons-nous tout d'abord, «a-t-il réussi à constituer en fait une science de l'être en tant qu'être, au sens où les *Seconds Analytiques* définissent la science démonstrative?». En effet, non seulement «l'assurance apparente d'Aristote, même si, pendant des siècles, elle a abusé les commentateurs, ne doit pas nous dispenser de poser la question» mais, à en croire P. Aubenque, «ce n'est pas l'un des moindres paradoxes d'Aristote que d'avoir démontré longuement l'impossibilité de la science à

---

9   A l'exception toutefois de la lecture développée par M.-D. Philippe.

laquelle il a attaché son nom». [10] De fait, rapprochant trois thèses aristotéliciennes bien connues:

1) il y a une science de l'être en tant qu'être
2) toute science porte sur un *genre* déterminé
3) l'être n'est pas un genre [11]

il y voit «trois propositions qu'Aristote soutient tour à tour et qui sont pourtant telles qu'on ne peut accepter deux d'entre elles sans refuser la troisième» soit, bien plus, «une aporie fondamentale» en laquelle «se résument [...] les difficultés inhérentes au projet d'une science de ‹l'être en tant qu'être› tel qu'il est apparu dans la recherche d'un discours *un* sur l'être» (*ibidem*) – d'où, en fin de compte, «les deux projets d'Aristote, celui d'un discours un sur l'être, celui d'un discours premier et par là fondateur, semblent aboutir l'un et l'autre à un échec» (p. 487) et condamner la métaphysique à demeurer une aporétique (cf. p. 507-8).

Est-il vraiment nécessaire, cependant, de nous y résigner, ou de transformer cet échec, comme le fait, de manière certes très post-moderne, P. Aubenque, en titre de gloire? Il n'y a pas d'interrogation vigoureuse sans apories bien nouées, et il faut rendre grâce à P. Aubenque d'avoir souligné cet aspect en effet essentiel du mode aristotélicien de philosopher. Mais il n'y en a pas non plus sans désir de les résoudre. Or l'énigme, qui constitue au demeurant une belle aporie, et que nous avons vu naître dans l'échec de discours qui se voulaient «premiers et par là fondateurs», nous presse, quant à nous, de redoubler l'effort. Et peut-être celui-ci nous aménera-t-il à prouver la métaphysique comme l'on prouve la marche: en marchant?

Depuis ce que nous lisions à l'instant dans *Mét.* E1, en tout cas, un premier point saute aux yeux: les «genres» dont il est question dans les thèses 2 et 3 ne sont pas les mêmes. Certes ils entrent, si l'on veut, dans un genre commun, en ce sens qu'ils disent dans les deux cas rassemblement, dans une certaine unité, de significations diverses. Et, certes encore, le genre de ce savoir de science que sont les mathématiques coïncide à première vue avec un genre catégorial. Mais il est bien seul dans ce cas,

---

10 P. AUBENQUE 1962, *Le problème de l'être chez Aristote* , p. 206-7 et 221.
11 P. 222. De ces trois thèses nous avons déjà rencontré la première et nous commençons à entendre la seconde. La troisième se rencontre notamment en *Mét.* B3, 998b22-27: «mais il n'est pas possible que l'*un* ou l'*être* soit un genre des êtres. Il faut nécessairement, en effet, et que les différences de chaque genre existent, et que chaque différence soit une. Or il est impossible que les espèces du genre soient attribuées à leurs différences propres, et il est aussi impossible que le genre, pris à part de ses espèces, soit attribué à ses différences. Par conséquent, si l'*un* ou l'*être* est un genre, aucune différence ne sera être, ni une» (tr. J. Tricot, moins les majuscules à *être* et à *un*).

même s'il faut aussi reconnaître qu'il est le seul qui soit explicitement et à plusieurs reprises donné en exemple dans le lieu qui traite des genres, disons, «épistémiques», à savoir les *Seconds Analytiques*. C'est ce que l'on ne devrait pas manquer d'observer à lire *Mét*. E1 et que méconnaît pourtant P. Aubenque lorsqu'il écrit: «le genre est l'unité à l'intérieur de laquelle toutes les propositions d'une science présentent un sens univoque: un sens arithmétique s'il s'agit du nombre, géométrique s'il s'agit de la figure, plus généralement mathématique s'il s'agit de la quantité en général, ETC.» (p. 224; majuscules mises par moi). Oui les significations qui entrent dans les propositions d'une science une entrent bien, pour Aristote, en une certaine unité, mais cette unité, en tout cas pour ces parties du «ETC.» que sont les diverses parties de la philosophie, est transcatégoriale, disons analogique, et il n'y a donc pas nécessairement contradiction entre les thèses 2 et 3.

Le «être» du «en tant qu'être» de la thèse 1, cependant, présente-t-il une unité de signification et, si oui, en résulte-t-il que la philosophie première annoncée se présente, au delà des sciences particulières et du genre particulier de l'être auquel elles se rapportent chacune, comme science une d'un genre [épistémique] un?

Quant à l'unité de la signification de *être*, la question est explicitement posée en *Mét*. Γ2, et précisément en vue de justifier la possibilité de la science dont Γ1 lançait l'annonce et s'attachait à montrer qu'elle seule pourrait répondre au besoin critique d'ordonnancement en sagesse du savoir et aux intentions de la science re-cherchée de A1-2. De la réponse:

> *ce -qui-est* se dit donc de plusieurs façons, mais
> relativement à un *un* et une certaine nature une,
> et de manière non homonyme, mais à la façon dont tout *sain* [se dit] aussi relativement à la santé […]
> [C'est] donc ainsi aussi [que] ce-qui-est se dit de plusieurs façons, mais tout [«être» se dit] relativement à un *principe* un, car les uns sont dits des êtres parce qu'ils sont des substances,
> d'autres parce qu'ils sont des effets d'une substance, d'autres […]
> Par conséquent, de même qu'il existe, de tous les «sains» un savoir de science *un*, […]
> de même est-il manifeste que les *êtres* aussi [il est possible d'en] avoir une vue théorétique [qui soit celle d'un savoir de science] *un*, [à savoir selon cette spécification qui les prend] *en tant qu'êtres* (Γ2, 1003 a33…b16)

la scolastique tirera, on le sait, la doctrine de l'analogie d'«attribution», mais Aristote y parle seulement d'un certain «dire vers l'un», un *pros hen legomenon*, dont P. Aubenque souligne à juste titre que «la doctrine… était moins une solution du problème de l'ambiguïté de l'être qu'une réponse elle-même – selon l'expression de K. Axelos qui l'emploie à propos d'Héraclite – ‹questionnante›» (p. 199).

Mais justement, ce à quoi va introduire ce questionnement, n'est-ce pas à une analyse causale de ce qui est en tant qu'être, analogue à celle évoquée par *Mét.* E1 pour les autres parties de la philosophie? P. Aubenque ne l'envisage pas, et la raison s'en laisse clairement apercevoir dans le texte suivant, extrait d'une note développée *in fine* des pages qu'il consacre, précisément, à la doctrine thomiste de «l'analogie de l'être»:

> on le voit, l'analogie est seulement un pis aller, qui autorise une certaine unité du discours malgré l'ambiguïté radicale de l'être; mais c'est *parce que* l'être est ambigu qu'il est nécessaire de recourir à des façons de parler analogiques, et l'analogie des principes [dont il est question en *Mét.* Λ4 et 5] ne supprime pas, mais suppose, l'homonymie de l'être [...] C'est à cette analogie des principes que songe Rodier lorsqu'il voit dans certains textes platoniciens la préfiguration de la théorie aristotélicienne de l'analogie [...] Mais le point de vue d'où se place Aristote lorsqu'il s'agit de l'*être en tant qu'être* (et non plus des principes) et qui est celui de la *signification*, limite considérablement la portée de cet emprunt: il s'agit chez Platon de découvrir la structure unique du *réel* à travers la diversité de ses apparences, alors que le problème d'Aristote est de sauver une certaine unité du *discours* malgré la pluralité des sens de l'être (p. 206, n. 1).

Eh bien non! Ce que, prolongeant et précisant *Mét.* A1-2 et Γ1, *Mét.* E1 veut nous faire voir autant que ce peut l'être dans une anticipation, c'est bien ceci, que l'interrogation de la philosophie première tend, bien plus «réellement» que Platon d'ailleurs, à une analyse *causale* de la structure du réel. Et de ce que cette analyse *s'amorce* par la considération de la non-univocité des significations de «l'être», notre travail nous a fait voir la raison: elle ne peut pas ne pas être *au préalable* une remontée *critique* du triangle de Parménide vers le fondement des significations univoques en lesquelles s'exprime notre première saisie de *ce que sont* les réalités que nous expérimentons être. Mais ce même travail nous a fait apercevoir que le nouveau départ grâce auquel *Mét.* Z17 répondra à la question: «qu'est-ce que la substance?» et, par là, donnera une première réponse à la question: «qu'est-ce que l'être?», consistera à rechercher si ladite substance ne serait pas une certaine *cause*, cela en donnant en l'occurrence à la question «qu'est-ce que...?» la force de la question «sous la vertu de quoi...?» soit, par conséquent, en cherchant à atteindre dans ce qui est un «premier» qui y soit tel au delà de tout ce qui y est quidditativement assimilable. Or une telle perspective est totalement bouchée à qui pose, comme P. Aubenque, que «la question: *Qu'est-ce que l'être?* se ramène à cette autre: Que signifions-nous lorsque nous parlons de l'être? C'est-à-dire encore: en quoi les hommes s'entendent-ils lorsqu'ils parlent de l'être?» (p. 235). P.

Aubenque, cependant, a une excuse, c'est que l'enfermement dans la signification dont il fait ici preuve ne lui est pas propre, mais grève la tradition aristotélisante elle-même. De cet enfermement, nous voyons mieux maintenant comment le projet de fonder métaphysiquement le mécanisme devait l'induire: le principe de l'unité de l'être mathématique et celui de l'unité des significations mathématiques ne sont pas à rechercher dans un «premier» qui soit tel dans les réalités singulières sensibles. Mais cet enfermement, même s'il n'avait pas alors la radicalité qu'il revenait au génie cartésien de lui donner, était déjà largement le fait de la scolastique ante-cartésienne. Déjà, nous l'avons relevé, l'ancrage seulement quidditatif du réalisme des thomistes ne lui permet pas d'échapper à un platonisme larvé, et donc à une certaine forme d'enfermement dans la signification. Mais si, comme la pression de l'énigme nous incline à le penser, il y a là une sous-interprétation du travail de pensée accompli dans la *Métaphysique*, c'est aussi nécessairement qu'il y a une sous-estimation de la portée de la question «qu'est-ce que l'être?» soit, encore, de l'interrogation vers ce qui est «en tant que» *être* et, en particulier, une mécompréhension de l'éventuelle unification des significations qui se réaliserait en elle, à travers le «en tant que», dans son emploi du mot «être». Aussi bien, la distinction entre genre catégorial et genre épistémique permet-elle de voir qu'il n'y a pas nécessairement opposition entre les thèses numérotées 2 et 3 par P. Aubenque, mais elle transfère la difficulté plus qu'elle ne la supprime: «être» a-t-il, par delà les catégories, une signification une, et cette éventuelle unité est-elle celle d'un genre [épistémique] un, celui de la philosophie première?

β. *Quelle unité de signification pour «être»?*

L'on posera d'autant plus la question que, même s'il ne semble pas qu'elle ait jamais été formulée ainsi, c'est-à-dire à partir de cette distinction entre deux genres de genres, elle est depuis toujours une des grandes questions de l'aristotélisme, ce que nul ouvrage sans doute ne montre mieux que le très précieux travail de Jean-François Courtine: *Suarez et le système de la métaphysique*, et cela parce que, à en croire P. Aubenque inspirateur sur ce point de J.-F. Courtine, Aristote lui-même ne l'aurait pas vraiment résolue. [12] En même temps, il est vrai, il importe de relever que si la pression de l'énigme nous fait aborder cette question à partir d'une distinction que semble bien suggérer *Mét.* E1, c'est à partir d'une autre, elle aussi présente en ce lieu, qu'elle a toujours été d'abord engagée, à savoir à

---

12 Cf. P. AUBENQUE 1962, p. 368-411, et J.-F. COURTINE 1990, p. 83-99.

partir de la distinction entre le genre des substances sensibles et soumises au mouvement et le genre des substances, s'il en existe, «à la fois séparées et immobiles» (1026a16), c'est-à-dire à partir de la question du divin: «il n'est pas sans être manifeste, en effet, que si le divin se rencontre quelque part, [c'est] dans la nature de cette sorte [qu']il se rencontre et [que] la [philosophie] la plus élevée doit concerner le «genre» [de réalités] le plus élevé» (1026a19-22). Abordons-la donc, pour commencer, par ce côté: nous l'avons déjà relevé, la radicalité critique de l'énigme est telle qu'une seule interrogation lui semble sur ce point comparable: la question de Dieu. Et peut-être cette dernière aura-t-elle quelque chose à gagner à cette rencontre avant que, éventuellement, les réponses qu'y apporterait la philosophie première n'apporte quelque ultime vision de sagesse sur l'énigme?

a. L'abord théologique

Abordée du côté de l'interrogation vers le divin, la question est celle de l'articulation entre ce que *Mét.* E1 nomme «la [science] théologique» (1026a19) et la science de ce qui est pris en tant qu'être à quoi ce même texte veut introduire et que beaucoup plus tard, en 1613, Rodolphus Goclenius et Jacobus Lorhardus appelleront ὀντολογία ou *ontologia*. [13] Il ne nous est ici ni possible ni nécessaire d'entrer dans le détail des positions diverses dont J.-F. Courtine nous retrace l'évolution, depuis Avicenne (980-1037) jusqu'à Francisco Suarez (1548-1617) et à ses prolongements dans l'«Ecole» puis la philosophie classique. Mais nous pouvons du moins en retenir le contraste entre ce à quoi l'on en arrive à l'époque de F. Suarez et ce dont on partait avec Thomas d'Aquin. Pour ce faire, empruntons-lui d'abord la citation suivante, texte d'une objection que s'adresse à lui-même Benedito Pereyra, ou Pérérius (1535-1610, professeur au Collège romain de 1553 jusqu'à sa mort):

> il est un philosophe contemporain non négligeable [Antonius Bernardi Mirandulanus, auteur des *Eversiones singularis certaminis*, Bâle, 1562] qui affirme [...] qu'une seule et unique [science] est science de toutes choses (*unam tantum modo esse scientiam rerum omnium*), dont l'objet serait l'étant en tant qu'étant (*ens ut ens*), rassemblant en lui toutes choses en tant que passions, ou modes, ou espèces de l'étant. [14]

et retenons que si «Suarez [...] met beaucoup plus clairement en évidence que Pérérius le présupposé ultime de cette interprétation de l'objet de la

---

13 Cf. J.-F. COURTINE 1990, p. 410.
14 Benedito PÉRÉRIUS 1562, *De communibus rerum omnium naturalium principiis et affectionibus* , p. 27-28, cité en latin par J.-F. COURTINE 1990, p. 464, n. 16.

métaphysique: l'assimilation de l'*ens* à un genre ou à un quasi-genre» (p. 467), il ne parvient pas plus que lui à échapper à la désarticulation de la «science recherchée» aristotélicienne en *metaphysica generalis* et *metaphysica specialis*:

> ce qui, avec Pérérius ou Goclenius [1572-1621] vient au premier plan dans l'édifice traditionnel de la métaphysique, c'est bien, si l'on veut, l'ontologie (science universelle, science générale de l'*ens in latitudine sumptum*), mais cette dernière ne peut véritablement l'emporter que parce qu'elle détermine dans le geste même par où elle se définit comme ontologie, la *theologikè epistèmè* – la plus haute des sciences théorétiques aristotéliciennes – comme une science *spéciale*, portant sur une région particulière de l'étant dans son ensemble, sans que le primat de cet étant singulier (le plus singulier certes: *singularissimum* concédait Alsted [1588-1638]) ne renferme ni ne réserve plus en lui aucune possibilité d'universalisation corrélative de son champ. De la science première (science du premier (*proton*), du plus haut (*akrotaton*)), Aristote disait au contraire qu'elle est universelle parce première (*katholou hoti protè*).[15]

Et de fait, comme le montre de manière surabondamment convaincante le travail de J.-F. Courtine

> on voit que la nouvelle économie des sciences spéculatives introduite par Pérérius ne peut plus être fondamentalement remise en cause, même si des auteurs comme Fonseca ou Suarez, à la différence de ceux qui suivront immédiatement, refusent d'en tirer toutes les conséquences, en s'efforçant, à travers des tensions parfois difficiles, de maintenir résolument l'architectonique classique de la métaphysique dans sa tradition aristotélicienne. L'entreprise est en réalité, et d'emblée, vouée à l'échec, dans la mesure où, loin de pouvoir s'appuyer sur une doctrine directrice de l'analogie de l'être, elle se fonde en dernière instance sur la thèse de l'univocité du *conceptus entis* (p. 479-80).

Chez Thomas d'Aquin, au contraire, «l'unité de l'être n'est pas [...], comme ce sera le cas pour Suarez, l'unité d'un concept commun et abstrait – susceptible d'être appréhendé *præcise*, dans sa neutralité ou son indifférence vis à vis de ses inférieurs –, mais bien l'unité réelle du *principe de l'être*, ou encore l'unité réelle du *principe*» (p. 525). Pour lui, en effet,

> Dieu [...] comme *ipsum esse subsistens*, ou encore comme ce dont l'être est l'essence même (*cum esse Dei sit ipsa ejus essentia*), est principe d'universalité ou de communauté à partir duquel l'être peut être *attribué* ou communiqué à tout ce qui est, autrement que lui et par lui [...] Tel est le sens fondamental de l'*analogie d'attribution* chez l'Aquinate: il ne s'agit pas de prédiquer un nom ou un concept en se demandant si et à quelles conditions il s'applique à Dieu et au

---

15 J.-F. COURTINE 1990, p. 455, l'affirmation d'Aristote se trouve *in fine* du texte qui nous occupe, en F1, 1026a30-31.

créé, mais il s'agit d'emblée de marquer dépendance causale et dérivation ontologique (p. 523-4).

Pour nous cependant qui abordons la question du genre éventuel de la philosophie première depuis l'énigme, pouvons-nous nous appuyer sur cet abord thomasien? Certes l'enfermement suarézien dans le «concept d'être» prépare de manière trop évidente l'enfermement cartésien dans la signification [16] pour que l'engagement pour le réalisme auquel nous a conduits l'énigme ne nous fasse pas préférer la direction d'ancrage dans une cause réelle en laquelle nous engage Thomas d'Aquin. Cette cause-là toutefois, et en tout cas pour le moment, nous est tout à fait inaccessible. Comme le souligne J.-F. Courtine: «la problématique de l'*analogia entis* (non thématisée comme telle et sous cette forme dans le corpus thomiste!) est toujours seconde pour Thomas d'Aquin et renvoie à une question beaucoup plus fondamentale: celle de l'*analogia creaturae ad creatorem*» (p. 525). Or il est clair que nous ne pouvons, en philosophes, *partir* d'un tel présupposé, mais que nous devons au contraire maintenir aussi longtemps que nécessaire le caractère de «science recherchée» qui est d'abord celui de la philosophie première et qui est précisément encore le sien en *Mét.* E1, comme il l'est encore très largement pour nous, dans la mesure où, dans notre lecture de la *Métaphysique*, nous n'avons pas été plus loin que Z6. Même comme conclusion au demeurant, voire comme question, la doctrine de la création *ex nihilo* est ignorée d'Aristote, et c'est par conséquent autrement qu'il nous faudra comprendre l'articulation posée par *Mét.* E1 entre la science de ce qui est en tant qu'être et la science théologique.

---

16 Ce que J.-F. Courtine signale incidemment: «notons également en passant que ce même projet de métaphysique générale libère en un sens, c'est-à-dire fait place nette et ouvre le champ à la physique moderne, ou plus exactement, délaissant la physique aristotélicienne, après qu'eut été définitivement brisée la délicate articulation Physique-Métaphysique, et réduisant la métaphysique à la considération de l'*ens commune* envisagé *logiquement* en son idée ou son concept (formel-objectif), elle rend par là même possible une autre et nouvelle optique, à travers laquelle le «réel» est exclusivement pris en vue sous son aspect physico-mathématique» (p. 269). Retrouver la bonne «articulation Physique-Métaphysique», est-ce possible? L'énigme, en tout cas, le demande. J.-F. Courtine le pense-t-il possible? Non. Ce serait là relativiser la perspective directrice – heideggérienne – de son travail: «une enquête sur la longue durée pour *situer* le ‹moment Suarez› dans l'histoire de la métaphysique», soit encore pour «caractériser [...] la nature et la portée du *tournant* ‹historial›, si l'on veut, tracé par Suarez» (p. 5). Mais peut-être peut-on reconnaître la pertinence de la perspective, en sa source et en ce qu'elle a inspiré, sans cependant accepter de s'y laisser enfermer?

b. *L'abord critique. La doctrine des trois degrés d'abstraction*

Mais prenons, maintenant, l'abord critique. Thomas d'Aquin nous confirme-t-il dans la présomption que l'ordination des diverses significations catégoriales de «être» vers un premier nous engage dans une analyse de ce qui est cherchant à y saisir une ou des *cause(s)*, *au delà* de ce premier qu'est, pour la signification catégoriale précisément, la quiddité? Non. Certes il oppose à Avicenne, qui tenait que «*un* et *être* ne signifient pas la substance de la chose mais signifient quelque chose qui s'y ajoute (*significant aliquid additum*)» que: «il ne paraît pas s'être exprimé correctement. De l'être de la chose en effet, bien qu'il soit autre que son essence, on ne doit cependant pas comprendre qu'il soit quelque chose qui y soit surajouté sur le mode de l'accident, mais qu'il est comme constitué par les principes de l'essence»; [17] mais nous l'avons lu lire la *Métaphysique* comme faisant de la matière et de la forme les principes des substances sensibles, et l'on peut lire dans le commentaire de *Mét.* Z17 l'affirmation selon laquelle «la substance [...] qui est quiddité est cause première d'être: *substantia* [...] *quae est quod quid erat esse est prima causa essendi*». [18] S'il en est ainsi, comment voit-il se réaliser, dans l'interrogation vers ce qui est «en tant qu'être», l'unification des significations qui en fera la question directrice d'un science une? Certes il est à cent lieues de F. Suarez, lorsque celui-ci «assigne à la métaphysique pour objet adéquat et suffisant l'être entendu comme *ens reale*, comme essence ou ‹nature›, envisagée [*sic*] comme tel (*secundum se*), et a priori avant toute alternative d'existence ou de non-existence». [19] Certes encore, et par suite, la doctrine des transcendentaux (*res, unum, aliquid, verum, bonum*), «modes suivant généralement à tout être, *modi generaliter consequentes omne ens*» (*de Veritate* q. 1a.1, au singulier dans le texte) n'aurait-elle pas eu dans un traité thomasien de métaphysique la place tout à fait centrale qui est la sienne dans les *Disputationes Metaphysicae* (ni même sans doute celle qui est devenue la sienne en thomisme). Citant à ce sujet Jean Paulus:

> la métaphysique d'Avicenne commence par se donner l'être comme objet; elle enseigne la priorité des notions d'être-essentiel ou existentiel, de chose ou essence, de nécessaire et de possible, et la certitude interne aux essences; elle esquisse ensuite, sur la base de la notion du nécessaire, une théorie du premier

---

17 Thomas d'AQUIN 1268-1272, éd. 1964 n° 556-8, p. 155. Sur Avicenne et Thomas d'Aquin voir M.-D. PHILIPPE 1975b fasc. III.

18 *Ibidem*, n° 1678, p. 399.

19 J.-F. COURTINE 1990, p. 296.

principe, et se tourne enfin vers le créé et ses grandes divisions: la substance, les accidents, les catégories [20]

J.-F. Courtine peut poursuivre:

on voit que ce résumé schématique éclaire assez précisément la construction des *Disputationes Metaphysicae* et que, par là même, il fait apparaître la distance qui sépare l'exposé systématique suarézien de l'entreprise thomiste, laquelle pose comme objet propre de notre intellect la substance matérielle saisie dans sa quiddité. Dans la tradition qui passe par Avicenne, Henri de Gand et Duns Scot, ce n'est pas la substance matérielle, appréhendée dans sa quiddité, qui constitue l'objet propre de notre intellect, puisque la substance matérielle n'est désormais abordée qu'au terme d'une recherche dont le point de départ est bien plutôt représentée [*sic*] par les *primae notiones, primae propositiones.* [21]

Mais une doctrine cependant est ici commune à Thomas d'Aquin, à F. Suarez (cf. p. 42-53 et 461-81) et encore au thomisme actuel, [22] la doctrine dite «des trois degrés d'abstraction».

«Physique, mathématiques, métaphysique»
ou «mathématiques, physique, métaphysique»?

Prenons l'introduction de Thomas d'Aquin à son commentaire de la *Métaphysique*. Ayant utilisé un texte de la *Politique* pour introduire aux propositions affirmant successivement qu'il est le propre du sage d'ordonner, qu'il est besoin d'une science régulatrice des autres et que celle-ci ne peut porter que sur «les plus intelligibles, *maxima intelligibilia»*, il montre d'abord que ceux-ci se rencontrent: 1) du point de vue de l'ordre d'intelligibilité, dans les causes premières; 2) du point de vue de la comparaison de l'intelligence au sens, dans les principes les plus universels; 3) du point de vue de la connaissance même de l'intelligence, dans les intelligibles les plus séparés de la matière. Puis il poursuit:

or cette triple considération doit être attribuée non pas à des sciences diverses mais à une science une. Lesdites substances séparées [cf. 3)], en effet, sont causes premières [cf. 1)] et universelles [cf. 2)] de l'être. Or il revient à la même science de considérer les causes propres d'un certain genre et ce genre lui-

---

20 Jean PAULUS 1938, *Henri de Gand, essai sur les tendances de sa métaphysique,* p. 25, n. 2.
21 J.-F. COURTINE 1990, p. 388.
22 Cf. par ex. Eleuthère de WINANCE 1991, «Réflexions sur les degrés d'abstraction et les structures conceptuelles de base dans l'épistémologie de Thomas d'Aquin», et Léon ELDERS 1994, *La philosophie de la nature de* Thomas d'Aquin. *La nature, le cosmos, l'homme.*

même; c'est ainsi que [la science] naturelle considère les principes de la nature corporelle. D'où il convient qu'il appartienne à la même science de faire porter sa considération sur les substances séparées et sur l'ÊTRE COMMUN, lequel est LE GENRE dont lesdites substances sont les causes communes et universelles. [23]

Où, semble-t-il, la réponse affirmative à notre question concernant l'existence d'un «genre épistémique» sur lequel porterait la philosophie première s'appuie sur une reprise fidèle de *Mét.* E1, à savoir du moins tant de l'appel qui y est fait à la philosophie de la nature, dont le «genre» était caractérisé par la dépendance liant tout ce qui en relève à la nature comme cause propre de mouvement et de repos, que de l'affirmation, que nous avons déjà lue citée par J.-F. Courtine, selon laquelle la science de ce qui est pris en tant qu'être sera «universelle parce que première».

En même temps, toutefois, les causes auxquelles il est renvoyé concernant ce qui est pris en tant qu'être sont, directement, des causes transcendantes au tout de la nature, et non, comme l'est la nature des réalités intérieures à ce tout, immanentes à ces réalités (et, comme elles, transcendantes à notre intelligence). Un indice, en outre, pourrait amener à soulever un doute. Dans la troisième des considérations, Thomas d'Aquin a écrit ceci, où l'on reconnaît la doctrine des trois degrés d'abstraction:

comme chaque chose a sa force intellective en raison de ce qu'elle est dépourvue de matière, il est nécessaire que ce qui est le plus séparé de la matière soit le plus intelligible. Il faut en effet que l'intelligible et l'intelligence soient proportionnés et relèvent d'un seul et même genre, puisque l'intellect et l'intelligible en acte ne font qu'un. Or sont les plus séparées de la matière les choses:
– qui ne font pas seulement abstraction de la matière désignée, comme le font les formes naturelles entendues universellement – ce dont traite la physique –
– mais qui:
• font totalement abstraction de la matière sensible
• et cela non pas seulement selon la raison, comme les objets mathématiques, mais encore selon l'être, comme par exemple Dieu et les intelligences.
La science qui considère ces choses semble donc être la plus intellectuelle, supérieure à toutes les autres qu'elle domine. [24]

Or cette doctrine conduit à la progression: physique, mathématique, métaphysique, alors que *Mét.* E1 parvient, au cours de sa justification anticipative, à la conclusion suivante: «de sorte que les philosophies théorétiques seraient [au nombre] de trois: mathématique, physique, théologique»

---

23 Thomas d'AQUIN 1268-1272, éd. 1964 p. 1-2, majuscules mises par moi.
24 *Ibidem*, tr. fr. de J.-F. COURTINE 1990, p. 37.

(1026a18-19). [25] Pour nous qui lisons ce texte depuis l'énigme, cet ordre n'est pas du tout indifférent, car il semble inviter à situer la philosophie première non pas à un troisième degré d'épuration de la matière, mais bien plutôt comme faisant front commun, en opposition aux mathématiques, avec la philosophie de la nature. Et de fait, si ce qui fait du «genre» de la philosophie de la nature un genre un est la dépendance qui lie tout ce qu'elle examine à la cause propre du mouvement et du repos immanente à chaque substance à nous sensible en tant que soumise au devenir, cela peut nous inciter à rechercher s'il existe une ou de telle(s) cause(s) pour les mêmes substances prises en tant qu'elles sont de certains êtres, et nous pouvons espérer trouver dans ces causes cet ancrage dans le réel que l'engagement einsteinien pour le réalisme nous a conduits à rechercher au delà de la seule quiddité. Mais si l'énigme a suscité chez nous cette recherche et cet espoir, c'est précisément par différence d'avec les mathématiques, différence que, en ce lieu manifestement stratégique qu'est *Mét.* E1, Aristote semble justement souligner de manière décisive. Sans doute en effet laisse-t-il en partie ouverte la question de savoir «si [la mathématique] est [science] de [réalités] immobiles et séparées» (cf. l. 1026a8-9; la question sera traitée en *Mét.* M), mais il ajoute aussitôt «étant manifeste toutefois que *son regard théorétique* examine certains êtres mathématiques *en tant qu'*immobiles et *en tant que* séparés» (l. 9-10). Et s'il en vient ensuite à caractériser l'éventuelle philosophie théologique de la manière suivante «et s'il existe quelque [réalité] éternelle, immobile et séparée, il est clair qu'apprendre à [la] connaître revient à [une philoso-phie] théorétique, mais non physique (car la [science] physique concerne certaines [réalités] mues), ni mathématique, mais antérieure aux deux» (l. 10-13), il s'en justifie ainsi:

> en effet la [science] physique concerne des [réalités] séparées mais non immobiles;
> [des considérations] de la [science] mathématique, certaines concernent des [êtres assurément] immobiles, NON SÉPARÉS TOUTEFOIS, mais [existant] pro-bablement comme dans une matière;
> tandis que la [philosophie] première concerne des [réalités] à la fois séparées et immobiles (l. 13-16).

Quoiqu'il en soit, donc, de la question *théologique* d'éventuels êtres mathé-matiques existant d'une existence platonicienne séparée, il est d'ores et déjà possible de manier le rasoir d'Ockham et de relever que l'*en tant que* qui

---

25 Et certes le texte qui précède examine les trois dans l'ordre: physique, mathé-matiques, théologie, mais cela-même rend plus remarquable l'ordre qui est celui de la conclusion.

ouvre les mathématiques n'en a nullement besoin, car la séparation qu'il assure peut fort bien ne provenir que de nous. Même matériellement conditionnée, au contraire, la séparation des substances soumises au devenir est bien réelle, au point que la fin du chapitre en viendra à remarquer que «si [par impossible] n'existait pas quelque autre substance à côté de celles qui sont produites par la nature, la [science] physique serait la science première» (l. 27-29). Or c'est justement le fait de cette séparation qui, à partir de l'autonomie dans le devenir qui en est pour nous la première manifestation, conduit Aristote à la nature comme cause propre, et c'est encore cette séparation, en ce qu'elle n'implique *pas seulement* autonomie du devenir, qui va faire passer *Mét.* Z1 (et qui avec *Mét.* Z1 nous a déjà fait passer) de la question: «qu'est-ce que l'être?» à la question: «qu'est-ce que la substance?». Sans doute donc est-ce encore elle qui va nous faire passer de notre interrogation sur la signification à une analyse causale de ce qui est qui franchira, et par delà même la quiddité, ce fossé en deçà duquel au contraire se retranchent constitutivement les mathématiques? Tel sera bien le cas en effet, et ce que *Mét.* E1 a à nous présenter sur cet ensemble un de significations qu'est tout genre épistémique est tout à fait décisif pour nous préparer convenablement à ce passage. Mais, une fois de plus, c'est par contraste que nous le verrons le mieux, et le contraste est à marquer, ici, avec la doctrine que la tradition a cru y lire: la doctrine des trois degrés d'abstraction.

Diverses sciences ont-elles divers «objets», ou divers «genres-sujets»?

De celle-ci Thomas d'Aquin n'est pas l'auteur. Il la trouve en effet dans le *de Trinitate* de Boèce, dans lequel il peut lire:

> puisque [...] les parties spéculatives [du savoir de science] sont [au nombre de] trois, [à savoir]:
> – [la science] naturelle, dans le mouvement, non abstraite (*inabstracta*). [Cette science] en effet considère les formes [qui sont] avec la matière, lesquelles ne peuvent être séparées en acte des corps [...]
> – [la science] mathématique, sans mouvement, sans abstraction (*inabstracta*) [...]
> – [la science] théologique sans mouvement, abstraite
> [...]
> [pour cette raison], donc, il conviendra de s'appliquer, aux [choses] naturelles: de manière rationnelle, aux mathématiques: de manière disciplinée, aux divines: de manière intellectuelle. [26]

---

26 BOÈCE, *de Trinitate.*

Or, si ce texte renvoie manifestement aux lignes de *Mét.* E1 citées à l'instant, ce n'est qu'implicitement, et non sans deux différences: d'une part il parle d'*abstraction* là où *Mét.* E1 parlait de *séparation*, c'est-à-dire qu'il se place d'abord du côté de l'opération de l'intelligence, alors que *Mét.* E1 se place du côté de ce à quoi elle se rapporte, et, d'autre part, il caractérise la considération de la science naturelle comme «dans le mouvement, non abstraite», alors qu'Aristote caractérise ce à quoi elle se rapporte comme «[des réalités] séparées mais non immobiles». La première différence, il est vrai, trouve en Aristote une certaine justification, puisque le texte auquel renvoie Boèce n'est pas *Mét.* E1, mais l'*Ethique à Nicomaque*, où l'on peut lire:

> on pourrait même se demander pourquoi un enfant, qui peut faire un mathématicien, est incapable d'être philosophe ou même physicien. Ne serait-ce pas que, parmi ces sciences, les premières s'acquièrent par abstraction, tandis que les autres ont leurs principes dérivés de l'expérience, et que, dans ce dernier cas, les jeunes gens ne se sont formés aucune conviction et se contentent de paroles, tandis que les notions mathématiques, au contraire, ont une essence dégagée de toute obscurité? (Z9, 1142a17-20; tr. fr. de J. Tricot).

Et la seconde a pu trouver un appui dans le fait qu'Alexandre d'Aphrodise lit, à la ligne 1026a14, non pas: «séparée, *chorista*», mais «inséparée, *achorista*», ce qui peut sembler renvoyer à la non séparabilité de la forme des corps physiques. Toutefois comme le remarque David Ross approuvant sur ce point la correction de Schwegler[27], le simple mouvement du texte porte bien plutôt à y lire le rapprochement et la distinction des trois couples de caractères suivants:

séparées mais non immobiles
immobiles, non séparées toutefois
séparées et immobiles

le «mais» du premier ne se justifiant d'ailleurs plus après «inséparées». Le texte de l'*Ethique à Nicomaque*, en outre, confirme que l'opposition passe, pour Aristote, entre les mathématiques d'une part et les philosophies première et de la nature d'autre part. Sans doute Ralph McInerny peut-il écrire que «l'une et l'autre lectures de *Mét.* E1 sont compatibles avec le Boèce du *de Trinitate*», mais il souligne aussi à juste titre que, «après tout, le projet littéraire qui guidait les efforts de Boèce était néoplatonicien dans sa visée. En fin de compte, il espérait montrer l'accord fondamental existant entre Platon et Aristote».[28] Or cela constitue à coup sûr, concernant la

---

27 Cf. Note de J. Tricot *ad locum*, p. 332.
28 Ralph Mc INERNY 1990, *Boethius and Aquinas*, p. 127.

lecture de *Mét*. E1 par la doctrine des trois degrés d'abstraction, un contre-argument de poids.

Quoi qu'il en soit, c'est cette lecture que Thomas d'Aquin a reprise, lui donnant un principe justificatif dont il est difficile de surestimer l'importance pour la suite de l'histoire de la réflexion sur la science. Ce principe est formulé en toute clarté dans la première question de la *Somme de Théologie*: «la manière dont [son] sujet a rapport à une science est la même que celle dont un objet a rapport à une puissance ou un *habitus, sic enim se habet subjectum ad scientiam sicut objectum ad potentiam vel habitum*» (Ia, q.1, a.7,c.). Mais il est déjà à l'œuvre dans le commentaire du *de Trinitate*, qui pose d'abord ceci:

> or il faut savoir que lorsque les *habitus* ou puissances se distinguent dans les objets, ils ne se distinguent pas dans n'importe quelles différences des objets, mais dans celles qui sont [différences] *par soi* des objets *en tant qu'*objets. Etre un animal ou une plante, en effet, advient *accidentellement* au sensible en tant que sensible et, par suite, ce n'est pas en cela que se prennent les différences des sens, mais plutôt selon les différences de couleur et de son. Et, par suite, il convient que les sciences spéculatives se divisent par les différences des spéculables en tant que spéculables

et qui peut alors poursuivre:

> or, au spéculable, selon qu'il est l'objet d'une puissance spéculative, quelque chose provient du côté de la puissance intellective, et quelque chose du côté de l'*habitus* de science par quoi l'intellect est perfectionné. A savoir: du côté de l'intellect, lui provient qu'il soit immatériel, car l'intellect lui-même, aussi, est immatériel, tandis que, du côté de la science, lui provient qu'il soit nécessaire, car la science est [savoir] de nécessaires, comme prouvé en *Sec. Anal.* A. Or tout nécessaire, en tant que tel, est immobile, car tout ce qui est mû, en tant que tel, est en possibilité d'être ou de ne pas être, [et cela] soit absolument soit d'une certaine façon, comme il est dit en *Mét.* Θ. Ainsi donc, le spéculable qui est objet de science spéculative comporte séparation de la matière et du mouvement, ou application à ceux-ci. Et c'est par suite selon [leur] degré d'éloignement de la matière et du mouvement que se distinguent les sciences spéculatives. [29]

Mais ces principes, et donc la doctrine qu'ils servent à fonder, sont-ils aristotéliciens? Certes, nous l'avons déjà relevé et repris à notre compte, le traité *De l'âme* nous apprend à distinguer les puissances de l'âme par leurs *objets*. Et que l'interrogation sur ce à quoi se rapporte la métaphysique, et sur la manière dont elle s'y rapporte, doive se formuler dans une interro-

---

29 Thomas d'AQUIN 1257-1258, *In librum Boetii* de Trinitate *expositio*, L. II, q. 1,a.1, éd. 1954 p. 365.

gation sur son *sujet*, cela semble bien reprendre une interrogation aristoté-licienne, puisque l'on peut lire dans les *Seconds Analytiques* que, pour toute science:

> les [composants qui interviennent] dans les démonstrations sont [au nombre de] trois:
> – l'un est ce qui est démontré, la conclusion – c'est cela qui appartient par soi à un certain genre –
> – un autre [consiste] en les axiomes – les axiomes sont ce à partir de quoi procède la démonstration –
> – le troisième est *le genre* [qui est] *le sujet* – dont la démonstration montre les affects et les attributs par soi – (A7, 75a39-b2; voir aussi 10, 76b11-16 et 21-22)

Mais ce qui ne se trouve pas dans Aristote, c'est la conjonction des deux, ni donc le passage de la question du *genre-sujet* – plutôt que, simplement, du sujet – à celle de l'*objet* de la science. Or pourtant, comme le rappelle J.-F. Courtine dès la première page de son travail, tout entier en effet dans la mouvance de cette question:

> à partir du milieu du XIIIe siècle – au terme de la seconde entrée d'Aristote dans l'occident latin –, la question du statut de la métaphysique, de sa nature et de son «OBJET» se rassemble dans la détermination du *subjectum metaphysicae*. Quel est le SUJET de cette science [...] la question devient «classique» dès les premiers commentaires à la *Métaphysique* d'Aristote [...] La *Disputatio prima* de Suarez marque un tournant décisif dans cette problématique traditionnelle, dans la mesure où, dans sa présentation du *status quaestionis*, le *Doctor Eximius*, tout en exposant assez fidèlement les thèses en présence, modifie profondément le sens même de la question, qu'il transpose en termes d'*objectum scientiae*. [30]

Sujet, ou objet? Il faut poser la question. Certes on ne peut pas dire de Thomas d'Aquin ce qu'il faut dire de R. Descartes et de F. Suarez, et qui marque bien le tournant historiquement décisif vers ce qui trouvera sa plé-nitude dans l'objectivité kantienne «Descartes, après Suarez, croit pouvoir passer immédiatement de la problématique du (des) sujet(s) à celle des objets dont il importe de *constituer l'objectivité* à travers une connaissance ‹certaine et évidente›» (p. 10-11), car il n'est bien évidemment pas enfermé dans les idées innées, ni même dans le «concept objectif d'être». Mais c'est bien lui, semble-t-il, qui est à l'origine du passage de la question du genre-sujet à celle de l'objet et cela, précisément, à partir de son commentaire du *de Trinitate*.

Or qu'est-ce qui le conduit à ce passage? Comme cela apparaît dans les premières lignes du commentaire du *de Trinitate* citées ci-dessus, le fait que les *habitus* susceptibles de perfectionner l'intelligence se spécifient et trou-

---

30 J.-F. COURTINE 1990, p. 9-10, majuscules mises par moi.

vent leur unité dans la précision d'un certain *en tant que,* un certain hèi, et qu'ils sont en cela analogue aux diverses puissances de l'âme, notamment et de manière privilégiée à la vue. Concernant en particulier la *doctrina sacra* et la foi, Thomas d'Aquin écrira, quant à la première:

> il faut dire que la doctrine sacrée est une science une. L'unité de la puissance et de l'*habitus,* en effet, doit être considérée selon l'objet, non certes matériellement, mais selon la raison formelle de l'objet: ainsi l'homme, l'âne et la pierre conviennent-ils dans la raison formelle une du *coloré,* objet de la vision. Parce que, donc, l'Ecriture sainte considère certaines [vérités] selon qu'elles sont divinement révélées, à ce que l'on a dit ci-dessus (a.1, ad 2), toutes les vérités quelles qu'elles soient, qui sont divinement révélables, communiquent dans la *raison formelle* une de cette science. Et, par suite, elles sont comprises sous la doctrine sacrée comme sous une science une (Ia, q.1, a.3, c.)

et quant à la seconde:

> il faut dire que l'*habitus* de toute disposition cognitive a un double objet, à savoir:
> – ce qui est matériellement connu, qui est comme un objet matériel
> – et ce par quoi cela est connu, qui est la *raison formelle* de l'objet. [...]
> Ainsi donc, dans la foi,
> – si nous considérons la *raison formelle* de l'objet, elle n'est rien d'autre que la vérité première[...]
> – tandis que si nous considérons matériellement les [réalités] auxquelles la foi assentit, ce n'est pas seulement Dieu, mais aussi beaucoup d'autres choses (IIa IIae, q.1, a.1, c).

Mais la «raison formelle» explicite-t-elle correctement le «en tant que» par la précision duquel le savoir de science aristotélicien se spécifiait et trouvait son unité? C'est ce que pouvait sembler suggérer Thomas d'Aquin parlant du «genre» de la philosophie première, et c'est bien ce que développeront ses commentateurs. Thomas de Vio-Cajetan en particulier, commentant le premier de ces deux textes, est tout d'abord conduit à distinguer entre deux «raisons formelles de l'objet»:

> afin d'acquérir l'évidence de cette raison, on notera que la raison formelle de l'objet, dans la science, est double:
> – autre celle de l'objet comme chose, autre celle de l'objet comme objet
> – autrement dit:
> • autre celle qui l'est comme «*ratio quæ, raison qui*» [à savoir qui est raison de l'objet de science],
> • et autre celle qui l'est comme «*ratio sub qua, raison sous laquelle* «[à savoir sous laquelle il est objet de science]

et il explicite la première de la manière suivante:

la raison formelle de l'objet comme chose, ou raison *quæ*, est raison de la chose-objet
- qui termine en premier lieu l'acte de cet *habitus*
- de laquelle découlent les affects (*passiones*) de ce sujet
- et qui est moyen (*medium*) dans la démonstration première.

Or nous trouvons bien là un certain écho de deux en tout cas des trois composantes qu'Aristote nous disait intervenir dans les démonstrations scientifiques, mais nous ne quittons pas le domaine de la signification, puisque la «chose-objet» n'est prise en compte que par sa raison et que c'est de cette raison, à savoir: «en métaphysique, l'*entité*, en mathématique, la *quantité*, en [philosophie] naturelle, la *mobilité*», que sont dits découler les affects du sujet que constitue ladite «chose-objet». De manière congruente, Jean de saint-Thomas caractérisera la métaphysique comme regardant toutes choses «selon la raison première et suprême d'être, en tant qu'elle abstrait du créé et de l'incréé». [31] Aussi bien faut-il, expose ensuite Th. Cajetan distinguer deux genres de différences de l'être:

les différences propres de l'être sont constitutives des êtres dans ses genres réels, à la façon dont «être par soi» constitue la substance et «être par un autre» [constitue] l'accident, etc.,
tandis que les différences propres du [scientifiquement] spéculable ne posent rien dans les êtres.
D'où vient que celles-là constituent les sujets, tandis que celles-ci en constituent comme des affects: de quelque façon la spéculabilité aussi est un affect de l'être.

Cette distinction en effet permet maintenant de mieux comprendre Thomas d'Aquin en donnant à voir

pourquoi seule cette division de l'être diversifie les *habitus* qui entraîne une division du [scientifiquement] spéculable, en tant qu'il est [scientifiquement] spéculable, par les différences propres de ce même [scientifiquement] spéculable, lesquelles se prennent, selon *Mét.* E1, dans la diversité des modes d'abstraire

c'est-à-dire, donc et à nouveau, en se plaçant du seul point de vue de la formalité des significations. C'est d'ailleurs ce que confirme encore la récapitulation finale, laquelle reprend les deux points de vue de la raison formelle *quæ* «de sorte que la raison d'être se divise d'abord en entité pure et simple, quantité, mobilité et déité», et de la raison formelle *sub qua*, d'abord du niveau naturel:

---

31 JEAN de SAINT-THOMAS 1637, *Cursus philosophicus thomisticus, Logica*, II, q.27, a.1, éd. 1948 p. 825.

et de là découle une autre division du connaissable [de science] en connaissables
– par une lumière métaphysique: ce [connaissable] est un milieu éclairé par une abstraction de toute matière
– par une lumière mathématique: ce [connaissable] est un milieu éclairé d'une immatérialité sensible, mais ombré de matière intelligible
– par une lumière physique ombrée: ce [connaissable] est un milieu ombré de matière sensible, mais éclairé à partir de la séparation d'avec les conditions individuelles

puis du niveau surnaturel:

– et par une lumière divine: ce [connaissable] est un milieu fulgurant d'une lumière divine, [milieu] qui constitue le *connaissable théologique*.

Mais si la spécification et l'unité de la faculté de voir s'expliquent bien à partir de la lumière par laquelle «est actuée et formée la couleur» et qui constitue bien par conséquent «la formalité ultime par laquelle l'objet est rendu visible et sous laquelle les autres raisons [sous lesquelles il se laisse saisir] sont ordonnées à la vue», [32] la spécification et l'unité de la philosophie première s'expliquent-elles bien à partir de la raison formelle *quæ* que serait, selon Cajetan, la subdivision «entité» de la «raison d'être» et qui, selon Jean de Thomas d'Aquin, «abstrait du créé et de l'incréé»? Non: l'unité de la signification du «être» du «en tant qu'être» n'est pas un *explicans* car, P. Aubenque a raison de le souligner, elle fait question. Disons, de manière plus optimiste que lui, qu'elle est un *explicandum*, et ajoutons que ce que *Mét.* E1 entend nous faire anticiper, au seuil de l'analyse causale de ce qui est pris «en tant qu'être», c'est que, de même que l'interrogation vers ce qui est pris en tant que soumis au devenir a conduit à saisir *dans* ce qui est, c'est-à-dire dans ces corps qui nous entourent et dans notre propre corps cette cause propre qu'est la nature principe immanent de leur mouvement et de leur repos, de même il est besoin de réinterroger vers ces mêmes corps, et là encore pour y saisir une ou des cause(s) propre(s), mais cette fois, en les prenant purement et simplement en tant que de certains êtres.

Certes l'analogie peut et doit être faite entre le «en tant que» de la vision et celui des *habitus* susceptibles de perfectionner l'intelligence. Mais ce type d'analogie, le seul d'ailleurs qu'Aristote désigne ainsi, ne fait correctement saisir un «quelque chose de commun, un *ti koinon*» que sur la base d'un «autre… autre… *allo… allo…*» [33] convenablement explicité. Ici, elle ne vaut

---

32 *Ibidem*, p. 819b.
33 Cf. M.-D. PHILIPPE 1969.

qu'à ceci près que le discernement, le *krinein* de la vue n'a pas à s'analyser, comme le doit celui de l'intelligence, en *assimilation*, nouvelle ou déjà acquise, de certaines significations, et *adhésion*, dans leur composition actuelle dans un jugement, à l'être de ce qui est – et à ceci près en outre, que l'écart entre intelligibilité première et être ne se traduit pas seulement par cette dualité assimilation/adhésion, mais engage, de plus, dans le *labeur* qu'implique toujours pour nous le savoir de science, *habitus* qui facilite ledit labeur mais n'en dispense pas.

Or il est vrai que *la foi* n'implique pas par elle-même un tel labeur, l'*habitus* qu'elle est n'est pas de soi discursif et la précision de ce qui en fait la spécification et l'unité semble bien susceptible d'être explicitée comme celle de son «objet», selon un «en tant que» qui semble bien susceptible d'être explicité comme «raison formelle» de cet objet, le tout en analogie avec la précision de ce qui fait la spécification et l'unité de la vision. Et il est vrai aussi que *la théologie*, la *doctrina sacra*, si elle se développe, elle, sur le mode discursif d'une recherche d'une meilleure intelligence de la foi, est selon Thomas d'Aquin «subalternée» à la science de Dieu et à celle des bienheureux, de manière analogue, là aussi, à celle dont l'optique, par exemple, est subalternée à la géométrie (cf. Ia, q.1, a.2, c. et *Sec. Anal.* A9). Or si, de ce point de vue, «c'est en Dieu même que se réalise [...] et que s'achève l'idée de scientificité», c'est, comme le relève J.-F. Courtine citant Thomas d'Aquin «‹toutes choses qui sont vues de science proprement prise sont connues par résolution dans les premiers principes, qui sont par soi immédiatement présents à l'intellect et, ainsi, toute science se parfait dans la vision de la chose présente› (*de Veritate*, q. 14, a.9, traduit par moi), au sens de la vision de ce qui est présent: *visio rei praesentis*». [34]

Mais le mode *humain* de savoir est-il un mode de simple vision? Non, et pas même celui de la théologie scientifique. Thomas d'Aquin d'ailleurs le souligne lui-même. Relevant que:

> dans *notre* [savoir de] science le [mode] discursif est double:
> – un premier [mode discursif, qui est] selon la seule succession: comme lorsque, après que nous ayons intelligé quelque chose en acte, nous nous tournons à intelliger autre chose
> – un autre [mode] discursif, [qui] est selon la causalité: comme lorsque nous parvenons à la conclusion par les principes (Ia, q.14, a. 7, c.)

il poursuit en montrant qu'aucun de ces deux modes ne convient à la science divine. Et quel rôle joue le «en tant que» dans le labeur, dans l'interrogation qu'implique notre science à nous? Nous l'avons déjà dit, il rassemble les significations qui y sont mises en jeu dans une certaine unité.

---

34 J.-F. COURTINE 1990, p. 80.

Mais comment le fait-il? Tel du moins que *Mét.* E1 nous le présente acquis concernant les parties secondes de la philosophie, et cela en vue de nous le faire anticiper pour la philosophie première, en en rassemblant certes les significations dans des significations unes: celles du devenir, de l'agir, du faire; mais de telle façon que l'unité de ces significations nous est montrée trouver son principe dans le réel même: dans les causes propres d'où proviennent les nécessités immanentes au réel pris en tant que soumis au devenir, ou de l'ordre de l'agir, ou de celui du faire. Or de fait, le «en tant que» apparaît bien, dans les *Seconds Analytiques,* comme liant signification et nécessité. Et certes le premier exemple qui l'illustre ne présente justement pas une signification analogique ni ne renvoie à une cause propre, puisqu'il s'agit du triangle, dont la «démonstration par soi» du fait que la somme de ses angles est égale à deux droits ne se prend ni du triangle en tant qu'isocèle ni du triangle en tant que figure plane, mais bien du triangle «en tant que» triangle (cf. *Sec. Anal.* A4, 73b27-5, 74b4). Mais que montre cet exemple? Que ce qui est connu de science ne l'est proprement que sous un angle adéquat d'universalité. Et que montre l'évocation des diverses parties de la philosophie avancée, en vue de nous conduire au «en tant que» propre à la philosophie première, par *Mét.* E1? Que ce qu'elles nous font connaître ce sont, certes, des réalités singulières entrant dans certains genres catégoriaux, mais qu'elles nous les font connaître en interrogeant sous l'angle de certains «en tant que», donc comme entrant, elles et ce que nous en connaissons, dans de certains «genres», dont l'unité de signification est toute analogique. Et d'où provient cette unité? Non pas de modes d'abstraction fondés sur des degrés d'immatérialité, mais du lien de tout ce qui entre en chacun de ces genres à une cause propre, immanente à ce qui est.

Pourquoi, d'ailleurs, les *Seconds Analytiques* parlent-ils d'un «genre-sujet»? Parce que se trouvent en lui non seulement les significations de «*ce qui est démontré*», mais aussi, par le biais de significations exprimant *ce qu'elles sont*, les réalités existantes singulières sur lesquelles portent, au moins en fin de compte, la conclusion exprimant ce démontré.[35] Ainsi, pour la philosophie de la nature, les substances sensibles, en tant que

---

35 Les trois composantes que nous avons lu ci-dessus présentées par *Sec. Anal.* A7 le sont d'ailleurs à nouveau, mais avec des accents différents, au chap. 10:
«toute science démonstrative est [affaire] de trois [choses]:
– toutes les [choses] qu'elle pose être – c'est[-à-dire] le genre sur les affects par soi duquel elle porte le regard de l'intelligence –
– les [principes] communs […]
– et, en troisième lieu, les affects, dont on reçoit ce que signifie chacun» (76b11-16).

soumises au devenir; pour la philosophie de l'agir, les actes humains, en tant que contribuant, ou non, à la bonté et au bonheur de l'homme; pour la philosophie du faire, les œuvres qu'il produit, en tant que parvenant, ou non, à une certaine beauté ou utilité. Or qu'est-ce qui permet à ces divers «en tant que» de rassembler à chaque fois *en nous*, en une signification analogique une, les significations de «ce qui est démontré» et les significations qui expriment *ce que sont* les réalités singulières existantes dont cela est démontré? Le fait que *dans ce qui est*, c'est-à-dire dans ces réalités singulières seules existantes, *une cause une* est à chaque fois à la source des nécessités qui vont se laisser saisir dans le genre en question. L'écart qu'il y a, *en nous*, entre la signification analogique propre au genre et les significations univoques de ce qui s'y laisse regrouper renvoie à l'écart qu'il y a, *dans le réel*, entre la cause propre et les déterminations quidditatives par lesquelles il se laisse initialement saisir. Et sans doute ce réel est-il à chaque fois saisi sous un certain «en tant que», de sorte que les propriétés ou affects qui en sont démontrés sont aussi en quelque façon «affects *du genre*» (cf. dans le passage de *Sec. Anal.* A7 cité plus haut, les l. 75b1-2), mais ils le sont du «genre-sujet», c'est-à-dire des sujets existants pris comme entrant dans ledit genre (cf. A10, 76b12-13), et non pas de sa «raison formelle»: des choses prises selon telle objectivité, non de «la raison de la chose-objet».

En même temps, il est vrai, ces divers «en tant que» impliquent bien une certaine «abstraction», au sens de partialité de la saisie, par rapport à la plénitude de l'être un de ce qui est. N'y a-t-il donc pas une science, c'est-à-dire une analyse causale, de ce qui est *en tant qu'être*? Telle est bien la conclusion programmatique à laquelle veut nous conduire *Mét.* E1. Et si la question de la spécification et de l'unité des savoirs de science ouverts par ces divers «en tant que» ne se réduit pas à la question qui demanderait quelles sont leurs *objets*, il en va a fortiori de même pour le savoir de science qu'ouvre ce nouvel «en tant que».

Mais ce savoir, la philosophie première, sera-t-il science d'un «genre-sujet»? Eh bien non, en effet. L'«en tant que» qui est le sien lui donne bien une certaine particularité, de sorte qu'ici encore l'on serait tenté de le voir constituer «une totalité close qui n'unit qu'à la condition d'exclure», [36] et donc un genre épistémique, mais cette particularité est de ne pas examiner les choses singulières sous quelque aspect particulier, comme entrant dans un certain genre abstrayant de ce qui est, que ce soit comme genre catégorial ou comme genre épistémique, une signification une, mais en tant que choses, en tant qu'ayant chacune, avant toute abstraction, un être un, soit encore, comme le fera ressortir en *Mét.* Z1 le début de l'analyse, en tant

---

36 P. AUBENQUE 1962, éd. 1977 p. 226.

que réalités à classer dans la catégorie de la substance, existant par soi, de manière séparée – par où l'unité en effet *problématique* de la *signification* de *être* est rattachée à l'unité *irrécusablement expérimentée* de l'être desdites réalités,[37] et fournit l'une des voies qui invitent à rechercher la ou les cause(s) propre(s), immanente(s) à ces réalités, de cet être et de son unité. Et par où donc l'on concède à P. Aubenque que l'argumentation de Thomas d'Aquin selon laquelle «si l'être n'est pas un genre» c'est parce qu'il «n'exclut pas les différences, mais il les inclut toutes, il est la positivité absolue, et c'est pourquoi on ne peut rien dire de lui, s'il est vrai que l'acte du discours est toujours la composition d'un sujet et d'un attribut ou d'un genre et d'une différence» (p. 231) n'est pas celle d'Aristote et que cette argumentation rapproche à tort prédication et différence (cf. p. 232). Aussi bien avons-nous déjà noté que Thomas d'Aquin, lorsqu'il lit la *Métaphysique* comme faisant de la matière et de la forme les principes des substances naturelles, ne rejoint pas la radicalité de son interrogation vers les causes immanentes de ce qui est pris *en tant qu'être*. Mais P. Aubenque la rejoint moins encore. Si en outre il faut reconnaître que la considération du concept d'être n'a pas chez Aristote l'ampleur qu'elle a chez Thomas d'Aquin, et plus encore dans le thomisme, on peut et doit néanmoins lui reconnaître une pleine légitimité, et même des amorces chez Aristote, mais à condition de la situer, ce que n'a généralement pas fait le thomisme, dans ce moment *réflexif* de la recherche philosophique qu'ouvre l'interrogation *critique.*[38]

γ. «*Universelle parce que première*»

Pourquoi, d'ailleurs, ladite philosophie première est-elle première? Serait-ce parce qu'elle serait, comme le plus universel des universaux, «l'être», la

---

37 Quoi que Frédéric Nietzsche ait pu avancer là-contre. Voir sur ce point G. ROMEYER-DHERBEY 1983, p. 183, où l'on peut lire notamment: «Aristote aurait probablement répondu à la critique nietzschéenne que les choses, avant d'être dites, sont perçues; or la perception saisit originairement non une totale fluidité mais des nodosités, ou pour être plus précis des *formes*, structures organisatrices d'éléments qui n'apparaissent jamais en vrac. C'est donc au nom de sens fictifs que l'on conçoit le monde comme un écoulement torrentueux en totale instabilité. Sans cette structuration originaire du perçu, le langage ne pourrait d'ailleurs pas exister[...] Les choses ne sont fictives que si l'on prend le parti de les détruire au préalable en philosophant à coups de marteau».

38 Cf. sur ce point M.-D. PHILIPPE 1975b, fasc. II: *Significations de l'être*, spécialement le chap. II et tout spécialement, en celui-ci, les p. 306-16, ainsi que, concernant Aristote lui-même, les p. 30-9.

plus universelle? Oui certes elle est universelle, mais, nous en avons déjà lu l'affirmation citée par J.-F. Courtine, elle est «universelle parce que première», et non l'inverse. Qu'est-ce à dire?

L'affirmation en vient au cours de la réponse à une objection à un corollaire de la conclusion programmatique déjà citée selon laquelle «les philosophies théorétiques seraient au nombre de trois: mathématique, physique, théologique». Le corollaire, d'ordre pratique, est le suivant: «ainsi donc, les [sciences] théorétiques doivent être préférées aux autres sciences, et celle-là, [que nous avons nommée en dernier, doit l'être] aux [autres sciences] théorétiques» (*Mét.* E1, 1026a22-23).

De ce corollaire, la raison première est celle-là même qui venait, par manière de récapitulation de l'anticipation, en dernier appui de la conclusion énumérant les trois «philosophies théorétiques»:

il n'est pas sans être manifeste, en effet,
que si le divin se rencontre quelque part, [c'est] dans la nature de cette sorte, [i.e. celle des réalités à la fois séparées et immobiles], [qu']il se rencontre, et [que] la [philosophie] la plus élevée doit être [une philosophie] concernant le genre [de réalités] le plus élevé (l. 19-22).

Mais cette raison est explicitée, et avec elle l'articulation de la question du divin et de l'interrogation critique avec l'interrogation vers ce qui est en tant qu'être, dans la réponse à une objection dont l'énoncé [39] est le suivant: «quelqu'un en effet pourrait soulever la difficulté [de savoir] si vraiment la philosophie première est universelle, ou [si elle] concerne un certain genre [de réalités] et une certaine nature une» (l. 23-25), et qui est précisée par un parallèle quelque peu inattendu, mais fort précieux, avec les mathématiques:

car dans les mathématiques non plus ce n'est pas le même mode de science [qui appartient à la mathématique universelle et aux mathématiques concernant un genre donné]
mais la géométrie et l'astronomie concernent une certaine nature [de quantité], tandis que la [mathématique] universelle est commune à toutes [les sortes de quantité] (l. 25-27).

Eh bien! En quoi, tout d'abord, peut-il y avoir ici un parallèle à faire? En ceci semble-t-il qu'universalité et plénitude, pour les mathématiques en tout cas, ne vont pas de pair. L'observation est remarquable, car si elle a encore aujourd'hui, nous aurons à y revenir, une pertinence décisive concernant l'«en tant que» mathématique, elle avait alors une base non

---

39 Dans cet énoncé, le «en effet» relie ce qui précède non pas tant à l'objection qui va être immédiatement avancée qu'à la réponse qui va lui être faite.

nulle, mais assez faible. On ne voit pas en effet que la «mathématique universelle» ait comporté guère plus que la théorie des proportions. Or, si les *Seconds Analytiques* soulignent, en complément (analogique) à l'exemple (univoque) du triangle à prendre «en tant que» triangle, que ce serait une erreur – par insuffisance de remontée au «en tant que» adéquat – de la développer séparément pour les nombres, longueurs, temps, volumes, etc. (cf. A5, 74a17-25), les *Eléments* d'Euclide, nous l'avons déjà remarqué, la développeront pourtant bien ainsi.

Quoi qu'il en soit, l'objection est alors celle-ci: de même qu'il existe, par delà l'incommunicabilité des genres de la quantité discrète et de la quantité continue, une certaine mathématique «[analogique...] universelle», et en ce sens première, mais d'une primauté limitée, car la géométrie, en tout cas, a certains de ses principes qui en sont indépendants, de même peut être il existe, par delà l'incommunicabilité du genre des réalités soumises au devenir et du genre des réalités divines, et du fait de l'unité (d'ailleurs problématique) de la signification de l'universel *être*, une science de ce qui est «en tant qu'«être, mais cette science, première parce qu'universelle, n'aura qu'une primauté limitée, et la science véritablement première, celle qu'il faudra seule vraiment préférer à toutes les autres: la science du divin, ne sera pas vraiment universelle.

La réponse d'Aristote, il faut le reconnaître, est d'une concision quelque peu déroutante. Sans doute en effet est-il dans la «logique» de la difficulté d'y faire face en examinant les deux branches de la disjonction exclusive que constituent ensemble la négation et l'affirmation de l'existence, «à coté de celles qui sont produites par la nature», de «quelque substance immobile» (1026a 27-28 et 29). Mais les conséquences qui résultent de l'une et l'autre branche sont simplement affirmées, non vraiment argumentées. Ainsi de ce qui suivrait de la première: «la [science] physique serait la science première» (l. 28-29), qui ne nous dit rien sur ce que deviendrait l'interrogation vers ce qui est en tant qu'être; et plus encore de ce qui suivrait de la seconde, qu'exposent trois affirmations enchaînées:

> mais si existe quelque substance immobile,
> [c'est] cette [science-là, qui la concerne, qui sera] antérieure et [sera] la philo-
> sophie première,
> elle sera de cette façon universelle: parce que première,
> et son regard théorétique à elle concernera ce qui est en tant qu'être, ce que c'est
> [que cet être], et les [propriétés] qui lui appartiennent en tant qu'être (l. 29-32)

mais sans qu'aucune soit argumentée, ni que leur enchaînement se présen-te nettement comme une argumentation.

Mais sans doute cette argumentation se trouve-t-elle implicitement contenue dans le reste, c'est-à-dire le début, du chapitre? Deux mots en tout cas y expriment deux thèmes directeurs et liés, deux mots absents de ces dernières lignes mais qui justement, peut-être, en donneront la clef. La première phrase du chapitre et du livre, en effet et d'une part, commençait ainsi: «l'on cherche les principes et les *causes* des êtres...», et l'avant dernière phrase du livre reprendra: «il faut examiner de cela même qui est, pris en tant qu'être, les *causes* et les principes». Et la distinction des trois sciences théorétiques, d'autre part, se prenait de la mobilité ou immobilité et de la *séparation* ou non-séparation de ce à quoi elles rapportent notre intelligence. Eh bien, pourquoi la science physique serait-elle, au cas où n'existeraient que des substances sensibles, la philosophie première, sinon parce qu'elle saisit en elles la nature principe et cause propre de leur autonomie dans l'ordre du devenir? Mais l'hypothèse est impossible: ces mêmes substances sensibles sont, justement en tant que soumises au devenir, soumises à la contingence et leur autonomie même soulève, en contraste avec cette contingence, la question du divin. Cette autonomie, aussi bien, n'est pas seulement dans l'ordre du devenir mais aussi et même d'abord, dans l'ordre de l'être: même si ce n'est pas de manière absolue, ces substances existent «par soi», de manière «séparée», c'est cela dont doit rendre compte la philosophie première, et c'est par là que l'on peut espérer repérer la trace, le point d'accrochage à partir duquel il sera éventuellement possible de remonter aux êtres ou à l'être divin(s), pleinement séparé(s) et immobile(s). Comment cela? Eh bien par une analyse causale qui, faisant atteindre «les principes et les causes des êtres [...] en les prenant en tant qu'êtres», c'est-à-dire avant tout en tant qu'ayant chacun un être un, par soi et séparé, mais en même temps soumis au devenir, complexe et appelant une multitude de savoirs distincts, fera atteindre du même coup ce qui en eux les rattache au principe à partir duquel, pour user par anticipation de l'expression qui sera celle de *Mét.* Λ7, 1072b13-14, sont «élevés hors d'eux-mêmes le ciel et la nature».

Si donc c'est la science dont «le regard théorétique [...] concernera ce qui est en tant qu'être, ce que c'est [que cet être], et les [propriétés] qui lui appartiennent par soi» qui sera la philosophie première, ce ne sera pas parce que son «en tant que» lui ferait atteindre le plus universel des universaux, à la manière dont le «en tant que» de la mathématique universelle lui fait atteindre, par delà les quantités discrète et continue, la quantité prise en sa plus grande universalité, mais parce que c'est elle qui atteindra ce qui, pour ce qui est pris en tant qu'être, est premier. Et ce ou ces premier(s), sera-ce le divin? Oui sans doute, mais *pas immédiatement:* la question du divin est certes présente dès le début et tout au long de l'interrogation développée dans la *Métaphysique*, mais le livre Λ n'y répondra qu'*après* les livres Z, H, Θ et I, dans lesquels est menée une analyse causale qui, précisément parce qu'elle atteindra dans les substances sensibles et soumises au devenir les causes immanentes qui sont à la source de leur existence par soi et séparée, dégagera aussi ce à partir de quoi il sera effectivement possible de donner cette réponse – à supposer bien entendu, qu'on ait effectivement posé la question.

Rien d'ailleurs ne semble s'opposer vraiment, sauf à laisser la pensée philosophique vivante par trop intimidée par des scrupules d'historiens, à ce que ce qui sera alors atteint: l'Acte pur, Pensée qui est Pensée de la Pensée, soit alors reconnu comme créateur. [40] Rien non plus ne semble s'opposer à ce que le théologien chrétien, à qui la foi donne un accès immédiat au Dieu créateur, ne situe dans cette lumière-là la philosophie première à qui il va demander de l'aider d'acquérir une meilleure intelligence de ce que lui révèle sa foi. Mais ce n'est pas par la causalité créatrice, causalité efficiente, que la philosophie première peut remonter à Dieu, mais par la seule causalité finale. Et ce mode de science de la théologie scientifique chrétienne sera tout autre que celui de la philosophie première. Comme l'observe avec pertinence R. Mc Inerny, en effet,

> l'idée qu'Aristote ait pu jamais envisager sérieusement une science dont le sujet matériel (*the subject matter*, «l'objet matériel») serait la substance divine, une substance immatérielle, ne fait aucun sens aristotélicien […] [Mais cette] option que Jaeger pensait par erreur ouverte à Aristote est à coup sûr ouverte à Thomas en tant que croyant. Non seulement il existe une théologie qui a comme son sujet l'être en tant qu'être (*being as being*) et qui dit tout ce qui peut être dit du divin par référence à l'être matériel, [mais] il existe aussi une théologie qui a le Dieu qui se révèle comme son sujet matériel. [41]

Telle semble bien en tout cas la leçon *fondatrice* que Thomas d'Aquin a retenu de sa lecture du *de Trinitate* de Boèce et que l'on peut sans doute en retenir avec lui. Or cette leçon même manifeste bien que le mode de science de la théologie chrétienne sera tout autre que celui de la théologie philoso-

---

40 A une étape avancée de «la lente et progressive incubation de l'aristotélisme par le néo-platonisme» (P. MAGNARD 1992, *Le Dieu des philosophes*, p. 45), Proclus nous invite à chercher à «découvrir la Cause toute première de tous les êtres» (*Théologie platonicienne* II 1, p. 3, 7-8, cité par M.-D. PHILIPPE 1977b, *De l'être à Dieu, Topique historique*, I: *Philosophie grecque et traditions religieuses*, p. 206) et, le premier sans doute, saisit que «la dépendance au niveau de la finalité implique nécessairement une autre dépendance: celle de la causalité efficiente» (M.-D. PHILIPPE 1977a, *De l'être à Dieu, De la philosophie première à la sagesse*, p. 434-5; voir 1977b p. 196-219). C'est là toutefois une question que nous serons amenés à examiner plus à fond lorsque nous aurons été conduits à nous demander si Dieu est mathématicien.

41 R. Mc INERNY 1990, p. 154-5.

phique, puisque celle-ci présupposera et celle-là non, du moins dans son développement propre, l'analyse causale préalable de ce que nous expérimentons être. Aussi bien Thomas d'Aquin précise-t-il le mode de science de la *doctrina sacra* dans une analogie non avec la philosophie mais avec des sciences qui ne développent pas, elles non plus, une analyse causale du type que nous sommes en train de découvrir nécessaire pour la philosophie, mais qui prennent leurs principes des mathématiques – et qui, à partir de Galilée, vont se développer de telle sorte qu'elles vont faire naître l'énigme. Lisons sur ce point le deuxième article de la *Somme de Théologie:*

> la doctrine sacrée est une science. Mais il faut savoir que le genre des sciences est de deux sortes:
> il est certaines sciences, en effet, qui procèdent de principes connus à la lumière de l'intelligence naturelle, telles l'arithmétique, la géométrie, et d'autres sciences de cette sorte;
> mais il en est d'autres qui procèdent de principes connus à la lumière d'une science supérieure: ainsi la perspective procède-t-elle à partir de principes notifiés par la géométrie, et la musique à partir de principes notifiés par l'arithmétique.
> Et c'est de cette façon-ci que la doctrine sacrée est science, parce qu'elle procède à partir de principes connus à la lumière d'une science supérieure, à savoir la science de Dieu et des bienheureux (Ia,q.1, a.2,c.).

Et sans doute peut-on mieux comprendre encore à partir de là comment Thomas d'Aquin en vient alors à opérer à l'article 7, comme déjà signalé, l'amalgame de la question du sujet de la science à celle de l'objet de la faculté. D'une part en effet ce à quoi se rapporte la *doctrina sacra* est cela même à quoi se rapporte la foi, pour laquelle nous avons déjà relevé que l'amalgame se justifie, et l'argumentation du début de l'article ne distingue pas, en fait, entre les deux *habitus*:

> or est proprement assigné comme *objet* d'une puissance ou d'un *habitus* ce sous la raison de quoi toutes choses sont référées à la puissance ou à l'*habitus*, à la façon dont l'homme et la pierre sont référés à la vue en tant que colorés, d'où le coloré est l'objet propre de la vue. Or toutes choses sont traitées, dans la doctrine sacrée, sous la raison de Dieu, soit parce qu'elles sont Dieu lui-même, soit parce qu'elles ont un ordre à Dieu, en tant que principe et fin. D'où suit que Dieu est vraiment *sujet* de cette science.

Mais d'autre part, et justement parce qu'il faut bien quand même distinguer les deux *habitus* en question, Thomas d'Aquin poursuit: «– ce que l'on rend aussi manifeste à partir des principes de cette science, lesquels sont les articles de la foi qui est [, elle,] au sujet de Dieu; or le sujet est le même, des principes et du tout de la science, puisque la science en son tout est virtuellement contenue dans ses principes –» (Ia, q.1, a.7,c.), où on le voit, c'est l'analogie avec les mathématiques (et non plus avec les sciences qui leur sont subalternées...) qui est ici utilisée: quant à leur complexité rationnelle mathématiques et *doctrina sacra* ont ceci en commun qu'elles s'analysent comme dépendant de «premiers» qui sont des propositions, «connues à la lumière de l'intelligence naturelle» (cf. a. 2) pour les mathématiques, «articles de foi» pour la *doctrina sacra*. Et sans doute en va-t-il de même pour la philosophie, dont les dires appellent eux aussi une régression critique vers ce que les *Seconds Analytiques* appelle les «principes propres du démontré» (A2, 71b23). Mais ce que *Mét.* E1 tient pour acquis concernant la philosophie en ses parties secondes, et à quoi nous y sommes introduits concernant la philosophie première, c'est qu'elle dépend à chaque fois, plus radicalement que de ces principes-là, de «premiers» qui le sont dans la réalité elle-même: des causes propres. Or cela ne vaut ni des mathématiques, qui ne se rapportent qu'à ce qu'elles ont préalablement séparé, ni de la *doctrina sacra*: ce à quoi elle se rapporte en premier est parfaitement simple et n'appelle donc pas quant à soi d'analyse causale, et tant cela même que ce à quoi elle se rapporte en second lui est certes donné dans l'immédiateté de l'adhésion de foi, mais ne peut donner lieu au travail qui est le sien, celui de la «foi recherchant l'intelligence», qu'à partir des propositions en lesquelles s'énoncent les articles de foi.

Au total, donc, l'ancrage dans le réel étant assuré par la remontée à la Cause première créatrice, et créatrice de l'*ens commune*, [42] et la réflexion sur la structure de science de la *doctrina sacra* étant suffisamment précisée dans l'analogie avec celles des mathématiques ou/et des sciences qui lui sont subalternées, le théologien Thomas d'Aquin a pu sans dommages immédiats pour son œuvre méconnaître ce que les «genres-sujets» des divers savoirs de science ont d'irréductible à des «objets» de facultés. Mais sans doute est-il permis de penser, au vu de l'histoire postérieure de la pensée, que le dommage était virtuellement majeur pour la philosophie en général et pour la philosophie première en particulier (et donc aussi malgré tout pour la *doctrina sacra* elle-même: dans la mesure où le travail de pensée qui est le sien comporte une interprétation de l'Ecriture et de la Tradition, elle a besoin, pour ne pas se laisser enfermer dans la signification, de la pleine vigueur de l'analyse réaliste de ce qui est – mais nous débordons là par trop du champ du présent travail).

---

42 Cf. Ia IIæ, q. 66,a.5, ad 4: «l'*ens commune* est l'effet propre de la cause la plus haute, à savoir Dieu».

2. Vers l'analyse causale

2.1. Objectivité comme intersubjectivité et objectivité comme référence

Une philosophie première retrouvée, maintenant, nous donnera-t-elle les moyens de répondre à l'énigme? Il faut l'espérer, puisque la pression de celle-ci nous est apparue comme l'une des incitations majeures à cette redécouverte. Certes le contexte dans lequel elle se pose comporte de grandes nouveautés par rapport à celui dans lequel Aristote écrivait la *Métaphysique*, mais si les voies et moyens qu'il y développe ont assurément à être actualisés, le besoin de l'interrogation qu'il y poursuit n'est nullement moindre aujourd'hui que ce qu'il était de son temps. Au point où nous sommes parvenus, par quel biais convient-il de saisir cette nouveauté? Par celui-ci semble-t-il que, pour reprendre la formulation qu'en donne Evandro Agazzi concernant les sciences que nous avons appelées «galiléennes» (mais aussi «vicoliennes»), «l'objectivité a remplacé l'idée de vérité». [43] De fait, nous l'avons déjà amplement souligné, ces sciences nous rapportent à ce qui, dans ce qui est, reste en deçà de notre expérience, de sorte que leurs conclusions, si nécessaires qu'elles soient du point de vue de la théorie qu'elles développent, ne peuvent prétendre à la pleine *adaequatio intellectus ad rem* qu'est pour tous la vérité. De manières ou d'autres, toutefois, les mêmes sciences trouvent bien le moyen de s'éprouver à ce qui est, et le travail sur la signification, pour constitutif de l'objet qu'il doive se faire, n'en est que plus décisif. Mais l'objectivité est-elle seulement «intersubjectivité», ou parvient-elle à être «référence aux objets»? C'est la question qu'examine E. Agazzi. Ecoutons-le un moment.

Ayant rappelé qu'«il est nécessaire que l'on distingue clairement entre les ‹choses› de notre expérience quotidienne et les ‹objets› d'une [...] science», et ayant notamment souligné que

> [l']on peut dire que chaque science s'occupe de n'importe quelle chose selon son propre «point de vue» et c'est grâce à ce point de vue particulier qu'elle en fait un de ses «objets». Partant on pourrait dire que les objets d'une science sont les «découpages» qu'on obtient des choses en les soumettant au point de vue spécifique de cette science

il en vient à une première observation sur le dire scientifique

---

43 Evandro AGAZZI 1988, «L'objectivité scientifique», p. 17.

il serait trop long d'entrer ici dans les détails nécessaires pour préciser cette notion de «découpage», mais il nous suffira de faire remarquer que pratiquement toute science opère son découpage en sélectionnant un ensemble limité de *prédicats* spécifiques (et dont la signification est précisée de façon univoque et technique), qu'elle adopte pour *parler* des choses. Ainsi, par exemple, l'emploi de prédicats tels que masse, longueur, durée, etc., détermine le découpage (et donc les objets) de la mécanique. L'emploi de prédicats comme métabolisme, génération, etc. détermine le découpage de la biologie. Si on utilise des prédicats tels que prix, valeur d'échange, marché, etc., on construit les objets de l'économie.

Il peut alors poursuivre, selon un mouvement dans lequel l'on reconnaîtra l'amorce, au moins, d'une remontée du triangle de Parménide:

> or il est important de souligner, toute science qui peut se dire en [un] sens général «empirique» devant avoir une «saisie» sur les «choses», qu'il est indispensable qu'au moins une partie des prédicats qui constituent le discours spécifique d'une science possèdent une nature *opératoire*, au sens où ils sont directement reliés à des opérations concrètes et standardisées. Celles-ci d'une part permettent de «manipuler» les choses et, d'autre part, nous autorisent à établir (et à l'établir de *façon intersubjective*) si les propositions qui contiennent *uniquement* les prédicats de ce type sont vraies ou fausses

et il en tire deux conséquences, que nous citerons dans l'ordre inverse de celui où il les donne: «la deuxième est qu'on peut revenir à un emploi de la notion de vérité dans les sciences, pourvu qu'on se rende compte que cette vérité est toujours ‹relative aux objets particuliers› de la science à l'intérieur de laquelle on formule les propositions» (p. 21-22). Tirons-en, nous, la conséquence que si ces sciences parviennent en effet à une certaine vérité, celle-ci demande, non sans doute à être fondée, mais du moins à être située, et que cette situation semble devoir passer par une caractérisation du mode de constitution des objets, de l'objectivité, desdites sciences. Mais d'où se prendra cette caractérisation? Serait-ce au sein d'une remontée à la struc-ture de la subjectivité transcendentale? Comme on le sait, la *Critique de la raison pure* tourne autour de l'affirmation selon laquelle «les conditions de la *possibilité de l'expérience* en général sont aussi les conditions de la *possibilité des objets de l'expérience* et ont pour ce motif une valeur objective dans un jugement synthétique a priori».[44] De manière beaucoup plus modeste, mais évidemment parallèle, E. Agazzi énonce comme suit la première conséquence de ce que sa remontée du dire à la saisie objective des choses lui a permis de faire ressortir:

---

44 E. KANT 1781-1787, tr. fr. p. 162.

la première [conséquence] est que les conditions opératoires qui constituent le fondement de l'intersubjectivité sont *en même temps* les conditions qui assurent la constitution des objets scientifiques. Ceci nous permet de dire que les deux notions d'objectivité (comme intersubjectivité et comme référence à des objets) coïncident pratiquement, tout en étant distinctes du point de vue conceptuel. [45]

Eh bien! E. Kant avait raison: nous n'avons pas une connaissance de *ce que sont* les choses que nous expérimentons être qui nous permette par elle-même de les connaître de science. Mais E. Kant avait tort: nous avons bien une certaine connaissance de ce qu'elles sont, connaissance vérifiable dans l'intersubjectivité d'un *consensus* et dont la remontée aristotélicienne du triangle de Parménide nous a permis une première saisie de son fondement: dans la réalité singulière existante, la (les) quiddité(s) de ces traits que, en la décrivant, nous disons être. Et bien loin de nous orienter vers l'essentialisme à juste raison rejeté par E. Kant, cette remontée nous a mis en mesure de saisir ce à partir de quoi se développe toute interrogation de science: l'écart entre l'être de ces réalités et la première intelligence que nous en acquérons. Bien plus, l'un des aspects au moins de cet écart nous est déjà apparu appeler le développement des sciences galiléennes: ces réalités sont, en tant que soumises au devenir, composées de matière et de forme, et si celle-ci apporte un achèvement qui est ce par quoi nous les connaissons d'abord, celle-là comporte un conditionnement sous-jacent que les sciences galiléennes nous manifestent tout à fait extraordinaire, et inaccessible autrement que par elles et, en particulier, sans les mathématiques. Rien donc ne nous oblige à suivre E. Kant dans sa remontée vers la subjectivité transcendentale, mais tout nous invite au contraire à tenter de remonter, si du moins nous confirmons l'engagement pour le réalisme que nous suggère l'énigme, de la manière dont leur objectivité fait «référence à des objets» à ce qui, dans ce qui est, appelle cette manière, c'est-à-dire, pas seulement mais d'abord, à tenter de remonter du mathématisable immédiat au mathématisable profond.

Et l'interrogation aristotélicienne nous donne-t-elle les moyens de développer aujourd'hui cette remontée? Oui, car ce qu'opère pour elle le «en tant que», le *hêi*, propre à chaque savoir de science, ce n'est pas seulement, comme dans le cas des facultés de l'âme, d'isoler dans ce qui est un «même» objectif univoque tel que la couleur ou la quiddité, mais c'est de constituer, en vue d'explorer l'écart entre intelligibilité première et être, et en ouvrant par là à chaque fois un mode analogique d'élaboration de la signification, un mode objectif propre de l'interrogation.

---

45 E. AGAZZI 1988, p. 21-2

2.2. Vers l'analyse causale

2.2.1. Depuis les mathématiques

Tel est tout d'abord le cas pour le «en tant que» à partir duquel se précisent la spécification et l'unité des mathématiques. Certes, l'état qui était le leur au temps d'Aristote et longtemps encore après lui ne permettait pas de douter, à supposer que l'on abordât la question en demandant quel était leur «objet», qu'il faille répondre: la quantité. Thomas Greenwood, par exemple, affirme sans hésiter: «comme Aristote, Thomas d'Aquin affirme que la quantité constitue l'objet propre des mathématiques».[46] Et sans doute la question plus proprement aristotélicienne du «genre-sujet» peut-elle sembler ne pas avoir reçu de sa part une réponse fort différente. Poutant, dans son très précieux et précis commentaire de *Mét.* M-N, Michel Crubellier peut écrire ceci:

> il est remarquable qu'[Aristote] ne cherche pas à ramener les objets mathématiques à l'une des autres catégories [que celle de la substance], pas même celle de la quantité [...] C'est sans doute que cette solution ne lui paraît pas suffisante pour régler la question du rapport entre les objets mathématiques et les êtres naturels. Il y a bien sûr des cas où un nombre, une grandeur, une figure, sont le prédicat d'une certaine *ousia*; mais ce n'est précisément pas de cette façon que les aborde le mathématicien. De quelque façon qu'on les considère, les sciences mathématiques imposent l'idée d'une certaine *séparation* d'avec les données de l'expérience sensible.[47]

Examinons cela, dans notre perspective, de plus près. Essayant tout d'abord de caractériser les mathématiques à partir de leur fin, nous proposions de le faire en disant qu'elles sont la formulation et la solution, et l'organisation théorique des formulations et solutions de tous *problèmes* qui en sont susceptibles à partir d'une *séparation* de la matière sensible. Puis, ayant tenté d'atteindre «la source où se manifesterait le contact originel de l'intelligence avec les choses», nous avons constaté que ces problèmes, dont les premiers apparaissent dans notre rencontre active du réel quantitatif, suscitent effectivement de notre part des *inventions* qui s'avèrent constituer des connaissables nouveaux appelant de nouveaux problèmes – certains interprétables dans l'expérience, d'autres non, du moins immédiatement – et, dès lors, des *découvertes* et *inventions* toujours renouvelées. Or le «en tant que» aristotélicien semble bien nous mettre en mesure de saisir ce processus, qui est bien un processus qui, ouvrant un

---

46 Thomas GREENWOOD 1952, «La notion thomiste de la quantité», p. 233.
47 M. CRUBELLIER 1994, p. 124, souligné par moi.

mode analogique d'élaboration de la signification, constitue un mode objectif propre de l'interrogation.

D'une part en effet il y a, dans ce que nous expérimentons communément être, du mathématisable immédiat, qui se distingue «en tant que» suscitant ces connaissables nouveaux, à savoir en tant que «séparables» par nous – mais «inséparables», souligne *Mét.* E1, dans le réel. C'est ainsi que, ayant récapitulé l'acquis de *Mét.* M2, de la manière suivante (je cite *Mét.* M dans la traduction de M. Crubellier légèrement modifiée): «que les [êtres mathématiques] ne soient pas davantage des substances que les corps, ni antérieurs aux sensibles par leur existence, mais seulement selon le discours, et qu'ils ne puissent pas non plus être séparés de quelque façon que ce soit, cela a été suffisamment expliqué» (1077b12-14), Aristote poursuit:

> et puisqu'il n'est pas loisible non plus qu'ils se trouvent dans les sensibles, il est clair, ou bien qu'ils ne sont pas du tout, ou bien qu'ils sont d'une autre façon, et que par conséquent ils ne sont pas au sens absolu; car nous disons l'*être* en plusieurs sens.
> De même, en effet, que les [propositions] universelles des mathématiques ne portent pas sur des choses distinctes à part des grandeurs et des nombres, mais qu'elles portent bien sur ceux-ci, mais non pas *en tant qu*'ils sont susceptibles d'avoir de l'extension spatiale ou d'être divisibles,

(où nous retrouvons l'exemple *analogique* qui, en *Sec. Anal.* A5, accompagne et étend l'exemple, *univoque*, du triangle à prendre *en tant que* triangle)

> de même il est clair qu'il peut également y avoir des discours ou des démonstrations au sujet des grandeurs sensibles, non *en tant que* sensibles, mais *en tant qu*'elles possèdent tel caractère précis.
> Et de même qu'il y a beaucoup d'énoncés [qui concernent les objets] uniquement *en tant qu*'ils sont en mouvement, sans considérer le «ce que c'est» de chacun de ces objets et de ses propriétés, et que pour autant il n'est pas nécessaire qu'il existe un je ne sais quel «mobile» distinct des choses sensibles, ou qu'il existe dans les sensibles une certaine nature déterminée [qui soit la nature de ce mouvement],
> de même il y aura des énoncés et savoirs portant sur les corps en mouvement, non *en tant que* mobiles mais *en tant que* corps uniquement; et encore *en tant que* surfaces ou longueurs uniquement; et *en tant que* divisibles, ou *en tant qu*'indivisibles ayant une position, ou indivisibles seulement (1077b14-30).

Et, s'attachant à expliciter, dans un article déjà cité concernant abstraction, addition, séparer, «*aphairesis, prosthesis, chorizein* dans la philosophie d'Aristote», quelle opération recouvre pour Aristote cet «en tant que», M.-D. Philippe se réfère en particulier à *Phys.* B2:

les corps physiques ont des surfaces et des volumes solides, des grandeurs et des points, concernant lesquels le mathématicien fait porter son examen [...] mais non *en tant qu'*[ils sont] chacun une limite d'un corps physique; et il ne porte pas non plus le regard de son intelligence sur les attributs [susdits] *en tant qu'*ils inhèrent en des êtres de cette sorte,

d'où vient d'ailleurs aussi qu'il [les] *sépare*, car ils sont séparés [par lui], *en pensée*, du mouvement (193b24-25 et 32-34)

et il commente ainsi:

Aristote n'emploie jamais les verbe «abstraire» ou «additionner» pour caractériser ce qu'il y a de propre dans l'acte de connaissance des mathématiciens et dans celui du philosophe de la nature. La signification de ce verbe est beaucoup trop générale. La seule fois où, de fait, Aristote parle de l'acte de connaissance du mathématicien [à savoir ici... bien qu'à vrai dire il en parle aussi, nous l'avons vu, en *Mét.* Θ 9], il emploie le verbe «séparer». Et ceci est normal. Car, considérés du côté du mathématicien, du sujet qui connaît, les êtres mathématiques ne peuvent être saisis que dans un jugement de séparation que l'intelligence opère consciemment. Le mathématicien en connaissant des êtres mathématiques a conscience de saisir des êtres «*sui generis*», distincts réellement des êtres physiques, et c'est précisément parce qu'il a conscience de cette distinction que cette séparation n'engendre pas l'erreur. Le contenu objectif de cet acte de séparation n'est autre qu'un être abstrait «non séparé»: un être mathématique.[48]

Et, d'autre part, cet «en tant que» ne joue pas ainsi seulement, pour Aristote, «au contact originel de l'intelligence avec les choses». Techniquement, la séparation qu'il recouvre s'opère dans l'axiomatisation. Et sans doute l'axiomatisation/séparation va-t-elle aujourd'hui beaucoup plus loin que pour Aristote ou Euclide. Comme le relève Eleuthère de Winance dans un article consacré à «l'abstraction mathématique selon Thomas d'Aquin»

le carré «intelligible» au sens d'intellectualisé n'est pas un pur découpage dans le continu spatial, il est défini par construction conformément à certains «axiomes», qui constituent l'expression intellectuelle du continu. Ceux-ci posés, l'intelligence construit des figures idéales censées obéir à ces premières affirmations. C'est uniquement sur cette base que s'effectuera la déduction, Il est plutôt secondaire de chercher à particulariser ces définitions au plan imaginatif.

[...] On sera alors amené à oublier complètement les figures. Que ce soit un ensemble de points, de lignes ou de plans, peu importe, pourvu que les éléments vérifient les axiomes. C'est le fondement du principe de dualité [de Gergonne, cf. *supra*, p. 102, n. 52].

Et ainsi la géométrie, science strictement rationnelle, n'est pas un pur décalque abstrait des mille formes de l'imagination. On dirait plutôt qu'elle formule des

---

48 M.-D. PHILIPPE 1948, p. 477.

fonctions propositionnelles dont l'imagination nous fournit de nombreuses applications. En les appréhendant *de facto* réalisées dans le continu spatial, l'esprit perçoit cependant que sa théorie a une portée plus générale. [49]

Disons que si cette séparation peut et doit se saisir initialement, historiquement et au regard du philosophe, dans le passage du mathématisable immédiat, les quantités discrète et continue couramment expérimentées, à de premiers êtres mathématiques représentables dans l'imagination, les développements qui ont rendu nécessaire la seconde axiomatisation ne permettent plus de l'articuler comme séparation opérée immédiatement «au contact originel de l'intelligence avec les choses», à partir de ces «premiers» que restent pour tout un chacun les quantités discrète et continue, mais conduisent à l'élaborer dans un jeu circulaire avec une théorie des ensembles elle-même axiomatisée.

Mais le «en tant que» aristotélicien semble en mesure de se laisser actualiser à ce nouveau contexte. D'une part en effet, ce qu'il opère en premier lieu est une séparation, dont l'effet est de constituer, ou de permettre de constituer comme de «certains ceci» des «êtres» nouveaux auxquels, de manière analogue à ce qui vaut des êtres sensibles physiquement séparés, pourront se rapporter divers jugements (de manière analogue, c'est-à-dire d'abord autre), et ce n'est qu'en second lieu que l'on constate cette séparation se faire selon les quantités discrète et continue: certes le genre épistémique comporte, de manière analogue aux genres catégoriaux, une certaine unité de signification, mais il est un genre-*sujet*, et les propriétés dont ils rassemblent les significations sont d'abord les propriétés de certains êtres. Et comme les êtres en question ici n'ont pas en eux de principes immanents de leur être et de leur unité analogues à ceux que doivent bien avoir en eux les êtres sensibles physiquement séparés – puisque justement c'est nous qui devons les séparer pour les faire être –, rien n'exige, à la différence des êtres, des substances sensibles physiquement séparés, qu'ils aient un *ce que c'est* premier, premier nécessaire distinct, exprimé dans une attribution par soi du premier mode à distinguer de celle du second mode. D'autre part et d'ailleurs, les mathématiques telles qu'elles se présentaient à Aristote n'avaient pas pour lui un «objet» ou «genre-sujet», la quantité, mais deux «genres-sujets» celui de l'arithmétique et celui de la géométrie, irréductibles l'un à l'autre comme le sont l'unité sans position et l'unité avec position (cf. *Mét.* M8, 1084b26-27). Et sans doute reconnaît-il, nous l'avons vu un peu plus haut, une mathématique universelle, mais il a justement souligné à ce sujet, que,

---

49 E. de WINANCE 1955, «L'abstraction mathématique selon Thomas d'Aquin», p. 509.

pour elle, universalité et plénitude ne vont pas de pair: arithmétique et géométrie ne lui sont pas subalternées. Or la théorie des ensembles, dont les «premiers» se sont substitués à ceux de l'arithmétique et de la géométrie, se présente certes comme une sorte de mathématique universelle, et beaucoup plus digne de ce nom que la théorie des proportions, puisque son universalité ne regroupe pas seulement certaines parties analogues de théories concernant des «natures» de quantité par ailleurs irréductibles entre elles, mais apporte au contraire un cadre dans lequel chacune de ces théories se laisse en principe «exprimer» en son tout. Mais, comme le souligne J. Ladrière, «c'est la notion de structure qui permet de situer, dans ce contexte général, les théories particulières», [50] en sorte que ce n'est pas sans passer par le développement des richesses d'«espèces de structures» particulières que les mathématiques parviennent à de certains paliers de plénitude. Et certes encore «une structure d'une espèce donnée n'est jamais qu'un palier de stabilisation sur un trajet de détermination qui va du concret à l'abstrait» (p. 491a), en sorte qu'il nous faut à nouveau reconnaître que «le ressort de la mathématique, c'est la montée vers la forme pure». Mais il faut immédiatement ajouter que «celle-ci, à vrai dire, n'est pas quelque chose comme *l'objet* mathématique suprême», mais que «l'idée de forme pure représente l'horizon de constitution *des objets* mathématiques» (p. 491b, souligné par moi), en sorte que, du moins à chaque instant du temps en lequel s'inscrivent les mathématiques, il reste vrai de dire que, pour elles, universalité et plénitude ne vont pas de pair (et en dehors du temps, non pas en cet en-dehors abstrait qui est le leur mais en celui, s'il existe, de l'éternel, du divin? Réservons cette question à plus tard).

La science où l'on ne sait pas de quoi l'on parle ni si cela est vrai est-elle donc une science sans objet? En effet. Mais, oserons-nous faire dire à Aristote, c'est parce que ce n'est pas un objet qui spécifie et fait une quelque science que ce soit, mais un mode d'objectivation. Et sans doute celui des mathématiques a-t-il ceci de particulier que c'est en séparant du réel sensible qu'il objectifie, en sorte que c'est en premier lieu pour les mathématiques que l'objectivité, sinon remplace, du moins précède et donc relativise la vérité – mais ce l'est ensuite, aussi, pour les sciences galiléennes. Mais cela n'interdit nullement, au contraire cela demande, c'est ce que fait l'énigme, que l'on cherche à remonter, dans ce qui est, au mathématisable profond. Et sans doute cela présuppose-t-il un savoir dont l'objectivité trouve ses principes non plus en nous mais dans le réel, mais tel est précisément ce que le choix philosophique de l'engagement pour le

---

50 J. LADRIÈRE 1989, p. 479a.

réalisme escompte acquérir, par delà le réalisme de la connaissance ordinaire, dans l'analyse causale.

2.2.2. *Selon les lignes d'interrogation, liées mais distinctes, de la philosophie première et de la philosophie de la nature*

Quelle analyse causale, cependant? Celle que développe la philosophie de la nature et sur l'existence de laquelle s'appuie *Mét.* E1, mais qui pour nous fait peut-être encore question, ou celle que développera, puisque c'est à elle que ce même texte veut nous introduire, la philosophie première? Est-il si assuré, d'ailleurs, que les deux soient distinctes?

Quant au premier point, reconnaissons que l'existence d'une philosophie de la nature, et même du vivant, ne se présente pas pour nous avec la même évidence que pour Aristote. Mais soulignons que l'énigme, en ce qu'elle appelle à un engagement pour le réalisme, appelle bien à rechercher dans ce que nous expérimentons être, c'est-à-dire dans des réalités soumises au devenir, la source des nécessités dont la science galiléenne ne peut donner que des reconstructions hypothético-déductives. L'empirisme d'ailleurs n'avait pas tort de préférer poser la question des fondements, plutôt qu'à la manière cartésienne, sous la forme du problème du fondement de l'induction. Son tort était plutôt soit de rester enfermé dans l'idéalisme cartésien soit de se cantonner à un niveau méthodologique. Et son tort était surtout, dans l'un et l'autre cas, et là encore comme pour R. Descartes (et d'autres avant lui, allons-nous voir ci-après), de poser sous la forme du problème du fondement – et donc en donnant le primat à l'interrogation critique et perdant du même coup l'autonomie des divers savoirs –, la question qu'Aristote posait sous la forme de la recherche des «premiers» *dans ce que nous expérimentons être*: une fois reconnu en effet que toute recherche d'un savoir de science provient d'un écart entre intelligibilité première et être, et que cet écart se traduit notamment par la distinction, comme éléments présupposés à la connaissance qui est communément la nôtre du devenir et de ce qui y est soumis, de la matière et de la forme, cette quête des «premiers» semble susceptible, elle, de situer ce qui dans ce qui est appelle les divers savoirs, c'est-à-dire notamment de rendre compte de leur autonomie. Or, dire cela, c'est dire que le problème de l'induction, telle que les sciences expérimentales peuvent être analysées la pratiquer, a peut-être été mal posé, mais c'est surtout travailler à lui donner toute sa pertinence philosophique, car là sans doute où elle est la plus aiguë, à savoir dans l'énigme. Pourquoi en outre, en *Mét.* E1, Aristote ne se contente-t-il pas d'invoquer la connaissance par les causes à la manière très générale et anticipatrice qui était encore celle de *Mét.* A1-2 et *Mét.* Γ1, mais s'appuie-t-il sur la réalisation qu'en constituent à ses yeux les parties de la philosophie autres que la philosophie première? Parce que, déjà, l'interrogation sur la nature et sur le vivant (et même les interrogations de la philosophie pratique?) ne pouvait pas ne pas déboucher sur une interrogation vers ce qui est pris en tant qu'être, et cela tant du fait de la question du divin que du point de vue de l'interrogation critique.

Cette dernière considération, toutefois, nous amène au second des deux points soulevés ci-dessus. Si, en effet et tout d'abord, la progression de la question «qu'est-ce que l'être?» nous a permis d'approcher l'écart entre intelligibilité première et être, unité de première intelligibilité et unité d'être, comme ce d'où provient toute recherche d'un savoir de science, ne faut-il pas reconnaître avec R. Descartes qu'il n'y a en fin de compte qu'une seule science? Si, d'ailleurs, il revient à la philosophie première de remonter aux causes propres qui assurent aux substances sensibles leur être un, leur existence par soi, séparée, leur autonomie dans l'ordre de l'être, la philosophie de la nature est-elle encore distincte, qui remonte en chacune d'elles à la nature cause propre de leur autonomie dans le devenir? Et si, enfin, la mathématique universelle ne peut être dite «universelle parce que première», parce qu'en elle universalité et plénitude ne vont pas de pair, celles-ci ne vont-elles pas au contraire ensemble pour la philosophie première, et n'est-ce pas là la raison qui la fait dire, elle, «universelle parce que première»? Toutes sciences, aussi bien, ne lui seraient-elles pas subalternées?

Peu avant la fin de *Sec. Anal.* A9, chapitre dans lequel est d'abord exposée l'articulation de certaines sciences en subalternante et subalternée, Aristote écrit ceci:

> si d'ailleurs cela est clair, il est clair aussi que
> – il n'est pas [possible] de démontrer les principes [qui sont principes] propres de chaque [réalité existante]
> car ces [principes] seront principes de toutes [réalités existantes]
> – et la science qui [sera science] de ces [principes] sera [science] principielle de toutes [réalités existantes],
> car, encore, l'on connaît davantage de science ce que l'on connaît à partir des causes les plus élevées; en effet:
> l'on connaît à partir des [réalités] premières lorsque l'on connaît à partir des causes non causées,
> de sorte que, si l'on connaît davantage et le plus [qu'il est possible], cette [connaissance] sera aussi davantage et le plus [possible] savoir de science (76a16-22)

et Thomas d'Aquin, commentant ce texte, en vient à écrire notamment ceci:

lorsque quelqu'un sait à partir de causes causées, alors il n'a pas l'intelligence [de ce qu'il sait] à partir de [connaissables *purement et simplement*] antérieurs et à partir de [connaissables] *purement et simplement* plus connus, mais à partir de [connaissables] plus connus et antérieurs *quant à nous*.

Dès lors, d'ailleurs, que les principes des sciences inférieures sont prouvés à partir des principes d'une [science] supérieure, on ne procède pas de causés à causes, mais à l'inverse. D'où il importe qu'un tel processus soit [un processus qui se déroule] à partir de [connaissables] purement et simplement plus connus. Il importe donc que [ceci] soit davantage su, qui est [l'affaire] de [la science] supérieure [et] à partir de quoi est prouvé ce qui est [l'affaire] de [la science] inférieure; et ceci est su au maximum par quoi tous autres [connaissables] sont prouvés et [qui] n'est pas lui-même prouvé à partir de quelque [connaissable] antérieur. Et par conséquent la science supérieure sera davantage science que [la science] inférieure; et la science suprême, à savoir la philosophie première sera science au maximum. [51]

Albert le Grand, de son côté écrivait ceci:

lorsque le physicien présuppose qu'existe un corps mobile et lorsque le mathématicien présuppose qu'existe du quantitatif continu ou discret, [chacun], par là, *pose* de l'être, car, à partir de ses propres principes il ne peut *prouver* l'être même, mais il convient que l'être [en question] soit prouvé à partir des principes de l'être pris purement et simplement. Et de là cette science [première] tient de stabiliser et les sujets et les principes de toutes les autres sciences. [Ceux-ci] en effet ne peuvent être stabilisés et *fondés* par les sciences particulières elles-mêmes, en lesquelles [le fait] «que ils sont», ou leur être, sont laissés de côté ou présupposés [52]

où l'on voit que Ch. Wolff, même s'il a développé une ontologie qu'on ne saurait imputer ni à Thomas d'Aquin ni à Albert le Grand, a cependant bien chez eux, sur la question du rapport de la philosophie première aux autres sciences, des racines indéniables – et non seulement Ch. Wolff, mais aussi R. Descartes lui-même.

Eh bien! La philosophie première va-t-elle développer son analyse causale de ce qui est pris en tant qu'être de telle manière que, atteignant «les principes [qui sont principes] propres de chaque [réalité existante]», elle sera du même coup en mesure de fournir leurs principes à tous autres savoirs de science, à commencer par la philosophie «seconde» qu'est, pour Aristote, la philosophie de la nature et du vivant? Tel n'est manifestement pas le cas chez celui-ci! En même temps, il est vrai, la philosophie seconde

---

51 Thomas d'AQUIN 1269-1272, *In Aristotelis libros* Posteriorum Analyticorum *expositio*, éd. 1964 n° 147(5), p. 204.

52 ALBERT le GRAND, *Metaphysica, in Opera Omnia*, éd. 1951 sq., p. 2, 75sq, cité *in* J.-F. COURTINE 1990, p. 104, n.9; traduit et souligné par moi.

appelle pour lui la philosophie première et, par ailleurs, nous le verrons rapprocher, jusqu'à sembler les identifier, substance-cause et nature (*Mét.* Z17, 1041b28-33 et H3, 1043b14-23); et la saisie de l'âme, dans le traité qui lui est consacré, comme substance et acte: «nécessairement donc, l'âme est substance comme forme d'un corps naturel ayant la vie en puissance. Or la substance est acte. L'âme est donc acte d'un corps de cette qualité» (*De l'âme* B1, 412a19-22), ne saurait évidemment pas être sans lien aucun avec les recherches de *Mét.* Z-H concernant la substance et celles de *Mét.* Θ concernant l'acte...

Prenons la chose par le biais suivant: de ce que, de l'autonomie *dans le devenir* qui est celle des corps physiques et des vivants, la question du divin, l'interrogation critique et l'analyse de cette autonomie même nous conduisent à passer à la considération de leur autonomie *dans l'ordre de l'être*, suit-il que l'analyse causale qu'appelle la première autonomie se ramène à celle qu'appelle la seconde? Non. Sans doute la première présuppose-t-elle la seconde, mais *la manière dont elle se réalise*, parce qu'elle implique la matière et la corruptibilité (alors que la seconde est ce à travers quoi nous escomptons atteindre ce que nous recherchons au delà de l'une et l'autre [53]), assume des nécessités propres, et appelle donc une analyse causale propre. En quoi d'ailleurs le genre épistémique de la philosophie seconde se rattache-t-il à ce dont la philosophie première doit entreprendre l'analyse causale, qui n'est pas un genre, ni catégorial ni épistémique, mais à quoi se rattachent tous genres, à savoir l'être, précisément, des réalités que nous expérimentons être? En ce qu'il se rapporte à *une* manière d'être, alors que la question du divin, au moins, nous fait anticiper, et que l'interrogation critique nous confirme, que ce pourrait bien ne pas être la seule.

Et sans doute ne parlerions-nous plus aujourd'hui comme Aristote d'un «genre» des réalités incorruptibles, car nous ne distinguons plus, comme il le faisait, entre les deux mondes infralunaire et supralunaire, mais c'est bien encore par la manière d'être que nous caractériserions d'abord, et par anticipation, le monde du divin, de sorte que, en substance sinon dans les termes, nous garderions la conclusion (encore anticipatrice) de *Mét.* I10: «[c'est] donc en tant que et selon ce qu'ils [sont] en premier lieu [que] ce qui [est] corruptible et ce qui [est] incorruptible ont [entre eux] une opposition, [et non à la manière de deux individus spécifiquement les

---

53 Soit plus précisément, aurons-nous à faire ressortir dans notre second livre, au delà de la contingence qui affecte la nécessité que *Phys.* B9, 200a13-15 relève jouer «dans la matière». Voir déjà sur ce point M. BALMÈS 1999, «Du principe anthropique à Aristote et retour».

mêmes mais l'un blanc et l'autre noir], de sorte qu'il est nécessaire qu'ils soient autres selon le genre» (1059a9-10).

En outre et surtout nous développerions un point qui n'est pas absent de la quête aristotélicienne, mais qui y reste plutôt à l'état de germe: la philosophie première n'est pas appelée seulement par la question du divin et l'interrogation critique mais, aussi, par la question de l'homme ou, comme la méditation chrétienne de la Révélation nous a appris à le dire, la question de la personne. Et sans doute la théologie cosmique des mouvements circulaires dans un temps infini n'offrait-elle pas sur ce point une incitation comparable à celle de la vocation, annoncée par l'Evangile, à la participation filiale à la vie des trois Personnes de la très sainte Trinité. Mais qu'il y ait un lien essentiel entre l'interrogation métaphysique et l'interrogation sur la personne, Aristote peut malgré tout nous le faire apercevoir, même si ce n'est pas là où iraient le chercher les platoniciens que sont plus ou moins, malheureusement, presque tous ceux qui pensent, avec raison pourtant, qu'une philosophie de l'homme et de la personne ne peut pas ne pas être une philosophie de l'esprit, mais, nous avons déjà cité ce texte, dans *Les parties des animaux*.

Oui, dans l'élaboration de l'interrogation métaphysique et même, historiquement, de la *Métaphysique*, il y a la question de l'homme ou, si l'on veut, de la personne. En même temps, il faut le souligner, cette interrogation vers la personne intègre bien, même si elle ne s'y réduit pas, l'interrogation vers la nature et, intérieure à celle-ci, l'interrogation vers le vivant – la «philosophie du corps», aussi bien, en fait partie. Mais cela confirme et explicite ce que nous suggérions plus haut: c'est par les manières d'être des réalités singulières appartenant à leur «genre-sujet» que se distinguent les parties de la philosophie. Non sans chevauchements d'ailleurs: la philosophie du vivant est bien, pour une large part, une philosophie de la nature, mais non tout entière et peut-être aussi, pour la part où elle l'est, plus spécifique que ne le marquait Aristote; et la philosophie de la personne reconnaît en elle toutes manières d'être, jusques et y compris, d'une certaine façon, celle qui est propre au divin. Mais il y a bien là, malgré tout, autant de manières d'être distinctes, appelant chacune une analyse causale propre. Et cela ne vaut pas seulement de la philosophie théorétique, mais aussi de la «philosophie humaine», dont les parties ont aussi leur autonomie, mais qui elles aussi appellent un prolongement qui ne peut être développé sans la philosophie première: les actes humains peuvent et doivent être analysés dans leur dépendance à la recherche du bonheur indépendamment de la question du divin, mais cette question est inéludable, et d'abord justement dans l'ordre pratique, si bien que, dans «la philosophie des choses humai-nes», [54] l'éthique humaine peut et doit se prolonger, philosophiquement, en une éthique religieuse. [55] Et l'analyse du faire humain est un travail dans le champ duquel entre tout le monde des symboles, qui ne sont point tous ou en tout religieux, mais qui pourraient bien l'être, et de plusieurs façons, premièrement.

Y compris les symboles mathématiques? Non, sans doute. Mais, d'une part, le faire mathématique est l'œuvre d'une faculté qui, si elle est capable de faire exister l'être mathématique de manière séparée, doit bien elle-même impliquer dans ce vivant corporel qui la possède une manière propre d'exister séparé. Et, d'autre part, si l'autonomie des diverses parties de la philosophie semble appeler un regard critique sur les liens entre les causes propres qui font l'unité de leurs genres-sujets et les causes propres de ce qui est pris en tant qu'être, et si c'est dans le jeu de ces diverses causes que la question du divin peut espérer trouver le point d'accrochage et la relation qui lui permettront d'atteindre ce qu'elle recherche, c'est aussi dans ce jeu que, peut-on penser, l'interrogation critique trouvera de quoi situer ce à quoi se rapportent, dans ce qui est, les sciences galiléennes et, par suite, de donner réponse à l'énigme.

Mais assez anticipé, il est temps de passer de la recherche de «la source où se manifesterait le contact originel de l'intelligence avec les choses», soit donc de l'interrogation sur la signification, à une analyse causale de ces choses et, au service de celle-ci, à l'interrogation sur la source, en elles, de la nécessité.

---

54 *Ethique à Nicomaque* X10, 1181b15.
55 Cf. M.-D. PHILIPPE 1992, «Quelques éléments de réflexion pour une éthique».

Conclusion

Au terme de cette première étape, l'énigme apparaît-elle soluble?

Au sens où l'étonnement qu'elle est susceptible de susciter devrait finir par disparaître, de la même façon que, selon Aristote, l'étonnement suscité par l'incommensurabilité de la diagonale devrait, «pour finir, aboutir à la disposition contraire [...] car rien n'étonnerait autant l'homme instruit en géométrie que si la diagonale devenait commensurable» (*Mét.* A2, 983a 18...21), certainement pas. Sans doute un aristotélisme superficiel serait-il tenté de faire valoir que, contrairement à ce que semblait dire A. Einstein devant l'Académie de Berlin, les mathématiques ne s'élaborent pas de manière totalement indépendante du réel, et qu'il ne faut donc pas s'étonner qu'on les y retrouve ensuite. Mais ce serait là manquer, tout d'abord, à s'étonner de combien la conjonction des recherches proprement mathématiques et des entreprises de mathématisation ont conduit et conduisent encore, et cela dans des champs de plus en plus divers et étendus, à des inventions aussi imprévisibles que, selon l'expression d'E.P. Wigner, d'une «unreasonable effectiveness». Et ce serait alors aussi et surtout se dérober au renouvellement de l'interrogation que ces constantes invention et efficacité ne devraient pourtant pas manquer de susciter de la part du philosophe. Car si l'intention originelle de la philosophie est de rechercher la sagesse par voie de science, cela implique un lien originel à tous savoirs de science (comme aussi à toutes propositions et recherches de sagesse), lien qui n'a pas disparu avec l'extraordinaire développement depuis vingt-sept siècles, et spécialement dans les quatre derniers, des sciences autres. Au contraire, l'autonomie même qu'elles ont acquises fait naître un appel à les situer en sagesse, appel dont l'énigme, aussi bien, est une des expressions les plus fortes.

Répondre à cet appel, toutefois, et sinon dissoudre du moins éclairer l'énigme, comment cela se peut-il faire? Non pas, pensons-nous avoir montré, en entreprenant à la suite de R. Descartes quelque projet de *fondation métaphysique*, ou, à la suite d'E. Kant, *critique*, ou, pour les mathématiques et à la suite du logicisme, *logique*, mais en visant plus modestement, comme déjà Aristote le posait à faire dans le nouement même de l'interrogation directrice de la philosophie première, à *situer* en sagesse les divers savoirs de science. Et derechef, comment cela? En reconnaissant, tout d'abord, qu'interrogation scientifique vers le réel et interrogation critique sur le rapport de notre pensée à ce qui est sont nécessairement interdépendantes, sans pour autant laisser enfermer la philosophie dans l'aporie du cercle que, à renoncer à partir de l'expérience commune et de la connaissance ordinaire, ces deux interrogations semblent devoir former. Grâce à des observations convenablement orientées de notre dire en effet et, pour commencer, de ce que notre commun et ordinaire dire descriptif dit être, Aristote déjà, peut-on expliciter, réussissait à nouer observation et réflexion logiques, interrogation critique et interrogation philosophique vers le réel et, en celui-ci, vers ce qui y constitue l'ancrage des différents savoirs, ordinaires et de science, que nous en acquérons ou pouvons acquérir. Grâce à ce nouement, de fait, et grâce aux successives remontées du triangle parménidien de l'être, du penser et du dire en lesquelles il engage, sont tenues ensemble l'exigence de sagesse d'avoir à partir de ce que nous expérimentons être et non de simples possibles, et l'exigence de science d'avoir à y rejoindre ce qui y est nécessaire ou source de nécessité, et cela notamment en permettant de discerner, en vue de nouer plus avant l'interrogation vers la complexité réelle, ce qui relève de la complexité rationnelle. Or, un tel travail de remontées du triangle de Parménide, c'est cela précisément qui nous est apparu appelé par l'énigme, tout particulièrement parce que, d'une part, elle semble être née de ce que la mathématisation galiléenne a ouvert l'accès, par delà le mathématisable immédiat des quantités discrète et continue accessibles à notre expérience courante, au mathématisable profond de lois et de structures inaccessibles à celle-ci; et parce que, d'autre part, la séparation constitutive du mathématique ne nous a paru laisser aucune autre voie d'accès *philosophique* à ce qui différencie le mathématisable dans ce qui est que celle qui, à partir des différences qui se laissent observer entre les mises en forme logique du dire rationnel adaptées aux fins elles-mêmes différenciées du mathématicien et du philosophe, engage en effet en de telles remontées.

Mais dans cette voie, maintenant, avons-nous commencé d'obtenir des résultats? Oui semble-t-il, et cela tant dans un renouvellement de la lecture du travail, de l'*ergon* aristotélicien que par rapport à l'énigme.

Quant au travail accompli par Aristote, tout d'abord, paraissent à relever tout particulièrement les points suivants:

1) Dans le prolongement de son rappel initial de l'observation selon laquelle «ce qui est se dit de plusieurs manières», *Mét.* Z soulève assurément des questions concernant le fondement dans ce qui est du dire et des significations catégoriaux. Mais la question directrice n'en est pas pour autant la question platonicienne: «que signifie l'être?», ni même la question «qu'est-ce que l'être?», mais bien la question, longuement mûrie par les livres antérieurs: «quelles sont les causes de ce qui est pris en tant qu'être?». Qu'est-ce à dire? Eh bien une question dont Z1, rassemblant des éléments en provenance, en effet, de l'observation de ce que notre dire

descriptif dit être mais aussi de *Phys.* B2, manifeste qu'elle interroge, non exclusivement mais premièrement, sur les causes de l'exister par soi, séparé et un qui est celui des réalités que ladite observation nous conduit à classer dans la catégorie de la substance.

2) La première articulation que Z1 donne alors à cette question fait bien usage d'une question que l'on peut entendre comme portant sur la signification, à savoir la question «qu'est-ce que...?», mais non seulement elle porte une intention réaliste que ne porte pas nécessairement la question «que signifie...?», mais il convient surtout de noter tout de suite – même si la pleine portée de cette observation n'apparaîtra que dans le livre II – que Z17 va lui donner la force de la question «sous la vertu de quoi...? *dia ti;*». Cette question en effet, qui est celle qui ouvre la recherche des causes, sera aussi celle qui permettra de sortir de la double impasse auquel aura abouti le long travail ouvert au début de Z3 par une nouvelle articulation de l'interrogation directrice et développé ensuite jusqu'à Z16 compris.

3) Cette nouvelle articulation reprend, en la développant, une question surgie au cœur du travail par lequel *Phys.* A tente de remonter à ce que pré-suppose, dans ces réalités que nous expérimentons soumises au devenir, la connaissance que de fait et communément nous avons et de leur devenir et d'elles-mêmes – démarche que reprendra, mais à partir de la physique d'I. Newton et donc quant au phénomène, et non quant à la chose en soi, E. Kant... –, à savoir la question suivante: «est-ce que d'ailleurs [c'est] la forme eidétique, ou bien le sujet, qui est substance, ce n'est pas encore manifeste».

4) Il est un autre travail de pensée dont il n'est pas moins indispensable de repérer, pour retrouver toute la force de celui effectué au long de *Mét.* Z, les articulations qu'il lui fournit, à savoir le travail qui, assumant l'*Organon* entier, est accompli au long des *Sec. Anal.* Et tout d'abord il faut s'étonner, avec Daniel Graham, que, hormis sa présence, d'ailleurs significative, en *Sec. Anal.* B11-12, la distinction matière/forme soit totalement absente de l'*Organon*. Non pour en conclure qu'il y a «deux systèmes d'Aristote», mais pour remarquer que l'*Organon* s'organise tout entier, et spécialement les *Sec. Anal.*, au service d'une remontée du triangle de Parménide que la complexité de ce qui s'y joue conduira à reprendre de nombreuses fois, mais dont la toute première étape est accomplie, précisément, en *Phys.* A5-7. Partant d'une observation de notre dire du devenir, Aristote y remonte en effet tout d'abord, comme cela apparaît encore dans la question citée à l'instant, au couple *eîdos/hupokeimenon* puis, de là, au couple *morphè/hulè*. Le premier reste encore logico-critique, le second fait le saut jusqu'aux *éléments* dont est constitué, réellement, ce qui est... mais ce qui est *en tant que soumis au devenir*.

5) Cette dernière précision est absolument capitale et l'on peut regretter que Thomas d'Aquin n'en ait pas saisi toute l'importance. Certes il a bien vu que la philosophie première se devait d'aller au delà de la saisie de la substance comme d'un composé de matière et de forme mais, en jeune théologien trop vite soucieux de développer une intelligence philosophique de la création, il a fait directement passer le *De ente et essentia* de la composition hylémorphique à la composition réelle en essence et existence. Ce faisant, il n'a pas pu rejoindre dans toute sa force l'analyse causale développée dans la *Métaphysique* et, tenant que *Mét.* Z entier procède *logikôs* traduisons: sur un mode logico-critique, il voit en *Mét.* H seulement l'analyse causale de ce qui est pris en tant qu'être, analyse qui, selon lui, conduit à la matière et la forme.

6) La remontée à la matière et à la forme comme éléments constitutifs de ce qui est en tant que soumis au devenir, donc, constitue une première remontée du triangle de Parménide. Mais elle en appelle beaucoup d'autres, et d'abord en *Phys.* B qui, prenant pour ce faire un départ à nouveau dont il faudra se souvenir lors de celui que prendra *Mét.* Z17, nous fait remonter *selon la ligne de la causalité efficiente*, jusqu'à la nature principe immanent de mouvement et de repos, puis, atteignant là des «premiers» au delà desquels la philosophie de la nature ne peut pas aller, analyse comment sa causalité s'exerce à travers la nature-forme et la nature-matière pour s'achever dans une nature-fin qui n'est autre, là apparaît l'immanence de la nature comme tout, que la nature forme.

7) Mais, chemin faisant, apparaît la nécessité d'une analyse plus radicale, et cela sur deux points déjà indiqués: d'une part l'existence par soi, dont la nature, principe d'autonomie dans l'ordre du *devenir* ne suffit pas à rendre compte et d'autre part, donc, la question qui va articuler l'interrogation de *Mét.* Z3-16. Ces deux points sont-ils liés? Oui, avec toute la force qui lie l'interrogation métaphysique et l'interrogation critique. Qu'est donc, en effet, la saisie de la forme eidétique et physique, de l'*eîdos kai morphè*? La saisie par delà ce «même» *intelligible* qu'est l'*eîdos*, hors de la saisie duquel nous ne pourrions même pas *penser* et donc encore moins *parler*, d'un certain «même» qui est tel *dans le réel* et *par delà le devenir* auquel ce réel est constamment soumis. Mais, dépassant le devenir, ce «même» est-il, du fait de ce que L. Couloubaritsis désigne judicieusement comme sa *persistance*, ce qui rend compte de l'existence par soi et séparée, ou bien n'est-ce pas plutôt du fait de sa *subsistance* (au sens restreint de sous-jacence), cet autre «même» qu'est, par delà la multiplicité de ce qui s'y attribue, la substance-sujet, *ousia-hupokeimenon* Et d'autre part, son existence par soi et séparée assumant du moins un certain temps, dans une autonomie qui est de l'ordre de l'être, *toutes* nécessités auxquelles est

soumise la réalité que nous classons dans la catégorie de la substance, est-ce l'un de ces deux «mêmes» qui se proposent à répondre à notre question de savoir ce que, comme telle, elle est, qui est du même coup, en elle, la source radicale de toute nécessité?

8) La première branche de l'alternative appelle un assez rapide premier examen: oui la substance est sujet mais, la matière disant indétermination alors que l'existence par soi présuppose au contraire détermination, ce n'est pas là un *explicans* mais plutôt un *explicandum* ... ce qui implique d'ailleurs que l'on n'en a pour autant fini ni avec la matière ni avec le sujet.

9) La seconde branche de l'alternative, elle, demande un examen considérablement plus long. En bref, l'on doit tout d'abord relever que les résultats du travail de *Mét.* Z4 et 6 ne consistent pas seulement à manifester dans la forme saisie comme *ti ên eînai* le fondement objectif des significations catégoriales qui composent notre dire descriptif de ce qui est, mais aussi à faire apparaître du même coup un écart entre être et première intelligibilité, et entre unité d'être et unité de première intelligibilité.

Or, la mise au jour de ce que nous désignerons désormais comme «l'écart» est décisive, car c'est elle qui va faire passer l'interrogation critique prégnante à *Mét.* Z de l'interrogation vers le fondement dans ce qui est des significations catégoriales à l'interrogation vers les causes propres immanentes de l'exister par soi, séparé et un qui est celui des réalités que nous classons dans la catégorie de la substance – et, par là, vers les sources radicales, car immanentes à ce qui est pris en tant qu'être, des nécessités assumées dans cet exister. A expliciter plus avant, en effet, en quoi l'écart conduit à rejeter la candidature de la forme à répondre à la question «qu'est-ce que la substance?», Z5 va manifester que sa nécessaire exploration sera à entreprendre à partir de ce qui apparaîtra alors comme ses deux traductions, déjà rencontrées mais non encore saisies sous cet angle, à savoir d'une part, dans la raison, la distinction des deux modes d'attribution par soi et, dans le réel, la composition matière/forme. Or, au cours de cette exploration, apparaîtra de plus en plus fortement la suggestion d'avoir à se demander si, par delà le fondement de l'intelligibilité première qu'est le *ti ên eînai kai morphè*, la substance ne serait pas à saisir comme *cause selon la forme* de ce qui est pris en tant qu'être. C'est bien là le résultat auquel parviendra, dans un saut qui atteindra cette cause tant par delà la matière et le sujet que par delà la forme, la reprise à nouveau effectuée en *Mét.* Z17. Et, dans la mesure où tout savoir de science est un certain savoir de *ce qui est* et de *ce qu'est*, dans ce qui est, ce à quoi il se rapporte, cette saisie de ce qu'est la substance comme substance est non seulement entrée dans la science de ce qui est en tant qu'être, mais aussi lieu critique à partir duquel pourra être entreprise par elle la tâche d'avoir à situer en sagesse tous autres savoirs de science.

Et quant à l'énigme, justement, avons-nous gagné à son sujet, en retour de rôle de catalyseur que nous lui avons commencé à lui faire jouer pour cette relecture, quelques premières lumières?

Oui tout d'abord, semble-t-il, par les discernements qu'elle a appelé à faire, en amont, concernant les diverses mises en forme logique qu'il est possible de faire du dire rationnel et par la portée philosophique *heuristique* que ces discernements ont permis de reconnaître à l'énigme du parallélisme logico-mathématique.

Oui, ensuite, en ce que la remontée à la quiddité ayant conduit à observer que l'unité de la substance, l'unité de la qualité, l'unité de la grandeur et l'unité du nombre sont tout autres, la relecture conséquente de *Mét.* I 1-6 a permis de saisir combien sont par suite tout autres les saisies rationnelles de ces «mêmes» intelligibles catégoriaux que sont la qualité, la grandeur et le nombre – par où est retrouvée et me semble-t-il approfondie une observation sur laquelle Léon Brunschvicg, une fois n'est pas coutume, rejoignait Henri Bergson, à savoir celle selon laquelle genre et nombre engagent des rationalités décisivement différentes.

Oui, encore, précisément, en ce que la saisie de cette différence a aussi permis de saisir en quoi les explorations de l'écart entre (unité d')être et (unité de) première intelligibilité en quoi s'engagent les diverses recherches d'un savoir de science conduisent nécessairement à l'élaboration de significations analogiques, mais selon des modes d'analogie qui, entre les mathématiques et la philosophie sont tout autres.

Ce ne sont là, toutefois, que de premiers résultats. Restant dans la champ ouvert par l'interrogation vers les fondements des significations catégoriales, ils nous maintiennent, même s'ils se sont prolongés en résultats concernant les significations scientifiques, dans le champ de l'interrogations vers le mathématisable immédiat. Et sans doute les Anciens, y compris Aristote, ne pouvaient-ils aller au delà. Mais il se trouve que, si la mathématisation de la nature, inaugurée par Galilée et aujourd'hui non seulement incroyablement approfondie mais aussi étendue à bien d'autres domaines, nous oblige, nous, à interroger vers le mathématisable profond, cette interrogation pourrait bien trouver son lieu propre et décisif dans l'écart mis au jour par Aristote, grâce à son interrogation vers les causes immanentes de ce qui est pris en tant qu'être, entre (l'unité de) première intelligibilité et (unité d')être. Telle va être en tout cas, le texte aristotélicien et l'énigme nous y invitent tous les deux, la perspective que va explorer notre livre II.

BIBLIOGRAPHIE*

ADAMCZYK S. 1933, *De objecto formali intellectus nostri secundum doctrinæ S. Thomæ Aquinatis*, Université grégorienne, Rome.

AGAZZI Evandro 1988, «L'objectivité scientifique», *in*: *L'objectivité dans les différentes sciences* , AGAZZI E. (éd), Fribourg (Suisse), Ed. univ., p. 13-25.

ALBERT le GRAND, *Metaphysica*, *in Opera Omnia*, éd. B. Geyer *et al.*, Institutum Alberti Magni, 1951 sq.

ALFÉRI Pierre 1989, *Guillaume d'Ockham. Le singulier*, Paris, éd. de Minuit.

APOSTLE H. G. 1952, *Aristotle's Philosophy of Mathematics*, Chicago.

AQUIN Thomas (d') 1256-1259, *Quæstiones disputatæ de Veritate*, Turin-Rome, Marietti, 1964.

– 1257-1258, *In librum Boetii* de Trinitate *expositio*, *in Opuscula theologica* II, Turin-Rome, Marietti, 1954.

– 1259-1264, *Summa contra Gentiles*, Paris, Lethielleux, 1957.

– 1266-1272, *Summa Theologiæ*, Matriti, 1961-1965.

– 1268-1272, *In duodecim libros* Metaphysicorum *Aristotelis expositio*, Turin-Rome, Marietti, 1964.

– 1269-1272a, *In Aristotelis librum* De Anima *commentarium*, Turin-Rome, Marietti, 1959.

– 1269-1272b, *In Aristotelis libros* Peri Hermeneias *et* Posteriorum Analyticorum *expositio*, Turin-Rome, Marietti, ²1964 .

ARISTOTE, Aristotelis *Analytica priora et posteriora*, rec. [...] William David Ross, præfatione et appendice auxit L. Minio-Paluello, Oxford, 1982 (=1964); *Posterior Analytics*, translated with a commentary by Jonathan Barnes, Clarendon Press, Oxford, ²1993; *Seconds Analytiques*, traduction et paraphrase analytique par Marc Balmès, Université libre des sciences de l'homme (115-117, rue Notre-Dame-des-Champs, 75006 Paris) et Ecole Saint-Jean (Notre-Dame de Rimont, 71390 Fley), 1988.

– Aristotelis *Categoriæ* et liber *De Interpretatione*, rec. [...] L. Minio-Paluello, Oxford, 1966 (=1949); translated with notes and glossary by J.-L. Ackrill, Oxford, 1979 (=1963).

– *De l'âme*, texte établi et traduit par A. Janone et E. Barbotin, Paris, Les Belles Lettres, 1966.

---

* Dans la mesure du possible on indique, immédiatement après les nom et prénom de l'auteur, la date de première publication (ou de rédaction), et l'on ne précise *in fine* la date de l'édition citée que si elle est différente.

- Aristotelis *Ethica Nicomachea*, rec. [...] I. Bywater, Oxford, 1970 (=1894); *Ethique à Nicomaque*, nouvelle trad., par Jean Tricot, avec introduction, notes et index, Paris, Vrin, 1972 (3ᵉ éd.).
- Aristotelis *Metaphysica*, rec. [...] W. Jaeger, Oxford, 1969 (=1957); *La Métaphysique*, nouvelle éd. entièrement refondue, avec commentaire, par Jean Tricot, Paris, Vrin, 1953; livres Z, H Θ et I de la *Métaphysique*, traduction et paraphrase analytique par Marc Balmès, Université libre des sciences de l'homme, 1980; livres Z et H de la *Métaphysique*, traduction (revue) et (nouvelle) paraphrase analytique par Marc Balmès, Université libre des sciences de l'homme et Ecole Saint-Jean, 1993.
- *Météorologiques*, texte établi et traduit par Pierre Louis, Paris, Les Belles Lettres, 1982.
- Traité sur les *Parties des Animaux*, livre premier, texte avec traduction et commentaire par Jean-Marie Leblond, s. j., Paris, Aubier-Montaigne, 1945.
- *Physique*, texte établi et traduit par Henri Carteron, Paris, Les Belles Lettres, 2 vol., 1966 (=1926); livres A et B de la *Physique*, traduction et paraphrase analytique par Marc Balmès, Université libre des sciences de l'homme et Ecole Saint-Jean, 1986.
- *Les réfutations sophistiques*, traduction nouvelle et notes, par Jean Tricot, Paris, Vrin, 1965
- *Topiques*, traduction nouvelle et notes, par Jean Tricot, Paris, Vrin, 1965; *Topiques*, livres I-IV, texte établi et traduit par Jacques Brunschwig, Paris, Les Belles Lettres, 1967.
- *Categories* 1-4, *Métaphysique* A1-2, α1, E1 et 4, traduction et paraphrase analytique par Marc Balmès, Université libre des sciences de l'homme et Ecole Saint-Jean, 1995.

ARMSTRONG D.-M. 1983, *What is a Law of Nature?*, Cambridge UP.

ARNAULD Antoine et NICOLE Pierre 1662-1683, *La logique ou l'art de penser*, éd. critique présentée par Pierre CLAIR & François GIRBAL, Paris, PUF, 1965.

AUBENQUE Pierre 1962, *Le problème de l'être chez Aristote. Essai sur la problématique aristotélicienne*, Paris, PUF, 1977.
- 1979 (éd.), *Etudes sur la Métaphysique d'Aristote, Actes du VIᵉ Symposium aristotelicum*, Paris, Vrin.
- 1979, «La pensée du simple dans la Métaphysique (Z17et Θ10)», *ibidem*, p. 69-88.
- 1980 (éd.), *Concepts et catégories dans la pensée antique*, Paris, Vrin.

AVICENNA LATINUS, *Liber de philosophia prima sive scientia divina*, I-IV, éd. S. Van Riet, Louvain, 1977.

BACHELARD Gaston 1938, *La formation de l'esprit scientifique: contribution à une psychanalyse de la connaissance objective*, Paris, Vrin, rééd. PUF 1989.
– 1951, *L'activité rationaliste de la physique contemporaine*, Paris, PUF, 1965 (2ᵉ éd.).
– 1953, *Le matérialisme rationnel*, Paris, PUF, rééd. 1972.
BADIOU Alain 1988, *L'être et l'évènement*, Paris, Seuil.
– 1990, «Alain Badiou en questions; L'entretien de Bruxelles», *in*: Les Temps Modernes, 45 (1990), n° 526, p. 1-26.
– 1991, «Melancholia. Saisissement, dessaisie, fidélité», Les Temps Modernes, 46 (1991), nᵒˢ 531-3, p. 14-22.
BALME David 1987, «Aristotle's Biology was not essentialist», p. 291-302, with two Appendices:
«Appendix 1: Note on the aporia in Metaphysics Z», p. 302-6,
«Appendix 2: The Snub», p. 306-12,
in: GOTTHELF Allan and LENNOX James G. 1987.
BALMÈS Marc 1975, *Le traité du non-être de Gorgias. Essai de critique philosophique*, mémoire de licence (dactylographié) présenté à l'Université de Fribourg (Suisse).
– 1982, *PERI HERMENEIAS. Essai de réflexion, du point de vue de la philosophie première, sur le problème de l'interprétation*, thèse présentée pour l'obtention du grade de docteur à l'Université de Fribourg (Suisse), éd. universitaires de Fribourg (Suisse), 1984.
– 1993, «Pertinence métaphysique d'Antisthène», *in*: Gilbert ROMEYER-DHERBEY et Jean-Baptiste GOURINAT (éd.): *Socrate et les Socratiques*, Paris, Vrin, 2001.
– 1995, «Du dire de l'εἶδος à l'οὐσία ‹cause selon l'εἶδος›, ou: de l'universel au singulier», *in*: *Revue de philosophie ancienne.*, XIV, n° 2, 1996, p. 3-37.
– 1998, «Quels sont ces ‹premiers› dont il nous est nécessaire d'acquérir la connaissance ‹par induction›? (*Sec. Anal.* B19, 100b3-5)», *in*: Michel BASTIT et Jacques FOLLON (éd.), *Logique et Métaphysique dans l'Organon d'Aristote. Actes du colloque de Dijon*, Louvain-la-Neuve, éd. Peeters, 2001, p. 1-34.
– 1999, «Du principe anthropique à Aristote et retour», *in*: Michel BASTIT et Jean-Jacques WUNENBURGER (éd), *La finalité en question, Philosophie et sciences contemporaines*, Paris, L'Harmattan, 2000, p. 47-63.
– 2002a, «Predicables de los *Topicos* y predicables de la *Isagogè*», *Anuario Filosofico* 2002 (35), p. 129-64.
– 2002b, *Pour un plein accès à l'acte d'être avec Thomas d'Aquin et Aristote, réenraciner le De ente et essentia, prolonger la Métaphysique*, sous presse.

BARNES Jonathan 1975: ARISTOTLE, *Posterior Analytics,* translated with a commentary, Oxford UP, 1993.

BARREAU Hervé 1990, *L'épistémologie,* Que sais-je? 1475, Paris, PUF.

BEAUNE Jean-Claude 1994 (éd.), *La mesure. Instruments et philosophies,* Seyssel, éd. Champ Vallon.

BELAVAL Yvon 1962, *Leibniz, initiation à sa philosophie,* Paris, Vrin, [5]1984.

BERGSON Henri 1896, *Matière et mémoire,* Alcan, Paris.

– 1907, *L'évolution créatrice,* Alcan, Paris.

BERTHOLET Edmund 1968, *La philosophie des sciences de Ferdinand Gonseth,* Lausanne.

BLANCHÉ Robert 1948, *La science physique et la réalité,* Paris, PUF.

– 1955, *L'axiomatique,* Paris, PUF, [5]1970.

– 1957, *Introduction à a logique contemporaine,* Paris, Armand Colin, [5]1968.

– 1970, *La logique et son histoire, d'Aristote à Russell,* Paris, Armand Colin.

– 1975, *L'induction scientifique et les lois naturelles,* Paris, PUF.

BLONDIAUX Claude 1983, «De la distinction entre ce qui est, ce qui est connu et ce qui est dit», mémoire de licence (dactylographié) présenté à la Fac. des Lettres de l'Université de Fribourg (Suisse).

BOCHENSKI Innocent 1951, *Ancient Formal Logic,* Amsterdam.

BOÈCE, *de Trinitate, in:* Boethius, Anicius Manlius Severinus, *Courts traités de théologie,* textes trad. et présentés par Hélène Merle, Paris, Cerf, 1991.

BOEHM Rudolf 1963, «Le fondamental est-il l'essentiel? (Aristote, Métaphysique Z3)», *in: Revue philosophique de Louvain,* 64, 1966, p. 373-389.

– 1965, tr. fr.: *La métaphysique d'Aristote. Le Fondamental et l'Essential,* traduit de l'allemand et préfacé par Emmanuel Martineau, Paris, Gallimard, 1976.

BONINO Serge-Thomas (éd.) 1995, *Saint Thomas et l'onto-théologie, Revue thomiste,* 1995, n° 1.

BOOLE Georg, *Collected logical works,* 2 vol., Chicago, London, éd. Paul Jourdain, 1916.

BOURBAKI Nicolas 1960, *Eléments d'histoire des mathématiques,* Paris, Hermann, 1974.

– 1970, *Eléments de mathématiques. Théorie des ensembles,* Paris, Hermann.

BOURGEOIS Bernard 1994, introduction à la traduction et au commentaire de HEGEL G.W.F., *Concept préliminaire de l'encyclopédie des sciences philosophiques en abrégé,* Paris, Vrin.

BOUTOT Alain 1990, «Mathématiques et ontologie: les symétries en physique. Les implications épistémologiques du théorème de Nœther et des théories de jauge», *in: Revue philosophique de la France et de l'étranger,* 1990 (III), p. 481-519.

– 1993, *L'invention des formes*, Paris, Odile Jacob.

BOUVERESSE Jacques 1986, «La théorie de la proposition atomique et l'assymétrie du sujet et du prédicat: deux dogmes de la logique contemporaine?», *in*: VUILLEMIN J. 1986, p. 79-119.

BRETON Stanislas 1962, «La déduction thomiste des catégories», *Revue philosophique de Louvain*, 60 (1962), p. 5-32.

BRUNSCHVICG Léon 1912, *Les étapes de la philosophie mathématique*, Paris, PUF, ^{3}1947.

BRUNSCHWIG Jacques 1964, «Dialectique et ontologie. A propos d'un livre récent», *in*: *Revue philosophique*, 89.

– 1967, traduction de et introduction à: ARISTOTE, *Topiques* I-IV, Paris, Les Belles Lettres.

– 1979, «La forme, prédicat de la matière?», *in*: AUBENQUE P. 1979 (éd.), p. 131-66.

BUNGE Mario 1994, «L'écart entre les mathématiques et le réel», *in*: PORTE M. 1994, p. 165-73.

CAHALAN John C. 1985, *Causal Realism*, Lanham-New York-London, University Press of America.

CAJETAN Thomas de VIO, *Commentarium in Sancti Thomæ Aquinatis* Summa theologiæ, Sancti Thomæ Aquinatis *Opera Omnia* t. IV, *Pars Prima Summa theologiæ*, Rome, «éd. Léonine», 1888.

CALAN Pierre (de) et QUINET Emile 1992, *Les mathématiques en économie*, Paris, éd. univ.

CANTOR Georg, *Gesammelte Abhandlungen*, Berlin, Springer, 1932.

CARNAP Rudolf 1934, *Logische Syntax der Sprache*, Vienne.

CHAMBADAL P. 1969, *A la recherche de la réalité physique*, Blanchard, Paris.

CLAIX René 1972, «Le statut ontologique du concept de ‹sujet› selon la métaphysique d'Aristote. L'aporie de *Métaphysique* VII (Z) 3», *in*: *Revue philosophique de Louvain*, 70, 1972, p. 335-359.

CLAVELIN Maurice 1968, *La philosophie naturelle de Galilée. Essai sur les origines et la formation de la mécanique classique*, Paris, Albin Michel, ^{2}1996.

CLEARY John J. 1995, *Aristotle and Mathematics. Aporetic Method in Cosmology and Metaphysics*, Leiden-New York-Köln, Brill.

CODE Alan 1984, «The Aporematic Approach to Primary Being in *Metaphysics Z*», *in*: *Canadian Journal of Philosophy*, suppl. vol. X, 1984, p. 1-20.

COLIN Pierre 1992 (éd.), *De la nature. De la physique classique au souci écologique*, Paris, Beauchesne.

COUFFIGNAL Louis 1968, «L'utilisation des mathématiques», *in*: *Technique, Art, Science; Revue de l'enseignement technique*, n° 217, mars 1968.

COULOUBARITSIS Lambros 1980, *L'avènement de la science physique. Essai sur la physique d'Aristote*, Bruxelles, Ousia.

COURTINE Jean-François 1980, «Note complémentaire pour l'histoire du vocabulaire de l'être. Les traductions latines d'QWTKA et la compréhension romano-stoïcienne de l'être», *in*: AUBENQUE P. 1980 (éd.), p. 33-87.

– 1990, *Suarez et le système de la métaphysique*, Paris, PUF.

COUTURAT Louis 1901, *La logique de Leibniz*, Hildesheim, Georg Olms, 1961.

– 1905a, *Les principes de la logique*, Hildesheim, Georg Olms, 1961.

– 1905b, *Les principes des mathématiques*; Hildesheim, Georg Olms, 1961.

CRUBELLIER Michel 1994, *Les livres Mu et Nu de la Métaphysique d'Aristote*, traduction et commentaire, thèse de doctorat présentée le 7 décembre 1994 à l'Université Charles de Gaulle, Lille III.

DAGOGNET François 1993, *Réflexions sur la mesure*, encre marine.

DAVIS Philip J. et HERSH Reuben 1982, tr. fr.: *L'univers mathématique*, traduit et adapté de l'américain par Lucien Chambadal, Paris, Gauthier-Villars, 1985.

DEDEKIND Richard 1888, «Was sind und was sollen die Zahlen?», *in*: *Ges. math. Werke*, t.III, Vieweg, Braunschweig, 1932, p. 315-91.

DESANTI Jean-Toussaint 1968, *Les idéalités mathématiques. Recherches épistémologiques. Le développement de la théorie des fonctions de variables réelles*, Paris, Seuil.

– 1972, préface à la réédition de BRUNSCHVICG L. 1912.

– 1975, *La philosophie silencieuse. Critique des philosophies de la science*, Paris, Seuil.

DESCARTES René 1628, *Regulae ad directionem ingenii*, *in*: *Oeuvres, Lettres*, Paris, La Pléiade, 1953, p. 37-119.

– 1629, lettre à Mersenne du 20 novembre, *ibidem*, p. 911-15.

– 1637, *Discours de la méthode pour bien conduire sa raison et chercher la vérité dans les sciences, ibidem*, p. 126-79.

– 1638, lettre à Mersenne du 11 octobre, *ibidem*, p. 1024-39.

– 1641a, lettre à Mersenne du 28 janvier, *ibidem*, p. 1110-4.

– 1641b, *Meditationes de Prima Philosophia*, tr. fr. 1647, *ibidem*, p. 257-547.

– 1644, *Principia philosophiæ*, tr. fr. 1647, *ibidem*, p. 553-690.

DESROSIÈRES Alain 1993, *La politique des grands nombres. Histoire de la raison statistique*, Paris, La Découverte.

DHOMBRES Jean 1978, *Nombre, mesure et continu. Epistémologie et histoire*, Nathan, Paris.

DHONDT U. 1961, «Science suprême et ontologie chez Aristote», *in*: *Revue philosophique de Louvain* 59, 1961, p. 5-30.

DIELS H. KRANZ W., *Die Fragmente der Vorsokratiker*, t.I, Berlin, ⁹1960.

DIEUDONNÉ Jean 1977, *Panorama des mathématiques bourbachiques*, Paris, Gauthier-Villars.

– 1978 (éd.), *Abrégé d'histoire des mathématiques (1700-1900)*, 2 vol., Paris, Hermann.

– 1982 (éd.), *Penser les mathématiques*, Paris, Seuil.

– 1987, *Pour l'honneur de l'esprit humain*, Paris, Hachette.

DREYER Jean-Noël 1977, *Le poème de Parménide*, traduction et commentaire, mémoire de licence (dactylographié) présenté à l'université de Fribourg (Suisse).

DUBARLE Dominique 1977, *Logos et formalisation du langage*, Paris, Klincksieck.

DUGAC Pierre 1976, *Richard Dedekind et les fondements des mathématiques* (avec de nombreux textes inédits), Paris, Vrin.

DUHEM Pierre 1908, ΣΩZEIN TA ΦAINOMENA, *Essai sur la notion de théorie physique*, Paris, Vrin, 1982.

DUMOULIN Bertrand 1987, recension de BALMÈS M. 1982, *Les études philosophiques*, 1987, p. 340-2.

EINSTEIN Albert 1921, «Geometrie und Erfahrung», tr. fr. par Maurice Solovine: «La géométrie et l'expérience», *in*: *Réflexions sur l'électrodynamique, l'éther, la géométrie et la relativité*, Paris, Gauthier-Villars, 1972, p. 75-91.

– 1922, Inscription du 11 novembre dans le livre d'or de Kammerlingh Onnes, *in*: tr. fr. *Correspondance*, Paris, Interéditions, 1980.

– 1929a, tr. fr.: «Au sujet de la vérité scientifique» [réponses aux questions d'un universitaire japonais], *in*: EINSTEIN A. 1953, tr. fr. p. 162.

– 1929b, «Über den gegenwärtigen Stand der Feldtheorie», *in*: *Festschrift zum 70. Geburtstag von Prof. Dr. A. Stodola*, Zürich, Füssli, p. 126-132.

– 1936, «Physik und Realität», *in*: *Franklin Institute Journal*, CCXXI, 1936, p. 313-47; tr. fr. par Maurice Solovine: «Physique et réalité», *in*: *Conceptions scientifiques, morales et sociales*, Paris, Flammarion, 1952, p. 66-108.

– 1949a, «Autobiographical notes», *in*: SCHILPP P. A. 1949 (éd.), p. 3-95; tr. fr.: *Autoportrait*, Paris, Inter-Editions, 1980.

– 1949b, «Reply to criticisms», *in*: SCHILPP P. A. 1949 (éd.), p. 663-93.

– 1950a, tr. fr.: «Sur la théorie de la gravitation généralisée», *in*: *Conceptions scientifiques, morales et sociales*, Paris, Flammarion, 1952, p. 128-49.

– 1950b, lettre à Michele Besso du 15 avril (lettre n°172), *in*: EINSTEIN A. et BESSO M. 1972, *Correspondance 1903-1955*, Paris, Hermann.

– 1950c, lettre à Michele Besso du 15 juin (lettre n°175), *ibidem*.

– 1953, tr. fr.: *Comment je vois le monde*, Paris, Flammarion, 1958.

ELDERS Léon 1994, *La philosophie de la nature de saint Thomas d'Aquin. La nature, le cosmos, l'homme*, Téqui, Paris.

ENGEL Pascal 1989, *La norme du vrai. Philosophie de la logique*, Paris, Gallimard.

ESPAGNAT Bernard (d'), *A la recherche du réel*, Paris, Gauthiers-Villars, 1979.

ESPINOZA Miguel 1987, *Essai sur l'intelligibilité de la nature*, Toulouse, éd. univ. du sud.

– 1994, *Théorie de l'intelligibilité*, Toulouse, éd. univ. du sud.

– 1997, *Les mathématiques et le monde sensible*, Paris, Ellipse.

FEYNMAN Richard, LEIGHTON Robert L., SANDS Matthew, tr. fr.: *Mécanique*, Paris, Inter Editions, 1979.

FOREST Aimé 1931, *La structure métaphysique du concret selon saint Thomas d'Aquin*, Paris, Vrin.

FOULQUIÉ Paul et SAINT-JEAN Raymond 1962, *Dictionnaire de la langue philosophique*, Paris, PUF, 1969.

FRAENKEL Abraham et *alii* 1973, *Foundations of Set Theory*, sec. rev. ed., Amsterdam, North Holland Pub. Comp.

FREGE Gottlob 1879, *Begriffsschrift, eine der arithmetischen nachgebildete Formelsprache des reinen Denkens*, Hildesheim, Olms, ^{2}1964.

– 1884, tr. fr.: *Les fondements de l'arithmétique*, Paris, Seuil, 1969.

– 1891…, tr. fr.: *Ecrits logiques et philosophiques*, Paris, Seuil, 1971.

GALILÉE 1610, tr. fr.: *L'essayeur* , tr. fr. Ch. Chauviré, Paris, Les Belles Lettres, 1980.

GARDIES Jean-Louis 1999, «La thématisation en mathématiques», deuxième des journées tenues à la Sorbonne sur le thème *Philosophie des sciences, Jean Largeault* (7 mai 1999), actes à paraître sous la direction de Miguel ESPINOZA.

GAUTHIER Yvon 1991, *De la logique interne*, Paris, Vrin.

GEACH Paul 1968, *Logic Matters*, Blackwell, Oxford, ^{2}1972.

GEYMONAT L. 1957, tr. fr.: *Galilée*, Paris, Laffont, 1968.

GIL Fernando 1993, *Traité de l'évidence*, Grenoble, Jérôme Millon.

GILSON Etienne 1948, *L'être et l'essence*, Paris, Vrin.

– 1952, «Les principes et les causes», *in*: *Revue Thomiste*, 1952, n° 1, p. 39-63.

GOCHET Paul 1978, *Quine en perspective*, Paris, Flammarion.

GONSETH Ferdinand 1936, *Les mathématiques et la réalité*, Paris, Albert Blanchard, 1974.

GOTTHELF Allan and LENNOX James G. 1987 (ed.), *Philosophical Issues in Aristotle's Biology*, Cambridge UP.

GRAHAM Daniel 1988, *Aristotle's Two Systems*, Oxford UP.

GRANGER, Gilles Gaston 1967, *Pensée formelle et sciences de l'homme*, Paris, Aubier-Montaigne.

– 1976, *La théorie aristotélicienne de la science,* Paris, Aubier.

GREENWOOD Thomas 1952, «La notion thomiste de la quantité», *in: Revue de l'Université d'Otawa*, 1952, p. 228*-48*.

GREISCH Jean et KEARNEY Richard 1991 (éd.), *Paul Ricœur. Les métamorphoses de la raison herméneutique*, Paris, Cerf, p. 381-403.

GUÉNON René 1945, *Le règne de la quantité et les signes des temps*, Paris, Gallimard, ^{2}1970.

GUÉRARD des LAURIERS Michel 1972, *La mathématique, les mathématiques, la mathématique moderne*, Paris, Doin.

HEIDEGGER Martin 1927, tr. fr.: *L'être et le temps*, tr. des § 1-44: Paris, Gallimard, 1964.

– 1950, tr. fr.: «Le mot de Nietzsche ‹Dieu est mort›», *in: Chemins qui ne mènent nulle part*, Paris, Gallimard, 1962, p. 253-322.

– 1954a, tr. fr.: «Dépassement de la métaphysique», *in: Essais et conférences*, Paris, Gallimard, 1958.p. 80-115.

– 1954b, tr. fr.: «Logos (Héraclite, fragment 50)», *ibidem*, p. 249-78.

– 1957a, tr. fr.: *Le principe de raison*, Paris, Gallimard, 1978.

– 1957b, tr. fr.: «Identité et différence», *in: Questions I*, Paris, Gallimard, 1968, p. 253-308.

– 1961, tr. fr.: *Nietzsche I et II*, Gallimard, Paris, 1971.

HEIJENOORT (van) Jean 1985, *Selected Essays*, Naples, Bibliopolis.

HEINZMANN Gerhard 1986, *Poincaré, Russell, Zermelo et Peano. Textes de la discussion (1906-1912) sur les fondements des mathématiques, des antinomies à la prédicativité*, Paris, A. Blanchard.

HERMITE Charles, *Œuvres,* 4 vol., Paris, Gauthier Villars, 1905-1917.

HEYTING Arend 1956, *Intuitionism. An Introduction*, North Holland.

HILBERT David 1925, tr. fr.: «Sur l'infini», *in: LARGEAULT J. 1972, p. 215-45.

– 1932-1935, *Gesammelte Abhandlungen*, I, II, III, Berlin, Springer. Reprint: New York, Chelsea, 1965.

HOLTON Gerald 1973, tr. fr.: *L'imagination scientifique*, Paris, Gallimard, 1981.

– 1978, tr. fr.: «Mach, Einstein et la recherche du réel», *in: L'invention scientifique*, Paris, PUF, 1982, p. 233-87.

HUISMAN Denis 1984, *Dictionnaire des philosophes*, 2 vol., Paris, PUF.

HUME David 1739, *Traité de la nature humaine*, tr. fr. Par André Leroy, Paris, 1973.

HUSSERL Edmund 1911, tr. fr.: *La philosophie comme science rigoureuse*, Paris, PUF, 1954.

- 1929, tr. fr.: *Méditations cartésiennes*, Paris, Vrin, 1953.
- 1954, tr. fr.: *La crise des sciences européennes et la phénoménologie transcendentale*, Paris, Gallimard, 1976.

ISRAËL Giorgio 1996, *La mathématisation du réel. Essai sur la modélisation mathématique*, Paris, Seuil.

JACOB Pierre 1980a, *L'empirisme logique*, Paris, éd. de Minuit.
- 1980b, *De Vienne à Cambridge. L'héritage du positivisme logique de 1950 à nos jours*, Paris, Gallimard, 1980

JAULIN Annick 1994, *Genre, genèse et génération de l'ousia prôtè chez Aristote*, thèse présentée à l'Université de Paris I Panthéon-Sorbonne en vue de l'obtention du doctorat d'Etat en philosophie, Paris, Vrin, 1999.

JEAN de SAINT-THOMAS 1637, *Cursus philosophicus thomisticus*, Marietti, 1948.

JORLAND Gérard 1981, *La science dans la philosophie. Les recherches épistémologiques d'Alexandre Koyré*, Paris, Gallimard.

KAHN Charles H. 1973, *The Verb «Be» in Ancient Greek (The Verbe «be» and Its Synonyms*, 6), Reidel, Dordrecht.

KANT Emmanuel 1781-1787, tr. fr.: *Critique de la raison pure*, Paris, PUF, 81975.
- 1783, tr. fr.*Prolégomènes à toute métaphysique future qui pourra se présenter comme science*, Paris, Vrin, 1941.
- 1800, tr. fr.: *Logique*, Paris, Vrin, 1989.

KLINE Morris 1980, tr. fr.: *Mathématique: la fin de la certitude*, Paris, Christian Bourgois, 1989.

KNEALE William and Martha 1962, *The Development of Logic*, London, Oxford UP, 1975.

KOYRÉ Alexandre 1948, «Sens et portée de la synthèse newtonienne», *in*: *Etudes newtoniennes*, Gallimard, Paris, 1968, p. 25-49.

KUHN Thomas 1962-1970, tr. fr.: *La structure des révolutions scientifiques*, Paris, Flammarion, 1972.

LADRIÈRE Jean 1957, *Les limitations internes des formalismes*, Louvain, E. Nauwelaerts, Paris, Gauthier-Villars.
- 1959, «La philosophie des mathématiques et le problème du formalisme», *in*: *Revue philosophique de Louvain*, 57 (1959), p. 601-22.
- 1966, «Objectivité et réalité en mathématiques», *in*: *Revue philosophique de Louvain*, 64 (1966), p. 550-81.
- 1969, «Le théorème de Löwenheim-Skolem», *in*: *Cahiers pour l'analyse*, 1969, n° 20, p. 108-130.
- 1989, «La forme et le sens», *in*: *Encyclopédie philosophique universelle*, I, Paris, p. 475-492.

– 1991, «Herméneutique et épistémologie», *in*: GREISCH J. et KEARNEY R. 1991 (éd.), *Paul Ricœur. Les métamorphoses de la raison herméneutique*, p. 107-125.

– 1992, «La pertinence d'une philosophie de la nature aujourd'hui», *in*: COLIN P. 1992, p. 63-93.

LALANDE André (éd.), *Vocabulaire technique et critique de la philosophie*, Paris, PUF, [12]1976.

LAMBERT Dominique 1996, *Recherches sur la structure et l'efficacité des interactions récentes entre mathématiques et physique*, thèse présentée en vue de l'obtention du grade de docteur en Philosophie à l'Université catho-lique de Louvain.

LARGEAULT Jean 1972, *Logique mathématique.Textes*, Paris, Armand Colin.

– 1985, *Systèmes de la nature*, préface de René THOM, Paris, Vrin.

– 1988, *Principes classiques d'interprétation de la nature*, Paris, Vrin.

– 1992 (éd.), *Intuition et intuitionisme* (sic), textes réunis, traduits et présentés par Jean Largeault, Paris, Vrin.

– 1993, *Intuitionisme* (sic) *et théorie de la démonstration*, Paris, Vrin.

LAUGIER-RABATÉ Sandra 1992, *L'antropologie logique de Quine. L'apprentissage de l'obvie*, Paris, Vrin.

LAUTMAN Albert 1935, «Mathématiques et réalité», *in*: LAUTMAN A. 1977, p. 281-5.

– 1937, «De la réalité inhérente aux théories mathématiques», *in*: LAUTMAN A. 1977, p. 287-90.

– 1977, *Essai sur l'unité des mathématiques et divers écrits*, Paris, Union générale d'éditions.

LE BLOND Jean-Marie 1939, *Logique et méthode chez Aristote*, Paris, [3]1973.

LECLERC Marc 1996: voir LAMBERT Dominique et …

LECOURT Dominique 1974, *L'épistémologie historique de Gaston Bachelard*, Paris, Vrin.

LE DANTEC Félix 1917, *L'athéisme*, Paris.

LEIBNIZ Gottfried 1686, *Discours de métaphysique*, Paris, Vrin, 1984.

LE LIONNAIS François 1962 (éd.): *Les grands courants de la pensée mathématique*, nouv. éd. augm., Paris, Albert Blanchard.

LE ROY Edouard 1899, «Science et philosophie», *in*: *Revue de métaphysique et de morale*, 1899.

– 1960, *La pensée mathématique pure*, Paris, PUF.

LÉVY-LEBLOND Jean-Marc 1982, «Physique et mathématiques», *in*: DIEUDONNÉ Jean 1982 (éd.), p. 195-210.

LITTLEWOOD D.E. [3]1960, tr. fr.: *Le passe-partout mathématiques, ou La généralisation par l'abstraction*, Paris, Masson.

LOCKE John 1690, tr. fr (1755): *Essai philosophique concernant l'entendement humain*, Paris, Vrin, 1983.

LOI Maurice 1989, «La ‹mathesis universalis› aujourd'hui», *in*: *Encyclopédie philosophique universelle*, I, Paris, PUF, 1989, p. 931-4.

LOT Frédéric 1997, *Pour une topologie du savoir. En marge de l'œuvre de Jacques Maritain*, thèse présentée à l'Université de Paris I-Panthéon-Sorbonne pour l'obtention du grade de docteur.

LOUX Michaël 1991, *Primary Ousia. An Essay on Aristotle's* Metaphysics Z and H, Ithaca-London, Cornell Univ. Press.

MC INERNY Ralph 1990, *Boethius and Aquinas*, Washington D.C., The Catholic UP.

MAGNARD Pierre 1992, *Le Dieu des philosophes*, Paris, éd. univ.

MALEBRANCHE Nicolas 1688-96, *Entretiens sur la métaphysique et la religion*, Paris, Vrin-CNRS, 1984.

MARION Jean-Luc 1975, *Sur l'ontologie grise de Descartes*, Paris, Vrin, 1993.

MARITAIN Jacques 1920, *Eléments de philosophie*:
   I: *Introduction générale à la philosophie*, Paris, Téqui, 1963
   II: *L'ordre des concepts 1. Petite logique (Logique formelle)*, Paris Téqui, 1966.
   – 1932, *Distinguer pour unir, ou: Les degrés du savoir*, Paris, Desclée de Brouwer, ⁷1963.
   – 1968, «Réflexions sur la nature blessée et sur l'intuition de l'être», *Revue thomiste*, 1968 n° 1, p. 1-40.

MARX Karl 1857, «Introduction à la critique de l'économie politique», tr. fr. 1977, Paris, éd. sociales.

MAYAUD Pierre-Noël (éd.) 1991, *Le problème de l'individuation*, Paris, Vrin.

MEIGNE Maurice 1959, *La consistance des théories formelles et le fondement des mathématiques*, Paris, Albert Blanchard.
   – 1964, *Recherches sur une Logique de la Pensée créatrice en Mathématiques*, Paris, Albert Blanchard.

MERLEAU-PONTY Maurice 1945, *Phénoménologie de la perception*, Paris, Gallimard, 1979.

MILNER Jean-Claude 1989, *Introduction à une science du langage*, Des Travaux-Seuil, Paris.

MOUY Paul 1962, «Les mathématiques et l'idéalisme philosophique», *in*: LE LIONNAIS 1962, p. 370-77.

NAMER Emile 1968, «L'intelligibilité mathématique et l'expérience chez Galilée», *in*: *Galilée. Aspects de sa vie et de son œuvre*, Paris.

NEF Frédéric 1991, *Logique, langage et réalité*, Paris, éd. univ.

NESMY Jean-Claude (Dom) 1973, *Psautier chrétien*, Paris Téqui.

OCKHAM Guillaume (d') 1324, *Summa logicæ, Opera philosophica et theologica*, Institut franciscain Saint Bonaventure de New York, 1974.

OMNÈS Roland 1994, *Philosophie de la science contemporaine*, Paris, Gallimard.

PARROCHIA Daniel 1991, *Mathématiques et existence. Ordres, fragments, empiètements*, Seyssel, Champ Vallon.

– 1993, *La raison systématique. Essai de morphologie des systèmes philosophiques*, Paris, Vrin.

PASCAL Blaise 1670, *Pensées*, éd. Brunschvicg, Paris, Hachette, 1933.

PATRAS Frédéric, *La pensée mathématique contemporaine*, Paris, PUF, 2001.

PATY Michel 1979, «Sur le réalisme d'Albert Einstein», *in: La Pensée* n° 204, avril 1979, p. 18-37.

– 1982, «Einstein et Spinoza», *in: Spinoza, science et religion*, Actes du colloque du Centre culturel international de Cerisy-la- Salle, 20-27 septembre 1982, Paris, Vrin, 1988.

– 1983, «La doctrine du parallélisme de Spinoza et le programme épistémologique d'Einstein», *in: Cahiers Spinoza*, n° 5, hiver 1984-5, p. 93-108.

– 1984, «Mathématisation et accord avec l'expérience», *in: Fundamenta scientiæ*, vol. 5 n° 1, 1984, p. 31-50.

– 1988, *La matière dérobée. L'appropriation critique de l'objet de la physique contemporaine*, Paris, éd. des archives contemporaines, ²1989.

– 1993, *Einstein philosophe, La physique comme pratique philosophique*, Paris, PUF.

PAULUS Jean 1938, *Henri de Gand, essai sur les tendances de sa métaphysique*, Paris.

PELLEGRIN Pierre 1973, *La classification des animaux chez Aristote. Statut de la biologie et unité de l'aristotélisme*, Paris, Les Belles Lettres.

PÉRÉRIUS Benedito 1562, *De communibus rerum omnium naturalium principiis et affectionibus*, Rome.

PFAFF J. W., lettre à G. W. F. Hegel, *in*: HEGEL G. W. F., tr. fr.: *Correspondance*, Paris, Gallimard, 1962-67, p. 363.

PHILIPPE Marie-Dominique 1948, «Αφαίρεσις, πρόσθεσις, χορίζειν dans la philosophie d'Aristote», *Revue thomiste*, 1948, p. 461-479.

– 1969, «Analogon and Analogia in the Philosophie of Aristotle», *in: The Thomist*, 33 (1969), p. 1-74.

– 1972-1973-1974, *L'être, Recherche d'une philosophie première*, 3 vol., Paris, Téqui.

– 1974b, «Analyse de l'être chez Saint Thomas», *in: Bulletin du Cercle thomiste Saint-Nicolas de Caen*, n° 68, déc. 1974, p. 1-22.

– 1975a, «Originalité de l'«ens rationis» dans la philosophie de saint Thomas», *Angelicum*, 52 (1975), p. 91-124.

– 1975b *Une philosophie de l'être est-elle encore possible?*, Paris, Téqui:
fasc. I: *Signification de Métaphysique*
fasc. II: *Significations de l'être*
fasc. III: *Le problème de l'ens et de l'esse. Avicenne et Saint Thomas*
fasc. IV: *Néant et être. Heidegger et Perleau-Ponty*
fasc. V: *Le problème de l'être chez certains thomistes contemporains*
– 1977a, *De l'être à Dieu, De la philosophie première à la sagesse*, Paris, Téqui.
– 1977b, *De l'être à Dieu, Topique historique*, I: *Philosophie grecque et traditions religieuses*, Paris, Téqui.
– 1978, *De l'être à Dieu, Topique historique*, II: *Philosophie et foi*, Paris, Téqui.
– 1991, *Introduction à la philosophie d'Aristote* (éd. revue de l'ouvrage de même titre de 1956), Paris, éd. univ.
– 1992, «Quelques éléments de réflexion pour une éthique», *in*: *Aletheia-Ecole saint Jean*, 1992 n°1-2; p. 9-44.
PHILIPPE Marie-Dominique et VAUTHIER Jacques 1993, *Le manteau du mathématicien*, Paris, Mame-éd. univ.
PIAGET Jean 1965, *Sagesse et illusions de la philsophie*, Paris, PUF.
PIERI Mario 1899, *I Pincipii della Geometria di posizione composti in sistema logico deduttivo*, Mem. della R. Accad. delle Sci. di Torino, ser. 2 a, p. 1-62.
PLATON, *Œuvres complètes*, 2 vol. tr. nouvelle et notes par Léon Robin avec la collaboration de Joseph Moreau, La Pléiade, Paris, Gallimard, 1950.
PRIOR A. 1976, *Papers in logic and ethics*, London, Duckworth.
PROUST Joëlle 1986, *Questions de forme. Logique et proposition analytique de Kant à Carnap*, Paris, Fayard.
QUINE Willard Van Orman 1939, «Designation and Existence», *in*: *Journal of Philosophy*, 36; rééd. *in*: *Readings in philosophical Analysis*, New York, Appleton, 1949, p. 44-51.
– 1950, tr. fr.: *Méthodes de logique*, Paris, Armand Colin, 1973.
– 1951, tr. fr.: «Les deux dogmes de l'empirisme», *in*: JACOB P. 1980b, p. 87-112.
– 1953, *From a logical point of view*, Cambridge (Mass.), Harvard UP:
a, «Identity, ostension and hypostasis»
b, «Logic and the reification».
– 1960, tr. fr.: *Le mot et la chose*, Paris, Flammarion, 1977.
– 1990, *Pursuit of Truth*, Cambridge (Mass.), Harvard U P.
RICŒUR Paul 1957, *Etre, essence et substance chez Platon et Aristote*, CDU.
– 1991, «L'attestation: entre phénoménologie et ontologie», *in*: GREISCH Jean et KEARNEY Richard 1991 (éd.)

RIVENC François 1993, *Recherches sur l'universalisme logique. Russell et Carnap*, Paris, Payot.

ROUILHAN Philippe (de) 1991, «De l'universalité de la logique», *in*: *Philosophie de la logique et philosophie du langage* I, Odile Jacob, Paris, 1991, p. 93-119.

ROMEYER-DHERBEY Gilbert 1983, *Les choses mêmes. La pensée du réel chez Aristote*, Lausanne, L'âge d'homme.

RUSSELL Bertrand 1901, «Recent Works on the Principles of Mathematics», *in*: *The international Monthly*, 4, p. 83-101; réédité sous le titre: «Mathematics and Metaphysicians», avec additions, in RUSSELL B. 1917.

– 1903, *Principles of Mathematics*, London, Allen-Unwin.

– 1911, «Le réalisme analytique», *Bulletin de la Société française de Philosophie*, vol. 11, p. 53-61; réédité *in* HEINZMANN G. 1986, p. 296-304.

– 1959, *My Philosophical Development*, London, Allen-Unwin, tr. fr.: *Histoire de mes idées philosophiques*, Paris, Gallimard, 1961.

– 1917, *Mysticism and Logic and Other Essays*, London,Unwin.

SCHEURER Paul 1979, *Révolutions de la science et permanence du réel*, Paris, PUF.

SCHILPP P. A. 1949 (éd.), *Albert Einstein Philosopher-Scientist*, Lassalle (Ill.), Open Court.

SINACEUR Hourya 1991, *Corps et Modèles*, Paris, Vrin.

– 1993, «Du formalisme à la constructivité: le finitisme», *in*: *Revue internationale de philosophie*: *Hilbert*, n° 4/1993.

SOMMERS Fred 1982, *The Logic of Natural Language*, Oxford UP.

SPINOZA Baruch, 1677, tr. fr.: *L'éthique démontrée selon la méthode géométrique*, *in*: *Oeuvres*, Paris, La Pléïade, 1954, p. 301-596.

SUAREZ Francisco 1597, *Disputationes metaphysicae, reprint*, G.Olms, 1965.

TARSKI Alfred, *Logique, sémantique, métamathématique* I et II, recueils d'articles traduits en français sous la direction de Gilles Gaston Granger, Armand Colin, Paris, 1972 et 1974.

THIRION Maurice 1999, *Les mathématiques et le réel*, Paris, Ellipses, 1999.

THOM René 1986, *La philosophie des sciences aujourd'hui*, Paris, Gauthier-Villars.

– 1991, *Prédire n'est pas expliquer*, Paris, Eshel.

TONQUÉDEC Joseph (de) 1929, *La critique de la connaissance*, Paris, Beauchesne.

TUNINETTI Luca 1996, «Per se notum». *Die logische Beschaffenheit des Selbstverständlichen im Denken des Thomas von Aquin*, Leiden, E. J. Brill.

VAUTHIER Jacques, voir PHILIPPE Marie-Dominique 1993.

VERNANT Denis 1993, *La philosophie mathématique de Russell*, Paris, Vrin.

VERNEAUX Roger 1959, *Epistémologie générale*, Paris, Beauchesne.

– 1972, *Critique de la Critique de la raison pure*, Paris, Beauchesne.

VUILLEMIN Jules 1967, «Le système des Catégories d'Aristote et sa signification logique et métaphysique», *in: De la logique à la théologie*, Paris,
Flammarion, p. 44-125.

– 1986 (éd.), *Mérites et limites des méthodes logiques en philosophie*, Paris,
Vrin.

WEIL Eric 1951, «Aristote et la logique», *in: Revue de métaphysique et de morale*, 1951, p. 283-315.

WIGNER E. P. 1960, «The unreasonable effectiveness of mathematics in the
natural sciences», *in: Communications on Pure Applied Mathematics* XIII
(1960), p. 1-14.

WINANCE Eleuthère (de) 1955, «L'abstraction mathématique selon saint
Thomas», *in: Revue philosophique de Louvain*, 1955, p. 482-510.

– 1991, «Réflexions sur les degrés d'abstraction et les structures conceptuelles de base dans l'épistémologie de Thomas d'Aquin», *in: Revue
thomiste*, 1991, n° 4, p. 531-79.

WITT Charlotte 1989, *Substance and Essence in Aristotle. An Interpretation of
Metaphysics VII-IX*, Ithaca-London, Cornell UP.

WITTGENSTEIN Ludwig 1921, tr. fr.: *Tractatus logico-philosophicus*, Paris,
Gallimard, 1961.

– 1953, *Philosophical Investigations*, Oxford, B. Blackwell.

WOLFF Christian 1720-27, *Ontologia*, rééd. Hildesheim, Georg Olms
Verlag, 1977.

Index nominum

(Les numéros de pages indiqués en italiques renvoient aux notes en bas de celles-ci)

Index aristotelicum

(Les chiffres écrits 0123456789 renvoient aux pages de l'ouvrage; ceux écrits *0123456789* aux notes de la page à laquelle ils renvoient; ceux écrits 0123456789 aux chapitres des ouvrages d'Aristote ou aux pages ou lignes de l'édition Bekker. Les pages consacrées au commentaire continu ou global d'un chapitre du *Corpus* sont indiquées en caractère gras et, à l'intérieur de ces pages, il n'est pas donné de références plus précises aux passages cités du chapitre ainsi commenté.)

Z-H: 75, 183, 358; Z-H-Θ: 257;
Z-H-Θ-I: 343; M-N: *6*, 350.
A: 317; 1-2: 49, *58*, *64*, *69*, 320,
321, 356.
1: 981b20-25: 10, 22.
2: 982a4-b8: 10; b12-13: 8; 15-17:
10; 983a18...21: 10, 361.
B:
3: 998b22-27: 227, *319*.
4: 1004a4-b25: 250.
Γ: 317.
1: **48-69**, *60*, 320, 356; 1003a 21-
26: 317; 26-31: 190.
2: 320; 1003a3...b16: 320; 1003b
22-25: 225; 1004a3: 317.
3: 1005a29. 34: 317.
Δ:
5: 1015b9-12: 124-125.
8: 1017b13. 23: 184.
15: 1021a26-30: 295.
22: 280.
E:.
1: **316-347**, 355-356; 1025b4-7:
178; 18-28: 261.
4: 1028a3-4: 207.
Z: 267, 317, 364; 3-16: 363-364; 4-
6: 251, 312; 4-11: 214, 314; 4-
16: 64, 215; 6-11: 215; 7-11:
218; 12-16: 218, 266; 7-16: 242.
1: 188-192, 313, 330, 339, 362-
363; 1028b2-3: 188 .
2: 190; 1028b9-13. 27: 186; 19:
195; 32: 190.
3: **193-207**, 236; 1029a8-9: 184,
188; 33-34: 216; b3-5: 216.
4: **208-228**, 244, 247, 313, 365;
1029b3-12: 141, 181; 13: 64; 13-
20: 237.
5: 213, 217, 224, 365.
6: 216, **228-243**, 365.
11: 1037a1-2: 160; 18-20: 215.

12: 58, 214, 314; 1037b8-12: 215.
17: 64, 197, *198*, *214*, 214, 216, 218,
315, 321, 326, 363-365; 1041a6-
7: 182, 214;9-10: 214; 14-15:
266; b2-3: 266; 28-33: 358.
H: 58, 181, 218, 315, 364.
3: 1043b14-23: 353.
6: 58.
Θ: 5, 197, 218, 275, 315, 332, 358.
3: 1047a30-b2: 276.
9: ; 1051a21-33: 301-303.
10: 1051b6-9: 99; 23-25: 253.
I: 226, 247, 252; 1-6: 253-254,
366; 7-10: 253,; 3-6: 269-270; 5-
6: **283-298**.
1: 250-251, **255-265**, 297; 1052a
17, b 1, 3: 250; 1052b33-35:
251; 1053a 23: 296; a31-b3: 46.
2: 250-251, **265-269**, 295; 1053b 9-
16: 250, 296.
3: 250-252, **270-274**; 1054a20-23:
249, 254, 269; 26-29: 251; 29-
32: 250; a32-b18: 270.
4: 251, **274-282**, 288; 1055 b9-11:
272.
5: 251, **286-292**, 293; 1055 b30-32:
269.
6: 251, **292-298**; 1057a12-17: 269.
7: 277.
10: 1050a9-10: 359.
Λ: 64, 343; 4-5: 321.
1: 1069a18: 190.
7: 1072b13-14: 343.
M: *3*, 329.
2: 1077a20-24: 175; b12-30: 351.
3: ; 1078a31-b6: *21*, *170*.
8: 1084b26-27: 354.
N: *3*.

Météorologiques A:
7: 343b5-8: 29.

Parties des animaux:
A:
1:   641a32...b11: 191, 359.

Physique: A-B: *60, 244*.
A: **174-179**, 181, 275; 5-7: 363.
1:   184 a16-21: 141.
5:   188a31-34: 290; b29-30. 33-35:
      275; 188b36-189a2: 275.
7:   190a31-b1: 169, 318 191a7-14:
      199; 19-20: 183.
9:   192a13: 198; 34-36: 183; 192b4:
      182.
B: 364
2:   363; 193b24-25. 32-34: 352.
9:   200a13-15: *358*.
Δ:
10: 210a31: 225.
11: 219b6-7: 154.
14: 223a21-26: 225.
E:
1:   225b5-9: 318; a35-b9: 177.

Topiques: 123, 212.
A: **125-134**.

Philosophia Naturalis et Geometricalis
Collection dirigée par Luciano Boi et Dominique Lambert

La collection a pour but la publication et la promotion de travaux originaux et inédits concernant les différentes conceptualisations philosophiques de la pensée physique et mathématique contemporaine. Plus qu'à décrire les faits empiriques par des méthodes et des outils purement quantitatifs, ces travaux doivent viser à proposer des modèles explicatifs qui permettent d'élucider un ou plusieurs aspects conceptuels de la création mathématique et de l'invention physique. Ainsi, on privilégiera les travaux qui accordent une place fondamentale au rôle des idéalisations géométriques dans l'intelligibilité du réel et même de phénomènes très concrets.

La collection entend accueillir tout particulièrement les recherches qui explorent philosophiquement et approfondissent expérimentalement des idées essentielles à l'interface entre certaines théories mathématiques, notamment géométriques et topologiques, et les sciences de la nature comme la physique et la biologie, ou toute autre discipline théorique qui s'y rattache. Sa raison d'être réside dans l'exigence de repenser, selon une démarche philosophique à la fois critique et rigoureuse, les grandes découvertes scientifiques du XXᵉ siècle qui ont changé en profondeur notre perception de la réalité, et de développer une réflexion autour des perspectives épistémologiques nouvelles qui s'en sont récemment dégagées.

Un certain nombre d'études et de recherches récentes montrent l'intérêt de réactualiser des idées issues de ce qu'on appelait à une époque la tradition «scientifique» de la philosophie naturelle. Ceci a permis de renouer avec certaines théories élaborées par les *Naturphilosophen*, de réhabiliter les idées des fondateurs de la psychophysique, de reprendre les intuitions et les analyses des phénoménologues et théoriciens de la *Gestalt*, de développer la pensée des pionniers de la morphologie et de la biologie théorique. Un des buts de la collection est de permettre que ces idées soient développées, débattues et mieux connues d'un plus grand nombre de chercheurs et de lecteurs.

Cette collection aspire à devenir un laboratoire d'idées: elle entend d'abord susciter l'élaboration d'une véritable «philosophie géométrique» des formes naturelles et des êtres organiques, ainsi que contribuer à renouveler les grands débats scientifiques et métaphysiques sur les concepts d'espace et de temps et sur leur rôle dans la compréhension des rapports entre les structures mathématiques et les phénomènes physiques.

On souhaite aussi s'interroger sur les limites de la science actuelle et sur les conséquences que comportent ses récentes retombées technicistes. Il s'agit notamment de contribuer au développement d'une vision non réductionniste de la science et de la connaissance, moins pragmatique et plus spéculative, moins attachée à ses applications technologiques immédiates que soucieuse de construire une pluralité de modèles possibles du réel et d'en dévoiler les différents niveaux de sens.

Ouvrages parus